"十二五"普通高等教育本科国家级规划教材

住房城乡建设部土建类学科专业"十三五"规划教材

高等学校给排水科学与工程学科专业指导委员会规划推荐教材

水处理生物学

（第六版）

顾夏声　胡洪营　文湘华　王慧　等编著

朱锦福　主审

中国建筑工业出版社

图书在版编目（CIP）数据

水处理生物学/胡洪营等编著. —6 版. —北京：中国建筑
工业出版社，2018.8（2025.2重印）
"十二五"普通高等教育本科国家级规划教材　住房城乡建
设部土建类学科专业"十三五"规划教材　高等学校给排水
科学与工程学科专业指导委员会规划推荐教材
ISBN 978-7-112-22384-8

Ⅰ.①水… Ⅱ.①胡… Ⅲ.①水处理-生物处理-高等学校-
教材 Ⅳ.①TU991.2 ②X703.1

中国版本图书馆 CIP 数据核字（2018）第 136241 号

本书在《水处理生物学》（第五版）的基础上修改编写，对上一版的章节进行
了梳理，增加了新的内容，部分章节增加了思考题。全书分 4 篇，共 17 章，第 1
篇为水处理生物学基础，包括原核微生物、古菌、真核（微）生物、病毒、微生
物的生理特性、微生物的生长和遗传变异、微生物的生态、大型水生植物；第 2
篇为污染物的生物分解与转化，包括微生物对污染物的分解与转化、污水生物处
理系统中的主要微生物、水生植物的水质净化作用及其应用；第 3 篇为水质安全
与生物监测，包括水卫生生物学、水中有害生物的控制、水质安全的生物检测；
第 4 篇为微生物学的研究方法，包括微生物的基本研究方法、微生物学基础实验。

本书可作为给排水科学与工程专业、环境工程专业及相关专业教材，也可用
作有关专业工程技术人员的参考书。

为便于教学，作者特制作了与教材配套的电子课件，如有需求，可发邮件
（标注书名、作者名）至 jckj@cabp.com.cn 索取，或到 http://edu.cabplink.com//
index 下载，电话：010-58337285。

责任编辑：王美玲
责任校对：王雪竹

"十二五"普通高等教育本科国家级规划教材
住房城乡建设部土建类学科专业"十三五"规划教材
高等学校给排水科学与工程学科专业指导委员会规划推荐教材
水处理生物学
（第六版）
顾夏声　胡洪营　文湘华　王慧　等编著
朱锦福　主审

*

中国建筑工业出版社出版、发行（北京海淀三里河路 9 号）
各地新华书店、建筑书店经销
北京科地亚盟排版公司制版
建工社（河北）印刷有限公司印刷

*

开本：787×1092 毫米　1/16　印张：23　字数：569 千字
2018 年 9 月第六版　2025 年 2 月第五十七次印刷
定价：**49.00** 元（赠教师课件）
ISBN 978-7-112-22384-8
（32242）

第六版前言

本教材是高等学校给排水科学与工程学科专业指导委员会规划教材，自1980年第一版出版以来，已有38年的历史，被众多大专院校广泛采用，为给排水科学与工程和环境工程专业建设作出了重要贡献。本教材第一版由已故的清华大学顾夏声院士（1918.5.6—2012.2.6）等编纂，且顾先生主持和参与了第二版到第五版的编写、修订，对本教材作出了开创性贡献。本教材被评为"十二五"普通高等教育本科国家级规划教材、住房城乡建设部土建类学科专业"十三五"规划教材，在内容上，根据《高等学校给排水科学与工程本科指导性专业规范》对本课程要求的知识点编写，做到知识点全覆盖，并且根据课程需要有所拓展。

本教材在总体保持《水处理生物学》（第五版）原有体系、章节和顺序的基础上进行了编写和修订，对重要概念重新进行了细致的审核、调整、修改，增加了部分思考题，在第4篇增加了"环境中四环素抗性细菌的分离鉴定"实验，更新了部分文献，尽量使教材的内容更加丰满、完善，突出教材理论联系实际和产学研相结合的传统特色。

全书由胡洪营和陆韵统稿，各章节的编写、修订人员如下：第1章胡洪营；第2、3、4章文湘华、陆韵；第5章胡洪营、陆韵；第6章文湘华、陆韵；第7、8章王慧、陆韵；第9章胡洪营、种云霄；第10、11章胡洪营；第12章胡洪营、种云霄；第13、14、15章胡洪营；第16、17章王慧、陆韵。

清华大学环境学院助教李曼收集和整理了书中的重要概念和定义；白苑、任韵如协助对文献进行了更新。中国建筑工业出版社的王美玲编辑为本书的出版付出了大量心血。本教材由同济大学朱锦福教授主审。在此对他们的帮助和支持表示诚挚的感谢。

在编写、修订过程中参考了大量的教材、专著和相关资料，在文中难以一一注明，在此对这些著作的作者表示感谢。

由于编者水平所限，难免有误、不妥之处，请广大读者批评指正。

编　者
2018年8月于清华园

第五版前言

本教材是在《水处理生物学》(第四版)的基础上修订、编写的,其前身是1980年出版的《水处理微生物学》(顾夏声和李献文编写)。1988年,《水处理微生物学》教材由原编者和俞毓馨修订出版第二版;1998年由顾夏声、李献文和竺建荣再次修订出版第三版,并被列为国家级"九五"重点教材;2006年由顾夏声、胡洪营、文湘华和王慧修订出版第四版,并被列为普通高等教育土建学科专业"十五"和"十一五"规划教材和高等学校给水排水工程专业指导委员会规划推荐教材,同时根据给水排水工程学科专业指导委员会的部署,更名为《水处理生物学》。

《水处理生物学》(第四版)在继承《水处理微生物学》主要内容和风格的基础上,对内容和章节顺序做了较大的调整和增补,内容由原来的8章调整为17章;在体系上分为"水处理生物学基础"、"生物对污染物的分解与转化"、"水质安全与生物监测"和"微生物学的研究方法"4部分。

本次修订基本上保留了第四版的章节顺序,在文字和内容上做了一些增删和修改,主要有:(1)增加了病毒与水污染防治、古菌与水污染防治、微生物生态学研究方法、抗生素抗性菌、消毒抗性病原微生物、生物毒性分类、生物膜观察方法等方面的内容;(2)对病毒、原生动物、基因调控、微生物的基本研究方法等章节进行了重新梳理;(3)部分章节增加思考题。

全书由顾夏声负责审定,胡洪营统稿,各章节的修订、编写人员如下:第1章胡洪营;第2、3、4章文湘华;第5章胡洪营;第6章文湘华;第7、8章王慧、陆韻;第9章胡洪营、种云霄;第10、11章胡洪营;第12章胡洪营、种云霄;第13、14、15章胡洪营;第16、17章王慧。

陆韻认真审阅了书稿,并提出了许多修改建议;清华大学环境学院博士生巫寅虎、2007级本科生黄海伟、李佳琦、刘聪、吕佳辰、肖赛、张雪莹、张一帆、张麒麟、郑光洁和周星婷等同学阅读了部分章节,并提出了一些具体的修改建议。中国建筑工业出版社的王美玲编辑为本书的出版付出了心血。本教材由朱锦福教授主审。在此对他们的帮助和支持表示诚挚感谢。

在修订、编写过程中参考了大量的教材、专著和相关资料,在文中难以一一注明,在此对这些著作的作者表示感谢。

由于编者水平所限,难免有误、不妥之处,请广大读者批评指正。

编 者

2010年10月于清华园

第四版前言

《水处理生物学》是根据全国高等学校给水排水工程专业指导委员会制订的"水处理生物学"课程内容和教学基本要求编写的大学教材，适用于给水排水工程（给排水科学与工程）以及环境工程和环境科学专业大学生，也可供给水排水和环境污染控制领域的科研工作者、技术人员以及研究生参考。

"水处理生物学"课程是高等学校给水排水工程专业指导委员会提出的给排水科学与工程学科新课程体系中10门主干课程之一，是给水排水工程（给排水科学与工程）专业的必修课。该课程是在原"水处理微生物学"课程的基础上发展起来的。近年来，随着水处理和环境水体水质净化技术的不断发展，水生生物和水生/湿生植物在水处理、自然水体水质净化与污染控制以及水生生态修复工程中的应用越来越受到关注。为适应水质净化技术的新发展，高等学校给水排水工程专业指导委员会决定拓宽原有的"水处理微生物学"课程的内涵，改为"水处理生物学"，并组织编写了"水处理生物学"课程内容和教学基本要求。2002年，建设部将《水处理生物学》教材列为建设部"十五"重点规划教材。在2003年7月召开的高等学校给水排水工程专业指导委员会第3届第7次（扩大）会议（张家口）上，确定由清华大学负责《水处理生物学》教材的编写工作。

本教材是在顾夏声、李献文和竺建荣合编的《水处理微生物学》（第三版）的基础上修订、编写的。《水处理微生物学》教材第一版由清华大学顾夏声和北京建筑工程学院李献文编写，于1980年出版。1988年，该书由原编者和俞毓馨修订出版第二版。1998年，该书由顾夏声、李献文和竺建荣再次修订出版第三版，并被列为国家级"九五"重点教材。《水处理微生物学》出版以来，许多高等院校给水排水工程专业和部分环境工程专业广泛选作本科生的教科书，本专业的科技人员也选本书作为参考书。该书需要量较多，曾多次重印。该教材对我国水处理（微）生物学的发展以及给水排水工程专业人才培养和科学研究做出了一定的贡献。

为了适应"研究型"、"应用型"和"教学型"等不同类型学校对"水处理生物学"课程的要求，《水处理生物学》在继承《水处理微生物学》主要内容和风格的基础上，根据近几年来的教学实践，对体系、内容和章节顺序做了较大的调整和增补，由原来的八章调整为十七章。在体系上，本书分为"水处理生物学基础"、"生物对污染物的分解与转化"、"水质安全与生物监测"和"微生物学的研究方法"四部分。在内容上，主要增加了古细菌、光合细菌、微生物的生态、大型水生/湿生植物及其在水质净化中的应用、污染物的生物分解性评价、生物对污染物的吸附与浓缩作用、水体富营养化及水华控制、有害水生植物的控制、水质生物毒性检测等相关内容，同时对原书的相关内容进行了增补，力图反映国内外最新的成果。

本教材适用于32～64学时的教学，各学校可根据全国高等学校给水排水工程专业指导委员会制定的课程要求，结合本校的特点和学时数，确定教学重点。

全书由顾夏声负责审定，各章节的修订、编写人员如下：

第一章　胡洪营；第二、三、四章　文湘华；第五章　胡洪营；第六章　文湘华；第七、八章　王慧；第九章　胡洪营、种云霄；第十、十一章　胡洪营；第十二章　胡洪营、种云霄；第十三、十四、十五章　胡洪营；第十六、十七章　王慧。

本教材主审由同济大学朱锦福教授担任。本书在修订、编写过程中得到了高等学校给水排水工程专业指导委员会的大力支持和兄弟院校的热情鼓励和帮助，使用《水处理微生物学》教材的兄弟院校教师对本书的编写提出了许多宝贵的意见。在此对他们的帮助和支持表示诚挚的感谢。

在修订、编写过程中参考了大量的教材、专著和相关资料，在文中难以一一注明，在此对这些著作的作者表示感谢。

特别感谢《水处理微生物学》的编者，他们长年辛勤的劳动和知识的积累，为本书的修订、编写和出版打下了良好的基础。

由于编者水平有限，仍不免有错误、不妥之处，望广大读者批评指正。

编　者

2005 年 10 月于清华园

第三版前言

本书第一版由顾夏声和李献文编写。1980 年出版以后，许多高等院校给水排水专业和部分环境工程专业广泛选作本科生的教科书，本专业的科技人员也选本书作为参考书。1988 年，本书由原编者和俞毓馨修订出第二版。因该书需要量较多，曾多次重印。在使用过程中，有些兄弟院校曾对本书提出了宝贵意见。

本书已列为国家级"九五"重点教材。现根据全国高等学校给水排水工程学科专业指导委员会的要求，进行修订。此次修订由顾夏声、李献文和竺建荣 3 人完成，俞毓馨则参加了修订前的准备工作并提供了一些有关资料。主审仍由同济大学朱锦福和陈世和两教授担任。

这次修订基本上保留了原有的章节顺序，但在内容上做了一些增删和修改，主要有：针对细菌在水处理中的重要作用，增加了有关细菌结构和代谢反应方面的内容；根据微生物学的发展，对书中的部分概念和解释进行了修改；对废水生物处理中微生物学部分做了重写和补充，等等。李献文主要负责第六章的修改和补充；竺建荣主要负责其余各章的修改和补充；顾夏声负责全书的审定和校核。

由于编者水平有限，仍不免有错误、不妥之处，望广大读者批评指正。

编　者
1997 年 3 月

第二版前言

本书的第一版由清华大学顾夏声和北京建筑工程学院李献文编写。1980 年 4 月出版以后，许多高等院校的给水排水专业和部分环境工程专业广泛选作本科生的教科书，部分专业的技术人员也选本书作为参考书，因而需要量较多，曾 3 次重印。在此期间有些兄弟院校曾提出了一些宝贵意见并鼓励我们进行修订再版。

1986 年 4 月"城乡建设环境保护部给水排水及环境工程类专业教材编审委员会"决定，此书由原编者修订再版，增补俞毓馨参加修订工作。此次修订于 1986 年 9 月开始由顾夏声、李献文、俞毓馨 3 人共同完成。主审仍由同济大学朱锦福和陈世和两同志担任。

此次修订仍保留了原有的章节顺序。但作了以下修改：（1）根据 1984 年颁布的《中华人民共和国法定计量单位》，做了必要的改动；（2）更改了部分微生物的名称；（3）对下列章节做了较多的增补和修改：引言；第二章：第二节、第三节；第三章：第二节；第四章：第一节、第六节；第五章：第三节；第八章：实验一至九等。

由于编者水平及时间有限，仍不免有不妥之处，务望广大读者批评指正。

编　者

1987 年 8 月

第一版前言

本书是根据1978年高等院校建筑类教材编写会议所制订的《水处理微生物学基础》教材编写大纲编写的，供给水排水工程专业学生使用。在编写过程中得到兄弟院校和有关单位的热情帮助，提出了宝贵的意见，在此表示感谢。

参加编写的有清华大学顾夏声（编写第一、二、三、七、八章及第六章第二、三、四、五、六节与附录）和北京建筑工程学院李献文（编写引言、第四、五章及第六章第一节）。参加审稿的有同济大学、重庆建筑工程学院、北京建筑工程学院、哈尔滨建筑工程学院、湖北建筑工程学院、湖南大学、北京工业大学、河北化工学院、清华大学等院校，同济大学朱锦福、陈世和同志担任主审。

由于我们水平有限，深入实际不够，时间也较仓促，书中定有不少错误之处，请读者批评指正。

编　者

1979 年 5 月

目 录

第2篇　污染物的生物分解与转化

第3篇　水质安全与生物监测

第4篇　微生物学的研究方法

第1章 绪 论

1. 水处理生物学的研究对象与任务

水处理生物学主要研究水处理工程和环境水体水质净化、保持过程（即水中污染物的迁移、分解与转化过程）中所涉及的生物学问题，特别是微生物学问题，是一门由普通生物学、普通微生物学、环境微生物学和水质工程学相结合，为了满足水处理和环境水体水质净化、保持工程的需要而发展起来的一门边缘性学科。水处理生物学在学科体系上属于应用（微）生物学的范畴，在研究对象和内容上与环境微生物学有一定交叉。

"生物学"（Biology）涉及的研究对象和内容广泛而又庞杂，"水处理生物学"研究的对象则主要集中在与水中的污染物迁移、分解及转化过程密切相关的微生物、微型水生动物和水生/湿生植物，特别是应用于水处理工程实践的生物种类。细菌等原核微生物在水处理工程中通常起着关键的作用，是水处理生物学研究的重点对象。鱼类等大型水生生物在地表水体水质净化与保持中扮演重要的角色（如在富营养水体中放养适宜和适量的鱼类，可有助于控制水华的产生），但在水处理工程中的应用将受到很大的限制，不是水处理生物学研究的重点对象，本教材不涉及这方面的内容。值得提出的是，鱼类是生物毒性试验中常用的水生生物种类，在水质安全评价中起着重要的作用。

"水处理生物学"的主要研究内容包括：

（1）与水处理工程和环境水体水质净化、保持相关的生物种类的形态、生理特性及生态；

（2）水中（微）生物种类间的相互作用；

（3）（微）生物与水中污染物的相互作用关系；

（4）水中污染物的生物分解与转化机理；

（5）生物在水体净化和水处理中的作用机理和规律；

（6）水中有害（微）生物的控制方法；

（7）水处理（微）生物学的研究方法等。

"水处理生物学"课程的主要任务是使学生掌握与水处理相关的（微）生物学基本知识，掌握微生物、水生植物、水生动物等在水体净化和水处理中的作用机理和规律，学习水中微生物的检验方法等。

2. 生物的分类和命名法

自然界中生物种类繁多，截至目前，地球上有记载的生物种类达200多万种，这些生物个体大小相差悬殊，小到几个纳米，大到数十米，以致体重以吨计。如此众多的生物，需要进行科学的分类。

生物学家以客观存在的生物属性为依据，将生物分门别类。根据生物之间相同（或相异）的程度以及亲缘关系的远近，可将生物划分为：界（kingdom）、门（division）、纲（class）、目（order）、科（family）、属（genus）、种（species），有时在种以下还要进行更细致的区分。

关于生物的分类，目前国际上还没有统一的标准。1866 年，E. H. Haeckel 提出三界系统：原生生物界、植物界和动物界；1938 年 H. F. Copeland 又提出四界系统：原核生物界、原始有核界、后生植物界和后生动物界；1969 年 R. H. Whittaker 提出了五界系统：原核生物界、原生生物界、植物界、真菌界和动物界；1977 年我国学者在 Whittaker 五界系统的基础上，把病毒独立出来，划为一界，成为六界分类系统。本教材不深究这些分类方法，主要根据水处理工程的实际需要和习惯，对有关生物种类进行阐述。

关于物种的命名，目前都采用瑞典博物学家林奈（Linnaeus，1707～1778）创立的双命名法。双名法规定，每种生物的学名由两个拉丁词组成，前一词为该种的所在属的署名，常用名词（斜体），第一个字母大写；第二个词为种名，常用形容词（斜体），表示该物种的主要特征或产地，第一个字母小写。双名后面可附定名人的姓氏或其缩写（正体）。如：

水稻 *Oryga sativa* L.

芦苇 *Phragmites communis*

3. 与水处理相关的主要生物种类

根据生物自身的大小、形态和生理特性，结合水处理工程实际和习惯，与水处理工程有关的生物种类可分为微生物、小型水生动物和大型水生植物等。下面简单介绍这些生物的基本特点。

（1）水中常见的微生物及其特点

微生物（microorganism，microbe）是肉眼看不见或看不清楚的微小生物的总称，不是生物分类学上的概念。微生物具有个体微小、结构简单、进化地位低等特点。

水处理工程中常见的微生物如图 1-1 所示。

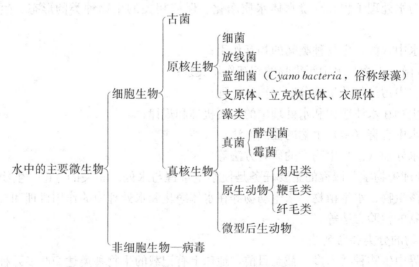

图 1-1　水处理工程中常见的微生物种类

在上述微生物中，大部分是单细胞生物。在生物学中，藻类属于植物学的范畴，原生动物和后生动物属于无脊椎动物范畴。一些个体较大的藻类、原生动物和后生动物，严格地讲，不属于微生物的范畴。在本书，基于水处理工程实践的实际，将微藻、原生动物和微型后生动物列入微生物的范畴。

　　微生物除具有个体非常微小的特点外，还具有以下特点：

　　1）种类多。由于微生物的种类繁多，因而各自对营养物质的要求也不同。它们可以分别利用自然界中的各种有机物和无机物作为营养，将各种有机物分解成无机物（即无机化或矿化），或利用各种无机物合成复杂的碳水化合物、蛋白质等有机物。所以微生物在自然界的物质转化和污染物的分解过程中起着不可替代的作用。

　　2）分布广。微生物个体小而轻，可随着灰尘四处飞扬，因此广泛分布于土壤、水和空气等自然环境中。例如，土壤中含有丰富的微生物所需要的营养物质，所以土壤中微生物的种类和数量很多。

　　3）繁殖快。大多数微生物在几十分钟内可繁殖一代，即由一个分裂为两个。如果条件适宜，经过 10h 就可繁殖为数亿个。

　　4）易变异。这一特点使微生物较能适应外界环境条件的变化。

　　微生物的生理特性以及上面列举的特点，是污水生物处理法的重要依据。污水在处理构筑物中与微生物充分接触时，能作为养料的物质（污染物）被微生物利用、转化，从而使污水水质得到改善。当然在处理后的污水排入水体之前，还必须除去其中的微生物，因为微生物本身也是一种有机杂质。

　　在各类微生物中，细菌与水处理的关系最密切。细菌的形态结构和生理特性以及它们在水处理过程中所起的作用等是本教材讨论的重点。

　　细菌等微生物的命名，与动物和植物的命名一样，都是采用林奈（Linnaeus）双命名法。即一种微生物的名称由两个拉丁文单词组成，第一个是属名，用拉丁文名词表示，词首字母大写，它描述微生物的主要特征；第二个是种名，用拉丁文形容词表示，词首字母不大写，它描述微生物的次要特征。有时候在种名词之后还会有微生物定名人的名字和定名时间。如果微生物只鉴定到属，对具体的种地位还不能肯定，则可以用 sp.（单数）或 spp.（复数）来表示，属名和种名用斜体字表示，其他均用正本字，不用斜体。另外，同一个菌种会有多个不同的菌株，每个研究人员分离出的菌株都有其独特性，菌株名的写法为属名＋种名＋菌株代号（可以为任意字母编号）。举例如下：

　　Escherichia coli (Migula) Csatellani *et* Chalmers 1919　大肠杆菌（原定名人）现定名人定名年份

　　Escherichia coli O157：H7　大肠杆菌 O157：H7 菌株

　　Bacillus subtilis　枯草芽孢杆菌

　　Bacillus sp.　（一种）芽孢杆菌

　　Staphylococcus aureus　金黄色葡萄球菌

　　Saccharomyces cerevisiae Hansen　汉逊氏啤酒酵母

　　（2）常见的小型水生动物

　　小型水生动物多指 1～2mm 以下的后生动物，它们与水处理过程，特别是与环境水体水质净化和保持过程有密切的关系，具有重要的生态功能。

　　底栖小型动物寿命较长，迁移能力有限，且包括敏感种和耐污种，故常称为"水下哨兵"，能长期监测有机污染物的慢性排放情况。底栖生物链是水体生态环境健康的标志之一，底栖生物对水体内源污染控制极其重要。近年来，底栖生物在污染水体生物修复中的作用得到了较多关注。

（3）常见的水生（湿生）植物

大型水生植物（macrophyte）是除微型藻类以外的所有水生植物类群。根据它们的生活类型，水生植物可分为挺水植物、漂浮植物、浮叶根生植物和沉水植物四大类型。

水生植物作为水生生态系统的重要组成部分，具有重要的环境生态功能。对于水体，特别是浅水水体，大型水生植被的存在具有维持水生生态系统健康、控制水体富营养化、改善水环境质量的作用。

随着水环境污染的加剧，为了寻找高效低耗的水污染控制技术，从 20 世纪 70 年代，大型水生植物开始受到人们的关注，随着研究的不断深入，逐渐发展出了多种以大型水生植物为主体的水处理和水体修复的生态工程技术，如漂浮植物系统和人工湿地等。

<h2 style="text-align:center">思 考 题</h2>

1. "水处理生物学"的研究对象是什么？

2. 水中常见的微生物种类有哪些？

3. 微生物有哪些基本特征？并通过这些特征说明微生物为什么适合作为生态系统中的分解者？

4. 微生物命名常用的双命名法的主要规定是什么？

5. 小型水生动物和水生植物在水体水质净化中各起什么作用？

第1篇
水处理生物学基础

第2章　原核微生物

2.1　细　菌

2.1.1　细菌的形态和大小

细菌（*bacteria*）是一类单细胞、个体微小、结构简单、没有真正细胞核的原核生物。其大小一般只有几个 μm。一滴水里，可以含有数千万个细菌。

细菌的形态大致上可分为球状、杆状和螺旋状（弧菌及螺菌）三种（图 2-1），仅少数为其他形状，如丝状、三角形、方形和圆盘形等。

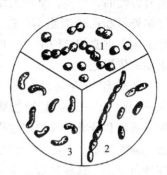

图 2-1　细菌的各种形态

1—球菌；2—杆菌；3—螺旋菌

球菌（*coccus*）呈球状，按其排列的形式，又可分为数种。例如：各自分散单独存在的，称单球菌；成双存在的，称双球菌；成串状的，称链球菌；四个联在一起的，称四联球菌；八个叠在一起的，称八叠球菌；积聚成葡萄状的，称葡萄球菌。肺炎球菌、脑膜炎球菌、尿小球菌、产甲烷八叠球菌等都是球状细菌。球菌直径一般为 $0.5\sim2\mu m$。

杆菌（*bacillus*）常呈短杆（球杆）状，一般长 $1\sim5\mu m$，宽 $0.5\sim1\mu m$。大肠杆菌、伤寒杆菌、假单胞菌和布氏产甲烷杆菌都属于这一类细菌。

螺旋菌（*spirilla*）宽度常在 $0.5\sim5\mu m$ 之间，长度则因种类的不同而有很大差异（约 $5\sim15\mu m$）。只有一个弯曲的螺旋状细菌称为弧菌，如霍乱弧菌、纤维弧菌等。

以上三种形态（球状、杆状和螺旋状）是细菌的基本形态。各种细菌在其初生时期或适宜的生活条件下，呈现它的典型形态。这些形态特征是鉴别菌种的依据之一。自然界中，以杆菌最为常见，球菌次之，螺旋菌最少。

由于细菌个体极其微小，所以要观察细菌的形状，必须要有一架可以放大一千倍或倍数更高的显微镜。而细菌本身是无色半透明的，即使放在显微镜下，看起来还是比较模糊，不容易看清楚。为了清楚地观察细菌，发展了多种细菌染色方法，使它们在显微镜下看起来轮廓很清楚。以下列出了染色方法的主要类型，根据不同的研究需要，采用不同的染色方法。在这些染色方法中，尤以革兰氏染色法（Gram stain）最为重要，其方法原理与意义将在细胞壁构造讨论部分介绍。

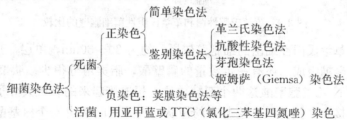

2.1.2 细菌细胞的结构

1. 基本结构

细菌虽然微小，但是它们的内部构造却相当复杂。一般说，细菌的构造可分为基本结构和特殊结构两种；特殊构造只为一部分细菌所具有。细菌细胞的典型结构如图 2-2 所示。

细菌的基本结构包括细胞壁和原生质体两部分。细菌原生质体为细菌除去细胞壁以外的所有部分，包括细胞膜、细胞质、核质体和内含物。

（1）细胞壁（cell wall）

细胞壁是包围在细菌细胞最外面的一层富有弹性的、厚实、坚韧的结构，具有固定细胞外形和保护细胞不受损伤等多种功能，是细胞中重要的结构单元，也是细菌分类最重要的依据之一。

1884 年丹麦病理学家 Hans Christian Gram 提出了一个经验染色法，用于细菌的形态观察和分类。其操作过程是：结晶紫初染，碘液媒染，然后酒精脱色，最后用蕃红

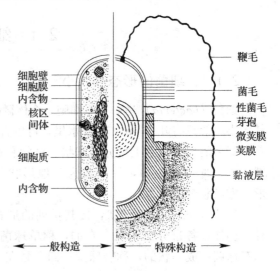

图 2-2 细菌细胞构造的模式图

或沙黄复染。这就是最常采用的革兰氏（Gram，简写为 G）染色法。根据染色反应特征，可以把细菌分成两大类：G 阳性（G^+）和 G 阴性（G^-），前者经过染色后细菌细胞仍然保留初染结晶紫的蓝紫色，后者经过染色后细菌细胞则先脱去了初染结晶紫的颜色，而带上了复染蕃红或沙黄的红色。后来的研究发现革兰氏染色的反应结果主要与细菌细胞壁有关。事实上，革兰氏阳性和革兰氏阴性细菌具有截然不同的细胞壁结构（图 2-3）。

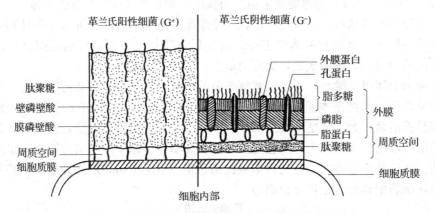

图 2-3 革兰氏阳性菌和革兰氏阴性菌细胞壁的比较

概括地说，革兰氏阳性细菌的细胞壁较厚，约为 20～80nm，单层，其组分比较均匀一致，主要由肽聚糖组成，还有一定数量的磷壁酸，脂类组分很少。肽聚糖实质上是 N-乙酰葡萄糖胺和 N-乙酰胞壁酸这两个双糖单位互相连接起来的有机大分子（图 2-4）。N-乙酰胞壁酸又连接 4 个氨基酸互连起来的短肽，短肽之间又由 5 个氨基酸组成的肽链相

连，即所谓的"肽桥"。在短肽中除了生物体普遍具有的 L-型氨基酸外，还含有特征性的 D-型氨基酸。这样组织起来的网状大分子层层叠加至几十层就构成完整的细菌细胞壁。革兰氏阴性细菌的细胞壁与此不同，它的整个细胞壁可分为两层：细胞壁外层和内层。外层主要由脂多糖和脂蛋白组成，较厚（8～10nm）。脂类在整个细胞壁中占有的比例很高，可达40％以上。这是与革兰氏阳性细胞明显不同的一个特征。内层的主要结构组分是肽聚糖，但是较薄，只有 2～3nm。肽聚糖的结构模式与革兰氏阳性细菌相同。由于 G^+ 和 G^- 细菌的细胞壁之间存在着很大差异，因而染色过程中的反应也不同。

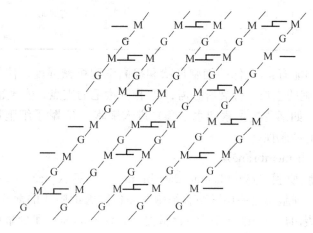

图 2-4　大肠杆菌中肽聚糖单位联结形成肽聚糖片的方式

G—N-乙酰葡萄糖胺；M—N-乙酰胞壁酸；粗线—多肽的交联

　　革兰氏染色的机理一般解释为：通过初染和媒染后，在细菌细胞的细胞壁及膜上结合了不溶于水的结晶紫与碘的大分子复合物。革兰氏阳性细菌胞壁较厚、肽聚糖含量较高且分子交联度较紧密，故在酒精脱色时，肽聚糖网孔会因脱水而发生明显收缩，再加上它含脂类很少，酒精处理也不能在胞壁上溶出大的空洞或缝隙，因此，结晶紫与碘复合物仍阻留在细胞壁内，使其呈现出蓝紫色。与此相反，革兰氏阴性细菌的细胞壁较薄、肽聚糖位于内层且含量低，交联松散，与酒精反应后其肽聚糖不易收缩，加上它的脂类含量高且位于外层，所以酒精作用时细胞壁上就会出现较大的空洞或缝隙，这样，结晶紫和碘的复合物就很易被溶出细胞壁，脱去了原来初染的颜色。当蕃红或沙黄复染时，细胞就会带上复染染料的红色。

　　上面介绍的是普通细菌的情况。不管是 G^+ 和 G^- 细菌，其细胞壁中均含有或多或少的肽聚糖及 D-型氨基酸，这是它们的最大特征，这类细菌又叫真细菌。绝大部分细菌都属于真细菌。除了这一共同特征外，G^+ 和 G^- 细菌细胞壁的其他异同详见表 2-1。

革兰氏阳性细菌与阴性细菌细胞壁结构与组成的比较　　　　　　　　表 2-1

性质		革兰氏阳性细菌	革兰氏阴性细菌	
			内壁层	外壁层
结构	厚度（nm）	20～80	2～3	8
	层次	单层	多层	
	与肽聚糖关系	多层，75％亚单位交联，网格紧密坚固	单层，30％亚单位交联，网格较疏松	
	与细胞膜的关系	不紧密	紧密	

续表

性质		革兰氏阳性细菌	革兰氏阴性细菌	
			内壁层	外壁层
组成	肽聚糖	占细胞壁干重的40%～90%	5%～10%	无
	磷聚（酸）质	有或无	无	无
	多糖	有	无	无
	蛋白质	有或无	无	有
	脂多糖	1%～4%	无	11%～22%
	脂蛋白	无	有或无	有
对青霉素反应		敏感	不够敏感	

细胞壁的主要功能有：① 保持细胞形状和提高细胞机械强度，使其免受渗透压等外力的损伤；② 为细胞的生长、分裂所必需；③ 作为鞭毛的支点，实现鞭毛的运动；④ 阻拦大分子有害物质（如某些抗生素和水解酶）进入细胞；⑤ 赋予细胞特定的抗原性以及对抗生素和噬菌体的敏感性。

（2）细胞膜（cell membrane）

细胞膜又称细胞质膜（cytoplasmic membrane）、质膜（plasma membrane）或内膜（inner membrane）。细胞膜是一层紧贴着细胞壁而包围着细胞质的薄膜（厚约7～8nm），其化学组成主要是蛋白质（50%～70%）、脂类（20%～30%）和少量糖类。这种膜具有选择性通过的半渗透性，膜上具有与物质渗透、吸收、转运和代谢等有关的许多蛋白质和酶类。

细菌细胞膜中蛋白质是主要成分，约占细胞膜的70%，比其他任何一种生物的细胞膜都高。根据在膜上的分布情况，蛋白质可分为两大类：一类是外周蛋白，或称贴膜蛋白，占膜蛋白含量的20%～30%，主要分布在膜内外两侧表面。另一类是整合蛋白，占膜蛋白含量的70%～80%，它们插入或贯穿于磷脂双分子层中。

脂类占细胞膜的20%～30%，细菌细胞的脂类几乎全部分布在细胞膜中，主要是极性类脂——甘油磷脂，由甘油、脂肪酸、磷酸和含氮碱组成。磷脂都是两性分子，即有一个亲水的头部和疏水的尾部，膜在水溶液中很容易形成具有高度定向性的双分子层，这样就形成了膜的基本结构。

整体细胞膜的结构，目前大家比较公认的是"流动镶嵌模型"（图 2-5），其要点是：① 磷脂双分子层组成膜的基本骨架。② 磷脂分子和蛋白分子在细胞膜中以多种方式不断运动，因而膜具有流动性。③ 膜蛋白以不同方式分布于膜的两侧或磷脂层中。

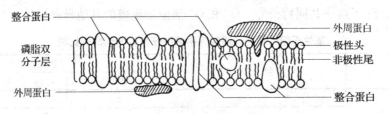

图 2-5　细胞膜模式构造图

细胞膜的主要功能为：① 选择性地控制细胞内外物质（营养物质和代谢产物）的运

送和交换。② 维持细胞内正常渗透压。③ 合成细胞壁组分和荚膜的场所。④ 进行氧化磷酸化或光合磷酸化的产能基地。⑤ 许多代谢酶和运输酶以及电子呼吸链组成的所在地。⑥ 鞭毛的着生和生长点。

（3）细胞质（cytoplasm）

细胞质是细胞膜包围的除核区以外的一切透明、胶状、颗粒状物质的总称。其主要成分是水（80%）、蛋白质、核酸和脂类等。与真核生物不同，原核生物的细胞质是不流动的。细胞质内具有各种酶系，能不断地进行新陈代谢活动（见第 6 章）。细胞质中还含有贮藏物质、中间代谢产物、质粒、各种营养物质和大分子单体等，少数细菌还含有类囊体、羧酶体、气泡或伴孢晶体等特定功能的细胞组分。

由于富含核糖核酸（RNA），所以细胞质是嗜碱性的，即与碱性染料结合能力较强。幼龄菌的细胞质非常稠密、均匀、很容易染色。成熟细胞的细胞质内含有不少颗粒状的贮藏物质，又由于细菌的生命活动产生了许多空泡，染色能力较差，因此着色不均匀。根据染色特点，我们可以通过观察染色均匀与否来判断细菌是处于幼龄还是衰老阶段。

（4）核区（nuclear region 或 area）

核区又称核质体（nuclear body）、原核（prokaryon）、拟核（necleoid），是原核生物所特有的无核膜结构、无固定形态的原始细胞核，含有原核细胞的基因组 DNA 和少量与原核 DNA 结合的蛋白。

细菌的核区内一般只有一个染色体，主要是携带遗传信息的脱氧核糖核酸（DNA）。该 DNA 分子呈大型环状，一般不含蛋白质。DNA 的总长度约 0.25～3.00mm，例如：大肠杆菌 *E.coli* 的 DNA 长度约 1.1～1.4mm，基因组约有 4.2×10^6 对碱基对，4300 个基因。一个细菌在正常情况下只有一个核区，而处于生长活跃状态的细菌中，由于 DNA 复制先于细胞分裂，一个菌体内往往有 2～4 个核区，DNA 含量可占细胞干重的 20%。核区除在染色体复制的短时间内呈双倍体外，一般均为单倍体。

（5）内含物（inclusion body）

内含物是细菌新陈代谢的产物，或是贮备的营养物质。内含物的种类和量随细菌种类和培养条件的不同而不同。往往在某些物质过剩时，细菌就将其转化成贮藏物质，当营养缺乏时，它们又被分解利用。常见的内含物颗粒主要有以下几种：

1）异染颗粒（metachromatic granules），又称捩转菌素（volutin granules）。因最初是在 *Spirillum volutans*（迂回螺菌）中发现，用蓝色染料（如甲苯胺蓝和亚甲蓝）染色后不呈蓝色而呈紫红色，故名。其化学组分是多聚偏磷酸盐，是磷源和能源的贮藏物质，也可起到调节细胞渗透压的作用。污水生物除磷工艺中的聚磷菌（Polyphosphate accumulation organisms，PAOs）在好氧条件下，利用有机物分解产生的大量能量，可"过度摄取"周围溶液中的磷酸盐并转化为多聚偏磷酸盐，以异染颗粒的方式贮存于细胞内。

2）聚-β-羟基丁酸（poly-β-hydroxybutyrate，PHB）是细菌在某些生理条件下，将普通碳源（如葡萄糖、淀粉等）转化为用以储存碳源和能源的一种高分子聚合物。它不溶于水，溶于氯仿，可用尼罗蓝或苏丹黑染色，可调节细胞内渗透压，在碳源和能量来源缺乏时可被细菌自身降解利用。很多微生物还能合成不同碳链长度（3～14 个碳）和饱和度的 β-羟基脂肪酸单体，从而可以聚合成有不同侧链的聚羟基脂肪酸脂（polyhydroxyalkanoates，PHA），具有良好的生物相容性能、生物可降解性和塑料的热加工性能，可以用作生物医学材料和生物可降解包装材料。

PHB实质上是厌氧条件下，微生物在代谢有机物过程中形成的代谢产物。如上面提到的PAOs，在厌氧条件下可将细胞内贮存的异染颗粒分解，释放出能量促进细菌的生长和代谢，使大量有机物分解并转化为PHB颗粒贮存于细胞内。

3）肝糖和淀粉粒（glycogen，amyloid）两者都是碳源和能源的贮藏物质。肝糖颗粒较小，如用稀碘液染色呈红褐色，可在光学显微镜下观察到。有些细菌如大肠杆菌只贮存肝糖，有些光合细菌则两者都有。

4）硫粒（sulfur granules）它是元素硫的贮藏物质，许多硫磺细菌都能在细胞内积累硫粒，如活性污泥中常见的贝氏硫细菌和发硫细菌都能在细胞内贮存硫粒。

5）气泡（gas vacuoles）存在于许多光能营养型、无鞭毛的运动水生细菌中的包囊状的内含物，内中充满气体，外有2nm厚的蛋白质膜包裹。具有调节细胞相对密度，以使其漂浮在最适水层中的作用。每个细胞含有数个至数百个气泡，主要存在于多种蓝细菌中。

2. 特殊结构

细菌的特殊结构一般指糖被、芽孢和鞭毛三种。

（1）糖被（glycocalyx）

有些细菌生活在一定营养条件下，会向细胞壁外分泌出一层黏性多糖类物质，称糖被。根据其厚度、可溶性及其在细胞表面的存在状态可将其称为荚膜、微荚膜（microcapsule）、黏液层（slime layer）。

荚膜或称大荚膜（macrocapsule）黏性较大，相对稳定地附着在细胞壁外，具有一定外形，厚度大于200nm，其硬度和弹性远远小于细胞壁。与细胞结合力较差，很难着色，用负染色法可在光学显微镜下观察。微荚膜厚度在200nm以下，与细胞表面结合较紧，易被胰蛋白酶消化。黏液层比荚膜疏松，无明显形状，悬浮在培养液中，更容易溶解，会增加培养液的黏度。

荚膜的成分因细菌而异，主要成分为多糖，少数含多肽与蛋白质，也有多糖与多肽混合型的。产荚膜的细菌菌落通常光滑透明，称光滑型（S型）细菌，不产荚膜的细菌菌落表面粗糙，称粗糙型（R型）细菌。

荚膜的主要功能有：① 保护作用，其大量极性基团可保护菌体免受干旱损伤；可防止噬菌体吸附和裂解；一些致病菌的荚膜可以保护它们免受宿主白细胞的吞噬。② 作为通透性屏障和离子交换系统，保护细菌免受重金属离子伤害。③ 贮藏养料，当营养缺乏时，细菌可以利用荚膜多糖作为它的碳源和能源物质。④ 表面附着作用。

肺炎球菌、炭疽杆菌等都能生成荚膜。

有的细菌，如硫磺细菌、铁细菌和球衣细菌的丝状体周围的黏液层会逐渐硬质化，而形成所谓的鞘。

当荚膜物质融合成一团块，内含许多细菌时，称为菌胶团。并不是所有的细菌都能形成菌胶团。凡是能够形成菌胶团的细菌，则称为菌胶团细菌。不同细菌形成不同形状的菌胶团，有分枝状的、垂丝状的、球形的、椭圆形的、蘑菇形的、片状的以及各种不规则形状的（图2-6）。菌胶团细菌包藏在胶体物质内，一方面可减少其被动物吞噬的危险，同时也增强了它对不良环境的抵抗能力。

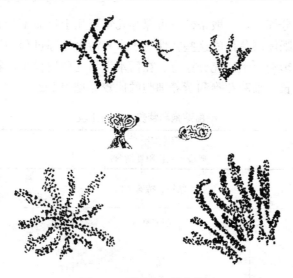

图 2-6　不同形态的菌胶团

菌胶团是活性污泥（如污水生物处理构筑物曝气池中所形成的污泥）中细菌的主要存在形式，有较强的吸附和氧化有机物的能力，在污水生物处理中具有重要的作用。一般说，处理生活污水的活性污泥，其性能的优劣，主要根据所含菌胶团的多少、大小及结构的紧密程度来定。新生菌胶团（即新形成的菌胶团）颜色较浅，甚至无色透明，但有旺盛的生命力，氧化分解有机物的能力强。老化了的菌胶团，由于吸附了许多杂质，颜色较深，看不到细菌絮体，生命力较差。

一定种的细菌在适宜环境条件下形成一定形态结构的菌胶团，而当遇到不适宜的环境时，菌胶团就发生松散，甚至呈现单个游离细菌，影响处理效果。因此，为了使污水处理达到较好的效果必须满足菌胶团细菌对营养及环境的要求，使菌胶团结构紧密，吸附、沉降性能良好。

（2）芽孢（spore）

某些细菌（多为杆菌）在生活史的一定阶段，或在某些恶劣环境条件下，可从营养细胞状态自主调控细胞质和核质高度浓缩脱水，形成一种具有多个特殊保护层抗逆性很强的球形或椭圆形的休眠体（图 2-7），称为芽孢。一个营养细胞只能生成一个芽孢，它不具备繁殖力。一旦遇到适宜条件可转变成新的营养体。芽孢具有以下特点：壁厚；水分少，一般在 40% 左右；不易透水；具有极强的抗热、抗化学药物、抗辐射等能力。芽孢含有特殊的抗热性物质—2，6-吡啶二

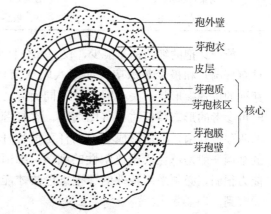

图 2-7　细菌芽孢构造模式图

羧酸和耐热性酶。一般说，普通细菌在 $70 \sim 80 \text{℃}$ 时煮 10min 就会死亡，而芽孢在 $120 \sim 140 \text{℃}$ 时仍能生存几小时；又如在 5% 石炭酸（苯酚）溶液中普通细菌很快死亡，而芽孢能忍耐 15d 之久。

芽孢的休眠力十分惊人，一般条件下可保存几年至几十年而不死亡。因此，芽孢是抵抗恶劣环境的一个休眠体。芽孢的这些特性对于水和污水处理过程的影响，尤其是对饮用水的卫生检验过程的影响应予以充分注意。在污水生物处理过程中，特别是处理有毒污水时都会有芽孢杆菌生长。细菌芽孢和营养细胞的比较详见表 2-2。

细菌芽孢和营养细胞的比较　　　　　　　　　　　　表 2-2

性　　质	营养细胞 （典型革兰氏阳性细菌）	芽　孢
结构	基本结构、特殊结构	核心、内膜、初生细胞壁 皮层、外膜、外壳层、外孢囊
显微镜观察	无折光性	有折光性
化学成分		
钙	低	高
2,6-吡啶二羧酸	无	有
聚-β-羟基丁酸	有	无
多糖	高	低
蛋白质	较低	较高
含硫氨基酸	低	高
酶促活性	高	低
代谢（氧摄取）	高	低或缺
大分子合成	有	无
mRNA	有	低或无
抗辐射性	低	高
抗热性	低	高
抗化学药物和酸类	低	高
对染料的可染性	普通方法可染	只有特殊方法可染
溶菌酶作用	敏感	抗性

能产芽孢的细菌种类很少，仅在部分杆菌（如炭疽杆菌、枯草杆菌）和极少数球菌（如尿八联球菌）中能形成芽孢。芽孢的位置、形状、大小因菌种不同而异，是菌种分类鉴定时可参考的形态特征之一（图 2-8）。在杆菌中凡能形成芽孢的叫芽孢杆菌，不能形成芽孢的杆菌就称杆菌。能形成芽孢的细菌一般是革兰氏染色阳性的细菌。细菌的芽孢本身着色能力很弱，必须采用特殊的芽孢染色法才能在光学显微镜下观察到。

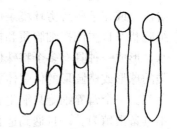

图 2-8　芽孢形状及位置

细菌的休眠构造除芽孢外还有其他数种形式。如固氮菌的孢囊（cyst）；黏球菌的黏孢子（myxospore）；蛭弧菌的蛭孢囊（bdellocyst）等。

（3）鞭毛（flagellum，复 flagella）

鞭毛是某些细菌表面伸出的一至数根由细胞膜上生长出的细长、波曲状的蛋白质丝状体。它可通过细胞膜两侧的质子浓度差产生旋转，使细胞具有运动的能力。

鞭毛在菌体上的位置和数目随菌种不同而不同。有的细菌只在一端有一根，如霍乱弧菌，有的细菌的两端各有一根，有的成束，有的则布满菌体周围，如伤寒杆菌、大肠杆菌（图 2-9）。球菌一般无鞭毛，仅个别属如 *Planococcus*（动球菌属）才有鞭毛；杆菌中，假单胞菌都长有端生鞭毛，其他的有周生鞭毛或不长鞭毛；所有的螺旋菌都具有鞭毛。鞭毛在细菌表面的着生方式多样，主要有单端鞭毛菌、端生丛毛菌、两端生鞭毛菌和周生毛菌等，图解并举例如下。具有鞭毛的细菌能真正运动，无鞭毛的细菌在液体中只能呈布朗运动。

鞭毛着生方式
- 一端生
  - 一根：*Vibrio cholerae*（霍乱弧菌）等
  - 一束：*Pseudomonas fluorescens*（荧光假单胞菌）等
- 二端生
  - 一根：*Spirochaeta morsusmuris*（鼠咬热螺旋体）等
  - 一束：*Spirillum rubrum*（红色螺菌）等
- 周生
  - 肠杆菌：*E. coli*，*Salmonella typhi*（大肠杆菌，伤寒沙门氏菌）
  - *Proteus vulgaris*（普通变形杆菌）等
  - 芽孢杆菌科：*Bacillus subtilis*（枯草芽孢杆菌）
  - *Clostridium acetobutylicum*（丙酮丁醇梭菌）等
- 侧生：*Selenomonas ruminatium*（反刍月形单胞菌）

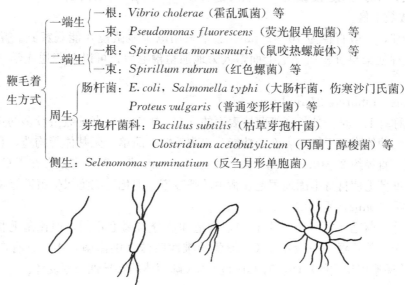

图 2-9　鞭毛

鞭毛的主要成分是蛋白质，有的还含有极少量的多糖和类脂等。如枯草杆菌的鞭毛纯制品中，蛋白质占 99%，碳水化合物在 0.2% 以下，类脂少于 0.1%。完整的一根鞭毛从形态上可分三部分：鞭毛丝、鞭毛钩和基体（图 2-10）。鞭毛丝是由鞭毛蛋白组成的伸展在细胞外面的细丝状结构，是进行运动的主体。鞭毛钩是鞭毛丝基部弯曲的筒状部分。基体是指鞭毛与细胞壁、细胞膜相结合的结构体，是产生鞭毛旋转的部分。

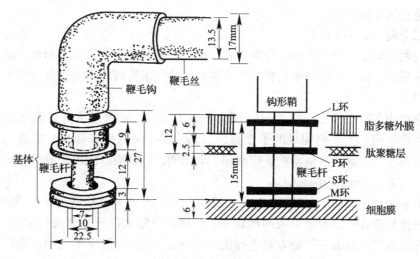

图 2-10　革兰氏阴性细菌鞭毛的细致构成

15

鞭毛是细菌的运动器官，鞭毛运动引起菌体运动。细菌的运动是其实现趋性（taxis）的最有效方式，以求更好的生存或生长环境。生物体对其环境中不同物理、化学或生物因子作有方向性的运动称为趋性。这些因子往往以梯度差的形式存在。若生物向着高梯度方向运动，就称为正趋性，反之就称为负趋性。按环境因子的性质不同，趋性又可细分为趋化性（chemotaxis）、趋光性（phototaxis）、趋氧性（oxygentaxis）、趋磁性（magnetotaxis）等多种。鞭毛菌的运动速度极高，一般可达每秒 $20 \sim 80 \mu m$，最高达 $100 \mu m$，是其自身长度的 10 倍或数十倍。

鞭毛很细，一般直径为 $10 \sim 20nm$。通常采用电子显微镜才能观察到。藉特殊的鞭毛染色法，即使染料沉积在鞭毛上面，人为地加粗鞭毛后，可以在普通光学显微镜下观察到。

（4）菌毛（fimbria，复 fimbriae）

菌毛又称纤毛，是一种长在细菌体表面的纤细、中空、短直且数量较多的蛋白质类附属物，具有使菌体附着于物体表面的功能。比鞭毛短、简单，无基体等构造，直接着生于细胞质膜上。直径约 $2 \sim 10nm$，每个菌一般有 $250 \sim 300$ 条。菌毛多数存在于 G^- 的致病菌中。它们借助菌毛使自身牢固地固定在宿主的呼吸道、消化道或泌尿生殖道等黏膜上。

（5）性毛（pilus，复 pili）

性毛又称性菌毛（sex-pili 或 F-pili），构造和成分与菌毛相同，但比菌毛长，且每个细胞仅有一至少数几根。一般见于 G^- 细菌的雄性菌株（供体菌）中，具有向雌性菌株（受体菌）传递遗传物质的功能，有的还是 RNA 噬菌体的特异性吸附受体。

2.1.3　细菌的繁殖

在合适的条件下，细菌通过其连续的生物合成和平衡生长，细胞体积、重量不断增大，最终导致细胞分裂，细菌繁殖。细菌繁殖的方式主要为裂殖，只有少数类型芽殖。

1. 裂殖（fission）

指一个细胞通过分裂而形成两个细胞的过程。对杆状细胞来说，有横分裂和纵分裂两种方式，前者指分裂时细胞间形成的隔膜与细胞长轴呈垂直状态，后者指呈平行状态。一般细菌均进行横分裂。

（1）二分裂（binary fission）

典型的两分裂是一种对称的二分裂方式，即一个细胞在其对称中心形成一隔膜，进而分裂成两个形态、大小和构造完全相同的子细胞。绝大多数细菌都借这种分裂方式进行繁殖（图 2-11）。

少数细菌中存在不等二分裂（unequal binary fission）的繁殖方式，其结果是产生两个外形、大小和构造上差别明显的子细胞。如 *Caulobacter*（柄杆菌属）的细菌，通过不等二分裂形成一个有柄、不运动的子细胞和一个无柄、有鞭毛、能运动的子细胞。

（2）三分裂（trinary fission）

进行厌氧光合作用的绿色硫细菌中的一个属—*Pelodictyon*（暗网菌属），能形成松散、不规则、三维构造并由细胞链组成的网状体。其原因是除大部分细菌进行常规二分裂外，还有部分细胞以"一分为三"的方式进行成对分裂，形成"Y"字形细胞，随后仍进行二分裂，其结果就形成了特殊的网眼状菌丝体（图 2-12）。

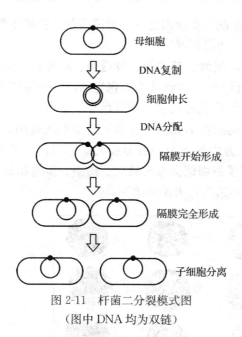

图 2-11 杆菌二分裂模式图
（图中 DNA 均为双链）

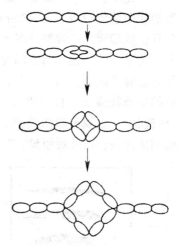

图 2-12 *P. clathratiforme*
（格形暗网菌）通过三分裂形成网眼

（3）复分裂（multiple fission）

这是一种寄生于细菌细胞中具有端生鞭毛称作蛭弧菌（*Bdellovibrio*）的小型弧状细菌所具有的繁殖方式。当它在宿主细菌体内生长时，会形成不规则的盘曲的长细胞，然后细胞多处同时发生均等长度断裂，形成多个弧形子细胞。

2. 芽殖（budding）

芽殖是指在母细胞表面（尤其在其一端）先形成一个小突起，待其长度长大到与母细胞相仿后再相互分离并独立生活的一种繁殖方式。凡以这种方式繁殖的细菌，通称芽生细菌（budding bacteria），包括 *Blastobacter*（芽生杆菌属）、*Hyphomicrobium*（生丝微菌属）、*Hyphomonas*（生丝单孢菌属）、*Nitrobacter*（硝化杆菌属）、*Rhodomicrobium*（红微菌属）和 *Rhodopseudomonas*（红假单胞菌属）等 10 余属细菌。

2.1.4 细菌的群体特征

细菌无论在自然界还是在人为培养过程中很少以个体存在，通常都以某种聚集状态或呈群体状态生存，其群体生长特征常成为其鉴别依据之一。

1. 在固体培养基上（内）的群体特征

将单个或少量同种细菌（或其他微生物）细胞接种于固体培养基表面（或内层）时，在适当的培养条件下（如温度、光照等），该细胞会迅速生长繁殖，形成许多细胞聚集在一起且肉眼可见的细胞集合体，称之为菌落（colony）。准确地讲，菌落就是在固体培养基上（内）以母细胞为中心的、肉眼可见的、有一定形态、构造特征的子细胞团。如果菌落是由一个单细胞繁殖形成的，则它就是一个纯种细胞群或称克隆（clone）。每一个克隆都可以看作一个菌株，菌株这个概念通常用于区分同种微生物中不同来源的个体，同种微生物不同菌株之间的基因组 DNA 通常高度相似，但不完全相同。

菌落的外观特性与培养条件有关，也与细菌自身的遗传生长特性有关。一定培养条件下它们表现出一定的特征，并且可以作为细菌的分类依据之一。细菌菌落的特征主要包括大小、形状、光泽、颜色、硬度、透明程度、边缘形状等。

典型的细菌菌落一般是1～3mm，圆形、湿润、较光滑、较透明、较黏稠、易挑取、质地均匀且正反面颜色一致等（图2-13）。其原因是细菌是单细胞生物，一个菌落的细胞没有形态、功能上的分化，细胞间充满着毛细管状态的水。不同形态、生理类型的细菌，其菌落形态会有所区别。如无鞭毛、不能运动的细菌尤其是球菌通常都形成较小、较厚、边缘圆整的半球状菌落；长有鞭毛、运动能力强的细菌一般形成大而平坦、边缘多缺口（甚至呈树根状）、不规则形状的菌落；有荚膜的细菌会形成较大、透明、蛋清状的菌落；有芽孢的细菌往往长出外观粗糙、"干燥"、不透明且表面多褶的菌落。

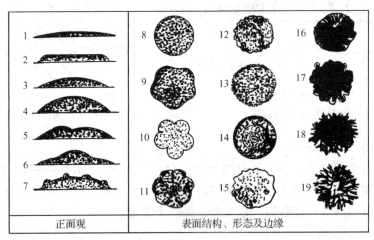

图 2-13　细菌菌落特征

1—扁平；2—隆起；3—低凸起；4—高凸起；5—脐状；6—草帽状；7—乳头状；8—圆形、边缘完整；9—不规则、边缘波浪；10—不规则、颗粒状、边缘叶状；11—规则、放射状、边缘呈叶状；12—规则、边缘呈扇边状；13—规则、边缘呈齿状；14—规则、有同心环、边缘完整；15—不规则、似毛毯状；16—规则、似菌丝状；17—不规则、卷发状、边缘波状；18—不规则、呈丝状；19—不规则、根状

2. 在液体培养基上（内）的群体形态

细菌在静置的液体培养基中生长时，会因其细胞特征、相对密度、运动能力和对氧气的需求等的差异而形成几种不同的群体形态：多数表现为浑浊，部分表现为沉淀，一些好氧性细菌则在液面上大量生长，形成有特征性的、薄厚不同的菌醭（pellicle）、菌膜（scum）或环状、小片状不连续的菌膜等。

2.2　放　线　菌

放线菌（actinomycetes）呈菌丝状生长，兼性厌氧，主要以孢子繁殖，是一类陆生性较强的单细胞原核微生物。它的细胞结构与普通细菌十分相近，是细菌中进化较高级的类群，绝大多数放线菌是革兰氏阳性菌。

放线菌多数为腐生菌，少数为寄生菌，广泛分布于含水量较低、有机物较丰富的微碱性土壤中。泥土所特有的泥腥味，主要是由放线菌所产生的土腥味素所引起。每克土壤中放线菌的孢子数一般可达10^7个。河流和湖泊中，放线菌数量不多，大多为小单孢菌、游动放线菌和孢囊链霉菌，还有少数链霉菌。海洋中的放线菌多半来自土壤或生存在漂浮于海面的藻体上。海水中还存在耐盐放线菌。大气中也存在着大量的放线菌菌丝和孢子，它们并非原生的微生物区系，而是由于土壤、动植物、食品甚至衣物等表面均有大量的放线菌存在，由于它们耐干燥，常随尘埃、水滴，借助风力飞入大气所致。食品上常常生长放线菌，尤其在比较干燥、温暖的条件下易于大量繁殖，使食品发出刺鼻的霉味。健康动物，特别是反刍动物的肠道内有大量的放线菌，堆肥中的高温放线菌可能来源于此。在动物和植物体表有大量的腐生性放线菌，偶尔也有寄生性放线菌存在。

放线菌与人类的关系极为密切，绝大多数属有益菌，对人类健康的贡献尤为突出。至今报道过的近万种天然抗生素中，约 70% 由放线菌产生。近年来筛选到的许多新的生化药物是放线菌的次生代谢产物，包括抗癌剂、酶抑制剂、抗寄生虫剂、免疫制剂和农用杀虫剂等。放线菌还是许多酶、维生素等的生产菌。由于许多放线菌具有极强的分解纤维素、石蜡、角蛋白、琼脂和橡胶等能力，它们在环境保护、提高土壤肥力和自然界物质循环中起重要作用。只有极少数的放线菌对人类构成危害，例如分枝杆菌能引起肺结核和麻风病等。还有少数放线菌能引起植物病害。

近年来发现某些放线菌有氧化分解氰化物（CN^-）的能力，这对于含氰污水的生物处理有重要意义，但必须注意所选用的菌种对人类和动植物有无不良影响。

2.2.1　放线菌的形态结构

放线菌的种类很多，形态、构造和生理、生态类型多样。大部分的菌体由不同长短的纤细菌丝组成。菌丝相当长，约在 $50\sim600\mu m$ 之间，直径与细菌的大小较接近，一般为 $0.5\sim1\mu m$，最大不超过 $1.5\mu m$，内部相通，一般无隔膜。链霉菌是放线菌中进化比较高级的属，具有典型放线菌的一般形态构造，根据菌丝的不同形态与功能，可分为基内菌丝、气生菌丝、孢子丝（图 2-14）。

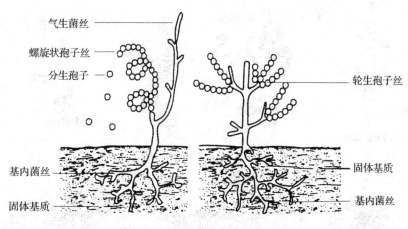

图 2-14　链霉菌的形态、构造图

1. 基内菌丝

基内菌丝（substrate mycelium）又称营养菌丝（vegetative mycelium）或初级（初生）菌丝（primary mycelium），是伸入营养物质内或漫生于营养物表面吸取养料的菌丝。主要生理功能是吸收营养物，一般无隔膜，即使有也非常少；直径 $0.2\sim0.8\mu m$，长度差别很大，短的小于 $100\mu m$，长的可达 $600\mu m$ 以上；有的无色素，有的产生黄、橙、红、紫、蓝、绿、褐、黑等不同色素，若是水溶性的色素，还可透入培养基内，将培养基染上相应的颜色，如果是非水溶性（或脂溶性）色素，则使菌落底部呈现相应的颜色。色素是鉴定菌种的重要依据。

2. 气生菌丝

气生菌丝（aerial mycelium）又称二级（次生）菌丝（secondary mycelium）。营养菌丝体发育到一定时期，长出培养基外并伸向空间的菌丝为气生菌丝。它叠生于营养菌丝上，以至可覆盖整个菌落表面。在光学显微镜下，颜色较深，直径比营养菌丝粗，约 $1\sim1.4\mu m$，其长度则更悬殊。直形或弯曲而分枝，有的产生色素。

3. 孢子丝

当气生菌丝体发育到一定程度，其上分化出可形成孢子的菌丝即孢子丝，又名产孢丝或繁殖菌丝。孢子丝的形状和在气生菌丝上的排列方式，随菌种而异。

孢子丝的形状有直形、波曲和螺旋形之分（图 2-15）。螺旋状孢子丝的螺旋结构与长度均很稳定，螺旋数目、疏密程度、旋转方向等都是种的特征。螺旋数目通常为 $5\sim10$ 转，也有少至 1 个多至 20 个的；旋转方向多为逆时针，少数种是顺时针的。孢子丝的排列方式，有的交替着生，有的丛生或轮生。孢子丝从一点分出 3 个以上的孢子枝者，叫做轮生枝。它有一级轮生（单轮）和二级轮生（双轮）。上述特征，皆可作为菌种鉴定的依据。

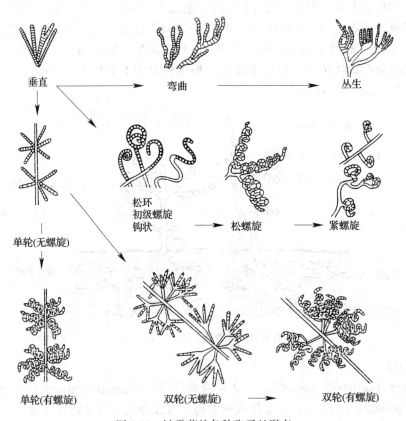

图 2-15 链霉菌的各种孢子丝形态

　　孢子丝生长到一定阶段可形成孢子。在光学显微镜下，孢子呈球形、椭圆形、杆状、瓜子状等；在电子显微镜下还可看到孢子的表面结构，有的光滑、有的带小疣、有的生刺（不同种的孢子，刺的粗细长短不同）或有毛发状物。孢子表面结构也是放线菌种鉴定的重要依据。孢子的表面结构与孢子丝的形状、颜色也有一定关系，一般直形或波曲状的孢子丝形成的孢子表面光滑；而螺旋状孢子丝形成的孢子，有的光滑，有的带刺或毛；白色、黄色、淡绿、灰黄、淡紫色的孢子表面一般都是光滑型的，粉红色孢子只有极少数带刺，黑色孢子绝大部分都带刺和毛发。

　　由于孢子含有不同色素，成熟的孢子堆也表现出特定的颜色，而且在一定条件下比较稳定，故也是鉴定菌种的依据之一。应指出的是，孢子的形态和大小不能笼统地作为分类鉴定的重要依据。因为，即使从一个孢子丝分化出来的孢子，形状和大小可能也有差异。

2.2.2　放线菌的繁殖与生理特性

1. 放线菌的繁殖

　　放线菌主要通过形成无性孢子的方式进行繁殖，也可借菌丝断裂或菌丝片段繁殖，但以孢子繁殖为主。孢子对于不良的外界环境有较强的抵抗力。散落的孢子遇适宜条件就萌发长出菌丝，菌丝分枝再分枝，最后形成网状的菌丝体。孢子的形成主要通过两种方式：① 细胞膜内陷，再由外向内逐渐收缩，最后形成一完整的横隔膜，把孢子丝分成许多分生孢子；② 细胞壁与细胞膜同时内陷，再逐步向内缢缩，最终将孢子丝缢裂成一串分生孢子。各种繁殖方式图解如下。

$$
\text{放线菌的繁殖方式}
\begin{cases}
\text{借孢子}
\begin{cases}
\text{分生孢子：最常见，如链霉菌属（\textit{Streptomyces}）等大多数种类} \\
\text{孢囊孢子}
\begin{cases}
\text{无鞭毛：如链孢囊菌属（\textit{Streptosporangium}）} \\
\text{有鞭毛：如游动放线菌属（\textit{Actinoplanes}）}
\end{cases}
\end{cases} \\
\text{借菌丝}
\begin{cases}
\text{基内菌丝断裂：如诺卡氏菌属（\textit{Nocardia}）等} \\
\text{任何菌丝片段：各种放线菌}
\end{cases}
\end{cases}
$$

　　放线菌的发育周期是一个连续的过程。以链霉菌为例，放线菌生活史可概括如图 2-16 所示。孢子在适宜条件下萌发，长出 1～3 个芽管；芽管伸长，长出分枝，分枝越来越多形成营养菌丝体；营养菌丝体发育到一定阶段，向培养基外部空间生长成为气生菌丝体；气生菌丝体发育到一定程度，在它的上面形成孢子丝；孢子丝以一定方式形成孢子。有些放线菌首先在菌丝上形成孢子囊（sporangium），在孢子囊内形成孢子，孢子囊成熟后，破裂，释放出大量的孢囊孢子。孢子囊可在气生菌丝上形成，也可在营养菌丝上形成，或两者均可生成。如此周而复始，得以生存发展。

图 2-16　链霉菌的生活史简图

1—孢子萌发；2—基内菌丝体；3—气生菌丝体；
4—孢子丝；5—孢子丝分化孢子

2. 放线菌的生理特性

　　除少数自养型菌种如自养链霉菌外，绝大多数为异养型，它们的营养要求差别很大，有的能利用简单化合物，有的却需要复杂的有机化合物。它们能利用不同的碳水化合物作为能源（包括糖、淀粉、有机酸、纤维素、半纤维素等），最好的碳源是葡萄糖、麦芽糖、糊精、淀粉和甘油，而蔗糖、木糖、棉籽糖、醇和有机酸次之。有机酸中以醋酸、乳酸、柠檬酸、琥珀酸和苹果酸易于利用，而草酸、酒石酸和马尿酸较难利用。某些放线菌还可利用几丁质、碳氢化合物、丹宁以至橡胶。氮素营养方面，以蛋白质、蛋白胨以及某些氨基酸最适，硝酸盐、铵盐和尿素次之。

和其他生物一样，放线菌的生长一般都需要 K、Mg、Fe、Cu 和 Ca，其中 Mg 和 K 对于菌丝生长和抗生素的产生有显著作用。各种抗生素的产生所需的矿质营养并不完全相同，如弗氏链霉菌（S. fradiae）产生新霉素时必需 Zn 元素，而 Mg、Fe、Cu、Al 和 Mn 等不起作用。Co 是放线菌产生维生素 B_{12} 的必需元素，当培养基中含 1 或 2ppm 的 Co 时，灰色链霉菌（S. griseolus）产维生素的量可提高 3 倍，如果培养基中 Co 含量高至 20～50ppm 时产生毒害作用。另外，Co 还有促进孢子形成的功能。

大多数放线菌是好氧的，只有某些种是微量好氧菌和厌氧菌。因此，工业化发酵生产抗生素过程中必须保证足够的通气量；温度对放线菌生长亦有影响，大多数放线菌的最适生长温度为 23～37℃，高温放线菌的生长温度范围在 50～65℃，也有许多菌种在 20～23℃以下仍生长良好；放线菌菌丝体比细菌营养体抗干燥能力强，很多菌种放置在盛有 $CaCl_2$ 和 H_2SO_4 的干燥器内能存活一年半左右。

放线菌的生理特性相当复杂，这里只能概要地介绍。了解上述特性，对寻找和开发放线菌资源无疑是很重要的。

2.2.3　放线菌的代表属

1. 链霉菌属（*Streptomyces*）

链霉菌属具有发达的菌丝体，菌丝体分枝，无隔膜，直径约 0.4～1μm，长短不一，多核。菌丝体有营养菌丝、气生菌丝和孢子丝之分，孢子丝再形成分生孢子。孢子丝和孢子的形态因种而异，这是链霉菌属分种的主要识别性状之一。

已知的链霉菌属放线菌有千余种，主要生长在含水量较低、通气较好的土壤中。由于许多链霉菌产生抗生素的巨大经济价值和医学意义，科研工作者对这类放线菌已做了大量研究工作。研究表明，抗生素主要由放线菌产生，而其中 90% 又由链霉菌产生，著名的、常用的抗生素如链霉素、土霉素，抗肿瘤的博莱霉素、丝裂霉素，抗真菌的制霉菌素，抗结核的卡那霉素，能有效防治水稻纹枯的井冈霉素等，都是链霉菌的次生代谢产物。

2. 小单孢菌属（*Micromonospora*）

该属菌菌丝体纤细，直径 0.3～0.6μm，无横隔膜、不断裂、菌丝体侵入培养基内，不形成气生菌丝。孢子单生，无柄，直接从基内菌丝上产生，或在基内菌丝上长出孢子梗，顶端着生一个孢子（图 2-17）。

菌落比链霉菌小得多，一般 2～3mm，通常为橙黄色，也有深褐、黑色、蓝色者；菌落表面覆盖着一薄层孢子堆。此属菌一般为好氧性腐生菌，能利用各种氮化物和碳水化合物，生长能力较弱，生长温度一般为 32～37℃。

此属约 30 多种，大多分布在土壤或湖底泥土中，堆

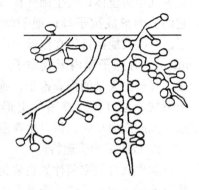

图 2-17　小单孢菌属

肥的厩肥中也有不少，也是产抗生素较多的一个属。例如庆大霉素即由绛红小单孢菌（*M. purpurea*）和棘孢小单孢菌（*M. echinospora*）产生，有的能产生利福霉素、卤霉素等共 30 余种抗生素。此属菌产生抗生素的潜力较大，而且有的种还积累维生素 B12。

3. 诺卡氏菌属（*Nocardia*）

诺卡氏菌属（图 2-18）又名原放线菌属（*Proactinomyces*），在培养基上形成典型的菌丝体，如树根般剧烈弯曲，或不弯曲，具有长菌丝。一般培养 15h～4d 内，菌丝体产生横隔膜，分枝的菌丝体突然全部断裂成长短近于一致的杆状或球状体或带杈的杆状体。每个杆状体内至少有一个核，因此可以复制并形成新的多核的菌丝体。此属中多数种无气生菌丝，只有营养菌丝，以横隔分裂方式形成孢子；少数种在营养菌丝表面覆极薄的一层气生菌丝枝。孢子丝直形、个别种呈钩状或螺旋，具横隔膜。以横隔分裂形成孢子，孢子呈杆状、柱形两端截平或椭圆形等。

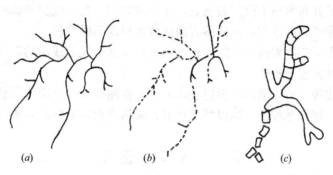

图 2-18　诺卡氏菌属
(*a*) 菌丝；(*b*)、(*c*) 菌丝断裂为孢子

菌落外貌与结构多样，一般比链霉菌菌落小，表面崎岖多皱，致密干燥，一触即碎，或者像面团；有的种菌落平滑或凸起，无光或发亮呈水浸状。

此属多为好氧性腐生菌，少数为厌氧性寄生菌。能同化各种碳水化合物，有的能利用碳氢化合物、纤维素等。

诺卡氏菌主要分布于土壤，已报道 100 余种，能产生 30 多种抗生素，如对结核分枝杆菌和麻风分枝菌有特效的利福霉素；对引起植物白叶枯病的细菌和原虫、病毒有作用的间型霉素；以及对革兰氏阳性细菌有作用的瑞斯托菌素等。另外，有些诺卡氏菌可用于石油脱蜡、烃类发酵以及污水处理中分解腈类化合物。

4. 放线菌属（*Actinomyces*）

放线菌属多为致病菌，只有营养菌丝，直径小于 1μm，有横隔，可断裂成 "V" 形或 "Y" 形体。无气生菌丝，也不形成孢子。一般为厌氧菌或兼性厌氧菌。引起牛颚肿病的牛型放线菌（*A. bovis*）是此属的典型代表。另一类是衣氏放线菌（*A. isaelii*），它寄生于人体，可引起后颚骨肿瘤和肺部感染。它们的生长需要较丰富的营养，通常需要在培养基中添加血清等。

2.2.4　放线菌的群体特征

放线菌容易在培养基上生长，固体培养基上的菌落通常由一个孢子或一小块营养菌丝形成，结构为一团有分枝的细丝。菌落表面常呈粉末状或皱褶状，有的则呈紧密干硬的圆形，有些属的菌落为糊状。光学显微镜下观察，菌落周围具辐射状菌丝。不同的放线菌的菌落呈不同颜色，如无色、白、黑、红、褐、灰、黄、绿等颜色。菌落的正面和背面的颜色往往不同，正面是孢子的颜色，背面是营养菌丝及它所分泌的色素的颜色。放线菌菌落不易用接种环挑起。这些特征都是菌种鉴定的重要依据。

放线菌菌落的总体特征介于霉菌与细菌之间，因种类不同可分为两类：

一类是由产生大量分枝和气生菌丝的菌种所形成的菌落。链霉菌的菌落是这一类型的代表。链霉菌丝较细，生长缓慢，分枝多而且相互缠绕，故形成的菌落质地致密、表面呈较紧密的绒状或坚实、干燥、多皱，菌落较小而不蔓延；营养菌丝长在培养基内，所以菌落与培养基结合较紧，不易挑起或挑起后不易破碎；当气生菌丝尚未分化成孢子丝以前，幼龄菌落与细菌的菌落很相似，光滑或如发状缠结。有时气生菌丝呈同心环状，当孢子丝产生大量孢子并布满整个菌落表面后，才形成絮状、粉状或颗粒状的典型的放线菌菌落；有些种类的孢子含有色素，使菌落表面或背面呈现不同颜色。

另一类菌落由不产生大量菌丝体的种类形成，如诺卡氏放线菌的菌落，黏着力差，结构呈粉质状，用针挑起则粉碎。

若将放线菌接种于液体培养基内静置培养，能在瓶壁液面处形成斑状或膜状菌落，或沉降于瓶底而不使培养基混浊；如以振荡培养，常形成由短的菌丝体所构成的球状颗粒。

2.3 丝状细菌

铁细菌、硫细菌和球衣细菌又常称为丝状细菌。这类细菌的菌丝体外面有的包着一个圆筒状的黏性皮鞘[①]，组成鞘的物质相当于普通细菌的荚膜，由多糖类物质组成。工程上常把菌体细胞能相连而形成丝状的微生物统称丝状菌，如丝状细菌、放线菌、丝状真菌等。

2.3.1 铁细菌

水中常见的铁细菌有多孢泉发菌（*Crenothrix polyspora*）、赭色纤发菌（*Leptothrix ochracea*）和含铁嘉利翁氏菌（*Gallionella ferruginea*）等。铁细菌一般都是自养型丝状细菌（图 2-19）。

多孢泉发菌的丝状体不分枝，附着在坚固的基质上，基部和顶端有差别。鞘清楚可见，顶端薄而无色，基部厚并被铁所包围。细胞有圆筒形的和球形的，可产生球形的分生孢子。

赭色纤发菌的丝状体有鞘，呈黄色或褐色，被氢氧化铁所包围。在地表水中广泛分布。

含铁嘉利翁氏菌是有柄的细菌，绞绳状对生分枝，没有发现有鞘存在。因为还没有发

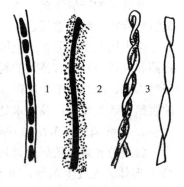

图 2-19　铁细菌
1—多孢泉发菌；2—赭色纤发菌；
3—含铁嘉利翁氏菌

---

① 细胞外有皮鞘包围的细菌，又称衣细菌，《伯杰氏细菌鉴定手册》称鞘细菌。

现其他细菌有这种形状，所以这种扭曲的丝状体很容易鉴定。当卷曲的环被附着的铁所包围时，其丝状体就好像一串念珠。这种细菌也广泛地分布于自然界中。

铁细菌一般能生活在含氧少但溶有较多铁质和二氧化碳的水中。它们能将其细胞内所吸收的亚铁氧化为高铁，从而获得能量，其反应如下。

$$4FeCO_3 + O_2 + 6H_2O \longrightarrow 4Fe(OH)_3 + 4CO_2 + 167.5kJ \qquad (2\text{-}1)$$

式中以碳酸盐为碳素来源，亚铁的氧化为能量来源，但反应产生的能量很小。它们为了满足对能量的需要，必须氧化大量的亚铁，使之生成 $Fe(OH)_3$。这种不溶性的铁化合物排出菌体后就沉淀下来。因此，在含有自养铁细菌的水中会发现大量 $Fe(OH)_3$ 的沉淀。当水管中有大量氢氧化铁沉淀时，就会降低水管的输水能力。例如，某地水厂有一使用 30 年的铸铁管，由于铁细菌的作用，沉积物占了管子容积的 37.33%，通过的流量降低到新管流量的 44.70%。水管中的氢氧化铁沉积物还能使水发生浑浊并呈现颜色。此外，铁细菌吸收水中的亚铁盐后，促使组成水管的铁质更多地溶入水中，加速钢管和铸铁管的腐蚀。

2.3.2　硫磺细菌

硫磺细菌一般也都是自养的丝状细菌。它们能氧化硫化氢、硫磺和其他硫化物为硫酸，从而得到能量。在水处理中比较常见的硫磺细菌有贝日阿托氏菌（又称白硫磺菌 *Beggiatoa*）和发硫细菌（*Thiothrix*）等。

贝日阿托氏菌是一类漂浮在池沼上的硫磺细菌，其丝状体由一串细胞相连接并为共同的衣鞘所包围，细菌的细胞内一般含有很多硫磺颗粒（图 2-20）。它们的丝状体不分枝，单个分散，不固着于其他物体上生长，能进行匍匐运动，或呈直线或呈曲线，并经常改变行动方向。有些贝日阿托氏菌的个体很大，如奇异贝日阿托氏菌（*Beggiatoa mirabilis*）的丝状体的宽度可达 $16\sim45\mu m$；有些种，如最小贝日阿托氏菌（*Beggiatoa minima*）的丝状体则只有 $1\mu m$ 宽。

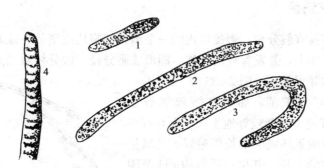

图 2-20　贝日阿托氏菌

1、2、3—体内含有明显的硫粒；4—表示菌体的一端，体内不含硫粒

发硫细菌也是一种不分枝的丝状细菌，可固着在其他物体上生长（图 2-21）。

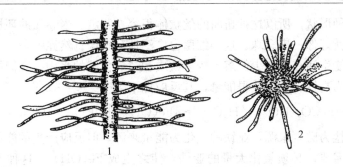

图 2-21　发硫细菌

1—菌丝一端吸附在植物残片或纤维上；2—从活性污泥菌胶团中伸展出的菌丝

硫磺细菌氧化硫化氢或硫磺为硫酸，同时同化 CO_2，合成有机成分。

$$2H_2S+O_2 \longrightarrow 2H_2O+2S+343kJ \tag{2-2}$$

$$2S+3O_2+2H_2O \longrightarrow 2H_2SO_4+494kJ \tag{2-3}$$

$$CO_2+H_2O \longrightarrow [CH_2O]+O_2 \tag{2-4}$$

如果环境中硫化氢充足，则形成硫磺的作用大于硫磺被氧化的作用，其结果是在菌体内累积很多硫粒。当硫化氢缺少时，硫磺被氧化的作用就大于硫磺形成的作用，这时体内硫粒逐渐消失。完全消失后，硫磺细菌死亡或进入休眠状态，停止生长。

根据上海某污水处理厂的观察，污水中溶解氧超过 1mg/L 时，硫化氢大大减少，在贝日阿托氏菌体内几乎找不到硫粒。

硫磺细菌在水管中大量繁殖时，因有强酸产生，对于管道有腐蚀作用。

此外，还有一类所谓硫化细菌。它们能氧化硫化氢、硫或硫代硫酸盐为硫酸，但不积存硫粒于细胞中。

关于硫磺细菌和硫化细菌的作用还将在第 10 章中讨论。

2.3.3　球衣细菌

球衣细菌大多具有假分枝。当皮鞘内的一个细菌细胞从皮鞘的一端游出，吸附在另一个球衣细菌的菌丝体上，并发育成菌丝体，即形成假分枝。假分枝看来好像是分枝，实际上与旁边的菌丝体并无关系（图 2-22）。

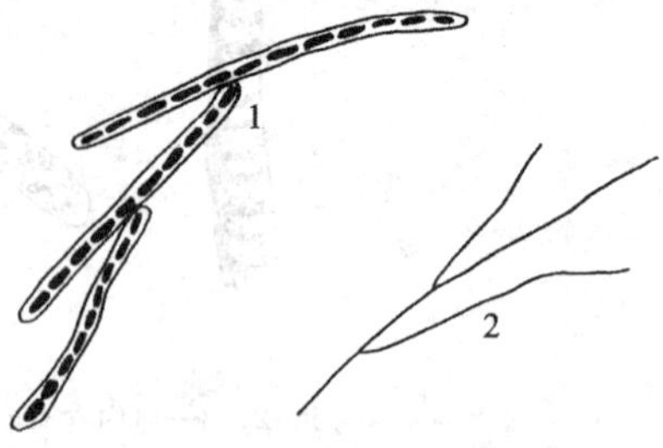

球衣细菌是好氧细菌，而且在溶解氧低于 0.1mg/L 的微氧环境中仍能较好地生长。也有资料介绍，球衣细菌在微氧环境中生长得最好，若氧量过大，反而影响它的生长。其生长适宜的 pH 范围约为 6～8，适宜温度在 30℃ 左右，在 15℃ 以下生长不良。球衣细菌在营养方面对碳素的要求较高，反应灵敏，所以大量的碳水化合物能加速球衣细菌的繁殖。此外，球衣细菌对某些杀虫剂，如液氯、

图 2-22　球衣细菌

1—高倍镜放大；2—低倍镜放大

漂白粉等的抵抗力不及菌胶团。这些生理上的特性，都是生产上控制球衣细菌的重要依据。

球衣细菌分解有机物的能力很强。在污水处理设备正常运转中有一定数量的球衣细菌，对有机物的去除是有利的。上海某污水处理厂中，曝气池的运行数据表明，只要污泥不随水流出，即使球衣细菌多一些，有机物的去除率仍是很高的。

2.3.4　丝状细菌与污泥膨胀

丝状细菌，特别是球衣细菌，在污水处理的活性污泥中大量繁殖后，会使污泥结构极度松散，使污泥沉降速率下降，引起污泥膨胀，影响出水水质。

应当指出，近年来还发现枯草杆菌和大肠杆菌也能引起污泥膨胀。研究发现，枯草杆菌的发育过程不像普通细菌那样简单，而是有比较复杂的生活史，在其生长的某一阶段能形成链条状的形态。大肠杆菌的生活史虽简单，但它的个体形态不是固定不变的，它虽是杆菌，但有时短似球形，有时则呈链条状。当这两种细菌的链条状形态大量存在时，就能引起污泥膨胀，不利于污泥的沉淀。

2.4　光　合　细　菌

2.4.1　光合细菌的种类与特点

光合细菌通常指是以光作为能源，利用自然界的硫化氢、氨、有机物等作为供氢体，进行光合作用的细菌，一般为革兰氏阴性菌。根据光合作用是否产氧，可分为产氧光合细菌和不产氧光合细菌，通常多指不产氧的光合细菌；《伯杰氏系统细菌学手册》第一版开始使用"不产氧光合细菌"（Anoxyenic Phototrophic Bacteria，APB）这一名称，以区别光合作用释放氧气的产氧光合细菌—蓝细菌。但国内外一些学者仍沿用"光合细菌"。有学者建议，为与国际发展趋势相符合，避免名称混乱，使用不产氧光合细菌（APB）名称更为恰当。能进行厌氧光合生长且光合作用不释放氧气是 APB 分类最重要的特征。

不产氧光合细菌的种类较多，自 1835 年 Ehrenberg 首次描述有色硫细菌至今，不断有新种发现。随着核酸测序等技术的发展，APB 的分类也不断细化。目前仍有许多种类的 16SrDNA 系统发育数据与传统分类有较大分歧，相关研究仍是生物领域的研究热点。

从应用角度考虑，一些研究根据 APB 所具有的光合色素体系和光合作用中是否能以硫为电子供体将其划分为 4 个科：

（1）红螺菌科或称红色无硫菌科（Rhodospirillaceae）

（2）红硫菌科（Chromatiaceae）

（3）绿硫菌科（Chlorobiaceae）

（4）滑行丝状绿硫菌科（Chloroflexaceae）

进一步可分为 22 个属，61 个种。近年来不断有新种发现。2005 年 6 月一个国际科学家小组报道在太平洋海面下 2400m 处生活的一种细菌，属于绿硫菌家族，依靠海底热泉泉眼中极其微弱的光亮进行光合作用。他们认为，这种细菌不仅改变了人们对地球生命的认识，也可能成为寻找外星生命的线索。

与生产应用关系密切的不产氧光合细菌主要是红螺菌科的一些属、种，如荚膜红假单胞菌（*Rhodopseudomonas capsulatus*）、球形红假单胞菌（*Rps. globiformis*）、沼泽红假单胞菌（*Rps. palustris*）、嗜硫红假单胞菌（*Rps. sulfidophila*）、深红红螺菌（*Rhodospirillum rubrum*）、黄褐红螺菌（*Rhodospirillum fulvum*）等。

光合细菌广泛存在于自然界的水田、湖泊、江河、海洋及土壤内，是自然界中的原始生产者，并在自然界碳素循环和物质循环中起重要作用。

2.4.2　不产氧光合细菌的生理特性

不产氧光合细菌体内含有大量的蛋白质、辅酶 Q 和相当完全的 B 族维生素（尤其是 B_{12}、叶酸和生物素），以及丰富的菌绿素和类胡萝卜素等。APB 菌体形态多样，有球形、椭圆形、半环形，也有杆状和螺旋状，有些菌种的细胞形态还会随培养条件和生长阶段的不同而发生变化。APB 体内都含有菌绿素与类胡萝卜素，随其种类和数量的不同，菌体呈不同的颜色。

APB 在 $10\sim45℃$ 范围内均可生长繁殖，最佳温度在 $25\sim28℃$。绝大多数的最佳 pH 范围为 $7\sim8.5$。钠、钾、钙、钴、镁和铁等是 APB 代谢中的必需元素。

不产氧光合细菌是代谢类型复杂、生理功能最为广泛的微生物类群。各种 APB 获取能量和利用有机质的能力不同，它们的代谢途径随环境变化可以发生改变。APB 从营养类型看包括光能自养型、光能异养型及兼性营养类型；从呼吸类型看包括好氧、厌氧和兼性厌氧型。光能自养菌主要是以硫化氢为光合作用供氢体的紫硫细菌（*chromatium*）和绿硫细菌（*chlorobium*），光能异养菌主要是以各种有机物为供氢体和主要碳源的紫色非硫细菌（*purple non-sulfur bacteria*）。

红螺菌科的一些菌具有固氮和产氢能力，固氮与产氢同步进行，氮饥饿时产氢能力最强。

2.4.3　不产氧光合细菌的应用

不产氧光合细菌具有光合成、固氮、固碳等生理机能，且富含蛋白质、维生素、促生长因子、免疫因子等营养成分，在水产养殖业中的应用可与抗生素相媲美，并且更具有安全性。APB 的应用研究最早始于 19 世纪，近年来其在生物与环境领域的研究与应用受到了普遍关注。

（1）利用 APB 生产单细胞蛋白和制剂

单细胞蛋白（SCP, single cell protein）也称微生物蛋白，是由蛋白质、脂肪、碳水化合物、核酸以及非蛋白含氮化合物、维生素和无机化合物等组成的细胞质团。APB 由于其自身特性，被广泛用于制造单细胞蛋白、食用色素、饲料、有机肥料等。

（2）利用 APB 处理高浓度有机废水

APB 能以多种有机酸和醇类有机化合物作为光合作用的氢供体与碳源，其中不少种能耐受高浓度有机物，并具有较强的分解和去除有机物的能力，已成功地应用于多种高浓度有机废水如啤酒厂、屠宰场、酵母生产厂等废水的处理。在处理废水的同时，可获得大量光合细菌菌体，进一步用于养殖、肥料等；此外，光合细菌处理废水还可以与光合产氢结合起来，在处理废水、获得单细胞蛋白的同时，得到新能源——氢。因此，光合细菌在水处理领域具有很好的应用前景，但其中仍存在许多需要深入研究解决的问题，如体系中光合细菌优势地位的维持、污泥的有效分离、产氢效率与回收等。

2.5　蓝　细　菌

2.5.1　蓝细菌的定义、分布与生长环境

蓝细菌（*Cyanobacteria*）旧名蓝藻（*blue algae*）或蓝绿藻（*blue-green algae*），是一类进化历史悠久、革兰氏染色阴性、无鞭毛、含叶绿素 a（但不形成叶绿体）、能进行产氧光合作用的大型原核生物。

蓝细菌广泛分布于自然界，包括各种水体、土壤和部分生物体内外，甚至岩石表面和其他恶劣环境（高温、低温、盐湖、荒漠和冰原等）中都可以找到它们的踪迹。蓝细菌能适应的温度范围很广，但一般喜欢生长于较温暖的地区或一年中温暖的季节。

蓝细菌与水体环境质量关系密切，在水体中生长茂盛时，能使水色变蓝或其他颜色，并且有的蓝细菌能发出草腥气味或霉味。湖泊中常见的蓝细菌有（考虑生物界多年来的习惯称谓，举例中仍用"某某藻"的名称）铜绿微囊藻（*Microcystis aeruginosa*）、曲鱼腥藻（*Anabaena contorta*）等。某些种属的蓝细菌大量繁殖会引起"水华"（淡水水体）或"赤潮"（海水），导致水质恶化，引起一系列环境问题。在污水中或潮湿土地上常见的有灰颤藻（*Oscillatoria limosa*）和巨颤藻（*Oscillatoria princeps*）。蓝细菌中的许多类群具有固定空气中氮的能力，目前已发现的固氮蓝细菌达 120 多种。蓝细菌能在固体表面形成"垫状体"。一些蓝细菌还能与真菌、苔藓、蕨类和种子植物共生，如地衣（*lichen*）是蓝细菌与真菌的共生体。

2.5.2　蓝细菌的形态结构与特点

蓝细菌的形态有单细胞球状、杆状、长丝状、分枝丝状等类型。其菌体外常具有胶质外套，使多个菌体或菌丝体聚成一团（图 2-23）。蓝细菌的细胞体积一般比细菌大，通常直径为 $3\sim10\mu m$，最大可达 $60\mu m$，如巨颤蓝细菌（*Oscillatoria princeps*），这也是迄今已知最大的原核生物细胞。蓝细菌借助黏液附着在固体基质表面滑行，其运动表现出趋光性和趋化性。

蓝细菌的细胞是较典型的原核细胞。蓝细菌有几种特化的细胞，较重要的有异形细胞（heterocyst）、厚壁孢子（akinete）。在丝状体中大约每隔 10 个细胞有一个异形胞。其特征是壁厚、色浅，适应于在有氧条件下进行固氮。它不含藻胆蛋白（只存在光合系统中），不能产生氧气，但能产生 ATP，异形胞与邻近的营养细胞间有厚壁孔道相连，这些孔道有利于"光合细胞"和"固氮细胞"间物质交流。厚壁孢子是一种长在蓝细菌细胞链中间或末端的特化细胞，壁厚、色深，具有抵御不良环境的作用。

蓝细菌的构造与 G⁻ 细菌类似，细胞壁双层，含肽聚糖。细胞除含叶绿素 a 外，还含有类胡萝卜素及藻胆蛋白（Phycobiliprotein）等光合色素。大多数蓝细菌的光合色素位于类囊体的片层中。菌体多呈蓝绿色，但在不同光照条件下，菌体所含色素比例改变，可呈现黄、褐、红等颜色。细胞中还有能固定 CO_2 的羧酶体，在水生的细胞种类中常常有气泡。

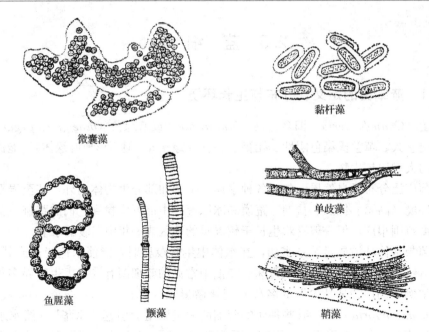

微囊藻　　黏杆藻　　鱼腥藻　　颤藻　　单歧藻　　鞘藻

图 2-23　几种常见的蓝细菌

（注：考虑生物界多年来的习惯称谓，图中仍用"某某藻"的名称）

2.5.3　蓝细菌的繁殖、生理特性

蓝细菌以分裂的方式繁殖。丝状蓝细菌靠无规则的丝状体断裂释放出菌体片段而繁殖。有些丝状蓝细菌的营养细胞能分化形成大而厚壁的休眠细胞，这些细胞能抵抗干燥和低温，耐受不良环境；在适宜条件下，可萌发形成新的菌丝体。

2.6　支原体、立克次氏体和衣原体

支原体、立克次氏体和衣原体是三类代谢能力差，主要营细胞内寄生的小型原核生物。从支原体、立克次氏体至衣原体，其寄生性逐渐增强。它们是介于细菌与病毒之间的一类原核生物。表 2-3 比较了支原体、立克次氏体、衣原体和病毒的特征。

支原体、立克次氏体、衣原体和病毒的比较　　　　　　　　　表 2-3

项目	支原体	立克次氏体	衣原体	病毒
细胞构造	有	有	有	无
含核酸类型	DNA 和 RNA	DNA 和 RNA	DNA 和 RNA	DNA 或 RNA
核糖体	有	有	有	无
细胞壁	无	有（含肽聚糖）	有（不含肽聚糖）	无
细胞膜	有（含甾醇）	有（无甾醇）	有（无甾醇）	无
繁殖时个体完整性	保持	保持	保持	不保持
大分子合成能力	有	有	无	无
产 ATP 系统	有	有	无	无

续表

项目	支原体	立克次氏体	衣原体	病毒
氧化谷氨酰胺能力	有	有	无	无
对抑制细菌提高抗生素的反应	敏感（对抑制细胞壁合成者例外）	敏感	敏感（青霉素例外）	有抗性

2.6.1　支原体

支原体（Mycoplasma）是一类无细胞壁的、介于独立生活和细胞内寄生的最小的细胞生命形式，属原核微生物，介于细菌和病毒之间。1967 年以后，发现患"丛枝病"的桑、马铃薯等许多植物的韧皮中有支原体存在，为了与感染动物的支原体相区别，一般称侵染植物的支原体为类支原体（Mycoplasma-like organisms，MLO）或植原体（phyto-plasma）。

支原体的特点如下：① 支原体是最小的营独立生活的繁殖单位，大小 $0.12\sim0.25\mu m$ 之间，因而能通过细菌过滤器。② 因缺乏坚韧的细胞壁，细胞质外面被 3 层"单位膜"所包围，具有高度多样性。③ 对青霉素不敏感，能被四环素或红霉素所抑制。④ 能在无细胞的人工培养基上生长，在琼脂培养平板上形成"油煎蛋"状的菌落。⑤ 支原体的 16S rRNA 序列分析表明，它们和乳酸菌（lactobocillus）、梭菌（clostridium）的亲缘关系最近。⑥ 支原体与细胞膜有特殊的亲和力。

支原体呈高度多形性。在液体培养基中呈环状、杆状、螺旋形、丝状或颗粒状。固体培养基上生长则极易扭曲变形成蝶状或球形。其大小也变化无常。

支原体细胞超微结构类似细菌，具有环状 DNA 构成的染色体，基因组的大小约为大肠杆菌的 1/5，因而限制了它的代谢与合成能力。细胞质中含核糖体，无细胞器，没有细胞壁，只有 3 层"单位膜"组成的胞浆膜。许多支原体具有多聚的荚膜层。简单地概括起来，支原体比普通细菌更为简单，没有细胞壁。

支原体可以在人工培养基上生长，营养要求高于一般细菌。除基础营养物质外还需要加入 10%～20% 的人或动物血清。支原体能耐受的 pH 范围较宽，最适 pH 为 7.8～8.0。腐生型最适培养温度 30℃，寄生型则在 37℃ 生长最好。支原体主要繁殖方式是二分裂法，有时可以出芽等其他方式繁殖。生长缓慢，世代时间约 3～4h。

支原体广泛分布于土壤、污水、温泉等温热环境及昆虫、脊椎动物和人体中。一般为腐生或无害共生菌，少数为致病菌。

某些细菌由于自然或诱发等原因虽然也能产生无细胞壁的 L 型细菌，并在个体形态、菌落特征和对环境的要求等方面也与支原体相似，但它们能在较简单的培养基上生长，并在一定程度上保持其亲本细胞的代谢活性和抗原性，同时能回复突变为原来的正常有壁细胞。L 型细菌是细菌的一种特殊类型，非单独的生物类群。

2.6.2　立克次氏体

立克次氏体（Rickettsia）是一类专性寄生于真核细胞内的 G⁻ 细菌。它与支原体的区别是有细胞壁但不能独立生活；与衣原体的区别在于细胞较大、无滤过性和存在产能代谢系统。

立克次氏体是多形性的。短杆状大小一般为（$0.8\sim2\mu m$）×（$0.3\sim0.6\mu m$），球形直径 $0.2\sim0.5\mu m$，呈单个、成对、短链或丝状多种表现。一般不能通过细菌滤器。具有完好的细胞结构，细胞壁由肽聚糖构成，与革兰氏阴性菌相似。

除个别种属外，立克次氏体均不能在培养基上繁殖。目前已知的能在含血液的人工培养基上生长的立克次氏体只有一种——战壕热立克次氏体（*Trench fever rickettsia*），学名 *Rickettsiae quintana*。立克次氏体可以用鸡胚或动物细胞培养。立克次氏体像细菌一样以横分裂方式进行繁殖，在细胞培养（34℃）中，世代时间是 $8\sim10h$。

立克次氏体是人类斑疹、伤寒、恙虫病和Q热等严重传染病的病原体。立克次氏体侵入细胞后在其中大量繁殖，并最终裂解宿主细胞。立克次氏体的寄生过程有两个阶段，它们先寄生于初生寄主或介体寄主中，常为啮齿动物或节肢动物，然后再通过介体动物的叮咬或排泄物使人畜感染致病。研究表明立克次氏体不能独立生活的原因可能有三个方面：一是代谢系统不完全，如它们不能利用葡萄糖而只能氧化谷氨酸；二是酶系统不完全，缺少代谢活动必需的脱氢酶和辅酶等；三是细胞膜的通透性过大，这样虽有利于从寄主细胞吸收养料，但在环境中生活时体内的物质也容易渗出。

立克次氏体对热、干燥和化学药剂等处理敏感，但能耐低温，可在 $-60℃$ 下保存数年。

2.6.3 衣原体

衣原体（Chlamydia）是仅在脊椎动物细胞内专营能量寄生的小型G⁻细菌，曾一度被归入病毒。它个体微小，多呈球形或椭圆形。衣原体与病毒相比有以下不同特征：① 衣原体相似于细菌，兼有 RNA 和 DNA 两种核酸；② 以二分裂方式繁殖；③ 具有细菌型细胞壁（但不含肽聚糖）；④ 有核糖体；⑤ 具有一些代谢酶类；⑥ 抗菌药物可抑制其生长。

衣原体在寄主细胞内有特殊的生活周期。它以基体（elementary body）的形式存在于寄主细胞体外，大小为 $0.2\sim0.3\mu m$，基体感染力强，能通过接触、性交或排泄物等方式经胞饮作用而进入细胞并随之转变为网纹体（reticulate body）。网纹体球形，无细胞壁，直径 $0.5\sim0.6\mu m$，经二分裂可产生基质前体，待长出细胞壁后又转变为基体并从细胞内释放出来。一次生活周期约需 $24\sim48h$。

衣原体需要在活细胞上培养，被看做是能量寄生物（energy parasites）。人工培养以鸡胚卵黄囊为好，也可采用细胞培养或动物接种的方法。

思 考 题

1. 细菌细胞的尺度一般为多大？单个生物细胞的尺度不能无限增大的主要限制因素是什么？
2. 以形状来分，细菌可分为哪几类？
3. 细菌的细胞结构包括一般结构和特殊结构，简单说明这些结构及其生理功能。
4. 什么是革兰氏染色？其原理和关键是什么？它有何意义？
5. 简述细胞膜的结构与功能。

6. 芽孢有何特殊生理功能？其抗性机理是什么？芽孢的这些特点对实践有何指导意义？

7. 什么是菌落？

8. 什么叫菌胶团？菌胶团在污水生物处理中有何特殊意义？

9. 简述放线菌的特点与菌落特征。

10. 简述丝状细菌的主要类型，它们的代谢特点及在给水排水工程中的作用。

11. 什么是单细胞蛋白？

12. 简述光合细菌的特点、分类，其应用领域。

13. 什么是蓝细菌？其细胞特点如何？其与水质的关系如何？

14. 什么是不产氧光合细菌（APB）？其主要分类特征是什么？

15. 简述支原体、衣原体、立克次氏体的特点与异同。

第3章 古 菌

20 世纪 70 年代末，美国微生物学家卡尔·沃伊斯和乔治·福克斯等用独创的生物化学方法分析了 200 多种微生物的 16S（或 18S）核糖体核糖核酸（rRNA）的寡核苷酸谱，后来又测定了一些蛋白质。结果发现，一些极端环境生物，包括产甲烷菌、嗜盐菌和嗜热嗜酸热菌等，具有独特的生物化学组成。他提出将这类生物与其他细菌（真细菌）及真核生物并列为生物的三大类，称古菌（Archaea）或古细菌（Archaebacteria）。之后，古菌的研究取得了很大进展，成为微生物学的一个分支学科。

目前，尽管关于古细菌是否应分属于原核生物还有争论，但大量研究证明古菌在遗传、生理生化特性等方面具有其明显的不同于原核生物的特征，多数学者支持生物三域学说。

3.1 古菌的特点与分类

1. 古菌的特点

古菌是一个在进化途径上很早就与原核生物（真细菌）和真核生物相互独立的生物类群，主要包括一些生长在独特生态环境中的微生物。古菌的细胞壁、细胞膜、16SrRNA 中核苷酸顺序等都与细菌不同，也与真核生物不同。

在细胞结构和代谢上，古菌在很多方面接近原核生物。如核的存在形式与繁殖方式。然而在基因转录和翻译这两个分子生物学的中心过程上，它们并不明显表现出细菌的特征，而是接近于真核生物。比如，古菌的翻译使用真核生物的启动和延伸因子，且翻译过程需要真核生物中的 TATA 框①结合蛋白和转录子 IIB（transcription factor IIB, TFIIB）。

古菌还具有一些其他特征。古菌中除 *Thermoplasma*（无壁嗜热古菌）没有细胞壁外，其余都有与真细菌功能相似的细胞壁，但与大多数细菌不同，其细胞壁中没有肽聚糖，而含假肽聚糖和以蛋白为主的表面层（surface layer）。而且，绝大多数细菌和真核生物的细胞膜中的脂类主要由甘油酯组成，而古菌细胞膜中的脂类由甘油醚构成。古菌鞭毛的成分和形成过程也与细菌不同。

很多古菌是生存在极端环境中的。一些生存在极高的温度（经常 100℃以上）下，比如间歇泉或者海底黑烟囱中。还有的生存在很冷的环境或者高盐、强酸或强碱性的水中。然而也有些古菌是嗜中性的，能够在沼泽、污水和土壤中被发现。很多产甲烷的古菌生存

---

① TATA 框：在真核生物 RNA 聚合酶 II 转录单位起始点前 25bp 处的富含 TA 的保守区，它是一个短的核苷酸序列，其碱基顺序为 TATAATAAT。TATA 框是启动子中的一个顺序，它是 RNA 聚合酶的重要的接触点，它能够使酶准确地识别转录的起始点并开始转录。

在动物的消化道中，如反刍动物、白蚁或者人类。古菌通常对其他生物无害，且未知有致病古菌。

单个古菌细胞直径在 $0.1\sim1.5\mu m$ 之间，有一些种类形成细胞团簇或者纤维，长度可达 $200\mu m$。它们可有各种形状，如球形、杆形、螺旋形、叶状或方形。它们具有多种代谢类型。值得注意的是，尽管古菌不能像其他利用光能的生物一样利用电子链传导实现光合作用，盐杆菌却可以利用光能制造 ATP。

2. 古菌的分类

从 rRNA 进化树上，古菌分为两类，泉古菌（*Crenarchaeota*）和广古菌（*Euryarchaeota*）。另外未确定的两类（初古菌门（*Korarchaeota*）和纳古菌门（*Nanoarchaeota*））分别由某些环境样品中的一些菌种和 2002 年由 Karl Stetter 发现的奇特的物种纳古菌（*Nanoarchaeum equitans*）构成。

在环境中常见的古菌主要包括：① 产甲烷古菌；② 硫酸盐还原古菌；③ 嗜盐古菌；④ 嗜热古菌；⑤ 无细胞壁的嗜热嗜酸古菌等。

3.2　常见的古菌

1. 产甲烷古菌（methanogenic archaea）

产甲烷古菌是一大群在严格厌氧条件下产生甲烷的菌，形态多样，有球形、杆形、长丝形、螺旋形和八叠球形等（图 3-1）。

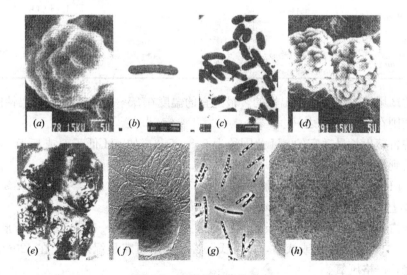

图 3-1　产甲烷古菌的形态

(a) 甲烷杆菌属；(b) 甲烷短杆菌；(c) *Methanosarcina mazaii*；(d) 巴氏甲烷八叠球菌；
(e) 空泡甲烷八叠球菌；(f) 詹氏甲烷球菌；(g) 甲烷丝菌属；(h) 火源甲烷球菌

产甲烷古菌的细胞壁不含细菌细胞壁的胞壁酸，而含各种表层蛋白。DNA 仅及大肠杆菌（*E. coli*）DNA 的 1/3。

大多数种可利用 H_2/CO_2，很多种可利用甲酸，甲烷八叠球菌属可利用 H_2/CO_2、甲醇、乙酸、甲胺等物质。

　　根据对 16S rRNA 的分析，《伯杰氏系统细菌学手册》第二版第一卷将产甲烷古菌分为 3 个纲，5 个目，10 个科，其代表属见表 3-1。

产甲烷古菌代表属的主要特征　　　　　　　　　　　　　　　　　　表 3-1

属名	形状	革兰氏染色	DNA 中的 GC 含量/%（摩尔分数）	产甲烷基质
甲烷杆菌目				
甲烷杆菌 (Methanobacterium)	长杆形	+或-	29~61	H_2+CO_2，甲酸
甲烷嗜热菌 (Methanothermus)	杆状	+	33	H_2+CO_2，也能产还原 S^0
甲烷球菌目				
甲烷球菌 (Methanococcus)	不规则球形	-	29~34	H_2+CO_2，丙酮酸，甲酸
甲烷微菌目				
甲烷微菌 (Methanomicrobium)	短杆状	-	45~49	H_2+CO_2，甲酸
甲烷八叠球菌 (Methanosarcina)	不规则球形	+	41~43	H_2+CO_2，甲醇，甲胺等
甲烷喜热菌 (Methanopyrus)	链杆状	+	60	H_2+CO_2，（在 110℃生长）
甲烷粒菌 (Methancorpusculum)	不规则球形		48~52	H_2+CO_2，甲酸，乙醇

　　一般的产甲烷古菌都是中温性的，最适宜的温度在 25~40℃之间，高温性产甲烷古菌的适宜温度则在 50~60℃之间。

　　产甲烷古菌生长最适宜的 pH 范围约为 6.8~7.2。如 pH 低于 6 或高于 8，细菌的生长繁殖将受到极大影响。

　　温度、pH 等对产甲烷古菌的影响将在第 11 章中讨论。

　　2. 硫酸盐还原古菌（sulfate-reducing archaea）

　　主要指古生球菌目（Archaeoglobales）的古细菌。细胞一般为不规则球形或三角形，直径在 $0.4~2.0\mu m$，单个或成对，革兰氏阴性。菌落可略呈绿黑色，在 420nm 处可产生蓝绿色荧光，严格厌氧。

　　营养分为化能异养、化能自养或化能混合营养等。自养生长时可利用硫代硫酸盐和 H_2 作电子供体，但难以利用硫酸盐。异养生长时可利用葡萄糖、乳酸盐、甲酸盐和蛋白质等作电子供体，而以硫酸盐、亚硫酸盐、硫代硫酸盐等作电子受体并生成 H_2S，有的还能生产少量的甲烷。也可还原元素硫，但有硫酸盐、亚硫酸盐和硫代硫酸盐存在时，元素硫会抑制这类古菌的生长。生长温度范围为 60~95℃；pH 范围为 4.5~7.5，最适为 6.0。生长需要浓度为 0.9%~3.6%的 NaCl，DNA 中 G＋C 含量（摩尔分数）为 41%~46%。这类古菌主要分布于深海海底、热泉和地层深部储油层。

3. 极端嗜盐古菌（extreme halophilic archaea）

指生活在很高浓度甚至接近饱和浓度盐环境中的一类古菌。主要分布于盐湖、晒盐场、高盐腌制品等环境。关于嗜（耐）盐微生物的类群和生态分布，参见第 8 章。

极端嗜盐古菌的细胞形态为杆形、球形、三角形、多角形、盘形等。革兰氏阴性，极生鞭毛，运动或不运动。好氧或兼性厌氧。生长适宜温度 35～50℃，pH5.5～8.5。胞内含有 C50 等类胡萝卜素，产红色、粉红色、橙色、紫色等各种不同色素。化能异营养型，生长需要至少 1.5mol/L 的 NaCl。许多菌种需在 3.5～4.0mol/L 的 NaCl 中才能生长良好。几乎所有种类均可在饱和 NaCl 5.5mol/L 中生长。许多种可利用糖类并产酸。细胞内含有甲基萘醌类电子传递体。有光时能合成菌紫红质（bacteriorhodopsin），利用光能将 H_2 泵出细胞膜，构成跨膜质子浓度梯度，产生 ATP。其 DNA 由主要 DNA 和次要（卫星）DNA 构成，G＋C 含量 59%～71%。表 3-2 列举了一些极端嗜盐古菌的形状和生境。

一些极端嗜盐古菌的形状和生境　　　　　　　　　　　表 3-2

属　名	形　状	生境和分离处
盐杆菌属（Halobacterium）	杆状	腌鱼、皮革、盐湖
盐红菌属（Halorubrum）	杆状	死海、南极湖、盐湖
盐棒菌属（Halobaculum）	杆状	死海
富盐菌属（Haloferax）	平盘状	死海、盐场、盐田
盐盒菌属（Haloarcula）	不规则	美国加州死谷、西班牙海滨盐田
盐球菌属（Halococcus）	球状	腌鱼、盐田
嗜盐碱杆菌属（Natronobacterium）	杆状	高盐苏打湖
嗜盐碱球菌属（Natronococcus）	球状	高盐苏打湖

在高浓度 NaCl 环境中，由于高渗透压的作用，大多数微生物细胞因脱水，生长受到抑制，但嗜盐微生物细胞内的 NaCl 浓度却大大低于环境中的 NaCl 浓度，并且也不会随着外部的 NaCl 浓度上升而上升。

对于嗜盐细菌能在高盐环境中生存和嗜盐的机制大致认为有两种：

（1）具有提高胞内渗透压的生理机制。如有的菌能合成或摄入高浓度有机物，有的菌能利用膜上的菌紫红质，将光能传给质子泵（Na^+ 泵），产生化学能 ATP，K^+ 泵能利用该能量选择性地摄入 K^+，从而提高胞内渗透压。

（2）大部分蛋白质都进化了它们的三维结构，能耐高盐。如膜蛋白带强负电以吸水，许多酶，如红皮盐杆菌的异柠檬酸脱氢酶、极端嗜盐菌的天冬氨酸转氨甲酰酶等，只有在高盐环境下才显示活性。

（3）合成或摄入高浓度有机物。

4. 极端嗜热古菌（hyperthermophilic archaea）

这类古菌极端嗜热，生长环境的温度为 45～120℃，最适生长温度为 65～70℃。有的种最适温度为 105℃，要求 pH 为 1～3 的高酸度环境。如布洛克（Block，1986）等从美国黄石公园热泉中分离到一株细菌能生长在 97℃ 的热水中。关于嗜热微生物的类群和生态分布，参见第 8 章。

极端嗜热古菌有化能自养、化能异养和兼性三种不同的营养类型。绝大多数为专性厌氧菌。大多数能代谢元素硫（S^0），S^0 既可以作电子供体也可以作电子受体。在好氧条件下将 H_2S 转化为 H_2SO_4，在厌氧条件下将 S^0 还原为 H_2S。

极端嗜热古菌主要分布于含硫温泉、火山口、燃烧后的煤矿等环境。如在酸性温泉和有火山岩浆的热土壤中，广泛存在一种兼性化能自养菌，即酸热硫化叶菌（*Sulfolobus acidocaldarius*），这种细菌既嗜热又嗜酸，能利用元素硫做为能源物质，能在 pH 0.5 的条件下生长，最适生长温度为 $70 \sim 75℃$，最高生长温度达 $85 \sim 90℃$。这种细菌在酸性温泉中还能把 Fe^{2+} 氧化为 Fe^{3+}，并利用 CO_2 为碳源。这种细菌不仅抗酸、耐高温，而且还能氧化无机和有机硫化物，可用于细菌浸矿和处理石油和煤中的含硫化合物，近年来备受关注。

5. 无细胞壁的嗜热嗜酸古菌（thermoplasma）

这一类古菌的最大特点是细胞无细胞壁，仅由厚度为 $6 \sim 7nm$ 的细胞膜包裹，细胞膜的主要成分是带有甘露糖和葡萄糖的四醚类脂的脂多糖化合物，嗜热、嗜酸。细胞大小为 $0.2 \sim 1.5 \mu m$。

3.3　古菌与水污染防治

古菌在地球上分布广泛，且数量远比以前预想的多得多，它们在全球的生物地球化学过程中的作用不可忽视。人们熟知的在厌氧生物处理中起重要作用的产甲烷菌，其大部分属于古菌。随着分子生物学技术的进步，在海洋、湖泊、沉积物、土壤、各种水处理设施中不断发现一些新的古菌及新的代谢途径，这些发现为它们在实际工程中的应用展现了前景。下面讨论两个相关的例子。

氨氧化古菌（Ammonia Oxidizing Archaea，AOA）。2005 年研究人员首次从海洋环境中分离出一种具有氨氧化功能的古菌 *Nitrosopumilus maritimus*。随后的研究发现在海洋和土壤环境中，古菌的 amoA 基因拷贝数远远多于 β-*Proteobacteria* 中的 amoA 基因拷贝数。据此可推测，古菌在海洋和土壤中的氨氧化过程中可能居主导地位。2006 年 Park 等从采集的 9 个污水处理厂的 5 个样品中均检测到 AOA 的存在。2009 年张彤、Wells 等分别报告了在香港的两个污水处理厂与美国的一个污水处理厂中发现 AOA 的存在。从目前的研究成果看，低溶解氧、高盐度等可能与 AOA 的存在有一定联系，但其适宜生长环境似乎很广泛。如果能在低溶解氧环境条件下有效富集并利用 AOA，无疑对污水生物除氮是有利的，同时还可以节约能耗。目前国内外对污水处理系统中 AOA 的研究还很少。

嗜冷产甲烷古菌（*Psychrophilic Methanogens*）。地球生物圈的 75% 左右是永久的低温环境，因此低温环境产生的甲烷在自然界生成的甲烷中占的比例可能最大。1992 年 Franzmann 等分离出第一株嗜冷产甲烷古菌 *Methanococcoides burtonii*。到目前，已命名的嗜冷产甲烷古菌共有 8 种。北方土壤、冻原、淡水沉积物、海洋沉淀物、稻田土壤和垃圾等低温环境均发现有甲烷产生，这表明，自然界中低温厌氧消化生成甲烷的过程是自发的。现有的厌氧消化工艺大多在中温和高温范围内进行，而工业废水通常是常温或低温的，需对废水与废物进行加热预处理，要耗费大量热能。如果嗜冷厌氧消化（$<25℃$）切实可行，那将是一个低成本、易操作的技术。近年来对低温反应器运行的可行性研究已经

获得了一系列成果，证实嗜冷消化是可行的。

思 考 题

1. 简述古菌的生物学特征，试比较这些特征与真细菌、真核生物的异同。
2. 简述古菌的主要类型。
3. 简述产甲烷古菌的特征与应用。

第4章 真核（微）生物

4.1 真核微生物概述

真核生物（Eukaryotes）是一大类细胞核具有核膜，能进行有丝分裂，细胞质中存在线粒体或同时存在叶绿体等多种细胞器（由膜包裹的亚细胞结构）的生物。真菌、显微藻类、原生动物、微型后生动物等都属于真核微生物（Eukaryotic microorganisms）。所有的多细胞生物都是真核生物。

典型真核生物的细胞构造如图4-1所示。真核细胞与原核细胞相比，其形态更大，结构更复杂。它们已发展出许多由膜包围的细胞器（organelles），如内质网、高尔基体、溶酶体、微体、线粒体、叶绿体等，而且这些细胞器的功能比较专一。更重要的是，它们已进化出有核膜包裹着的完整细胞核，其中存在着结构极其精巧的染色体，它的双链DNA长链与组蛋白等蛋白质结合，以更完善地执行生物的遗传功能。

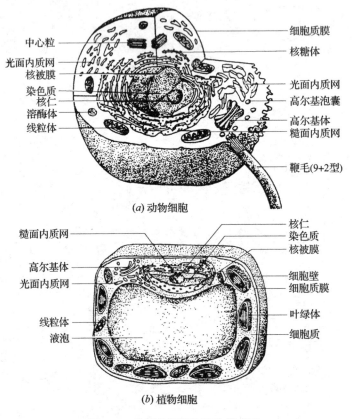

(a) 动物细胞

(b) 植物细胞

图4-1 典型真核细胞构造模式图

40

4.1.1　真核生物与原核生物

真核生物与原核生物在结构与功能等方面都有明显的差别，表 4-1 比较了真核生物与原核生物构造上的主要差别。

真核生物与原核生物的比较　　　　　　　　　　　　表 4-1

项　目		真核生物	原核生物
细胞大小		较大（通常直径>2μm）	较小（通常直径<2μm）
若有壁，其主要成分		纤维素，几丁质等	多数为肽聚糖
细胞膜中甾醇		有	无（仅支原体例外）
细胞膜含呼吸或光合组分		无	有
细胞器		有	无
鞭毛结构		如有，则粗而复杂（9+2型）	如有，则细而简单
细胞质	线粒体	有	无
	溶酶体	有	无
	叶绿体	光能自养生物中有	无
	真液泡	有些有	无
	高尔基体	有	无
	微管系统	有	无
	流动性	有	无
	核糖体	80S（指细胞质核糖体）	70S
	间体	无	部分有
	贮藏物质	淀粉、糖原等	PHB 等
细胞核	核膜	有	无
	DNA 含量	少（~5%）	多（~10%）
	组蛋白	有	无
	核仁	有	无
	染色体数	一般多于1个	一般为1个
	有丝分裂	有	无
	减数分裂	有	无

4.1.2　真核微生物的主要类群

真核微生物主要包括菌物界（Mycetalia 或广义的"Fungi"）中的真菌（Eumycota 或狭义的"Fungi"，即 True Fungi）、黏菌（Myxomycota 或 Fungi-like Protozoa）、假菌（Chromista 或 Pseudofungi），植物界（Plantae）中的显微藻类（Algae）和动物界（Animalia）中的原生动物（Protozoa）与微型后生动物（Micro-metazoa）。

真菌是最重要的真核微生物，它们大多数是由分支或不分支的菌丝、菌丝体构成。真菌的共同特征是：① 体内无叶绿素和其他光合作用的色素，不能利用二氧化碳制造有机物，只能靠腐食性吸收营养方式取得碳源、能源和其他营养物质；② 细胞贮藏的养料是肝糖原而不是淀粉；③ 真菌细胞一般都有细胞壁，细胞壁多数含几丁质（Chitin）；④ 以产生大量无性和（或）有性孢子方式繁殖；⑤ 陆生性较强。

有记载的真菌约 12 万种。根据真菌的形态结构，繁殖方式及细胞壁的化学成分分为四个门：藻菌门（phycomycota）、子囊菌门（ascomycota）、担子菌门（basidiomycota）和半知菌门（deuteromycota），其中藻菌门属低等真菌，子囊菌门和担子菌门属高等真菌，半知菌门是一类尚未发现有性繁殖过程的高等真菌。

4.1.3　真核微生物的细胞构造

1. 细胞壁

（1）真菌的细胞壁

真菌的细胞壁厚约 100～250nm，占细胞干物质的 30%，其主要成分是多糖，另有少量蛋白质和脂类。低等真菌细胞壁的主要成分以纤维素为主，酵母菌以葡聚糖为主；而高等陆生真菌以几丁质为主。同一真菌在不同生长阶段中，细胞壁的成分也有明显不同。

（2）藻类的细胞壁

藻类的细胞壁厚约 10～20nm，有的仅为 3～5nm，如蛋白核小球藻（Chlorella pyrenoidosa）。其结构骨架多以纤维素组成，以微纤丝的方式层状排列，含量占干重的 50%～80%，其余部分为间质多糖。

2. 细胞质膜

真核细胞的细胞质膜与原核生物十分相似，主要由蛋白质和脂质组成。表4-2列出了它们之间的差别。真核细胞的内膜系统除了细胞质膜外，还有细胞核膜、线粒体膜和液泡膜等。

真菌生物与原核生物细胞质膜的比较　　　　　　　　　　　　　表 4-2

项　　目	原核生物	真核生物
甾醇	无（支原体例外）	有（胆甾醇、麦角甾醇等）
磷脂种类	磷脂酰甘油和磷脂酰乙醇胺等	磷脂酰胆碱和磷脂酰乙醇胺等
脂肪酸种类	直链或分枝、饱和或不含饱和脂肪酸；每一磷脂分子常含饱和与不饱和脂肪酸各一种	高等真菌：含偶数碳原子的饱和或不饱和脂肪酸；低等真菌：含奇数碳原子的不饱和脂肪酸
糖脂	无	有（具有细胞间识别受体功能）
电子传递链	有	无
基团转移运输	有	无
胞吞作用*	无	有

* endocytosis，包括吞噬作用（phagocytosis）和胞饮作用（pinocytosis）。

3. 细胞核

细胞核（nucleus）是细胞遗传信息（DNA）的贮存、复制和转录的主要部位。一切真核细胞都有外形固定（呈球状或椭圆体状）、有核膜包裹的细胞核。每个细胞一般只有一个细胞核，有的有两个或多个，例如须霉菌（Phycomyces）和青霉菌（Penicillium）等。在真菌的菌丝顶端细胞中，通常没有细胞核。

真核生物的细胞核由核被膜、染色质、核仁和核基质等构成。在真菌的细胞核中，染色体体积较小。根据遗传学的研究，不同真菌的染色体数差别很大，如构巢曲霉（*Aspergillus nidulans*）为 8；粗糙脉孢菌，俗称红色面包霉（*Neurospora crassa*）为 7；酿酒酵母（*Saccharomyces cerevisiae*）为 16；双孢蘑菇（*Agaricus bisporus*）为 13；里氏木霉（*Trichoderma reesei*）为 6 等。

4. 细胞质和细胞器

位于细胞质膜和细胞核间的透明、黏稠、不断流动的溶胶，称为细胞质（cytoplasm）。细胞质中有细胞基质、细胞骨架和各种细胞器。

（1）细胞基质与骨架

在真核细胞的细胞质中，除细胞器以外的溶胶物质称为细胞基质（cytomatrix）或细胞溶胶（cytosol），内含赋予细胞一定机械强度的细胞骨架和丰富的酶等蛋白质、各种内含物及中间代谢产物等，是细胞代谢活动的主要基地。

细胞骨架（cytoskeleton）是由微管、肌动蛋白丝（微丝）和中间丝三种蛋白质纤维构成的细胞支架，具有支持、运输和运动等功能。

（2）内质网与核糖体

内质网（endoplasmic reticulum，ER）指细胞质中一个与细胞基质相隔离、但彼此相通的囊腔和细管系统，由脂质双分子层围成。其内侧与核被膜的外膜相通。内质网有两类，它们之间相互连通。其一是在膜上附有核糖体颗粒，称糙面内质网，具有合成和运送胞外分泌蛋白的功能；另一为膜上不含核糖体颗粒的光面内质网，它与脂和钙代谢密切相关，主要存在于某些动物细胞中。

核糖体（ribosome）又称核蛋白体，是存在于所有细胞中的没有膜包裹的颗粒状细胞器，具有蛋白质合成的功能，直径 25nm，由约 40% 的蛋白质和 60% 的 RNA 共价结合而成。蛋白质位于表层，RNA 位于内层。不同细胞中核糖体数量差异很大（$10^2 \sim 10^7$），不但与生物种类有关，更与其生长状态有关。真核细胞的核糖体比原核细胞的大，其沉降系数一般为 80S，由 60S 和 40S 两个亚基组成。核糖体除存在于内质网和细胞质中外，还存在于线粒体和叶绿体中，在那里都是与原核生物相同的 70S 核糖体。

（3）高尔基体（Golgi apparatus，Golgi body）

高尔基体又称高尔基复合体（Golgi complex），系由意大利学者高尔基（C. Golgi）于 1898 年首先在神经细胞中发现，故名。由 4～8 个平行堆叠的扁平膜囊和大小不同的膜囊组成的聚合体，其上无核糖体。功能是将糙面内质网合成的蛋白质进行浓缩，并与其自身合成的糖类、脂类相结合，形成糖蛋白、脂蛋白分泌泡，通过外排作用分泌到细胞外，故是协调细胞生化功能和沟通细胞内外环境的重要细胞器。在真菌中，仅在 *Pythium*（腐霉菌）等少数低等种类中发现有高尔基体。

（4）溶酶体（lysosome）

溶酶体是一种单层细胞膜包裹、内含多种酸性水解酶的小球形（直径 0.2～0.5μm）、囊泡状细胞器，主要功能是细胞内的消化作用。其中常含 40 种以上的酶，最适 pH 5.0 左右。

（5）微体（microbody）

微体是一种由单层膜包裹、内含多种酸性水解酶的小球形细胞器。其所含的酶主要是氧化酶和过氧化氢酶，与溶酶体所含的酶不同，又称过氧化物酶体（peroxisome），其功

能是使细胞免受 H_2O_2 毒害，并能氧化分解脂肪酸等。

（6）线粒体（mitochondria）

线粒体是进行氧化磷酸化作用的主要细胞器，其功能是把蕴藏在有机物中的化学潜能转化成生命活动所需的能量（ATP），故是真核细胞的"动力车间"。

在光学显微镜下，典型的线粒体的外形和大小酷似一个杆菌，直径一般为 $0.5\sim$ $1.0\mu m$，长度约 $1.5\sim3.0\mu m$。每个细胞所含数目通常为数百至数千个，也有更多的。

线粒体的外形呈囊状，构造十分复杂，由内外两层膜包裹，囊内充满液态基质（matrix）。外膜平整，内膜则向基质内伸展，从而形成大量由双层内膜构成的嵴（cristae）（图 4-2）。

在低等真菌中，含有与高等植物和藻类的线粒体相似的管状嵴；在高等真菌（接合菌、子囊菌、担子菌）中，则多为板状嵴。嵴的存在，极大地扩展了内膜进行生物化学反应的面积。

（7）叶绿体（chloroplast）

叶绿体是一种由双层膜包裹、能转化光能为化学能的绿色颗粒状细胞器，只存在于绿色植物（包括藻类）的细胞中；具有进行光合作用，把 CO_2 和 H_2O 合成葡萄糖并释放 O_2 的功能。

叶绿体外形多为扁平的圆形或椭圆形，略呈凸镜状，但藻类中叶绿体的形态变化很大，有螺旋带状、杯状、板状或星状等。平均直径约 $4\sim6\mu m$，厚度约 $2\sim3\mu m$。

叶绿体的构造由三部分组成（图 4-3），包括叶绿体膜（chloroplast membrane，又称外被 outerenvelope）、类囊体（thylakoid）和基质（stroma）。

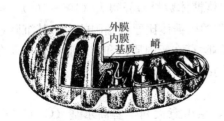

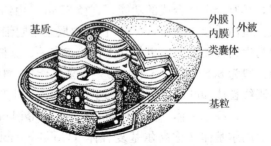

图 4-2　线粒体构造模式图　　　　　图 4-3　叶绿体的构造模式图

叶绿体在形态、构造和进化上都与线粒体有许多惊人的相似之处，尤其是在基质内有自身特有的环状 DNA 和本为原核生物具有的 70S 核糖体，从而能合成自身的部分特需蛋白质。

（8）液泡（vacuole）

液泡存在于真菌和藻类等真核微生物细胞的细胞器中，由单位膜分隔，其形态、大小随细胞年龄和生理状态而变化，一般老龄细胞中的液泡大而明显。在真菌的液泡中，主要含有糖原、脂肪和多磷酸盐等贮藏物质，精氨酸、鸟氨酸和谷氨酰胺等碱性氨基酸，以及蛋白酶、酸性和碱性磷酸酯酶、纤维素酶和核酸酶等酶类。液泡不仅具有维持细胞的渗透压和贮存营养物质的功能，还有溶酶体的功能。

（9）膜边体（lomasome）

膜边体又称须边体或质膜外泡，是某些真菌菌丝细胞中的一种特殊结构，位于细胞壁和细胞膜之间，由单层膜包裹。形态呈管状、囊状、球状、卵圆状或多层折叠膜状，其内含泡状物或颗粒状物。膜边体可由高尔基体和内质网的特定部位形成，各个膜边体能相互结合，也可与别的细胞器或膜结合，其功能可能与分泌水解酶或合成细胞壁有关。

（10）几丁质媒体（chitosome）

几丁质媒体又称壳体，一种活跃于各种真菌菌丝体顶端细胞中的微小泡囊，直径 40～70nm，内含几丁质合成酶，其功能是把其中所含的酶源源不断地运送到菌丝尖端细胞壁表面，使该处不断合成几丁质微纤维，保证菌丝不断向前延伸。

5. 鞭毛（flagellum）与纤毛（cilia）

某些真核微生物细胞表面长有或长或短的、呈多毛发状的具有运动功能的细胞器，其中形态较长（150～200μm）、数量较少者称为鞭毛；而形态较短（5～10μm）、数量较多者称为纤毛。它们在运动功能上与原核生物的鞭毛相同，但构造与运动机制等方面差别很大。

4.2　酵　母　菌

酵母菌（yeast）是一个通俗名称，一般泛指能发酵糖类的各种单细胞真菌，在分类上属于子囊菌纲、担子菌纲或半知菌纲。由于不同的酵母菌在进化与分类上的异源性，很难对酵母菌下一个确切的定义。通常认为，酵母菌具有以下特点：① 个体一般以单细胞状态存在；② 多数营出芽繁殖；③ 能发酵糖类产能；④ 细胞壁常含甘露聚糖；⑤ 常生活在含糖量较高、酸度较大的水生环境中。

4.2.1　分布及应用

酵母菌在自然界分布很广，主要生长在偏酸的含糖环境中，在水果、蜜饯的表面和果园土壤中最为常见。由于不少酵母可以利用烃类物质，在油田和炼油厂附近的土壤中也可以找到酵母菌。

酵母菌约有 500 多种（1982），被认为是人类"第一种家养微生物"。酵母菌在酿造、食品、医药等工业中占有重要的地位。早在 4000 多年前的殷商时代，中国就有用酵母菌酿酒或发面的记载。这类酵母能分解碳水化合物为酒精和二氧化碳，称为发酵型酵母菌。近十几年来，国内外正在加强研究氧化能力强而发酵能力弱或无发酵力的酵母菌。这类酵母菌称为氧化型酵母菌，它能生产多种产品，为酵母菌的应用开拓了新的广阔天地。

长期以来酵母菌一直被作为研究真核生物细胞功能的模式菌，1996 年完成了对酿酒酵母（*Saccharomyces cerevisiae*）基因组共 16 条染色体，约 5800 个基因的测序。近年来以酵母菌作为受体细胞，构造基因工程菌，用于生产、污水处理等领域的研究方兴未艾，显示出良好的前景。

酵母菌的维生素、蛋白质含量高，可作食用、药用和饲料用，又是提取核苷酸、辅酶 A、细胞色素 C、谷胱甘肽、三磷酸腺苷等多种生化产品的原料，还可用于生产维生素、氨基酸、有机酸等。解脂假丝酵母（*Candida lipolytica*）可用于石油脱蜡。少数种类的酵母菌能引起食品腐败，如蜂蜜酵母等能使蜂蜜、果酱变质，汉逊酵母（*Hansenula*）常使酒类饮料污染，也是酒精发酵工业的有害真菌。白假丝酵母（*Candida albicans*）可引起皮肤、黏膜、呼吸道、消化道以及泌尿系统等多种疾病。

4.2.2　酵母菌的形态和构造

　　酵母菌的细胞形态与细菌类似，但比细菌细胞大得多，是细菌的几倍至几十倍。一般呈卵圆形、圆柱形或球状。有的酵母菌细胞与其子细胞连接成一串，相连面积狭小、细胞串呈藕节状的称假菌丝；相连细胞间的横隔面积与细胞横截面一致的竹节状细胞串则称真菌丝。图 4-4 是酵母细胞的构造模式。

　　酵母菌的结构具有真核生物的特征，有真核，还有其他具膜结构的细胞器，如线粒体，内质网膜等。成熟细胞中常含有较大的液泡。

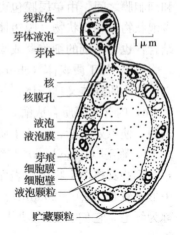

图 4-4　酵母细胞的构造模式

4.2.3　酵母菌的繁殖方式

1. 无性繁殖

（1）芽殖（budding）

大多数酵母菌都是以出芽的方式进行无性繁殖，先在母细胞一端长出突起，接着细胞核分裂出一部分并进入突起部分；突起部分逐渐长大成芽体；由于细胞壁的收缩，使芽体与母细胞相隔离。成长的芽体可能暂时与母细胞联合在一起，也可能立即与母细胞分离（图 4-5）。芽细胞脱离母体，成为新个体；若不脱离母体，又长新芽，子细胞和母细胞连接在一起，就形成藕节状或竹节状的细胞串，称为假菌丝（图 4-6）或真菌丝。

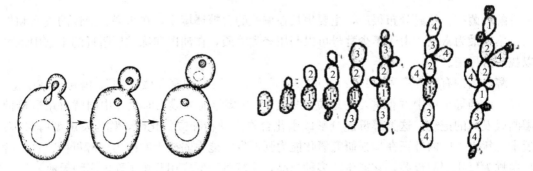

图 4-5　酵母菌的出芽生殖　　　　　　　图 4-6　酵母菌假菌丝的形成

（2）裂殖（fission）

少数酵母菌如 *Schizosaccharomyces*（裂殖酵母菌属）营类似于细菌的裂殖方式繁殖。细胞伸长，核分裂为二，然后在细胞中产生一隔膜，将细胞一分为二。

（3）产生无性孢子

少数酵母菌可以① 产生节孢子，如地霉属（*Geotrichum*）；② 产生掷孢子，如掷孢酵母属（*Sporobolomyces*）；③ 产生厚垣孢子，如白假丝酵母（*Candida albicans*）方式繁殖。

2. 有性繁殖

酵母菌以形成子囊（ascus）和子囊孢子（ascospore）或担子（basidium）和担孢子

（basidiospore）的方式进行有性繁殖。它们一般通过临近的两个形态相同而性别不同的细胞各自伸出一根管状原生质突起相互接触、局部融合并形成一条通道，再通过质配（plasmogamy）、核配（karyogamy）和减数分裂（meiosis）形成 4 个或 8 个子核，然后它们各自与周围的原生质结合在一起，再在其表面形成一层孢子壁，这样一个新的子囊孢子就成熟了，而原来的营养细胞则成了子囊。

3. 酵母菌的生活史

生活史又称生命周期（life cycle），指上一代生物个体经一系列生长、发育阶段而产生下一代个体的全部过程。不同酵母菌的生活史可以分为 3 类：① 营养体既能以单倍体也能以二倍体形式存在，如酿酒酵母；② 营养体只能以单倍体存在，如 *Schizosaccharomyces octosporus*（八孢裂殖酵母）；③ 营养体只能以二倍体存在，如路德类酵母（*Saccharomycodes ludwigii*）。

最典型和最重要的酵母菌是酿酒酵母，细胞大小为 $(2.5\sim10)\mu m\times(4.5\sim21)\mu m$。它的形态和构造如图 4-4 所示。其营养体既能以单倍体也能以二倍体形式存在，是第一类生活史的代表菌。其特点为：① 一般情况下以营养体状态进行出芽繁殖；② 营养体既能以单倍体（n）也能以二倍体（$2n$）形式存在；③ 在特定条件下进行有性繁殖（图 4-7）。

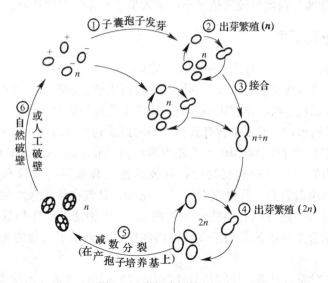

图 4-7 酿酒酵母的生活史

其生活史可以简述为：① 子囊孢子在合适的条件下产生单倍体营养细胞；② 单倍体营养细胞不断进行出芽繁殖；③ 两个不同性别的营养细胞彼此接合，在质配后发生核配，形成二倍体营养细胞；④ 二倍体营养细胞不进行核分裂，而是不断进行出芽繁殖；⑤ 在以醋酸盐为主要碳源，同时又缺乏氮源的条件下（例如：在 McClary 培养基、Gorodkowa 培养基、Kleyn 培养基，或是在石膏块、胡萝卜条上时），二倍体营养细胞易转变为子囊，这时细胞核才进行减数分裂，并随即形成 4 个子囊孢子；⑥ 子囊孢子经自然破壁或人工破壁（例如加入蜗牛消化酶溶壁或加硅藻土研磨）后，可释放出其中的子囊孢子。

4.2.4　酵母菌的培养特征

酵母菌一般都是单细胞微生物，且细胞都是粗短的形状，在细胞间充满着毛细管水，故它们在固体培养基表面形成的菌落也与细菌相仿。一般都有湿润、较光滑、有一定的透明度、容易挑起、菌落质地均匀以及正反面和边缘、中央部位的颜色都很均一等特点。

但由于酵母的细胞比细菌的大，细胞内颗粒较明显、细胞间隙含水量相对较少以及不能运动等特点，故反映在宏观上就产生了较大、较厚、外观较稠和较不透明的菌落。酵母菌菌落的颜色比较单调，多数都呈乳白色或矿烛色，少数为红色，个别为黑色。

另外，凡不产生假菌丝的酵母菌，其菌落更为隆起，边缘十分圆整；而会产大量假菌丝的酵母，则菌落较平坦，表面和边缘较粗糙。酵母菌的菌落一般还会散发出一股悦人的酒香味。酵母菌在中性偏酸（pH4.5～6.5）的条件下生长较好。

4.3　霉　菌

霉菌（mould，mold）是丝状真菌（filamentous fungi）的一个俗称，意为"会引起物品霉变的真菌"，通常指菌丝体较发达又不产生大型子实体结构的真菌。

4.3.1　分布及应用

霉菌分布极其广泛，只要存在有机物就有它们的踪迹。它们在自然界扮演着有机物分解者的角色，可以将其他生物难以分解利用且数量巨大的复杂有机物如纤维素和木质素彻底分解转化，成为绿色植物可以利用的养料，促进生物圈的繁荣发展。

未受污染的天然水，一般很少含有真菌。如河道受到严重污染，就可能在河底的灰白色沉积物中发现真菌。污水中霉菌的种类相当多，例如节水霉（*Leptomitus*）。

在活性污泥法的污水处理构筑物内，真菌的种类和数目一般没有细菌和原生动物多，其菌丝常能用肉眼看到，形如灰白色的棉花丝，黏着在沟渠或水池的内壁（黏着的丝状物中，除真菌外，还可能有一些丝状细菌）。在生物滤池的生物膜内，真菌形成网状物，可能起着结合生物膜的作用。在活性污泥中，若繁殖了大量的霉菌，也会引起污泥膨胀。

因为霉菌的代谢能力很强，特别是对复杂有机物（如纤维素、木质素等）具有很强的分解能力，其在固体废弃物的资源化及其处理过程中具有重要作用。

近年来也发现某些霉菌如镰刀霉（*Fusarium*）等能有效地氧化无机氰化物（CN^-），去除率可达 90% 以上，但对有机氰化物（腈）的处理效果则差些。另外，由于某些霉菌的蛋白质含量较高，可利用这些霉菌进行单细胞蛋白的生产。

4.3.2　霉菌的形态和构造

霉菌营养体的基本单位是菌丝（hypha，复数 hyphae），其直径通常为 $3～10\mu m$，比放线菌的菌丝粗几倍到几十倍，与放线菌相像，也分为两部分：一部分是营养菌丝，伸入营养物质内摄取营养；另一部分是气生菌丝，伸入空气中形成孢子和释放孢子。大多数霉菌菌丝内部有隔膜，把菌丝分成若干小段，每个小段就是一个细胞，菌丝中的隔膜是细胞的细胞壁，如青霉（*Penicillium*）、曲霉（*Aspergillus*）等高等真菌都属于这种多细胞菌丝。由一个细胞组成的没有隔膜的菌丝，称为单细胞菌丝体，如毛霉（*Moucor*）、根霉（*Rhizopus*）等低等真菌（图4-8）。

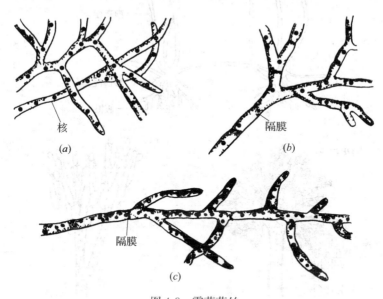

图4-8　霉菌菌丝

（*a*）无隔多核菌丝；（*b*）有隔单核菌丝；（*c*）有隔多核菌丝

霉菌菌丝的细胞构造与酵母类似。它的细胞壁主要由几丁质或纤维素组成。除少数水生低等真菌含纤维素外，大部分霉菌细胞壁由几丁质组成。

4.3.3　霉菌的繁殖

霉菌的繁殖能力很强，而且方式多样，分无性繁殖和有性繁殖两大类。无性繁殖是许多霉菌的主要繁殖方式，产生孢囊孢子、分生孢子、节孢子和厚垣孢子等无性孢子。有些霉菌在菌丝生长后期以有性繁殖方式形成有性孢子进行繁殖（图4-9）。有性繁殖方式是真菌系统分类的依据。由于霉菌产生的无性孢子数量多，体积小而轻，因此可随气流或水流到处散布。当温度、水分、养分等条件适宜时，便萌发成菌丝。

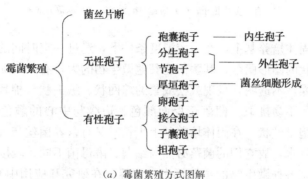

（*a*）霉菌繁殖方式图解

图4-9　霉菌的繁殖（一）

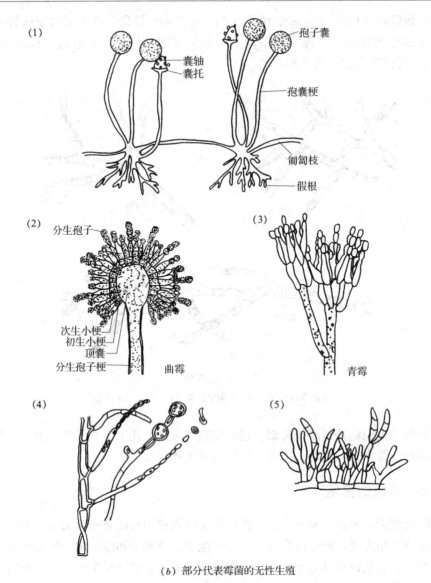

（1）囊轴　囊托　孢子囊　孢囊梗　匍匐枝　假根

（2）分生孢子　次生小梗　初生小梗　顶囊　分生孢子梗　曲霉

（3）青霉

（4）

（5）

（b）部分代表霉菌的无性生殖

图 4-9　霉菌的繁殖（二）

（1）根霉菌丝及孢囊孢子；（2）曲霉分生孢子；

（3）青霉分生孢子；（4）地霉厚垣孢子；（5）赤霉节孢子

将霉菌接种到固体培养基上，在一定温度条件下，经过一定时间的培养，可在培养基上长出绒毛状或絮状的圆形菌落，其菌落比其他微生物的大，有的可无限制地扩展。菌落质地疏松，外观干燥，不透明，呈现或松或紧的蛛网状、绒毛状、棉絮状或毡状。菌落与培养基间连接紧密，不易挑取。菌落正反面颜色、边缘与中心的颜色、构造通常不一致等。原因是霉菌细胞呈丝状，在固体培养基上生长时又有营养菌丝与气生菌丝的分化，而气生菌丝没有毛细管水，故它们的菌落必然与细菌、酵母菌不同，较接近放线菌。

菌落特征是鉴定各种微生物的主要形态学指标，在研究和应用中有重要意义。表 4-3 汇总了四大类微生物的细胞形态和菌落特征，以利于识别与比较。

四大类微生物的细胞形态和菌落特征比较　　　　　　　　　　表 4-3

菌落特征		细菌	酵母菌	放线菌	霉菌
主要特征	含水状态	很湿或较湿	较湿	干燥或较干燥	干燥
	外观形态	小而突起或大而平坦	大而突起	小而紧密	大而疏松或大而致密
	相互关系	单个分散或有一定排列方式	单个分散或假丝状	丝状交织	丝状交织
	形态特征	小而均匀*，个别有芽孢	大而分化	细而均匀	粗而分化
	菌落透明度	透明或稍透明	稍透明	不透明	不透明
参考特征	菌落与培养基结合程度	不结合	不结合	牢固结合	较牢固结合
	菌落颜色	多样	单调，一般呈乳脂或矿烛色，少数红或黑色	十分多样	十分多样
	菌落正反面颜色的差别	相同	相同	一般不同	一般不同
	菌落边缘**	一般看不到细胞	可见球状、卵圆状或假丝状细胞	有时可见细丝状细胞	可见粗丝状细胞
	细胞生长速度	一般很快	较快	慢	一般较快
	气味	一般有臭味	多带酒香味	常有泥腥味	往往有霉味

*　"均匀"指在高倍镜下看到的菌落只是均匀一团；而"分化"指可看到菌落内部的一些模糊结构。

**　用低倍镜观察。

4.3.4　真菌的孢子

由于真菌的繁殖主要通过产生大量无性孢子或有性孢子完成，这里主要讨论一些真菌孢子的特性。真菌孢子（spore）的特点是小、轻、干、多，其形态各异，休眠期长，有较强抗逆性。每个个体产生的孢子数极多，有助于它们在自然界传播和生存，对于人类利用有利有弊。表 4-4 汇总了真菌孢子的类型、主要特点和代表种属。

真菌孢子的类型、主要特点和代表种属　　　　　　　　　　表 4-4

孢子名称		染色体倍数*	外形	数量	外或内生	其他特点	实例
无性孢子	游动孢子	n	圆、梨、肾形	多	内	有鞭毛，能游动	壶菌
	孢囊孢子	n	近圆形	多	内	水生型有鞭毛	根霉，毛霉
	分生孢子	n	极多样	极多	外	少数为多细胞	曲霉，青霉
	节孢子	n	柱形	多	外	各孢子同时形成	白地霉
	厚垣孢子	n	近圆形	少	外	在菌丝顶或中间形成	总状毛霉
	芽孢子	n	近圆形	较多	外	在酵母细胞上出芽形成	假丝酵母
	掷孢子	n	镰、豆、肾形	少	外	成熟时从母细胞射出	掷孢酵母

续表

	孢子名称	染色体倍数*	外形	数量	外或内生	其他特点	实例
有性孢子	卵孢子	$2n$	近圆形	1至几	内	厚壁，休眠	德氏腐霉
	接合孢子	$2n$	近圆形	1	内**	厚壁，休眠，大，深色	根霉，毛霉
	子囊孢子	n	多样	一般8	内	长在各种子囊内	脉孢菌，红曲
	担孢子	n	近圆形	一般4	外	长在特有的担子上	蘑菇，香菇

引自：周德庆，微生物教程（第二版）。

* n 为单倍体，$2n$ 为二倍体。

** 根据近代超显微结构的研究，发现接合孢子是在接合孢子囊中形成的，应属内生孢子。

真菌在液体培养基中进行通气搅拌培养或振荡培养时，往往会产生菌丝球（mycelial pellets）。菌球的尺寸与培养条件，特别是与水力剪切条件有关，又会影响氧及营养物的传递及代谢产物的运输。

4.4　藻　类

藻类（algae）是能进行光合作用的一类自养低等植物，有单细胞和多细胞藻类，大部分缺少高等植物所有的一些特征性细胞器。

目前发现的藻类近3万种，约90%生活在水体中，陆生种类只占10%。

4.4.1　藻类的形态及生理特性

藻类的种类很多，形态多样，有单个球状的，有球状排列成链或成团堆的，有丝状体的（有的有隔膜、有的具分枝）及其他形态的。有单细胞的，也有多细胞的。多数藻体微小，肉眼不可见。

藻类具有真核，因此具有真核细胞的一般特征。多数有细胞壁，细胞壁由纤维素与果胶组成。单细胞一般能运动，多胞藻类的生殖细胞（孢子）通常也能运动。藻类运动主要靠鞭毛进行。藻类细胞中大多有叶绿体，叶绿体形状多样；由两层单位膜所包围，其中充满片层结构，与高等植物叶绿体基本相似。叶绿体中都含有叶绿素 a，有些藻类还含有叶绿素 b、c，各种胡萝卜素如 α、β 或 γ 胡萝卜素、叶黄素等；此外，红藻体内含有藻蓝素及藻红素（两者总称藻胆素），与蓝细菌相似。藻类借这些光合色素进行光合作用，也由于所含光合色素的不同而呈不同的颜色。

藻类一般是无机营养的，能进行光合作用。在有光照时，能利用光能，吸收二氧化碳合成细胞物质，同时放出氧气。除利用 CO_2 外，还需要无机氮、磷、硫、镁等元素。无机营养物中对氮及磷的需求量最多。其原生质组成通式是 $C_{106}H_{263}O_{110}N_{16}P$。

$$CO_2 + 2H_2O \longrightarrow [CH_2O] + H_2O + O_2$$

在夜间无阳光时，则通过呼吸作用取得能量，吸收氧气同时放出二氧化碳。在藻类很多的池塘中，昼间水中的溶解氧往往很高，甚至过饱和，夜间溶解氧会急剧下降。

藻类在 pH4~10 之间可以生长，适宜的 pH 则为 6~8。

4.4.2　藻类的分类

根据藻类的形态及生理特性，可将之分为甲藻门、金藻门、黄藻门、硅藻门、裸藻门、绿藻门、褐藻门、红藻门等。表4-5列出了各门藻类植物的主要形态特征。

各门藻类植物的主要形态特征[*] 表 4-5

门	种数	颜色及主要色素	光合产物	鞭毛特点	细胞壁成分	习性
甲藻门 *Pyrrophyta*	1100	灰色，叶绿素 a，叶绿素 c，类胡萝卜素，叶黄素	淀粉（α1-4 支链葡聚糖）	一条侧生 一条后生	纤维素	海产，淡水产
金藻门 *Chrysophyta*	1000	金橄榄色，叶绿素 a，多叶绿素 c，类胡萝卜素，叶黄素	昆布多糖（β1-3 支链葡聚糖）	1 条或两条，顶生	果胶质，含硅质	主要淡水产
黄藻门 *Xanthophyta*	500	金黄色，叶绿素 a，叶绿素 c，β-胡萝卜素，硅甲黄素，叶黄素，异黄素	油滴 金藻昆布糖	2 条近顶生，略偏向腹部，不等长	果胶质为主	主要淡水产
硅藻门 *Bacillariophyta*	16000	橄榄褐色，叶绿素 a，多叶绿素 c，类胡萝卜素，叶黄素	昆布多糖（β1-3 支链葡聚糖）	仅精子具 1 条	果胶质，硅质，无纤维素	淡水产，海产
裸藻门 *Euglenophyta*	800	绿色，叶绿素 a，多叶绿素 b，类胡萝卜素，叶黄素	裸藻淀粉	1～3 条，顶生	周质体无细胞壁	主要淡水产
绿藻门 *Chlorophyta*	8000	绿色，叶绿素 a，多叶绿素 b，类胡萝卜素	淀粉（植物淀粉）	2 条或更多，顶生或近顶生	纤维素	多淡水产，少海产
褐藻门 *Phaeophyta*	1500	橄榄褐色，叶绿素 a，多叶绿素 c，类胡萝卜素，叶黄素	昆布多糖（β1-3 支链葡聚糖）	仅精子具 2 条，侧生	藻胶酸褐藻糖胶纤维素	几乎全海产，冷洋区多见
红藻门 *Rodophyta*	4000	红色至黑色，叶绿素 a，类胡萝卜素，藻胆素，少有叶绿素 d	红藻淀粉（肝糖，类似 α1-4 支链葡聚糖）	无	外层果胶质（琼脂糖，半乳糖），内层纤维素	绝大多数海产，少淡水产，很多产热带

[*] 引自：胡玉佳，现代生物学，高等教育出版社，2001。

下面讨论一些常见藻类的特征。

1. 绿藻（Chlorophyta）

绿藻是一种单细胞或多细胞的绿色植物。有些绿藻的个体较大，如水绵（*Spirogyra*）、水网（*Hydrodictyon*）藻等，有些则很小，必须用显微镜才能看到，如小球藻（*Chlorella*）等，其细胞中的色素以叶绿素为主，并含有叶黄素和胡萝卜素。有的绿藻有鱼腥或青草的气味。绿藻的大部分种类适宜在微碱性环境中生长。繁殖方式有无性繁殖和有性繁殖。无性繁殖主要是裂殖和在藻体内生成无性孢子。

绿藻主要产于淡水中，占 90%，少数海产，占 10%。淡水种受水温限制不明显，广泛分布；海产种常沿海岸分布。习性有沉水、浮游、寄生、共生、亚气生、陆生等。绿藻可生活在原生动物、无脊椎动物的腔中成为光合共生体，为宿主提供食物，或与真菌形成共生地衣体。常见的绿藻有：

（1）小球藻（*Chlorella*）为单细胞藻类。原生质体具有一个细胞核和带淀粉粒的环形叶绿体。通过不动孢子繁殖。小球藻繁殖极快，体内含有50%蛋白质及20%脂肪，可大量培养作为饲料和食品。

（2）栅藻（*Scenedesmus*）常居于静水中，藻体由4个或8个细胞构成，细胞常排列成串，有时在群体四角生出刺状突起。

（3）衣藻（*Chlamydomonas*）为单细胞藻类。生活于水沟或浅水中，有两根鞭毛，能运动，叶绿体杯状。

（4）团藻（*Volvox*）为多细胞的淡水绿藻，可由数百至数万个细胞不重叠地排成一层空心球状群体，球内充满胶质和水。细胞形态与衣藻相同，有胶质衣鞘。常发生于淡水池塘，或临时性积水中，生活2~3周后即消失。

（5）丝藻（*Ulothrix*）生活于流水中，靠近水面并附着于固体物上。常丛生于石头或木桩上呈绿色毛毯状。细胞内有环状叶绿体及淀粉核。

图4-10为几种绿藻的形态。大部分绿藻在春夏之交和秋季生长得最旺盛。有些种类的绿藻是引起水体富营养化的主要藻类。

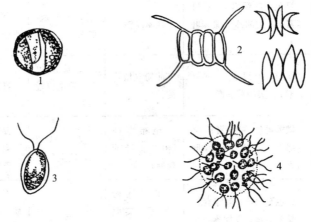

图4-10　四种绿藻

1—小球藻；2—栅藻；3—衣藻；4—空球藻

2. 硅藻（Bacilariophyta）

硅藻为单细胞或单细胞的群体，细胞内含有黄色素、胡萝卜素和叶绿素等。它的主要特点是细胞壁中含有大量的硅质，形成一个由两片细胞壁合成的硅藻壳体。

硅藻以细胞分裂繁殖为主。适宜在较低温度中生长，在春秋两季和冬初生长最好。一般硅藻产生香气，也有发出鱼腥气的。

水中常见的硅藻有纺锤硅藻（*Navicula*）、丝状硅藻（*Melosira*）、旋星硅藻（*Asterionella*）和隔板硅藻（*Tabellaria*）等（图4-11）。

3. 金藻（Chrysophyta）

单细胞、群体、分枝丝状体。运动型细胞鞭毛1~2条。细胞壁为纤维素和果胶质，或原生质体分泌纤维素构成囊壳。色素有叶绿素a、叶绿素c，主要为类胡萝卜素、叶黄素。以营养繁殖为主，单细胞纵裂，群体断裂。

图 4-11　三种硅藻

1—纺锤硅藻；2—旋星硅藻；3—隔板硅藻

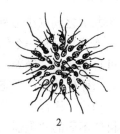

图 4-12　两种金藻

1—黄群藻；2—拟黄团藻

在淡水中较多，常形成群体。常生活在透明度较大、温度较低、有机质含量少、pH4～6 的微酸性、含钙质较少的水中。

金藻中有一种称为黄群藻（*Synura*）的，能发出强烈的臭味，并使水味变苦。这种臭味物质在水中含量即使极少（1/250 万），人们也能觉察出来（图 4-12）。

4.4.3　藻类对环境工程的影响

藻类对给水工程有一定的危害性。当它们在水库、湖泊中大量繁殖时，会使水带有臭味，有些种类还会产生颜色。水源水中含大量藻类时会影响水厂的正常水处理过程，如造成滤池阻塞。水中即使含有数量很少的黄群藻，也能产生强烈的气味而使水不适于饮用。近年来，关于藻类产生的藻毒素的影响引起了较多关注。

水体中藻类大量繁殖会造成水体富营养化，严重影响水环境质量。水体富营养化问题在我国十分普遍，尽管开展了大量研究工作，采取了多种措施，但形势仍十分严峻。

藻类具有通过光合作用产生氧气的功能，在氧化塘等生物处理工艺中利用菌藻共生系统，其中藻类产生的氧可被好氧微生物有效利用，去氧化分解水中的有机污染物。这样一方面可收获大量有营养价值的藻类，另一方面也净化了污水。藻类在氧化塘中的作用可用图 4-13 简单描述。天然水体自净过程中，藻类也起着一定的作用。

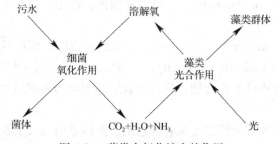

图 4-13　藻类在氧化塘中的作用

4.5　原生与微型后生动物

4.5.1　原生动物（protozoa）

1. 原生动物的形态与构造

原生动物（Protozoa）是动物界中最低等的一类真核单细胞动物，长度一般在 100～

300μm之间（少数种类的长度可达几个毫米，而个别种类的长度则小到几个微米）。每个细胞通常只有一个细胞核，少数种类也有两个或两个以上细胞核，具有动物的主要特征，可自主运动，异养。

原生动物在形态上虽然只有一个细胞，但在生理上却是一个完善的有机体，能和多细胞动物一样行使营养、呼吸、排泄、生殖等机能。其细胞体内各部分有不同的分工，形成机能不同的"胞器"。常见的"胞器"有运动胞器、消化与营养胞器、排泄胞器和感觉胞器等。

（1）运动胞器

原生动物有两种类型运动胞器，一种是伪足（pseudopdium）；一种是鞭毛（flagellum）和纤毛（cilium）。

（2）消化与营养胞器

原生动物具有消化和营养胞器。许多动物性营养与腐生性营养的原生动物具有胞口（cytostome）、胞咽（cytopharynx）等。

（3）排泄胞器

大多数原生动物具有专门的排泄胞器——伸缩泡（contractile vacuole）。伸缩泡一伸一缩，即可将原生动物体内多余的水分及积累在细胞内的代谢产物排出体外。

（4）感觉胞器

一般原生动物的运动胞器就是它的感觉胞器。个别原生动物有专门的感觉器官——眼点（stigma）。

2. 原生动物的营养与繁殖

原生动物包含了生物界的全部营养类型。大部分原生动物营异养型生活，以吞食细菌、真菌、藻类等有机体为食，或以死亡的有机体、腐烂物、有机颗粒为食；少数含有光合色素，能像植物一样自养生活。大多数进行好氧呼吸，也有一部分可以在无氧条件下生活。具有较强的趋利避害感应性。

① 动物性营养（holozic nutrition）：以吞噬细菌、真菌、藻类为主，大部分原生动物采取这种营养方式。

② 腐生性营养（saprophytic nutrition）：以死的有机体、腐烂的物质为主。

③ 植物性营养（holophytic nutrition）：与植物的营养方式一样，在有阳光的条件下，可利用二氧化碳和水合成碳水化合物，只有少数的原生动物采取这种营养方式，如植物性鞭毛虫。

原生动物的繁殖方式有无性繁殖及有性繁殖。无性繁殖为二分裂繁殖，也有复分裂繁殖。绝大部分原生动物可以形成休眠体（又称孢囊），以抵抗不良环境，至环境条件适宜时，又复萌发，长出新细胞。

3. 常见的原生动物

一般认为原生动物有30000余种，也有人认为有44000余种。污水生物处理中常见的原生动物有三类：肉足类、鞭毛类和纤毛类。

（1）肉足类

肉足类原生动物（Sarcodina）大多数没有固定的形状，少数种类为球形。细胞质表面形成的一层薄膜，可伸缩变动而形成伪足，作为运动和摄食的胞器。绝大部分肉足类都营动物性营养。肉足类原生动物没有专门的胞口，完全靠伪足摄食，以细菌、藻类、有机颗粒和比它本身小的原生动物为食物。

可以任意改变形状的肉足类为根足变形虫，一般就叫做变形虫（*Amoeba*）。还有一些体形不变的肉足类，呈球形，它的伪足呈针状，如辐射变形虫（*Amoeba radiosa*）和太阳虫（*Actinophrys*）等（图 4-14）。

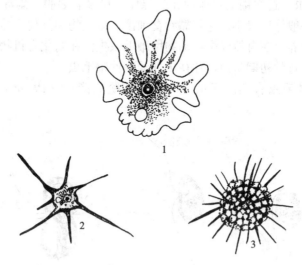

图 4-14　几种肉足类原生动物
1—变形虫；2—辐射变形虫；3—太阳虫

肉足类在自然界分布很广，土壤和水体中都有。中污带水体（见第 15 章）是多数种类最适宜的生活环境，在污水中和污水生物处理构筑物中也有发现。就卫生安全方面来说，重要的水传染病阿米巴痢疾（赤痢）就是由于寄生的变形虫赤痢阿米巴（*Endamoeba histolytica*）所引起的。

（2）鞭毛类

这类原生动物因为具有一根或一根以上的鞭毛，所以统称鞭毛虫或鞭毛类原生动物（Mastigophora）。鞭毛长度大致与基体长相等或更长些，是运动器官。鞭毛虫又可分为植物性鞭毛虫和动物性鞭毛虫。

1）植物性鞭毛虫　多数有叶绿体，是仅有的进行植物性营养的原生动物。此外，有少数无色的植物性鞭毛虫，它们没有叶绿体，但具有植物性鞭毛虫所专有的某些物质，如坚硬的表膜和副淀粉粒等，形体一般都很小，它们也会进行动物性营养。在自然界中绿色的种类较多，在活性污泥中则无色的植物性鞭毛虫较多。

最普通的植物性鞭毛虫为绿眼虫（*Euglena viridis*）（图 4-15）。它是植物性营养型的，有时能进行植物式腐生性营养。最适宜的环境是 α—中污性小水体，也能适应多污性水体。在生活污水中较多，在寡污性静水或流水中极少。在活性污泥中和生物滤池表层滤料的

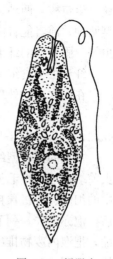

图 4-15　绿眼虫

生物膜上均有发现，但为数不多。此外还有杆囊虫（*Peranema frichophorum*），它的鞭毛比眼虫（*Euglena*）粗，利用溶解于水中的有机物进行腐生性营养；还有一种衣滴虫，有两根鞭毛和两个伸缩泡。

有些能进行光合作用的鞭毛类原生动物常被划分在藻类植物中，如黄群藻和拟黄团藻等。

2）动物性鞭毛虫 这类鞭毛虫体内无叶绿体，也没有表膜、副淀粉粒等植物性鞭毛虫所特有的物质。一般体形很小。它们靠吞食细菌等微生物和其他固体食物生存，有些还兼有动物式腐生性营养。在自然界中，动物性鞭毛虫生活在腐化有机物较多的水体内。在污水处理厂曝气池运行的初期阶段，往往出现动物性鞭毛虫。

常见的动物性鞭毛虫有梨波豆虫（*Bodo*）和跳侧滴虫（*Pleuromonas jaculans*）等（图 4-16）。

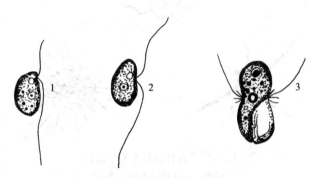

图 4-16 动物性鞭毛虫

1—梨波豆虫；2—跳侧滴虫；3—活泼锥滴虫

（3）纤毛类

纤毛类原生动物或纤毛虫（Ciliata）的特点是周身表面或部分表面具有纤毛，作为运动或摄食的工具。纤毛虫是原生动物中构造最复杂的种类，不仅有比较明显的胞口，还有口围、口前庭和胞咽等起吞食和消化作用的细胞器官。它的细胞核有大核（营养核）和小核（生殖核）两种，通常大核只有一个，小核则有一个以上。纤毛类可分为游泳型和固着型两种。前者能自由游动，如周身有纤毛的草履虫，后者则附着在其他物体上生活，如钟虫等。固着型的纤毛虫可形成群体。

纤毛虫喜食细菌及有机颗粒，竞争能力也较强，与污水生物处理的关系较为密切。

在污水生物处理中常见的游泳型纤毛虫有草履虫（*Paramecium*）、肾形虫（*Colpoda*）、豆形虫（*Colpidium*）、漫游虫（*Lionotus*）、裂口虫（*Amphileptus*）、楯纤虫（*Aspidisca*）等（图 4-17）。

常见的固着型纤毛虫主要是钟虫类（*Vorticella*）。钟虫类因外形像敲的钟而得名。钟虫前端有环形纤毛丛构成的纤毛带，形成似波动膜的构造。纤毛摆动使水形成漩涡，把水中的细菌、有机颗粒引进胞口。食物在虫体内形成食物泡。当泡内食物逐渐被消化和吸收后，泡亦消失，剩下的残渣和水分渗入较大的伸缩泡。伸缩泡逐渐胀大，到一定程度即收缩，把泡内废物排出体外。伸缩泡只有一个，而食物泡的个数则随钟虫活动的旺盛程度而增减（图 4-18）。

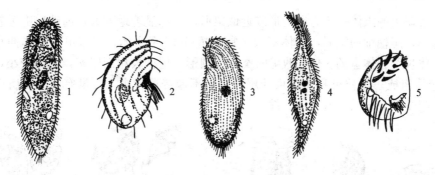

图 4-17　游泳型纤毛虫

1—草履虫；2—肾形虫；3—豆形虫；4—漫游虫；5—楯纤虫

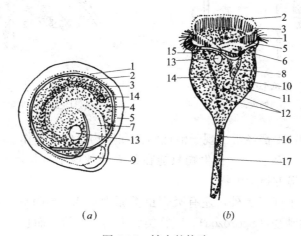

(a)　　　　　　　(b)

图 4-18　钟虫的构造

(a) 口围区顶观察图解；(b) 模式图

1—外膜；2—中膜；3—内膜；4—口围区；5—口围边缘；6—口围边缘
进入漏斗状口前庭；7—口前庭；8—漏斗状口前庭的纤毛列；9—口前庭
的波动膜；10—胞口；11—形成食泡；12—食泡；13—伸缩泡；14—大
核；15—小核；16—柄；17—肌丝

大多数钟虫在后端有尾柄，它们靠尾柄附着在其他物质（如活性污泥、生物滤池的生
物膜）上。也有无尾柄的钟虫，它可在水中自由游动。有尾柄的钟虫，有时可在水中自由
游动，也可离开原来的附着物，靠前端纤毛的摆动而移到另一个固体物质上。大多数钟虫
类进行裂殖。有尾柄的钟虫的幼体刚从母体分裂出来，尚未形成尾柄时，靠后端纤毛带摆
动而自由游动。

常见的单个个体的钟虫类有小口钟虫（*V. microstoma*）、沟钟虫（*V. convallaria*）、
领钟虫（*V. aequilata*）等，如图 4-19 所示。这种单个个体的钟虫统称为钟虫（*Vorticella*）
或普通钟虫。

常见的群体钟虫类有等枝虫（累枝虫，*Epistylis*）和盖纤虫（盖虫，*Opercularia*）
等。常见的等枝虫有瓶累枝虫（*E. rotaus*）等。盖纤虫有集盖虫（*O. coarctata*）、彩盖虫
（*O. phryganeae*）等（图 4-20）。等枝虫的各个钟形体的尾柄一般互相连接呈等枝状，也
有不分枝而个体单独生活的。盖纤虫的虫体的尾柄在顶端互相连接，虫口波动膜处生有

"小柄"。集盖虫的虫体一般为卵圆形或近似梨形,中部显著地膨大,前端口围远较最宽阔的中部为小,尾柄细而柔弱,群体不大,常不超过 16 个个体。彩盖虫的虫体伸直时近似纺锤形,体长约为体宽的 3 倍,收缩时类似卵圆形,尾柄较粗而坚实,群体较小,一般由 2~8 个个体组成。等枝虫和盖纤虫的尾柄内,不像普通钟虫,都没有肌丝,所以尾柄不能伸缩,当受到刺激后只有虫体收缩。

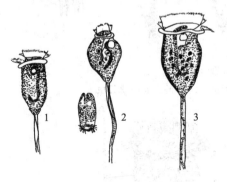 

图 4-19　几种单个个体的钟虫
1—领钟虫;2—小口钟虫;3—沟钟虫

图 4-20　群体钟虫图
1—瓶累枝虫;2—集盖虫;3—彩盖虫

群体钟虫和普通钟虫都经常出现于活性污泥和生物膜中,可作为处理效果较好的指示生物。一种生物只能在某一种环境中生长,这种生物就是这一环境的指示生物。

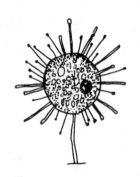

水中原生动物除上述三类外,还有吸管虫类原生动物(Suctoria)和孢子虫类原生动物(Sporozoa)。吸管类成虫具有吸管,而且也长有柄,固着在固体物质上,吸管用来诱捕食物(图 4-21)。吸管虫在污水处理中的作用还没有很好地研究。孢子虫是寄生性的,其生活史较复杂,能产生孢子,主要在卫生医疗方面有重要性,间日疟原虫(*Plasmodium vivax*)就属于这一类原生动物。

图 4-21　吸管虫

4. 原生动物在污水生物处理中的作用

细菌数量多,分解有机物的能力强,并且繁殖迅速,是污水生物处理中污染物去除的主要承担者。原生动物在污水中的数量也比较大,常占微型动物总数的 95% 以上,因而也有一定的净化污染物的能力;原生动物多以细菌等为食物,其吞食活性污泥的能力近年来得到了较多关注和研究,成为可能的污泥减量化方法;原生动物还可作为指示生物,用以反映活性污泥和生物膜的质量以及污水净化的程度。

在氧化塘一类的构筑物中,藻类的作用则比原生动物更重要,当然细菌还是起最主要的作用。

(1)原生动物对污水净化的影响

动物性营养型的原生动物,如动物性鞭毛虫、变形虫、纤毛虫等能直接利用水中的有机物质,对水中有机物的净化起一定的积极作用。但是这些原生动物是以吞食细菌为主的,它们直接提高有机物去除率的作用,还需进一步研究。

在活性污泥法中,纤毛虫可促进生物絮凝作用。活性污泥凝聚得好,则在二次沉淀池中沉降得好,从而改善出水水质。科兹(Curds)在 1963 年通过实验证明,小口钟虫、褶累枝虫和尾草履虫等纤毛虫能分泌一些促进凝聚的糖类和黏朊。他甚至认为在生物凝集过程中纤毛虫比细菌起的作用更大。

纤毛虫能大量吞食细菌，特别是游离细菌，因此可改善生物处理法出水的水质。科兹等人在实验室条件下进行实验，发现曝气池中有纤毛虫（节盖虫、苔藓伪瞬目虫和贪食织毛虫）时，出水中游离细菌立刻降至 100 万～800 万个/mL，出水很清澈。同时，加入纤毛虫后出水的其他指标也有改善。他们认为纤毛虫除掠食细菌外，还有一定程度的净化作用。

（2）以原生动物为指示生物

由于不同种类的原生动物对环境条件的要求不同，对环境变化的敏感程度也不同，所以可以利用原生动物种群的生长情况，判断生物处理构筑物的运转情况及污水净化的效果。原生动物的形体比细菌大得多，用低倍显微镜即可观察，因此以原生动物为指示生物较为方便。

对污水处理构筑物中的原生动物进行镜检时，需注意以下几个方面：① 原生动物种类的组成；② 种类的数量变化；③ 各种群的代谢活力。

在生物处理构筑物中会有一些常见种类。根据湖北省水生生物研究所的观察和分析，在我国一些污水处理厂的活性污泥中，最常见的纤毛虫是小口钟虫、沟钟虫、八钟虫、领钟虫、瓶累（等）枝虫、褶累（等）枝虫、关节累（等）枝虫、集盖虫、微盘盖虫、彩盖虫、螅状独缩虫、有肋楯纤虫、盘状游仆虫、卑怯管叶虫；肉足类虫是蛞蝓变形虫、点滴简变虫、小螺足虫；鞭毛虫是尾波豆虫、梨波豆虫、粗袋鞭虫等。

由于大多数原生动物是广栖性的，能忍受很宽的环境范围，所以某些种类的少量出现并不能完全说明构筑物的处理效果。必须注意各种类的数量变化。

研究表明，当活性污泥法曝气池的有机负荷、曝气时间、有机物去除率等大幅度变化时，种类组成差别相当小，而各主要种类的数量变化则是很大的。这说明原生动物对环境的忍受幅度虽然很宽，但大量生长的最适宜环境的范围还是窄的。例如，某些原生动物对溶解氧的有无很敏感，特别是普通的钟虫，当水中溶解氧含量适中时，很活跃；当溶解氧少于 1mg/L 时，就很不活跃，前端会出现一个大气泡（也有人发现氧过多时钟虫前端也会有大气泡）。所以，钟虫前端出现气泡，往往说明充氧不正常，水质将变坏。此外，环境条件恶劣时，发现钟虫尾柄脱落，虫体变形，甚至变成圆柱形，如果环境不改善，则虫体越变越长，以致死亡。等枝虫对恶劣环境的耐受力一般比普通钟虫强。根据有些污水处理厂的运转经验，在处理含硫废水时，当含硫量提高到 100mg/L，其他原生动物均不出现了，普通钟虫大大减少，而等枝虫仍正常生活。

原生动物生长适宜的 pH 范围与细菌和藻类的相仿，但很多原生动物对于毒物的影响比细菌更为敏感，所以在污水生物处理系统中根据原生动物的变化情况，常可在细菌受到影响之前采取适当的措施。

一般情况下，在活性污泥的培养和驯化阶段中，原生动物种类的出现和数量的变化往往按一定的顺序进行。在运行初期，曝气池中常出现鞭毛虫和肉足虫。若钟虫出现且数量较多，则说明活性污泥已成熟，充氧正常。在正常运行的曝气池中，如果固着型纤毛虫减少，游泳型纤毛虫突然增加，表明处理效果将变坏。

除原生动物的种类和数量外，还应注意各种群的代谢活力。例如，纤毛虫在环境适宜时，用裂殖方式进行繁殖；当食物不足，或溶解氧、温度、pH 不适宜，或者有毒物质超过其忍受限度时，就变为接合繁殖，甚至形成孢囊以保卫其身体。所以，当观察到纤毛虫活动力差，钟虫类口盘缩进、伸缩泡很大、细胞质空泡化、活动力差、畸形、接合繁殖、有大量孢囊形成等现象时，即使虫数较多，也说明处理效果不好。

根据以上叙述可知，在污水的生物处理厂（站）中应对原生动物进行长期的显微镜观察，以掌握本厂正常运转时常见且数量多的种类。然后根据日常的镜检结果，就可对污水处理的效果进行判断。如果发现状态较差的原生动物突然猛增或其他不正常现象，就说明运转出现了问题，应及时采取补救措施，以保证处理工艺正常运行。

应当指出，无论用原生动物或下节将要提到的其他微型动物作为指示生物时，都要谨慎。因为它们虽然可以直接在显微镜下观察，但作为指示物都还没有准确的定性定量方法，目前只能起辅助理化分析的作用。

4.5.2　微型后生动物（Micro-metazoa）

动物界除了单细胞的原生动物门以外的所有多细胞动物都称为后生动物。在水处理工作中常见的微型后生动物主要是多细胞的无脊椎动物，包括轮虫、甲壳类动物和昆虫及其幼虫等。

1. 轮虫

轮虫（*Rotifers*）是多细胞动物中比较简单的一种。其身体前端有一个头冠，头冠上有一列、二列或多列纤毛形成的纤毛环。纤毛环经常摆动，将细菌和有机颗粒等引入口部，纤毛环还是轮虫的运动工具（图4-22）。轮虫就是因其纤毛环摆动时状如旋转的轮盘而得名。轮虫有透明的壳，两侧对称，体后多数有尾状物。

轮虫以细菌、小的原生动物和有机颗粒等为食物，所以在污水的生物处理中有一定的净化作用。

在污水生物处理过程中，轮虫也可作为指示生物。当活性污泥中出现轮虫时，往往表明处理效果良好，但如数量太多，则有可能破坏污泥的结构，使污泥松散而上浮。活性污泥中常见的轮虫有转轮虫（*Rotaria rata-tioria*）、红眼旋轮虫（*Philodina erythrophthalma*）等。

轮虫在水源水中大量繁殖时，有可能阻塞水厂的砂滤池。

2. 甲壳类动物

通常提到甲壳类动物就会使人想到虾类。水处理中遇到的多为微型甲壳类动物，这类生物的主要特点是具有坚硬的甲壳。在给水排水工程中常见的甲壳类动物有水蚤（*Daphnia*）和剑水蚤（*Cyclops*）（图4-23）。它们以细菌和藻类为食料。它们若大量繁殖，可能影响水厂滤池的正常运行。氧化塘出水中往往含有较多藻类，可以利用甲壳类动物去净化这种出水。

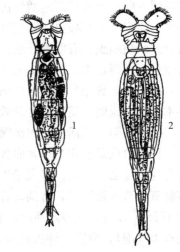

图4-22　轮虫

1—转轮虫；2—红眼旋轮虫

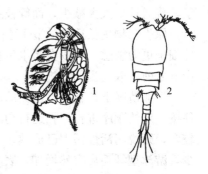

图4-23　甲壳类动物

1—大型水蚤；2—刘氏中剑水蚤

3. 其他小动物

水中有机淤泥和生物黏膜上常生活着一些其他小动物，如线虫和昆虫（包括其幼虫）等。在污水生物处理的活性污泥和生物膜中都可发现线虫（*Nematode*）。线虫的虫体为长线形，在水中一般长 0.25～2mm，断面为圆形（图 4-24）。有些线虫是寄生性的，在污水处理中遇到的是独立生活的。线虫可同化其他微生物不易降解的固体有机物。

在水中出现的小虫或其幼虫还有摇蚊幼虫（*Chironomus larva*）、蜂蝇（*Eristalis tenax*）幼虫和颤蚯蚓（*Tubifex*）等，这些生物都可用做研究河川污染的指示生物（图 4-25 及第 15 章）。

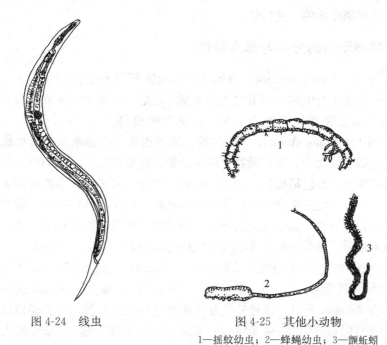

图 4-24　线虫　　　　　　　　　　图 4-25　其他小动物

1—摇蚊幼虫；2—蜂蝇幼虫；3—颤蚯蚓

动物生活时需要氧气，但微型动物在缺氧的环境里也能生存数小时。一般说，在无毒污水的生物处理过程中，如无动物生长，往往说明溶解氧不足。

4.5.3　微型动物在污泥减量化中的应用

目前关于利用微型动物对污泥进行减量的研究，主要集中在研究具体工艺中微型动物摄食导致污泥减量的程度。由于影响污泥产量的因素较多，如选用的微型动物种类及各种工艺的差异等，文献中所报道的污泥减量比例变化幅度很大。

用于摄食剩余污泥的微型动物主要包括：① 原生动物、轮虫等体型较小的微型动物，其最大优势就是数量多，生长速度快；② 环节动物和软体动物等体型较大的微型动物，其优势是受外环境影响小、采集方便，便于集中投放。

最初人们认为原生动物捕食细菌，减少了曝气池中的细菌总数，降低了活性污泥的活性，可能对污水处理效果产生负面影响。随着研究深入，发现部分原生动物的存在可以促进细菌活力，提高出水水质，其在活性污泥中的净化作用仅次于细菌。微型动物还可以①分泌生长因子和降解胞外聚合物；② 优化基质的碳氮磷比率；③ 优化细菌群落；④ 导致细菌形态和生长方式的改变；⑤ 促进营养物质和氧气的扩散；⑥ 促进絮凝。

4.6 底栖动物

按照水体中生物的存在位置与状态，水生生物可分为四大类群，即浮游生物、自游生物（或游泳生物）、漂浮生物和底栖生物（或水底生物）。"底栖生物"是水生生物学中对水生生物的一个分类，它包括上一节讨论的许多原生动物与微型后生动物。由于底栖生物有许多特殊的生物学特征，它们在水体物质循环及水质保护中发挥着十分重要的作用，本节特别讨论一下底栖生物的一些特性。

4.6.1 底栖动物的分类与基本特性

底栖生物（benthonic organism）由栖息在水域底部和不能长时间在水中游动的各类生物所组成，是水生生物中的一个重要生态类型。它是一个很大的生物类群，其种类和生活方式都远比浮游生物和自游生物复杂，包括底栖植物（benthonic plant）、底栖动物（zoobenthos，或 benthonic animal）与微生物。底栖植物主要是水生维管束植物和各种藻类，底栖动物包括腔肠动物、海绵动物、扁形动物、线形动物、环节动物、节足动物等。

底栖生物的生活习性包括爬行、匍匐、附着、攀缘、穴居等。多数底栖生物不能远距离移动，这一点作为环境污染指示生物是有优越性的。但在某些情况下，很难把它们和浮游生物及自游生物分清楚，如甲壳类的蟹是底栖动物，但其幼体是在水中漂流的。

近代研究常根据筛网孔径的大小将它们划分为不同的类型。一般而言，将不能通过 $500\mu m$ 孔径筛网的动物称为大型底栖动物（macrofauna），能通过 $500\mu m$ 孔径筛网但不能通过 $42\mu m$ 孔径筛网的动物为小型底栖动物（meiofauna），能通过 $42\mu m$ 孔径筛网的动物为微型底栖动物（nanofauna）。这种分类方法是为了研究的方便，与分类地位和生态习性无关。20 世纪 60 年代以前，底栖动物的研究对象主要是体径超过 1mm 的大型底栖生物和体重超过 1g 的巨型底栖生物。其后，对生存于沿岸或水下沉积物颗粒间的大量体径为 0.4~1mm 的小型底栖动物（也称间隙动物）和体径小于 0.4mm 的微型底栖生物的调查研究受到较多重视。微型底栖动物主要是原生动物等，它们的数量远远超过大型底栖生物，虽然个体很小，但其生物量却几乎与大型动物相等，在物质转化及食物链方面作用重要。

4.6.2 底栖动物的生活类型

根据其生活类型，底栖动物可分为固着动物、穴居动物、攀爬动物和钻蚀动物等。

1. 固着动物（sessile benthos）

在水底表面或其突出物上营终生固着或临时固着。淡水中终生固着的种类比海洋少得多，但有共同点。较低等的种类主要包括海绵动物（Spongia）和刺胞动物（Cnidaria），较高等的永久固着动物在淡水中仅有淡水壳菜（*Limnoperna lacustris*），成体以足丝固着于坚硬的底质上。由于长期营固着生活，这类动物身体的构造通常都较简单，除感觉器官（如触手、触丝）相对发达外，一些器官还有退化现象。固着动物常形成群体，过度孳生时可造成不利影响，如淡水壳菜常损害水工建筑或堵塞工厂供水管道。临时固着的动物则种类甚多，在流水环境中相当普遍，其固着方式多样，如蛭类用吸盘固定，某些摇蚊及石蛾幼虫则固定于底质上的巢、管等等。

2. 穴居动物（burrowing benthos）

这类动物通常将身体的全部或大部分埋藏于疏松的底质中。其成员在淡水中有一些线虫、颤蚓科寡毛类、双壳类软体动物以及摇蚊类幼虫等。它们对穴居有种种适应，首先，多数种类都具有细长的体形，使之易于在底质中穿行。这个特点除见于多数蠕虫外，一些真穴居双壳类如中国淡水蛏（*Novaculina chinensis*）的贝壳也是相当纵长的。其次，为解决底质中氧气（有时包括食物）供应不足问题，穴居动物常有部分身体露出于底质外。如颤蚓类，常将尾部露出并不断摇摆，搅动水流以取得氧气，有些种类如尾鳃蚓（*Branchiura*）则在尾部各节有成对的指状鳃，以提高气体交换效率。淡水蛏则有很长的进出水管，以便从水体中取得氧气及悬浮食物颗粒。另外，许多蚌类具有肌肉发达的斧足也是湖底开凿穴道的一种适应。

穴居动物分布在淤泥为主的底质中，有时可达到相当大的深度，如颤蚓类在日本琵琶湖南部有时可钻至湖底以下 0.9m。因此采集底栖动物定量样品时应考虑采泥器是否能达到一定的深度。就疏松湖底而言，一般认为至少应穿透 20cm 底质才有可能采到该处 90% 的生物。

3. 攀爬动物（climbing benthos）

泛指爬行于底质表面和攀缘于水底突出物（包括水草）上的动物。它们的组成非常复杂，不但体型差异很大，运动能力和方式也不相同。一般而言，在底质表面爬行的类群个体都较大，常有较厚重的贝壳或被甲，常见的如腹足类的环棱螺（*Bellamya*）、圆田螺（*Cipangopaludina*）以及甲壳类的各种蟹类和螯虾（*Astacus*）等，昆虫中亦有较多爬行种类，如蜻蜓幼虫和半翅目的田鳖、红娘华等。在突出物和植物上攀缘的种类大都体形较小，贝壳亦相对较单薄，常见的如淡水线虫及寡毛纲中的仙女虫科种类，软体动物则以螺科（Hydrobiidae）种类为主。

攀爬动物中有不少种类有营造负管或负囊的习性，负管由砂粒或植物种子构成，并随虫体而移动。有负管的种类以毛翅目幼虫为多，仙女虫中的管盘虫（*Aulophorus*）亦常见。有厚重负管的种类多只在泥表爬行，而负管轻巧的种类则常见于水生植物上。这一类群的活动能力一般都不大。与此相反，攀爬动物中又有活动能力相当强的种类，如龙虱和一些虾类，不但善于主动游泳，而且活动范围很广，由于其栖息地主要仍为水底，故有些学者称此类动物为自游底栖动物（nektonic benthos）。

4. 钻蚀动物（boring benthos）

这类动物能用机械或化学方法在较坚硬的物体上钻蚀洞穴，多见于海洋生物如船蛆（*Teredo*）。在淡水中并未发现真正代表。

4.6.3　底栖动物的摄食和生殖方式

功能摄食类群（functional feeding groups）是根据摄食对象和方法的差异对水生动物进行的一项生态分类，它包括撕食者、收集者、刮食者和捕食者。

生殖方式视种类而异，有的类群主要是无性生殖，有性生殖只偶然见到；不少种类则只行有性生殖。无性生殖分为以下三类：

（1）出芽生殖（budding）　由体壁向外凸出形成芽体，芽体在一个个体上可能同时出现2~3个，这类生殖在淡水中仅见于水螅（*Hydra*）。

（2）芽裂生殖（fission）　在扁形动物及低等环节动物中常见，这类生殖系在身体的某个部位出现组织增生并形成芽裂。以低等寡毛类为例，通常在中部的某一体节形成芽区（budding zone），在该区增生若干新节，前面若干新节形成母体尾部而后面新节则发育为幼体的头部，待幼体成熟后脱离母体。这类生殖常见于扁形动物单肠目如微口虫（*Microstomum*）以及寡毛类仙女虫科的许多种类。

（3）断裂生殖（fragmentation）　由虫体自切为若干段，每段再生出新的头部和尾部，形成完整的成体，这种现象以寡毛类的带丝蚓（Lumbriculus）最为常见。

有性生殖在底栖动物中是普遍现象，不论是雌雄同体还是雌雄异体，生殖时都须经过异体受精，形成受精卵并发育成幼体。不少种类能分泌膜状物将或多或少的受精卵包裹起来，以利幼体在其中孵化，这个构造通称卵茧（cocoon）。

底栖动物幼体的发育可分为直接发育和间接发育两种方式。直接发育是幼体孵化后，其形态即与成体无大差异；间接发育是幼体形态与成体不同，须经简单或复杂的变态阶段，其典型代表如昆虫的发育。水生昆虫的变态主要有两类：一类为不完全变态（incomplete metamorphosis），变态过程无蛹期，幼虫常有气管鳃和翅芽，通称稚虫（naiad），见于蜻蜓、蜉蝣等目；另一类为完全变态（complete metamorphosis），发育过程包括卵、幼虫、蛹、成虫四个阶段，常见于鞘翅目和双翅目。

4.6.4　底栖动物在水环境中的分布及其功能

底栖生物的生存、发展、分布和数量变动除与水温、盐度、营养条件有密切关系外，受沉积物理化性质的影响也很明显。多数底栖动物在生活史中都有一个或长或短的浮游幼体阶段。幼体漂浮在水层中生活，能随水流动，向远处扩散，但绝大多数幼体对底质都要求甚严。例如固着生活的藤壶，底内生活的蚶、蛤类，只定着在适宜的底质上。这种特点在一定程度上限制了某些底栖动物的分布范围。

底栖生物的栖息活动和分布受沉积作用的影响很大。河口区沉积过程活跃，在一定程度上影响底栖动物的定着、栖息和活动。在沉积速率较高的粗颗粒区域，底栖动物的生物量和密度很低，常常难以发现。但在粗颗粒沉积少而有机物含量较高的区域（营养条件好），常常有大量底栖生物，形成特殊的生物群落。底栖生物的生命活动又常干扰破坏自然情况下海底沉积物的层理结构，尤其是大量摄食沉积物的底栖动物，如棘皮动物的海参类，这种活动称为生物扰动，它不仅改变沉积物的层理结构，而且也改变沉积物的性质。

底栖动物寿命较长，迁移能力有限，且包括敏感种和耐污种，故常称为"水下哨兵"，其种类与多样性可作为长期监测水体质量的指示生物。

底栖生物链是水体生态环境健康的标志之一，底栖生物对水体内源污染控制极其重要，底栖生物链的建立能有效降低内源污染释放总量和速度。近年来，底栖生物在污染水体生物修复中的作用得到了较多关注。

思 考 题

1. 试比较原核生物与真核生物的异同。

2. 简述真菌的营养类型与特点。

3. 简述真菌的细胞构造。

4. 什么是线粒体，其结构特征与生物学意义为何？

5. 什么是酵母菌？简述其繁殖方式与生活史。

6. 什么是霉菌？霉菌的营养菌丝和气生菌丝有什么特点，其功能分别是什么？

7. 简述真菌孢子的种类及主要功能。

8. 比较细菌、放线菌、霉菌和酵母菌菌落的特征。

9. 简述真菌与人类的关系。

10. 什么是藻类？为什么说藻类都是自养型（无机营养型）的？

11. 藻类对水环境与给水工程有哪些影响？

12. 水处理中常见的原生动物有哪几类？它们在污水处理中的主要作用分别是什么？

13. 水处理中常见的微型后生动物有哪几类？它们在污水处理中的主要作用分别是什么？

14. 简述底栖动物的定义，主要类型，其在水环境中的作用与生态学意义。

第5章 病　毒

5.1　病毒的基本特征

5.1.1　病毒的一般特征

1. 病毒的特点

病毒是一类超显微，由核酸（DNA 或 RNA）和蛋白质（某些病毒还有宿主细胞的细胞膜）构成的，无细胞形态和新陈代谢的，完全靠寄生生活的生物。

病毒的个体都很小，一般无法用普通光学显微镜辨认（普通光学显微镜只能辨别 $0.2\mu m$ 以上的物体），这种无法用光学显微镜辨认的微生物常称为超显微微生物。使用电子显微镜观察病毒则可以看得较清楚。

病毒有许多区别于其他微生物的特点，故有学者建议，将病毒单独列为一界——病毒界。病毒的主要特点如下：

（1）病毒是一类非细胞生物。病毒不像其他微生物，它没有细胞结构，一般只由核酸（每种病毒只含有一种核酸，DNA 或 RNA）和蛋白质外壳构成，有的病毒带有宿主细胞膜，是一类非细胞生物。

（2）病毒具有化学大分子的属性。在细胞外的环境中，病毒如同化学大分子一样，不表现任何生命特征，如不能生长，也不能以分裂方式繁殖等，因此病毒具有化学大分子的属性，也称分子生物。在细胞外环境中，成熟的病毒以颗粒形式，即病毒颗粒（毒粒，virion）存在。病毒颗粒具有一定的大小、形态、化学组成和理化性质，甚至可以结晶纯化。不被膜的病毒能以无生命的化学大分子状态长期存在环境中，并保持其感染活性。被膜病毒在体外存活时间较短。

（3）病毒不具备独立代谢能力。病毒没有完整的酶系统和独立的代谢系统，只能寄生在微生物、动物或植物的活细胞内生活。病毒感染宿主细胞后，根据病毒核酸的遗传信息，利用宿主细胞的酶、能量代谢系统、核糖体、细胞因子以及大分子合成的前体物等完成其子代病毒基因和蛋白质的合成，即自身的繁殖。病毒的这种特殊的繁殖方式称复制（replication）。因此，病毒的寄生是一种基因水平的寄生。

2. 病毒的宿主范围和分类

病毒的宿主范围非常广泛，几乎能感染所有的生物。但另一方面，病毒又具有很强的宿主特异性，一种病毒仅能感染一定种类的微生物、动物或植物。根据病毒的宿主范围，可以将病毒分为噬菌体（phage）、动物病毒（animal virus）和植物病毒（plant virus）等。

以原核生物为宿主的病毒通称噬菌体，包括感染细菌的噬菌体（bacteriophage）和感染蓝细菌的噬菌体（cyanophage）等。噬菌体的寄生性具有高度的专一性，即一种噬菌体只能侵染某一种或有限的几种细菌，因此可以利用已知的噬菌体来鉴定细菌的种类。噬菌体的平均大小约为 30～100nm。当它侵入细菌的细胞后，迅速繁殖，引起细菌细胞的裂解和死亡。某些大肠杆菌噬菌体，如 F-RNA 噬菌体（F2、MS2 等）与肠道病毒（enterovirus）具有类似的特性，常作为水中病原性微生物的指示生物。

在动物病毒中，能感染人并能引起人类疾病的病毒，如脊髓灰质炎病毒（poliovirus）和传染性肝炎病毒等，是水处理领域关注的重点。脊髓灰质炎病毒（可引起小儿麻痹症）和传染性肝炎病毒可由患者粪便中排泄出。脊髓灰质炎病毒可因直接接触患者或通过污染的食物和水而传播。虽然病毒性肝炎主要是因与患者接触而传染，但也发生过由于饮水而传播并爆发肝炎的例子，故在进行水处理工作时，也应注意防止传染性病毒对水的污染。

5.1.2　病毒的形态结构

1. 病毒的大小

病毒的个体非常微小，一般不能被细菌过滤器截留。病毒的大小相差悬殊，大的直径超过 200nm，而小的仅 10nm 左右（见表 5-1 和图 5-1）。

病毒的大小和其他物体的对比　　　　　　　　　　　　表 5-1

病毒或其他物体	长×宽（或直径）（nm）	病毒或其他物体	长×宽（或直径）（nm）
红细胞	7500	大肠杆菌噬菌体 T_2	60×80
灵杆菌	600～1000×300～50	烟草花叶病病毒	15×280
牛痘	210×260	血清蛋白分子	22
天花病毒	225	日本 B 型脑炎病毒	18
胸膜—肺炎菌	150	口蹄疫病毒	10
流行性感冒病毒	115	卵白蛋白分子	2.5×10

2. 病毒的形状

各种病毒形状不一（参见图 5-1），有球形（如脊髓灰质炎病毒）、杆状（如烟草花叶病毒，tobacco mosaic virus，简称 Tmv）、椭圆形、冠状，还有呈立方体和六面体的。

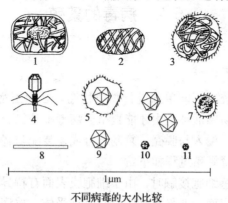

不同病毒的大小比较

图 5-1　不同病毒的大小比较

1—牛痘苗病毒；2—传染性脓疱炎病毒；3—腮腺炎病毒；4—T 偶数噬菌体；5—疱疹病毒；6—大蚊病毒；
7—流感病毒；8—烟草花叶病毒；9—腺病毒；10—多瘤病毒；11—脊髓灰质炎病毒

　　噬菌体大部分都是蝌蚪状的，头部为对称的二十面体，还具有螺旋对称的尾，尾的长短不等，有的尾部僵硬。有的噬菌体具有能收缩的尾鞘，如大肠杆菌 T 偶数噬菌体，如图 5-2 所示。

　　3. 病毒的基本结构

　　病毒的基本结构是包围着病毒核酸的蛋白质衣壳，又称壳体或外壳。

　　有些动物病毒的衣壳外面还有一层薄膜，称囊膜。囊膜由蛋白质、多糖类等物质组成。破坏病毒的囊膜往往也会破坏它的传染性能。没有囊膜的病毒则为裸露的病毒颗粒。大多数可由水传染疾病的病毒都没有囊膜。

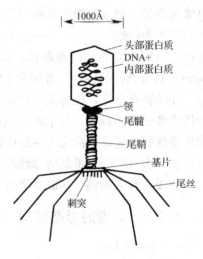

图 5-2　大肠杆菌 T 偶数噬菌体示意图

　　4. 病毒的化学组成

　　病毒的基本化学组成是核酸和蛋白质，有些病毒还含有脂类、糖类、聚胺类化合物和无机阳离子等。多数病毒不含有酶，一些大的病毒有时含有酶（如核酸多聚酶），但病毒酶系极不完全。

　　核酸是病毒的遗传物质。每种病毒只含一种核酸，RNA 或 DNA。病毒核酸具有单链 DNA（ssDNA）、双链 DNA（dsDNA）、单链 RNA（ssRNA）、双链 RNA（dsRNA）4种主要类型，其形状又分为线状和环状两种。核酸的功能是决定病毒的遗传、变异和对敏感宿主细胞的感染力。

　　病毒蛋白质分为结构蛋白和非结构蛋白两大类。结构蛋白是指形成一个有感染活性的病毒粒子所必需的蛋白质，包括壳体蛋白、囊膜蛋白和存在于病毒颗粒内的蛋白等。非结构蛋白是指由病毒基因组编码的、在病毒复制过程中产生的蛋白质，这类蛋白质不结合在病毒颗粒中。壳体或者膜蛋白决定了病毒的侵染方式和宿主特异性，且起到病毒组装的功能，而壳体内部的蛋白通常与复制密切相关。

5.2　病毒的繁殖

5.2.1　病毒的繁殖

　　病毒缺乏完整的酶系统，不能单独进行物质代谢，必须由宿主细胞提供合成的原料、能量与场所，而且只能在易感活细胞中才能繁殖。病毒不是二分裂繁殖，而是以复制方式繁殖。繁殖过程分为吸附、侵入与脱壳、复制与合成、装配与释放四个步骤。以大肠杆菌 T 偶数噬菌体为例叙述病毒繁殖过程如下：

　　（1）吸附　病毒与易感细胞接触时，由于细胞膜表面有特异的受体，与病毒表面相互结合而使病毒吸附于细胞表面，非易感细胞没有这种受体，故病毒不能吸附。

　　（2）侵入和脱壳　大肠杆菌 T 偶数噬菌体尾部末端附着在大肠杆菌的细胞壁上，分泌一种能水解细胞壁的酶，使细菌细胞壁产生一个小孔，尾鞘收缩，此时头部的 DNA 注入宿主细胞内，蛋白质的衣壳留在细胞外，称为脱壳（图 5-3）。

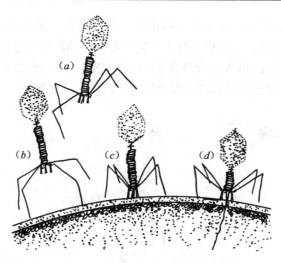

图 5-3　大肠杆菌 T 偶数噬菌体对大肠杆菌细胞壁的附着和 DNA 的注入

(*a*) 未附着的噬菌体；(*b*) 用长的尾丝附着在细胞壁上；
(*c*) 用尾针接触细胞壁；(*d*) 尾鞘收缩和 DNA 注入

（3）复制与合成　侵入宿主细胞的噬菌体 DNA，迅速支配宿主细胞的代谢机构，大量复制与合成新噬菌体的核酸与蛋白质。

（4）装配和释放　当噬菌体的 DNA 和蛋白质分子复制到一定数量后，装配成子代新的大肠杆菌 T 偶数噬菌体。此时溶解宿主细胞壁的内溶菌素（endolysin）迅速增加，促使宿主细胞裂解，噬菌体释放出来，又侵入新的细胞，如此反复进行。进入宿主细胞的 1 个噬菌体增殖后，往往可释放 10～1000 个左右新的噬菌体。

5.2.2　噬菌体的种类

1. 烈性噬菌体

能使细菌细胞裂解的噬菌体，称为烈性噬菌体（virulent phage）。被侵染的细菌，称为敏感细菌。

利用平板法测定水中噬菌体的数量，就是利用烈性噬菌体能够使细胞裂解的特性。（参见第 13 章 13.1 节）。待测水样和高浓度的宿主细菌细胞和低熔点琼脂糖混合制成固体培养基，由于含有细菌细胞，培养基不透明。在培养过程中，噬菌体侵染在固体培养基中均匀生长的细菌细胞，导致寄主细胞溶解死亡，但在固体培养基中无法迅速扩散，只能继续感染死亡细胞周围的细菌，因而在培养板上形成的肉眼可见相对透明的小圆斑（"负菌落"），即噬菌斑（plaque）。不同噬菌体的噬菌斑不同，有圆形、椭圆形等不同形状，可作为鉴别噬菌体的依据。

2. 温和噬菌体和溶源性细菌

有一些噬菌体侵入宿主细胞后，其核酸整合到宿主细胞的核酸上同步复制，并随宿主细胞分裂而带到子代宿主细胞内，宿主细胞不裂解。这些噬菌体，称为温和噬菌体（temperate phage）。这一现象称为溶源现象（lysogeny）。被温和噬菌体侵染的细菌，称为溶源性细菌（lysogenic bacteria）。溶源性细菌在细胞分裂中有时也可失去噬菌体的核酸成为非溶源性细菌，但出现几率很低，约为 0.1％～0.001％。细胞中噬菌体的核酸可自发脱离细菌的核酸，导致细胞裂解、释放成熟的噬菌体。当有物理、化学因素如紫外线、X 射线、氮芥、乙烯亚胺等诱导时，可使整个群体细胞裂解，并释放出大量的噬菌体，如图 5-4 所示。感染后，或者是病毒 DNA 整合进宿主 DNA（溶源化），或者是进行复制并释放成熟病毒（裂解），溶源性细胞也能被诱导而产生成熟病毒并且裂解。

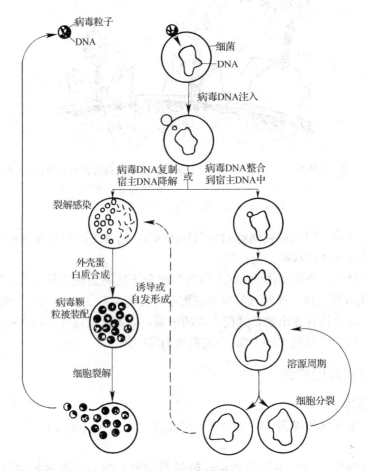

图 5-4　温和噬菌体感染细菌的结果

5.2.3　病毒与水污染防治

前已述及病毒，尤其是能感染人类，引起疾病的病毒，是水处理关注的对象。在废水处理与再生水回用过程中，病毒的去除率与健康风险越来越受到关注。

噬菌体作为细菌病毒，在污水中普遍存在，其数量高于肠道病毒；对自然条件及水处理过程的抗性高于细菌，接近或超过动物病毒；噬菌体对人没有致病性，可以进行高浓度接种和现场试验。因此，检测噬菌体的操作具有简便快速、安全、设备简单等优点。故美国 EPA 提出用大肠杆菌噬菌体作为病毒指示生物。目前，噬菌体作为模式病毒，已被用于评价水和污水的处理效率、阐明病毒灭活机理以及改进病毒检测方法等领域的研究。

溶菌病毒广泛存在于天然水体中，可用于控制水华藻类的过度生长。

思　考　题

1. 什么是病毒？简述病毒的主要特征。
2. 什么是烈性噬菌体、温和噬菌体？什么是溶源周期、溶菌周期？
3. 什么是噬菌斑？
4. 请以大肠杆菌 T 偶数噬菌体为例，简述病毒的典型繁殖过程。

第6章 微生物的生理特性

本章主要从三方面来分析微生物（细菌）的生理特性：营养、呼吸以及其他环境因素对它们生活的影响。

6.1 微生物的营养

营养（nutrition）是指生物体从外部环境中摄取对其生命活动必需的能量和物质，以满足正常生长和繁殖需要的一种基本生理功能。营养是代谢的基础，代谢是生命活动的表现。营养物（nutrient）是指具有营养功能的物质，在微生物学中，它还包括非常规物质形式的光辐射能。细菌所需的营养物质与细菌细胞的化学组成、营养类型和代谢遗传特性等有关。

6.1.1 微生物细胞的化学组分及生理功能

1. 微生物细胞的化学组成

微生物细胞中最重要的组分是水，约占细胞总重量的80%，一般为70%～90%，其他10%～30%为干物质。干物质中有机物占90%～97%左右，其主要化学元素是C、H、O、N、P、S；另外约3%～10%为无机盐分（或称灰分）。其化学组成如下。

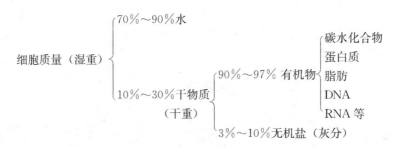

有关微生物细胞的化学组分还应注意以下几个特点：不同的微生物细胞化学组分不同；同一种微生物在不同的生长阶段，其化学组分也有差异。

2. 微生物的营养物质

无论从元素水平或营养要素的水平来分析，微生物的营养要求都与摄食型的动物（包括人类）和光合自养型的绿色植物十分接近，它们之间存在着"营养上的统一性"。在元素水平上都需要20种左右，且以碳、氢、氧、氮、硫、磷为主；在营养水平上则都在六大类的范围内，即碳源、氮源、能源、生长因子、无机盐和水。

（1）碳源

提供细胞组分或代谢产物中碳素来源的各种营养物质称为碳源（carbon source）。微生物细胞含碳量约占细胞干重的50%，除水分外，碳源是需要量最大的营养物质，它们分有机碳源和无机碳源两种。凡是必须利用有机碳作主要碳源的微生物，称异养微生物（hetero-troph）；反之，凡是以无机碳源作主要碳源的微生物，则称自养微生物（autotroph）。

碳源的作用是提供细胞骨架和代谢物质中碳素的来源以及生命活动所需要的能量。微生物可利用的有机碳源包括各种糖类、蛋白质、脂肪、有机酸等。无机碳源主要是 CO_2（CO_3^{2-} 或 HCO_3^-）。

微生物可利用的碳源种类虽多，但异养微生物在元素水平上最适碳源是"C·H·O"型。"C·H·O"型中的糖类是最广泛利用的碳源，其次是有机酸类、醇类和脂类等。在糖类中，单糖优于双糖和多糖，己糖优于戊糖，葡萄糖、果糖优于甘露糖、半乳糖；在多糖中淀粉明显优于纤维素或几丁质等纯多糖，纯多糖则优于琼脂等杂多糖。

（2）氮源

提供细胞组分中氮素来源的各种物质称为氮源（nitrogen source）。氮是构成重要生命物质蛋白质和核酸等的主要元素，氮占细菌干重的 12%～15%。

氮源也可分为两类：有机氮源（如蛋白质、蛋白胨、氨基酸等）和无机氮源（如 NH_4Cl、NH_4NO_3 等）。一般，异养微生物对氮源的利用顺序是："N·C·H·O"或"N·C·H·O·X"优于"N·H"类，更优于"N·O"类，最不容易利用的是"N"类（只有少数固氮菌、根瘤菌和蓝细菌等可利用它）。氮源的作用是提供细胞新陈代谢中所需的氮素合成材料。极端情况下（如饥饿状态），氮源也可为细胞提供生命活动所需的能量。

如前所述，细胞干物质中有机物的六大元素是 C、H、O、N、P、S。除了 C、H、O、N 4 种外，剩下的还有 P 和 S。与碳源和氮源类似，凡是提供磷元素或硫元素的各种化合物分别称为磷源和硫源。磷源比较单一，主要是无机磷酸盐或偏磷酸盐。硫源则比较广泛，从还原性的 S^{2-} 化合物、元素硫一直到最高氧化态的 SO_4^{2-} 化合物，都可以作为硫源。磷源和硫源的作用分别是提供细胞中核酸和蛋白质的合成原料。

（3）能源

能为微生物生命活动提供最初能量来源的营养物质和辐射能，称为能源（energy source）。各种异养生物的能源就是碳源。微生物的能源种类如下。

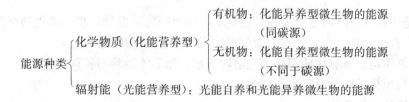

化能自养微生物的能源十分独特，它们都是一些还原态的无机物，如 NH_4^+、NO_2^-、S、H_2S、H_2 和 Fe^{2+} 等。能利用这些能源的微生物都是一些原核生物，包括亚硝酸细菌、硝酸细菌、硫化细菌、硫细菌、氢细菌和铁细菌等。

（4）生长因子

生长因子（growth factor）是一类调节微生物正常代谢所必需，但不能利用简单的碳、氮源自行合成的有机物。由于它不像能源物质那样用来产能，也不像碳源和氮源一样用于合成细胞的组分，因此需要量一般很少。广义的生长因子包括维生素、碱基、卟啉及其衍生物、甾醇、胺类、C_4～C_6 的分枝或直链脂肪酸，有时还包括氨基酸；狭义的生长因子一般指维生素。

生长因子虽然是重要的营养元素，但并非所有微生物都需要外界为它提供生长因子。按微生物对生长因子的需要与否，可把它们分成3种类型。

1）生长因子自养型微生物（auxoautotrophs） 它们不需要从外界吸收任何生长因子，多数真菌、放线菌和不少细菌，如 *E. coli* 等都属于这类。

2）生长因子异养型微生物（auxoheterotrophs） 它们需要从外界吸收生长因子才能正常生长，如各种乳酸菌、动物致病菌、支原体和原生动物等。

3）生长因子过量合成型微生物 少数微生物在其代谢活动中，能合成并大量分泌维生素等生长因子，这些微生物可作为维生素生产菌种，如 *Eremothecium ashbyii*（阿舒假囊酵母）生产维生素 B_2。

（5）无机盐

无机盐（mineral salts）或矿质元素主要为微生物提供碳、氮源以外的各种重要元素。凡生长所需浓度在 $10^{-3} \sim 10^{-4}$ mol/L 范围内的元素，可称为大量元素（macroelement），如 P、S、K、Mg、Na 和 Fe 等。凡生长所需浓度在 $10^{-6} \sim 10^{-8}$ mol/L 范围内的元素，可称为微量元素（microelement），如 Cu、Zn、Mn、Ni、Co、Mo、Sn、Se 等。不同微生物所需的无机元素有时差别很大，如 G^- 细菌所需的 Mg 比 G^+ 细菌高约 10 倍。

无机盐类在细胞中的主要作用是：

1）构成细胞的组成成分，如 H_3PO_4 是 DNA 和 RNA 的重要组成成分。

2）酶的组成成分，如蛋白质和氨基酸的—SH。

3）酶的激活剂，如 Mg^{2+}、K^+。

4）维持适宜的渗透压，如 Na^+、K^+、Cl^-。

5）自养型细菌的能源，如 S，Fe^{2+}。

（6）水

除蓝细菌等少数微生物能利用水中的氢来还原 CO_2 以合成糖类以外，其他微生物并非真正把水当营养物。但由于水在微生物代谢活动中的不可或缺性，仍应将水作为营养要素考虑。

水分是生物最重要的组分之一，也是不可缺少的化学组分。水在微生物细胞内有两种存在状态：自由水和结合水。它们的生理作用主要有以下几点：

1）溶剂作用。所有物质都必须先溶解于水，然后才能参与各种生化反应。

2）参与生化反应（如脱水、加水反应）。

3）运输物质的载体。

4）维持和调节机体的温度。

5）光合作用中的还原剂。

上面介绍了微生物的一般细胞组分和营养要求。在实际应用中还应注意以下几方面问题：

第一，不同的微生物，营养要求不同。

第二，不同的环境条件，同一微生物的营养要求也会不同。

第三，总体来说，微生物的代谢能力很强，可利用的化合物种类很广。

以上所讲的碳源、氮源、能源、无机盐、生长因子和水等营养物都是细菌等微生物所需要的，但不同的微生物对每一种营养元素需要的数量是不同的，并且要求各种营养元素之间有一定的比例关系，主要是指碳氮的比例关系，通常称碳氮比。如根瘤菌要求的碳氮比为 11.5：1，固氮菌要求的碳氮比为 27.6：1。土壤中许多微生物在一起生活，综合要求的碳氮比约为 25：1。污水生物处理中，微生物群体对营养物质也有一定的比例要求，详见第 11 章。

应该指出，微生物往往先利用现成的、容易被吸收利用的有机物质，如果这种现成的有机物质的量已满足它的要求，它就不利用其他的物质。在工业废水生物处理中，常加生活污水以补充工业废水中某些营养物质的不足。但如果工业废水中的各种成分已基本满足细菌的营养要求，则反而会把细菌"惯娇"。因在一般情况下生活污水中的有机物比工业废水中的容易被细菌吸收利用，而影响工业废水的净化程度。

6.1.2　微生物的营养类型

微生物种类繁多，各种微生物要求的营养物质不尽相同，自然界中的所有物质几乎都可以被这种或那种微生物所利用，甚至对一般机体有毒害的某些物质，如硫化氢、酚等，也是某些细菌的必需营养物。因此，微生物的营养类型是多种多样的。但就某一种微生物来说，它们对其必需的营养物有特定的要求。

营养类型指根据微生物需要的主要营养元素即能源和碳源的不同而划分的微生物类型。前已述，即根据碳源的不同，微生物可分成自养微生物和异养微生物。能仅以无机碳作为碳源生长的微生物为自养微生物。反之，必需有有机碳源才能生长的微生物为异养微生物。根据生活所需能量来源的不同，微生物又分为光能营养（phototroph）和化能营养（chemotroph）两类。将两者结合则一共有光能自养、化能自养、化能异养和光能异养四种营养类型。表 6-1 列出了各种微生物的营养类型及特点。

微生物的营养类型　　　　　　　　　　　　　表 6-1

营养类型	能源	氢供体	基本碳源	实　　例
光能自养型 （光能无机营养型）	光	无机物	CO_2	蓝细菌、紫硫细菌、绿硫细菌、藻类
光能异养型 （光能有机营养型）	光	有机物	CO_2 及简单有机物	红螺菌科的细菌（即紫色无硫细菌）
化能自养型 （化能无机营养型）	无机物 *	无机物	CO_2	硝化细菌、硫化细菌、铁细菌、氢细菌、硫黄细菌等
化能异养型 （化能有机营养型）	有机物	有机物	有机物	绝大多数细菌和全部真核微生物

* NH_4^+、NO_2^-、S、H_2S、H_2、Fe^{2+} 等。

1. 光能自养（photoautotroph）

属于这一类的微生物都含有光合色素，能以光作为能源，CO_2 作为碳源。例如：绿色细菌（Chlorodium）含有菌绿素（近似有色植物的叶绿素）能利用光能，从二氧化碳合成细胞所需的有机物质。但这种细菌进行光合作用时，除了需要光能以外，还要有硫化氢存在，它们从硫化氢中获得氢，而高等植物则是在水的光解中获得氢以还原二氧化碳。

绿色细菌：

$$CO_2 + 2H_2S \xrightarrow[\text{菌绿素}]{\text{光能}} [CH_2O] + H_2O + S_2$$

高等绿色植物：

$$CO_2 + H_2O \xrightarrow[\text{叶绿素}]{\text{光能}} [CH_2O] + O_2$$

式中 $[CH_2O]$ 表示最初合成的有机碳化物。

2. 化能自养（chemoautotroph）

这一类微生物的生长需要无机物，在氧化无机物的过程中获取能源，同时无机物又作为电子供体，使 CO_2 还原为有机物，一般反应通式如下。这一作用称为化学合成作用。这类菌有氨氧化菌、硝化细菌、铁细菌、某些硫磺细菌等。

$$无机物 + 2O_2 \longrightarrow 氧化产物 + 能量$$

$$CO_2 + [4H] \longrightarrow [CH_2O] + H_2O$$

几乎所有化能自养菌都为专性好氧菌。它们的专性很强，一种细菌只能氧化某一种无机物质，如氨氧化菌就只能氧化氨氮。自然界中化能营养细菌的分布较光能营养细菌普遍，对于自然界中氮、硫、铁等物质的转化具有重大的作用。

3. 化能异养（chemoheterotroph）

大部分细菌都以这种营养方式生活和生长，利用有机物作为生长所需的碳源和能源。化能异养微生物又可分成腐生（metatrophy）和寄生（paratrophy）两类，前者利用无生命有机物，后者则依靠活的生物体而生活。在腐生和寄生之间，存在着不同程度的既可腐生又可寄生的中间类型，称为兼性腐生或兼性寄生。腐生微生物在自然界的物质转化中起着决定性作用，很多寄生微生物则是人和动植物的病原微生物。

4. 光能异养（photoheterotroph）

这类微生物利用光能作为能源，以有机物作为电子供体，其碳源来自有机物，也可利用 CO_2。属于这一营养类型的微生物很少，主要包括紫色非硫细菌与绿色非硫细菌等微生物，其光合作用举例如下。一般来说，光能异养型细菌生长时大多需要生长因子。

$$2(CH_3)_2CHOH + CO_2 \xrightarrow[\text{光合色素}]{\text{光能}} [CH_2O] + 2CH_3COCH_3 + H_2O$$

上面介绍的是微生物的四种基本营养类型。一种微生物通常以一种营养类型的方式生长。但有些微生物随着生长条件的改变，其营养类型也会由一种向另一种改变。微生物的营养和营养类型的划分是研究微生物生长的一个重要方面。在应用微生物进行水和污水处理的过程中，应充分注意微生物的营养类型和营养需求，通过控制运行条件，尽可能地提供和满足微生物所需的各种营养物质，使微生物生长在最佳状态，以期实现最佳的处理效果。

6.1.3　培养基

培养基（medium 或 culture medium）指由人工配制的、适合微生物生长繁殖或产生代谢产物的混合营养物。任何培养基都应具备微生物生长所需的六大营养元素，且它们之间的比例是适当的。

培养基的配方种类繁多。1930 年的一本汇编（A Compilation of Culture Media）就已

记载了 2500 种培养基之多。在培养基选择与配制过程中既应借鉴已有的经验，也需按照研究对象与内容的要求确定适宜的培养基。

1. 培养基的配制原则

配制培养基过程中，应遵循以下几个原则：

（1）目的明确　根据不同细菌的营养需要，配制不同的培养基。如，培养细菌采用牛肉膏、蛋白胨培养基，放线菌采用高氏一号培养基，霉菌采用蔡氏培养基，酵母菌采用麦芽汁培养基等。其配方可参见实验指导书的有关内容。

（2）营养协调　对微生物细胞元素组成的调查分析是设计培养基的重要参考依据。要注意各种营养物的浓度及配比，同时还要注意添加生长因子。如水处理中要注意进水中 BOD_5：N：P 的比值，好氧生物处理中对 BOD_5：N：P 要求一般为 100：5：1。

（3）理化条件适宜　指培养基的 pH、渗透压、水活度和氧化还原电位等物理化学条件适宜。

（4）经济节约　培养基应物美价廉。

2. 培养基的分类

培养基种类很多，组分和形态各异。一般根据不同的考察角度可以作如下的具体分类。

（1）物理状态

依据物理状态的不同，培养基可分为液体、固体和半固体三大类。

1）液体培养基（liquid media）　指呈液体状态的培养基。这类培养基在细菌学研究及发酵工业中用途广泛。水处理中被处理的对象——污水也可看成是一种广义的液体的培养基。

2）固体培养基（solid media）　外观呈固体状的培养基。一般是在液体培养基中加入 2% 左右的琼脂作为凝固剂。由天然固体状基质直接制成的培养基，如马铃薯片、大米、米糠、木屑、纤维等也属于这一类。固体培养基主要用于普通的微生物学研究，酿造或食用菌培养等。

3）半固体培养（semi-solid media）　介于固体和液体之间的是半固体培养基，它是液体培养基中加入 0.5%～1.0% 的琼脂作凝固剂。其用途主要是用作细菌运动特性、趋化性的观察，厌氧菌的培养、分离和计数，以及菌种的保藏等。

4）脱水培养基（dehydrated culture media）　指含有除水以外的一切成分的培养基，只需加水并灭菌即可成为液体、固体或半固体培养基。是一类商品培养基，成分精确。

5）培养基通常应该包括微生物营养的六大元素，尤其是在配制合成培养基时，应考虑合适的生长因子。

（2）培养基组分

根据化学组分的不同，培养基可以分成以下 3 类：天然培养基、合成培养基和半合成培养基。

1）天然培养基（complex media，undefined media）　是指利用动物、植物或微生物体或其提取液制成的培养基，其特点是培养基的确切化学组分不清楚。这种培养基的优点是取材方便，营养丰富，种类多样，配制容易。缺点是组分不清楚，故不同批次配制的培养基成分不完全一致，会给试验数据的分析带来一些困难。

2）合成培养基（synthetic media，chemical defined media）　是一类按微生物的营养

要求精确设计后，用多种化学试剂配制成的培养基。它的特点是成分精确，重复性好，利于保持培养基组分的一致。缺点是价格较贵，配制繁杂。多用于微生物的营养、代谢、生理生化、遗传育种等方面的研究。

3）半合成培养基（semi-synthetic media）　既含有天然组分又含纯化学试剂的培养基。如培养真菌的马铃薯加蔗糖培养基。半合成培养基的特性及价格介于天然培养基和合成培养基两者之间。

（3）培养基用途

根据用途的不同，培养基可分成以下三类：选择性培养基、鉴别培养基和加富培养基。

1）选择性培养基（selective media）　是按照某种或某些微生物的特殊营养或生长需求而专门设计的培养基。其特点是可使样品中的微生物得到选择性的生长，通常使待分离的目标微生物数量比例增大，从而提高分离效果。例如通常培养基中加入抗生素可使具有抗性的细菌选择性生长，利用营养缺陷型培养基可使具有特殊营养物质合成基因的微生物选择性生长等。

2）鉴别培养基（differential media）　是一类根据微生物的代谢反应或其产物的反应特性而设计的，可借助肉眼直接判断微生物种类的培养基。水处理中常用的伊红亚甲蓝培养基（Eosin Methylene Blue，EMB 培养基，可直接观察糖被微生物分解后是否产酸，常用于鉴别肠道菌的种类）就是典型的鉴别培养基。

3）加富培养基（enriched media）　是根据微生物的营养要求人为地强化投加多种营养物质，从而可大量促进微生物生长的培养基。这种培养基往往用于微生物分离前的富集。

需要特别说明的是，以上按用途对培养基种类的划分是人为的、为理解方便而定的理论标准。在实际应用中这些功能常常是结合在一起的。如 EMB 培养基除具有鉴别不同菌落特征的作用外，同时兼有抑制 G^+ 细菌和促进 G^- 肠道菌生长的作用。

3. 培养基的配制方法

培养基的配制方法及过程大致如下：适量水→加入各营养组分、无机盐→加入凝固剂→调节 pH→加入生长因子或指示剂等→高压蒸汽灭菌→冷却放置备用。一般最好现用现配。不耐高温的物质应配成高浓度，通过过滤除菌，最后与灭菌的培养基混合。

6.1.4　营养物质的吸收和运输

除微型原生动物与后生动物外，其他各类微生物细胞都是通过细胞膜的渗透和选择性吸收作用从外界吸收营养物质。由于细胞膜及其半渗透性的存在，各种营养物质并不能自由地透过和进出微生物细胞，它们必须通过特殊的吸收和运输途径才能进入细胞内部参与生化代谢反应，因此，营养物质的吸收和运输是很重要的一个环节。概括地说，营养物质的吸收和运输主要有下述四种途径。

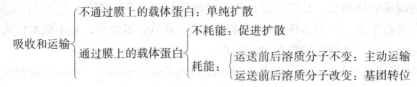

1. 单纯扩散

单纯扩散（simple diffusion）又称被动运输（passive transport）是最简单的方式，也是微生物吸收水分及一些小分子物质（如 O_2、CO_2、甲醇、甘油等）和脂溶性分子的运输方式。它的特点是物质的转运顺着浓度差进行，运输过程不需消耗能量，物质的分子结构不发生变化。水、气体和甘油等依靠这种方式进行吸收。但这种方式不是主要的吸收途径。

2. 促进扩散

促进扩散（facilitated diffusion）的特点基本与单纯扩散相似，但是它须借助细胞膜上的一种蛋白质载体进行，因此对转运的物质有选择性，即立体专一性。除了细胞内外的浓度差外，影响物质转运的另一重要因素是与载体亲合力的大小。这种方式在真核微生物中较为普遍，如厌氧酵母菌对某些物质的吸收和代谢产物的分泌。水作为最特殊的一种营养物质，它在细胞膜内外的运输也主要通过协助扩散。1992 年美国科学家 Peter Agre 发现了水分子快速穿膜所依赖的蛋白载体——水通道（aquaporin），并于 2003 年获得诺贝尔化学奖。

3. 主动运输

主动运输（active transport）是微生物吸收营养物质的最主要方式。它的最大特点是吸收运输过程中需要消耗能量（ATP，原子动势[①]等），因此可以逆浓度差进行。其余特点与促进扩散相似，需要载体蛋白的参与，通过载体蛋白的构象及亲合力的改变完成物质的吸收运输过程。由于它可以逆浓度梯度运输营养物质，因而对许多生存于低营养物浓度的贫营养菌（oligophyte，或称寡养菌）的生存极为重要。

4. 基团转位

基团转位（group translocation）与主动运输非常相似，但有一个不同，即基团转位过程中被吸收的营养物质经载体蛋白介导发生化学反应，因此物质结构有所改变。通常是营养物质与高能磷酸键结合，从而处于"活化"状态，进入细胞以后有利于物质的代谢反应，并能把营养物质束缚在细胞内。高能磷酸则来自其他的蛋白质或含有高能键的代谢物，如磷酸烯醇式丙酮酸等（图 6-1）。

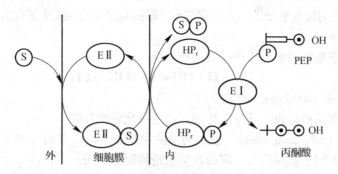

图 6-1 *E. coli* 糖的基团转移模示图

S：有机物；P：磷酸；EI：酶I；EII：酶II；HPr：热稳定蛋白；PEP：磷酸烯醇式丙酮酸

[①] 原子动势又称质子动力（proton motive force，Pmf），指因细胞膜外表面聚集质子而引起的膜两侧电位差。

6.2 酶及其作用

6.2.1 酶的命名和分类

酶（enzyme）是生物细胞中自己合成的一种催化剂（生物催化剂），其基本成分是蛋白质，催化效率比一般的无机催化剂高得多，一般高千、万倍，乃至千万倍。20 世纪 80 年代之后，相继发现了核酸酶（ribozyme）、抗体酶（abzyme）、合成了模拟酶（mimic enzyme）等新的生物酶。

酶具有高度的专一性，一种酶只能催化一种反应或一类相似的反应。酶不仅能推动分解作用，而且也可以推动相应的合成作用，也就是说，酶的作用是可逆的。但是实际情况下，作用常趋向一个方向。热力学条件是影响反应方向的重要因素。

酶的名称，可根据它的作用性质或它的作用物，即基质（substrate，在生物化学中常称"底物"）而命名。例如，促进水解作用的各种酶统称水解酶，促进氧化还原作用的各种酶统称氧化还原酶，水解蛋白质的酶称为蛋白酶，水解脂肪的酶称为脂肪酶等。这是习惯命名法，它比较直观和简单，但缺乏系统性，有时会出现一酶数名和一名数酶的情况。

为了适应酶学研究的发展，避免命名的重复，国际酶学委员会于 1961 年提出了一个系统命名法和系统分类法。系统命名法的原则是：每种酶有一个系统名称，明确标明酶的基质和催化反应的性质。若有两个基质，则应将两个基质同时列出，中间用冒号"："将它们隔开。如果基质是水时，可将水略去不写。举例来说，习惯名称为谷丙转氨酶，则系统名称是丙氨酸：a-酮戊二酸氨基转移酶。在科学文献中，为严格起见，一般使用酶的系统名称。但系统名称往往太长，也不利于记忆。为了方便起见，有时仍用酶的习惯名称。

系统分类法是对酶进行分类编号的规定。每个酶都有一个特定的编号。系统分类编号的原则是每一种酶都用四个数字来表示，数字间用圆点号"·"隔开。第一个数字指明该酶属于哪一大类，第二个数字指出属于哪一个亚类，第三个数字说明该酶属于哪一个亚－亚类，第四个数字表示亚－亚类中的序号。每个数字都用阿拉伯数字编序 1，2，3……来表示。大类是根据酶促反应的性质来分，一共分成六大类。亚类和亚－亚类则分别根据基质中被作用的基团和键的特点来分类。下面重点介绍根据酶促反应性质来区分的六大类酶。

1. 水解酶（hydrolases）

这类酶能促进基质的水解作用及其逆行反应。

$$A \mid B + H \mid OH \Longrightarrow AOH + BH \tag{6-1}$$

2. 氧化还原酶（oxidoreductases）

这类酶能引起基质的脱氢或受氢作用，产生氧化还原反应。

（1）脱氢酶（dehydrogenase） 脱氢酶能活化基质上的氢并转移到另一物质，使基质因脱氢而氧化。不同的基质将由不同的脱氢酶进行脱氢作用。

$$\underset{\text{基质}}{A - H_2} + B \underset{\text{还原酶}}{\overset{\text{脱氢酶}}{\Longleftarrow\!\!\!\Longrightarrow}} \underset{\text{氧化了的基质}}{A} + B - H_2 \tag{6-2}$$

如：

$$\begin{array}{c} CH_3 \\ | \\ HO-C-H \\ | \\ COO^- \end{array} + NAD^+ \overset{\text{乳酸脱氢酶}}{\Longleftarrow\!\!\!\Longrightarrow} \begin{array}{c} CH_3 \\ | \\ C=O \\ | \\ COO^- \end{array} + NADH + H^+$$

（2）氧化酶（oxidase）　氧化酶能活化分子氧（空气中的氧）作为电子受体而形成水，或使过氧化氢中的氧转移到另一物质而使前者还原，后者氧化。

$$A-H_2+\frac{1}{2}O_2 \longrightarrow A+H_2O \tag{6-3}$$

$$AH_2+2H_2O_2 \longrightarrow A-O+3H_2O \tag{6-4}$$

3. 转移酶（transferases）

这类酶能催化一种化合物分子上的基团转移到另一化合物分子上。

$$A+B-x \rightleftharpoons A-x+B \tag{6-5}$$

如：

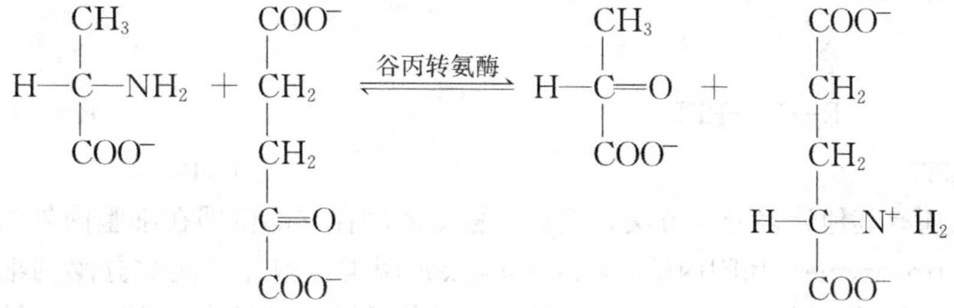

　丙氨酸　　　α-酮戊二酸　　　　　　丙酮酸　　　　谷氨酸

4. 同分异构酶（isomerases）

这类酶能推动化合物分子内的变化，形成同分异构体。

$$A \to A' \tag{6-6}$$

如：

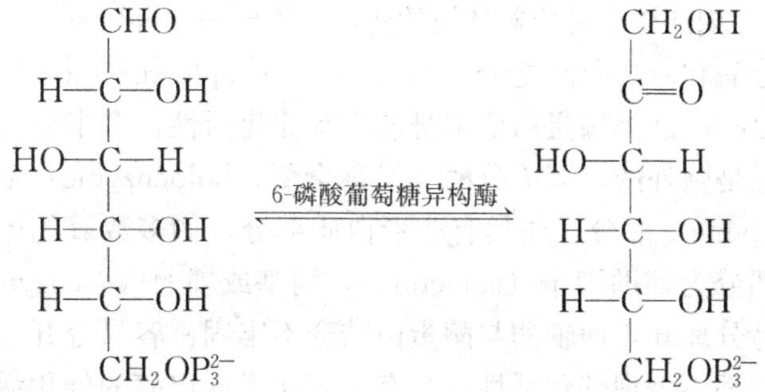

葡萄糖-6-磷酸　　　　　　　果糖-6-磷酸

5. 裂解酶（lyases）

这类酶能催化有机物碳链的断裂，产生碳链较短的产物。

$$A \to B+C \tag{6-7}$$

如：

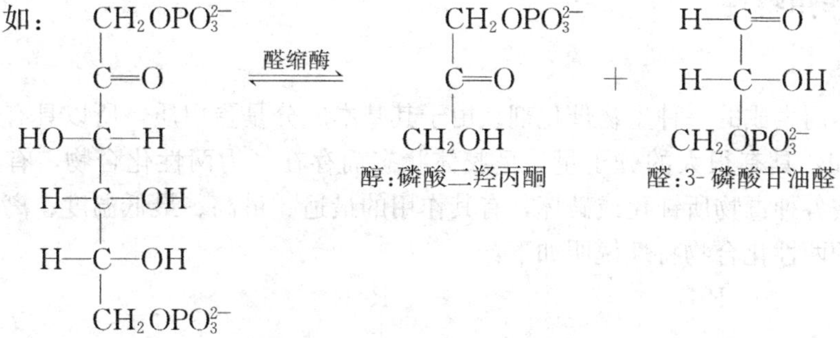

醇:磷酸二羟丙酮　　　醛:3-磷酸甘油醛

二磷酸酮糖：1，6-二磷酸果糖

6. 合成酶 （synthases）

这类酶能催化合成反应。

$$A+B+ATP \longrightarrow A-B+ADP+Pi \tag{6-8}$$

如：ATP＋（UTP）＋NH_3 ⇌ $\xrightarrow{\text{CTP 合成酶}}$ ADP＋Pi＋（CTP）

UTP　　　　　　　　　　　　　　　　　CTP

另外，酶还有其他许多分类方法，例如，根据酶的存在部位即在细胞内外的不同，分为胞外酶（extroenzyme）和胞内酶（endoenzyme）两类。胞外酶能被分泌到细胞外，作用于细胞外面的物质，通常可以消化非溶解性营养物质，如纤维素、蛋白质、淀粉等。胞内酶在细胞内部起作用，主要起催化细胞的合成和呼吸作用。

还需指出，大多数微生物酶的产生与基质存在与否无关，在微生物体内都存在着相当数量的酶，这些酶称为组成酶（composite enzyme）。在某些情况下，例如受到了持续的物理、化学作用影响，微生物会在其体内产生出适应新环境的酶，称诱导酶（induced enzyme）。

此外，酶还有所谓单成分酶和双成分酶之分。单成分酶（simple enzyme）完全由蛋白质组成，如多数水解酶、蛋白酶。这类酶蛋白质本身就具有催化活性，多半可以分泌到细胞体外，催化水解作用，所以是胞外酶。双成分酶（又称全酶，holoenzyme）不但具有蛋白质（脱辅基酶蛋白，apoenzyme）部分，还具有非蛋白质部分，如多数氧化还原酶。蛋白质部分为主酶，非蛋白质部分为辅助因子（cofactors），辅基或辅酶（coenzyme），辅基与酶蛋白结合比较牢固，不易分离开，而辅酶与酶蛋白结合不牢固，容易分开。但酶蛋白和辅基（或辅酶）单独存在时都不表现催化活性，只有全酶才表现出酶的催化活性。酶的专一性决定于它的蛋白质部分，故对双成分酶来说，它们的专一性决定于主酶部分，而辅基（或辅酶）与反应过程中基团或电子传递有关。双成分酶保留在细胞内部，所以是胞内酶。

6.2.2　酶的作用特性

1. 酶的作用特点

酶是细菌细胞体内生成的一种生物催化剂。由于其基本成分是蛋白质，所以具有蛋白质的各种特性，例如，具有很大的分子量，呈胶体状态而存在，为两性化合物，有等电点，不耐高热并易被各种毒物所钝化或破坏，有其作用的最适、最高、最低温度、离子强度和酸碱度等。酶的两性化合物特性说明如下：

与酸反应，

$$H-\underset{\underset{COOH}{|}}{\overset{\overset{R}{|}}{C}}-NH_2 + HCl \longrightarrow H-\underset{\underset{COOH}{|}}{\overset{\overset{R}{|}}{C}}-NH_3Cl \tag{6-9}$$

解离，

$$H-\overset{\overset{\displaystyle R}{|}}{\underset{\underset{\displaystyle COOH}{|}}{C}}-NH_3Cl \rightleftharpoons H-\overset{\overset{\displaystyle R}{|}}{\underset{\underset{\displaystyle COOH}{|}}{C}}-NH_3^+ + Cl^- \tag{6-10}$$

与碱反应，

$$H-\overset{\overset{\displaystyle R}{|}}{\underset{\underset{\displaystyle COOH}{|}}{C}}-NH_2 + NaOH \longrightarrow H-\overset{\overset{\displaystyle R}{|}}{\underset{\underset{\displaystyle COONa}{|}}{C}}-NH_2 + H_2O \tag{6-11}$$

解离，

$$H-\overset{\overset{\displaystyle R}{|}}{\underset{\underset{\displaystyle COONa}{|}}{C}}-NH_2 \rightleftharpoons H-\overset{\overset{\displaystyle R}{|}}{\underset{\underset{\displaystyle COO^-}{|}}{C}}-NH_2 + Na^+ \tag{6-12}$$

酶是一种催化剂，因此它的作用特点具有一般催化剂的共性：用量少而催化效率高；加快反应速率，不改变化学反应的平衡点，可降低反应活化能。但酶是特殊的生物催化剂，所以它又有普通催化剂不具备的一些特点：

(1) 高催化效率　酶可加快反应速度，最高达 10^{17} 倍；

(2) 高度专一性　大多数酶所作用的基质和催化反应都是高度专一的；

(3) 调节性　酶浓度、激素水平、抑制剂、产物浓度等因素影响酶催化反应速率；

(4) 可逆性　很多酶促反应都是可逆的；

(5) 反应条件严苛性　大多数酶都在很窄的 pH 和温度范围内才具有较好的活性，但通常是常温中性条件。

2. 酶的活性与活性中心

(1) 酶的活性

酶活性（enzyme activity）也称酶活力，是指酶催化一定化学反应的能力。酶的催化能力大小与酶含量有关。酶含量一般很小，很难直接用重量或体积来表示，而且大部分酶容易失活，因而常采用酶活性表示酶含量。

酶活性大小可以用在一定条件下，它所催化的化学反应的速度来表示，即酶催化的反应速度越快，酶活性就越高；反之则越小。酶反应速度用单位时间、单位体积中基质的减少量或产物的增加量来表示，通常用酶活性单位（enzyme unit）来描述。

由于酶活性单位与时间单位和基质单位有关，所以，国际酶学会议（1961 年）规定：1 酶活性单位是指在 25℃，最适 pH 及基质浓度等条件下，在 1min 内转化 1μmol 基质的酶量。这是一个统一的标准，但使用起来不太方便。现在使用较多的是习惯酶活性单位，即人为确定的酶活性单位定义，如 a-淀粉酶，可用每小时催化 1mL 2％可溶性淀粉液化所需要的酶量作为一个酶活性单位。但这种方法不太严格，也不便对酶活性进行比较。

另外，有时候还使用比酶活性描述和讨论酶的变化。比酶活性是指单位量酶蛋白所具有的酶活性单位数。这一指标往往用于酶提纯过程各操作步骤有效性的判断。在水处理中，也经常采用比酶活性来判断不同来源污泥的活性大小，或者用于监测同一处理反应器在不同运行阶段的污泥活性及其变化。

(2) 酶的活性中心

酶的活性中心是指酶蛋白肽链中由少数几个氨基酸残基组成的、具有一定空间构象的，与底物结合的，与催化作用密切相关的区域。它从结构上限定了酶的作用特点。酶分子中组成活性中心的氨基酸残基或基团是关键的，必不可少的。其他部位的作用对于酶的催化来说是次要的，它们为活性中心的形成提供结构基础。

酶的活性中心分两个功能部位：第一是结合部位，基质靠此部位结合到酶分子上；第二是催化部位，基质的键在此处被打断或形成新的键，从而发生一定的化学变化。

酶与基质作用的反应假说，目前比较广泛接受的是"诱导契合"假说。其要点是：当酶分子与基质分子接近时，酶蛋白受基质分子的诱导，构象发生有利于基质结合的变化，并形成酶—基质中间复合物，在此基础上互补契合进行反应，最终生成反应产物。近年来 X 射线衍射分析等实验结果支持这一假说。

6.2.3　酶促反应的影响因素及动力学

1. 影响酶促反应的主要因素

温度和 pH 是影响酶活力比较重要的两个因素。

（1）温度

要发挥酶最大的催化效率，必须保证酶有它最适宜的温度条件。高温会破坏酶蛋白，而低温又会使酶作用降低或停止。一般讲，动物组织中的各种酶的最适温度为 37~40℃，微生物各种酶的最适温度在 30~60℃范围内，有的酶的最适温度则可达 60℃以上，如黑曲糖化酶的最适温度为 60~64℃，Taq 聚合酶的反应温度在 72℃以上。在适宜温度范围内，温度每增高 10℃，酶催化的化学反应速度约可提高 1~2 倍。图 6-2 为温度、pH 和基质浓度对酶活力或酶促反应速率的影响。

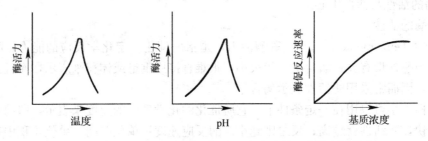

图 6-2　温度、pH 和基质浓度对酶活力或酶促反应速率的影响

在污水处理厂的污泥消化中，人们早就认识到控制温度的重要性。在生物滤池的设计中，也考虑了针对于不同气候条件选择不同的设计参数。

（2）pH

不同的酶具有不同的最适反应 pH。大多数酶的最适 pH 在 6~7 左右。污水生物处理主要利用混合微生物，应保持 pH 在 6~9 之间。pH 影响酶的活力的原因是，酶的基本成分是蛋白质，是具有解离基团的两性电解质。它们的解离与 pH 有关，解离形式不同，催化性质也就不同。例如，蔗糖酶只有处于等电状态时才具有酶活性，在酸或碱溶液中酶的活性都要减弱或丧失。此外，酶的作用还决定于基质的电离状况。例如，胃蛋白酶作用的最适 pH 分别在比等电点偏酸或偏碱的一边。

2. 酶促反应动力学

酶促反应动力学研究基质浓度对酶催化反应速度的影响。酶催化的过程是一个两步过程，可用下式表达：

$$E + S \underset{k_2}{\overset{k_1}{\rightleftharpoons}} ES \underset{k_4}{\overset{k_3}{\rightleftharpoons}} E + P \tag{6-13}$$

其中 E 是酶，S 是基质，ES 是酶与基质的复合物，P 是产物，k_1，k_2，k_3，k_4 分别是各步反应的速度常数。一般情况下，这两步反应中前一步的速度相对很快，后一步的速度是整个反应的决速步。另外，产物 P 与 E 结合生成 ES 的速率很小，也就是 $k_4 \ll k_3$，故可忽略。所以，根据后一步反应的速度，整个酶促反应生成产物的起始速度 v 为：

$$v = k_3 [ES] \tag{6-14}$$

在上式中，由于 ES 是酶反应中间复合物，它的浓度往往是不知道的，因此，重要的是弄清基质的浓度、酶浓度与 ES 的关系。

设：$[E_0]$＝酶的总浓度；

$[S]$＝基质的浓度

$[ES]$＝酶与基质的复合物的浓度；

则：$[E_0] - [ES]$＝游离态酶的浓度。

根据质量作用定律，式（6-13）反应中

$$ES \text{ 生成反应的速度} = k_1 \{[E_0] - [ES]\} [S]$$

$$ES \text{ 分解反应的速度} = k_2 [ES] + k_3 [ES]$$

在平衡时，可得出：

$$\frac{k_2 + k_3}{k_1} = K_m = \frac{\{[E_0] - [ES]\} [S]}{[ES]}$$

或

$$[ES] = \frac{[E_0][S]}{K_m + [S]} \tag{6-15}$$

将此式与式（6-14）合并，可得：

$$v = \frac{k_3 [E_0][S]}{K_m + [S]} \tag{6-16}$$

或

$$\frac{v}{[E_0]} = \frac{k_3 [S]}{K_m + [S]} \tag{6-17}$$

由于反应系统中 $[S] \gg [E]$，当 $[S]$ 很高时，所有的酶都被基质饱和形成 ES，即 $[E] = [E_0] = [ES]$，酶促反应达到最大速率 V_m，则 $V_m = k_3 [ES] = k_3 [E_0]$，则 V_m 就是酶促反应的最大速度，从而式（6-17）又可改写成（为了方便起见把表示浓度 $[S]$ 的括弧除去）：

$$v = \frac{V_m S}{K_m + S} \tag{6-18}$$

这是研究酶反应动力学的一个最基本的公式，常称米—门公式（Michaelis-Menten 公式），它显示了反应速度与基质浓度之间的关系。

式中 v——反应速度；

S——基质浓度；

V_m——最大反应速度；

K_m——当酶促反应速度为 $\frac{1}{2}V_m$ 时的基质浓度，常称米氏常数。

当 $K_m = S$ 时，由式（6-18），可得：

$$v = \frac{V_m}{2} \tag{6-19}$$

即当基质浓度等于米氏常数时，酶促反应速度正好为最大反应速度的一半（图 6-3），故 K_m 又称半饱和常数。

K_m 是酶的特征常数。它只与酶的种类和性质有关，而与酶浓度无关。K_m 值受 pH 及温度的影响。

如果 $S \ll K_m$，则米—门方程可简化为 $v = \frac{V_m S}{K_m}$，酶促反应为一级反应。

如果 $S \gg K_m$，则米—门方程又可简化为 $v = V_m$，反应呈零级反应（图 6-3）。

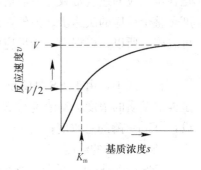

图 6-3　米—门公式图示

从图 6-3 可以看到，在一定范围内反应速度随基质浓度的提高而加快，但当基质浓度很大时，就与基质浓度无关。这是因为酶促反应是分两步进行的，如式（6-13）所示。假如酶在反应进行过程中的浓度不变，当基质浓度很小时，则所有的基质都可与酶结合成复合物 ES，同时还有过剩的酶未与基质结合，此时再加基质，则可增加 ES 的浓度（亦即增加 ES 的分解速度），反应速度因而增加。若基质浓度很大，所有的酶都与基质结合成 ES，此时再加基质也不能增加 ES 的浓度，所以也就不能进一步提高反应的速度。

式（6-16）表明，酶促反应速度与酶浓度 E_0 有关。酶浓度影响米—门方程中 V_m 的大小。因此，在水处理中为了加快反应速度，往往需培养尽可能多的细菌，提高酶浓度，从而提高污染物的去除率及反应器处理效率。

求解 K_m 和 V_m 时，可以把式（6-18）取倒数变为以下形式：

$$\frac{1}{v} = \frac{K_m}{V_m} \cdot \frac{1}{S} + \frac{1}{V_m} \tag{6-20}$$

这是一个直线方程。很明显，可以利用基质浓度 S 与反应速度 v 的一些实验数据去估计最大反应速度 V_m 与米氏常数 K_m。这就是所谓的倒数作图法。

米—门公式是从酶促反应中推导得出的，它也适用于细菌生长的描述。1942 年莫诺特（Monod）根据实验数据得出基质浓度与微生物比增长速度的关系，1949 年用连续投料实验得出同一关系式（式 6-21）。

$$\mu = \frac{\mu_{max} S}{S + K_s} \tag{6-21}$$

式中　μ——微生物比增长速度；

μ_{max}——微生物最大比增长速度；

S——基质浓度；

K_s——半饱和常数。

1970 年劳伦斯（Lawrence）和麦卡蒂（McCarty）将 $\frac{dS}{dt}$ 与反应器中微生物量及周围

基质浓度联系起来，得出：

$$\frac{\mathrm{d}S}{\mathrm{d}t} = \frac{KXS}{K_s + S} \tag{6-22}$$

式中　$\dfrac{\mathrm{d}S}{\mathrm{d}t}$——总基质利用速度；

K——最大比基质利用速度；

S——基质浓度；

K_s——半饱和常数；

X——微生物浓度。

由此可见，上两式比米－门方程更直接地把微生物与污水中有机物浓度联系了起来，故目前已较广泛地用于污水生物处理的计算中。

某些毒物或化学抑制剂也影响酶的活力。抑制剂一般可分为可逆与不可逆两类，前者又分为竞争性与非竞争性两类。不可逆抑制剂能与蛋白质化合形成不溶性盐类而沉淀，从而破坏酶的作用，如一些重金属离子（Pb^{2+}，Cu^{2+}、Hg^{2+}、Ag^+等），由于它们带正电而使酶蛋白沉淀。竞争性抑制剂是由于它的化学构造与基质很相似，因而竞争与酶结合，以致减少了酶与基质结合的机会。应当指出，有些酶却与上述情况刚刚相反，即在自然状况下有很强的抑制剂存在，只有当抑制剂被去除后，才能发挥活性。

一切生命的代谢活动都是在酶的作用下进行的。酶在科学研究、医学领域、工农业生产中都发挥着重要作用。酶制剂已经开始被应用于污染控制领域，颇具前景。例如，利用脂肪酶来净化生活污水，利用多酚氧化酶来检出酚进而除去酚，利用一些酶制剂来分解污泥浮渣等等。

6.3　微生物的代谢

6.3.1　微生物的新陈代谢

新陈代谢（metabolism）简称代谢，是推动一切生命活动的动力源，指在活细胞中的各种合成代谢（anabolism）与分解代谢（catabolism）即所有生物化学反应的总和。合成代谢又称同化作用或合成作用，是微生物不断从外界吸收营养物质，合成细胞组分的过程，在此过程中需要消耗能量；分解代谢又称异化作用或分解作用，是将体内的生物大分子（如蛋白质、脂类和糖类等）转化为小分子（如二氧化碳和水）并释放出能量的过程。

由于一切生命活动都是耗能反应，因此，能量代谢是新陈代谢中的核心问题。对微生物而言，它们能利用的最初能源有三大类，即有机物、还原态无机物和光能。微生物的能量来源有呼吸作用和光合作用两个途径。化能营养型微生物主要从营养基质的氧化分解中获取化学能，其中化能异养型微生物通过呼吸作用氧化各种有机物获得能量，化能自养型微生物通过呼吸作用氧化各种无机物获得能量；光能营养型微生物则通过光合磷酸化将光能转变为化学能。微生物产生的能量有些以热的形式释放，有些用于运动、物质合成、运输、组装、发光等，而最通常的途径是将最初能源转换为一切生命活动都能利用的通用能源——高能化合物三磷酸腺苷（Adenosine triphosphate，ATP），以化学键的形式存储起来。

6.3.2　呼吸作用的本质

呼吸作用（respiration）是微生物在氧化分解基质的过程中，基质释放电子，生成水或者其他代谢产物，电子受体被还原，并释放能量的过程，是与分解代谢相关的氧化还原的统一过程。它包含以下几方面的生物学现象：

（1）通过呼吸作用使复杂的有机物变成二氧化碳、水和其他简单的物质；或使还原态无机物转化为氧化态无机物。

（2）在呼吸作用的过程中，发生能量的转换。一部分能量供给合成作用，另一部分维持生命活动，还有一部分能量变成热能释放出来。

（3）在呼吸作用的一系列化学变化中，产生许多中间产物。这些中间产物一部分继续分解，一部分作为合成机体物质的原料。

（4）在进行呼吸作用的过程中，吸收和同化各种营养。

以上各项反应都是在细胞内由酶催化的反应。

6.3.3　微生物的呼吸类型

前已述及，呼吸作用是生物氧化和还原的统一过程，即电子、原子或化学基团转移的过程，而在有机物分解和合成过程中都有电子的转移。氧化表现为物质失去电子，同时伴随着脱氢或加氧；还原表现为获得电子，同时可能伴随加氢或脱氧。大多数微生物代谢过程中的电子来源于脱氢反应，因此电子供体又称为供氢体（hydrogen donor），电子受体又称受氢体（hydrogen acceptor）。

根据基质脱氢后，其最终受氢体（电子受体）的不同，微生物的呼吸作用可分为好氧呼吸、厌氧呼吸和发酵（图 6-4）。

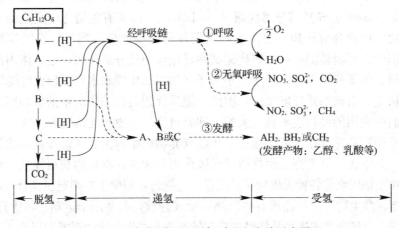

图 6-4　好氧呼吸、厌氧呼吸和发酵示意图

根据微生物与氧气的关系，微生物可分为好氧微生物（aerobic microbe）、厌氧微生物

（anaerobic microbe）和兼性微生物（facultative microbe）。好氧微生物生活时需要氧气，没有氧气就无法生存。它们在有氧的条件下，可以将有机物分解成二氧化碳和水。这个物质分解的过程叫好氧分解。厌氧微生物只有在没有氧气的环境中才能生长，甚至有了氧气对它还有毒害作用。原因是有氧存在的环境中，由脱氢酶活化的氢将和氧结合成过氧化氢，而这类微生物缺乏好氧微生物和兼性微生物所具有的过氧化氢酶，故所形成的过氧化氢将逐渐累积起来，对细胞发生毒害作用。厌氧微生物在无氧条件下，可以将复杂的有机物分解成简单的有机物和二氧化碳等。这个过程称为厌氧分解。兼性微生物则既可在有氧环境中生活，也可在无氧环境中生长，即能营好氧呼吸也能营厌氧呼吸。在自然界中，大部分细菌属于这一类。

应当指出，根据微生物与氧气的关系来划分它们的类型是不够全面也不够确切的，但在实际应用中，这样的分类仍然是有意义的。好氧呼吸、厌氧呼吸和发酵在污水生物处理中都有应用，如活性污泥法就是应用好氧呼吸的原理处理有机污水，而厌氧消化则是应用发酵和厌氧呼吸的原理来处理高浓度有机污水和剩余污泥。

1. 基质脱氢的四条途径

基质脱氢主要有四种途径，以葡萄糖为基质，图 6-5 说明了基质脱氢的四条途径及脱氢、递氢、受氢三个阶段的联系。

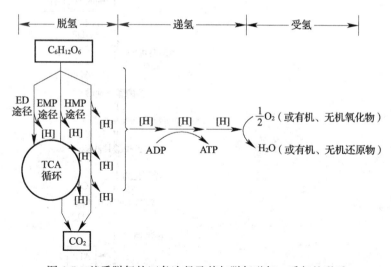

图 6-5　基质脱氢的四条途径及其与脱氢递氢、受氢的联系

（1）EMP 途径（Embden-Meyerhof-Parnas pathway）

EMP 途径又称糖酵解途径（glycolysis），是绝大多数生物所共有的一条代谢途径。它以 1 分子葡萄糖为基质，约经过 10 步反应而产生 2 分子丙酮酸、2 分子 NADH＋H[①] 和 2 分子 ATP 的过程。因此，EMP 途径可以概括为两个阶段（耗能和产能）、3 种产物和 10 个反应（图 6-6）。

---

①　NADH＋H 即还原型烟酰胺腺嘌呤二核苷酸，又称还原辅酶 I 或还原型 DPN，为方便，有时用 NADH₂ 表示。一个 NADH₂ 经呼吸链能产生约 2.5 分子 ATP。

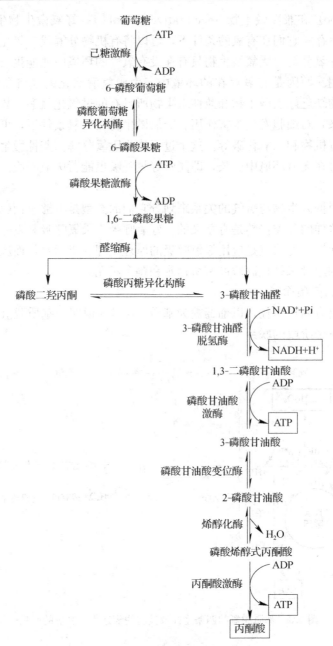

图 6-6　EMP 途径示意图

注：打方框者为终产物

EMP 途径的总反应式为：

$$C_6H_{12}O_6 + 2NAD^+ + 2ADP + 2Pi \longrightarrow 2CH_3COCOOH + 2NADH + 2H^+ + 2ATP + 2H_2O$$

其最终产物中的两个丙酮酸，在有氧条件下可经氧化磷酸化反应产生 25 分子 ATP；而在无氧条件下，则还原为乳酸，或脱羧生成乙醛并最终被还原为乙醇。

EMP 虽然产能效率低，但其生理功能极其重要：① 供应 ATP 形式的能量和 $NADH_2$ 形式的还原力；② 是连接其他几个重要代谢途径的桥梁，包括三羧酸循环（TCA）、HMP 途径和 ED 途径等；③ 为生物合成提供多种中间代谢产物；④ 通过逆向反应可以进行多糖合成。

（2）HMP 途径（hexose monophosphate pathway）

HMP 途径又称戊糖磷酸途径（pentose phosphate pathway）、己糖——磷酸途径（hexose monophosphate pathway）等。其特点是葡萄糖不经过 EMP 途径和 TCA 循环而得到彻底氧化，并能产生大量 NADPH＋H[①]形式的还原力及多种中间代谢产物。图 6-7 是反应示意图。

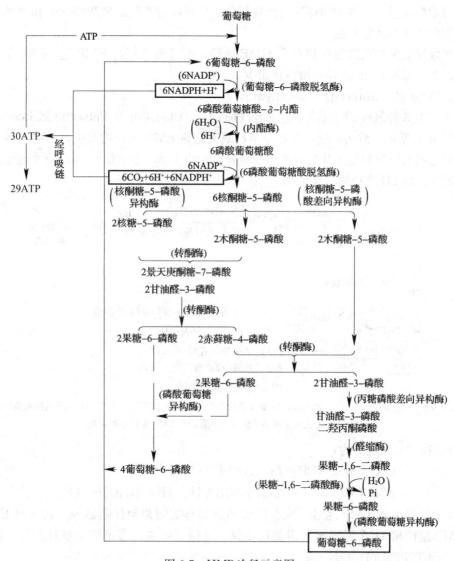

图 6-7　HMP 途径示意图

注：打方框者为本途径中的直接产物

NADPH＋H⁺ 必须先由转氢酶将其上的氢转到 NAD⁺ 上并变成 NADH＋H⁺ 后，
才能进入呼吸链产 ATP。6 个葡萄糖-6-磷酸分子进入 HMP 途径，再生成 5 个
葡萄糖-6-磷酸分子，产生 6 分子 CO_2 和 Pi，并产生 12 个 NAPDH＋H⁺

---

① NADPH＋H⁺ 为还原型烟酰胺腺嘌呤二核苷酸磷酸，又称还原辅酶 II 或还原型 TPN，为方便，有时用 NAD-PH₂ 表示。

HMP 途径的总反应式为：

$$6 \text{ 葡萄糖-6-磷酸} + 12\text{NADP}^+ + 6\text{H}_2\text{O} \longrightarrow$$

$$5 \text{ 葡萄糖-6-磷酸} + 12\text{NADPH} + 12\text{H}^+ + 6\text{CO}_2 + \text{Pi}$$

HMP 途径可以概括分为 3 个阶段：① 葡萄糖经过若干步氧化反应产生核酮糖-5-磷酸和 CO_2；② 核酮糖-5-磷酸发生结构变化形成核糖-5-磷酸和木酮糖-5-磷酸；③ 几种戊糖磷酸在无氧参与的条件下发生碳架重排，产生己糖磷酸和丙糖磷酸，后者即可经 EMP 途径转化成丙酮酸而进入三羧酸循环进行彻底氧化，也可通过果糖二磷酸醛缩酶和果糖二磷酸酶的作用而转化为己糖磷酸。

在多数好氧菌和兼性菌中都存在 HMP 途径，而且通常还与 EMP 途径同时存在，只有 HMP 途径而无 EMP 途径的微生物很少。

（3）ED 途径（Entner-Doudoroff pathway）

又称 2-酮-3-脱氧-6-磷酸葡萄糖酸途径（KDPG）。因最初由 N. Entner 和 M. Doudoroff 两人（1952 年）发现，故名。这是存在于某些缺乏完整 EMP 途径的微生物中的一种替代途径。特点是葡萄糖只经过 5 步反应即可快速获得经由 EMP 途径需 10 步反应才能形成的丙酮酸。图 6-8 是 ED 途径的简要说明。

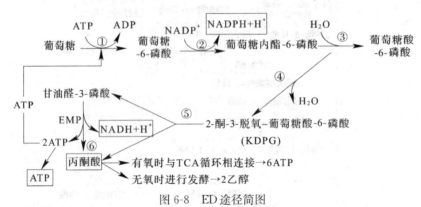

图 6-8　ED 途径简图

有方框者表示终产物。① 己糖激酶；② 磷酸葡萄糖脱氢酶；③ 内酯酶；④ 磷酸葡萄糖酸脱水酶；
⑤ 2-酮-3-脱氧-6-磷酸葡萄糖酸醛聚酶；⑥ EMP 途径中有关酶

ED 途径的总反应式为：

$$\text{C}_6\text{H}_{12}\text{O}_6 + \text{ADP} + \text{Pi} + \text{NADP}^+ + \text{NAD}^+ \rightarrow$$

$$2\text{CH}_3\text{COCOOH} + \text{ATP} + \text{NADPH} + \text{H}^+ + \text{NADH} + \text{H}^+$$

ED 途径是少数 EMP 途径不完整的细菌所特有的葡萄糖代谢途径。它可与 EMP 途径、HMP 途径和 TCA 循环等代谢途径相联，可相互协调，满足微生物对能量、还原力和不同中间代谢产物的需要。

（4）TCA 循环（tricarboxylic acid cycle）

TCA 循环即三羧酸循环，又称 Kerbs 循环或柠檬酸循环（citric acid cycle），由德国学者 H. A. Kerbs 1937 年提出。指由丙酮酸经过一系列循环式反应而彻底氧化、脱羧，形成 CO_2、H_2O 和 $NADH_2$ 的过程。这是一个普遍存在于各种生物体中的重要生物化学反应，在各种好氧微生物中普遍存在。在真核生物中，TCA 循环反应在线粒体中进行，其中的大多数酶定位在线粒体的基质中。在原核生物中，大多数酶位于细胞质内。只有琥珀酸脱氢酶属于例外，它在线粒体或原核生物细胞中都结合在细胞膜上。

　　TCA 循环过程如图 6-9 所示，由图可见，TCA 循环共分 10 步。3C 化合物丙酮酸经脱羧反应后，形成 $NADH+H^+$，并产生 2C 化合物乙酰-CoA，由它与 4C 化合物草酰乙

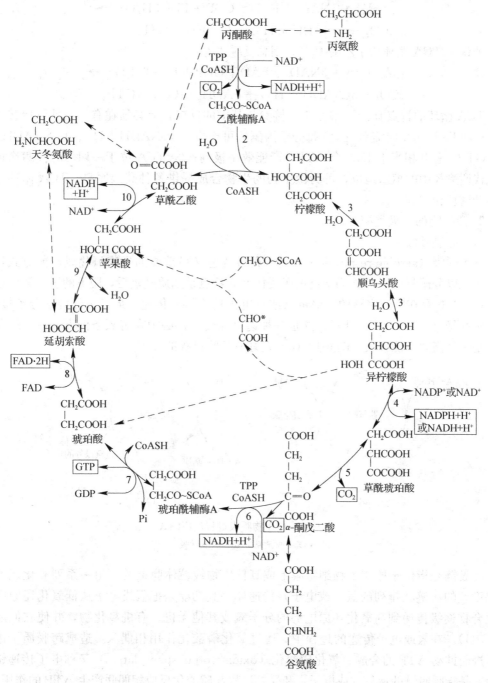

图 6-9　TCA 循环图

1—丙酮酸脱氢酶系；2—柠檬酸合成酶；3—顺乌头酸酶；4，5—异柠檬酸脱氢酶；6—α-酮戊二酸

脱氢酶系；7—琥珀酸硫激酶；8—琥珀酸脱氢酶；9—延胡索酸酶；10—苹果酸脱氢酶；

* 中间线条所示为乙醛酸循环，打方框者为产物

酸缩合形成 6C 化合物柠檬酸。通过一系列氧化和转化反应，6C 化合物又重新回到 4C 化合物-草酰乙酸，再由它接受来自下一个循环的乙酰-CoA。整个 TCA 循环反应的总反应式为：

$$丙酮酸 + 4NAD^+ + FAD + GDP + Pi + 3H_2O \longrightarrow$$
$$3CO_2 + 4(NADH + H^+) + FADH_2 + GTP$$

若认为 TCA 循环始于乙酰-CoA，则总反应式为：

$$乙酰\text{-}CoA + 3NAD^+ + FAD + GDP + Pi + 2H_2O \longrightarrow$$
$$2CO_2 + 3(NADH + H^+) + FADH_2 + CoA + GTP$$

TCA 循环的特点有：① 氧虽不直接参与其中的反应，但必须在有氧条件下运转（因 NAD^+ 和 FAD 再生时需氧）；② 每分子丙酮酸可产生 4 个 $NADH + H^+$、1 个 $FADH_2$ 和 1 个 GTP，总共相当于 12.5 个 ATP，产能效率极高；③ TCA 位于一切分解代谢途径和合成代谢途径中的枢纽地位，可为微生物的生物合成提供各种碳架原料。TCA 循环与发酵生产密切相关。

2. 微生物的呼吸类型

（1）好氧呼吸

好氧呼吸（aerobic respiration），是一种最普遍又最重要的生物氧化或产能方式，基质的氧化以分子氧（O_2）作为最终电子受体。其特点是基质脱氢后，脱下的氢（常以还原力 [H] 形式存在）经完整的呼吸链（或称电子传递链）传递，最终被外源氧分子接受，产生水并释放 ATP 形式的能量。这是一种递氢和受氢都必须在有氧条件下完成的氧化作用，是一种高效产能方式。图 6-10（a）是好氧呼吸过程的反应图式。

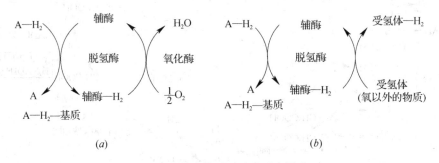

图 6-10　微生物呼吸过程反应图式

（a）好氧呼吸；（b）厌氧呼吸

呼吸链是指位于原核生物细胞膜上或真核生物线粒体膜上的、由一系列氧化还原势呈梯度差的、链状排列的氢（或电子）传递体，其功能是把氢或电子从低氧化还原电势的化合物逐级传递到高氧化还原电势的分子氧或其他无机、有机氧化物，并使它们还原（图 6-11）。在氢或电子传递的过程中，通过氧化磷酸化作用相偶联，造成跨膜质子浓度差，进而推动 ATP 的合成。氧化磷酸化（oxidative phosphorylation）又称电子传递链磷酸化，是指呼吸链的递氢（或电子）和受氢过程与磷酸化反应相偶联产生 ATP 的作用。

组成呼吸链中传递氢或电子载体的物质，除醌类是非蛋白质类和铁硫蛋白不是酶外，其余都是一些含有辅酶或辅基的酶，其中的辅酶如 NAD^+ 或 $NADP^+$，辅基如 FAD 和血红素等。

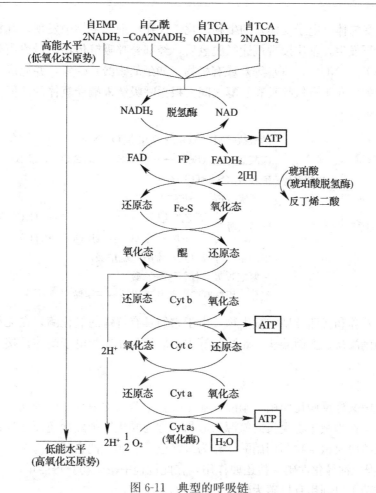

图 6-11　典型的呼吸链

粗线表示氢或电子通路；在琥珀酸脱氢酶催化琥珀酸为反丁烯二酸的过程中，

由于该酶的辅基是 FAD（黄素腺嘌呤二核苷酸），故可直接越过 FP

（黄素蛋白）进入呼吸链氧化；cyt—细胞色素

各种好氧微生物在呼吸过程中，由于基质不同，因而氧化产物也多种多样。例如，好氧异养微生物以葡萄糖作为基质彻底氧化时，最后形成二氧化碳、水，并放出大量能量。

$$C_6H_{12}O_6 + 6O_2 \longrightarrow 6CO_2 + 6H_2O + 2872kJ$$

葡萄糖是细菌吸收利用的常见营养物质，在代谢过程中具有特别重要的地位。它的好氧分解分两个阶段：第一阶段通过糖酵解途径，又称 EMP 途径，由 1 个六碳糖变成两个三碳糖丙酮酸（图 6-6）；第二阶段经三羧酸（TCA）循环，丙酮酸彻底氧化分解变成 CO_2 和 H_2O（图 6-9）。

好氧性自养微生物在呼吸过程中可以氧化硫化氢、铁等，从中获得能量。

$$H_2S + 2O_2 \longrightarrow H_2SO_4 + 能量$$
$$4Fe(OH)_2 + O_2 + 2H_2O \longrightarrow 4Fe(OH)_3 + 能量$$
$$NH_3 + 2O_2 \longrightarrow HNO_3 + H_2O + 能量$$

（2）厌氧呼吸

厌氧呼吸（anaerobic respiration），又称无氧呼吸，指以游离氧以外的外源无机或有机氧化物作为受氢体（电子受体）的生物氧化，仅在单细胞生物中发现。其特点是在无氧或者缺氧条件下发生，基质按常规途径脱氢后，经部分呼吸链传递，最终由外源性氧化态无机物（如 SO_4^{2-}，NO^{3-}，CO_2 等）或有机物（如延胡索酸）受氢，并完成氧化磷酸化产能反应，产能效率介于有氧呼吸和发酵之间。根据呼吸链末端受氢体的不同，可把无氧呼吸分为以下多种类型。

厌氧呼吸
- 无机物呼吸
  - 硝酸盐呼吸（$NO_3^- \to NO$, N_2O, N_2）
  - 硫酸盐呼吸（$SO_4^{2-} \to SO_3^{2-}$, $S_3O_6^{2-}$, $S_2O_3^{2-}$, H_2S）
  - 硫呼吸（$S^0 \to HS^-$, S^{2-}）
  - 铁呼吸（$Fe^{3+} \to Fe^{2+}$）
  - 碳酸盐呼吸
    - 产乙酸细菌（CO_2, $HCOO^- \to CH_3COOH$）
    - 产甲烷细菌（CO_2, $HCOO^- \to CH_4$）
- 有机物呼吸
  - 延胡索酸呼吸（延胡索酸 → 琥珀酸）
  - 甘氨酸呼吸（甘氨酸 → 乙酸）
  - 氧化三甲胺呼吸（氧化三甲胺 → 三甲胺）

某些特殊营养和代谢类型的微生物，由于它们具有特殊的氧化酶，在无氧时能使某些无机氧化物如硝酸盐、亚硝酸盐、硫酸盐等中的氧活化而作为电子受体，接受基质中被脱下的电子。

1）硝酸盐呼吸

硝酸盐呼吸又称反硝化作用。硝酸盐在微生物生命活动中具有两种功能，其一是在有氧或无氧条件下作为微生物生长的氮源营养物，称为同化性硝酸盐还原作用；另一是在无氧条件下，某些厌氧微生物利用硝酸盐作为最终电子受体，把它还原为 NO_2、NO、N_2O，直至 N_2 的过程，称异化性硝酸盐还原作用，在此过程中微生物获得能量。

反硝化细菌可以利用有机碳为碳源，进行如下反应：

$$C_6H_{12}O_6 + 6H_2O \longrightarrow 6CO_2 + 24H^+ + 24e^-$$
$$24H^+ + 20e^- + 4NO_3^- \longrightarrow 12H_2O + 2N_2$$

总反应式：$C_6H_{12}O_6 + 4NO_3^- \longrightarrow 6CO_2 + 2N_2 + 6H_2O + 4e^- + 1758kJ$

此外，自养性微生物脱氮硫杆菌（*Thiobacillus denitrificans*）和脱氮副球菌（*Paracoccus denitrificans*）在厌氧条件下，以 CO_2 为碳源，以 NO_3^- 为电子受体进行反硝化反应。

$$5S + 6NO_3^- + 8H_2O \longrightarrow 5H_2SO_4 + 6OH^- + 3N_2 + 能量$$
$$5H_2 + 2NO_3^- \longrightarrow 4H_2O + 2OH^- + N_2 + 能量$$

2）硫酸盐呼吸

硫酸盐呼吸是在无氧条件下，硫酸盐还原菌（或称反硫化细菌）以 SO_4^{2-} 为受氢体，以乳酸、醋酸作为碳源，进行产能反应，最终的还原产物是 H_2S。能进行硫酸盐呼吸的严格厌氧菌有脱硫弧菌（*Desulfovibrio desulfuricans*）、巨大脱硫弧菌（*D. gigas*）、致黑脱硫肠状菌（*Desulfotomaculum nigrificans*）等。

$$2CH_3CHOHCOOH + SO_4^{2-} + 2H^+ \longrightarrow 2CH_3COOH + 2CO_2 + H_2S + 2H_2O + 能量$$
$$CH_3COOH + SO_4^{2-} + 2H^+ \longrightarrow 2CO_2 + H_2S + 2H_2O + 能量$$

3）碳酸盐呼吸

碳酸盐呼吸是以 CO_2 或重碳酸盐为最终电子受体的无氧呼吸，包括产乙酸菌与产甲烷菌的呼吸。产甲烷细菌的典型呼吸作用如下。

$$CO_2 + 4H_2 \longrightarrow CH_4 + 2H_2O + 135.6kJ$$

除此之外，产甲烷细菌还可以利用乙酸生成甲烷，即乙酸营养型产甲烷细菌。产甲烷细菌的无氧呼吸及其他细菌的无氧呼吸是污水厌氧生物处理的微生物学基础。

（3）发酵

发酵（fermentation）有两个含义。广义发酵泛指任何利用好氧或厌氧微生物来生产有用代谢产物或食品、饮料等产品的生产方式。本节介绍的主要是生物体能量代谢中狭义发酵的概念，指在无氧条件下，基质脱氢后所产生的还原力［H］未经呼吸链传递而直接交给某内源中间代谢产物，并实现机制水平磷酸化产能的一类生物氧化反应，产能效率很低，如图6-12所示。

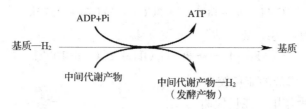

图6-12 狭义发酵图示

基质水平磷酸化的特点是基质在氧化过程中脱下的电子不经电子传递链的传递，而是通过酶促反应直接交给基质本身氧化的产物，同时将反应过程中释放的能量交给ADP，合成ATP。此种作用的最终产物是中间体的还原物，不再进行分解，因此，发酵不是彻底的氧化作用，产能效率低。

发酵的类型很多。如葡萄糖可以经EMP、HMP、ED等途径脱氢产生丙酮酸，一些微生物可以在无氧条件下通过发酵作用将丙酮酸转化为各种最终产物，其发酵作用也常以这些产物命名（表6-2）。

不同的发酵类型及其有关微生物 表6-2

发酵类型	产物	微生物
乙醇发酵	乙醇、CO₂	酵母菌属（Saccharomyces）
乳酸同型发酵	乳酸	乳酸杆菌属（Lactobacillus）
乳酸异型发酵	乳酸、乙醇、乙酸、CO₂	明串珠菌属（Lactobacillus）
混合酸发酵	乳酸、乙醇、乙酸、甲酸、CO₂、H₂	大肠杆菌（Escherichia coli）
丁二醇发酵	丁二醇、乳酸、乙醇、乙酸、CO₂、H₂	气杆菌属（Aerobacter）
丁酸发酵	丁酸、乙酸、CO₂、H₂	丁酸梭菌（Clostridium butyricum）
丙酮-丁醇发酵	丁醇、乙醇	丙酮丁醇梭菌属（Clostridium）
丙酸发酵	丙酸	丙酸杆菌属（Propionibacterium）

以乳酸发酵为例，乳酸杆菌属等细菌可以葡萄糖为呼吸基质，在无氧条件下以中间产物丙酮酸为受氢体，使之还原为乳酸。

$$CH_3COCOOH + NADH + H^+ \xrightarrow{\text{乳酸脱氢酶}} CH_3CHOHCOOH + NAD^+$$

1分子葡萄糖生成2分子ATP，产能效率为32％。总反应式为：

$$C_6H_{12}O_6 + 2ADP + 2Pi \longrightarrow 2CH_3CHOHCOOH + 2ATP$$

在这个反应中，产物是乳酸，氧化不彻底，所以释放的能量少。由此可见，厌氧微生物在进行生命活动的过程中，为了满足能量的需要，消耗的基质要比好氧微生物多。但它们在厌氧呼吸过程中能积累大量中间产物。在生产上正是利用厌氧生物这一特性以获得各种代谢产物。

3. 兼性微生物的呼吸作用

兼性细菌或兼性微生物在有氧和无氧条件下均能生活，在有氧时同好氧微生物一样进行好氧呼吸，在无氧时进行厌氧呼吸。

例如，酵母菌对葡萄糖的作用，在有氧条件下为，

$$C_6H_{12}O_6 + 6O_2 \longrightarrow 6CO_2 + 6H_2O + 2872kJ$$

在无氧条件下为，

$$C_6H_{12}O_6 \longrightarrow 2C_2H_5OH + 2CO_2 + 109kJ$$
酒精

在无氧环境中，释放的能量较少。

4. 微生物的呼吸作用与能量代谢

微生物进行生命活动需要的能量都是通过微生物酶的作用，催化分解、氧化各种营养物质取得的。从前面的讨论中可以看出，微生物呼吸过程中分解、氧化各种营养物都是放能反应。微生物体内各种物质的合成过程则是需能反应。

化能自养微生物通过呼吸作用，氧化各种无机物质获得能量。而异养微生物通过呼吸作用，氧化各种有机物质获得能量。一种物质产生能量多少与微生物呼吸类型和氧的供应有关。一般讲，物质完全氧化时，放出的能量多，氧化不完全时，放出的能量少。

微生物在呼吸过程中，氧化各种物质时产生的能量不能全部被微生物利用。但它们的利用率是相当高的（一般在40％～60％），而一般机器的能量利用率只有20％左右。微生物具有这样高的能量利用率，是因为其体内有一套完善的能量转移系统，即在微生物体内有一种连接放能反应和需能反应的物质——ATP。微生物通过ADP——ATP的转换，大大提高了能量利用率。在这里也可看到磷酸盐对于生物的重要性。

图6-13是异养微生物新陈代谢中能量的释放与利用的示意图。呼吸所释放的能量，除用于合成细胞物质和维持生命活动外，一部分以热的形式散失。

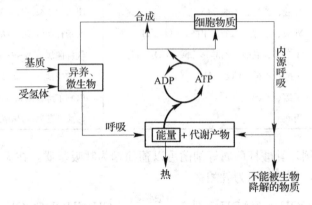

图6-13　异养微生物新陈代谢中能量的释放与利用

光能微生物有其独特的产能方式，已在本章 6.2 节中讨论过。表 6-3 比较了微生物的各种呼吸类型。

微生物的各种呼吸类型比较

表 6-3

呼吸类型	电子受体	参加酶类	主要产物	产生的能量比较
好氧呼吸	O_2	细胞色素氧化酶 脱氢酶 脱羧酶 过氧化氢酶等	H_2O，CO_2，NO_3^-，SO_4^{2-}，PO_4^{3-}	最多
厌氧呼吸	无机氧化物（如 NO_3^-，NO_2^-，SO_4^{2-} 等）	脱氢酶 脱羧酶 特殊氧化酶 还原酶等	CO_2，CH_4 N，H_2S 等	中等
发酵	基质氧化后的中间产物	脱氢酶 脱羧酶 还原酶等	CO_2，CO，CH_4 RCOOH，ROH， NH_3，胺化物， H_2S，PO_4^{3-} 等	最少

6.4　环境因素对微生物生长的影响

微生物除了需要必需的营养物质和对氧的要求外，还需要其他适宜的生活条件，如温度、酸碱度、无毒环境等，才能很好地生长繁殖。细菌的细胞物质是由多种物质组成的，在细胞生活的时期如果环境因素适宜，则各种细胞物质保持平衡状态。如果环境因素发生变化，这种平衡就会受到干扰，细菌就不能维持其正常的生命活动，或者死亡，或者发生变异。

关于细菌的营养物质及其对氧的要求，已在前面提到，下面就几个与微生物生长繁殖关系较为密切的其他一些环境因素作简单介绍。

6.4.1　温度

微生物的生长温度范围很广，在 $-5\sim85℃$ 范围内均有微生物生长，大多数细菌生长适宜的温度在 $20\sim40℃$ 之间，但有的细菌喜欢高温，适宜的繁殖温度是 $50\sim60℃$，有机污泥的高温厌氧处理就是利用这一类细菌来完成的。少数嗜热微生物的上限温度可达 $100℃$ 以上。按照温度的不同，可将微生物（主要是细菌）分为低温、中温和高温三类，见表 6-4。

图 6-14 是温度对于微生物活力的影响。高温可以杀死微生物，只要加热超过微生物致死的最高温度，微生物很快就会死亡。温度愈高，死亡愈快。此外，细胞内所含水分愈少，微生物的致死温度愈高。例如，许多没有芽孢的细菌在水中加热到 $70℃$ 经 $10\sim15\text{min}$

微生物对温度的适应范围　　　　　　　　　表 6-4

微生物类型	生长温度（℃）			主要存在处所
	最低	最适	最高	
低温型	−5～10	10～20	25～30	海水及冷藏食品
中温型	10～20	18～35 35～40	40～45	腐生细菌 寄生细菌
高温型	25～45	50～60	70～85	土壤、堆肥、温泉

死亡，100℃时很快就死亡，但有芽孢的细菌细胞由于其含水量较少，在 100℃ 沸水中需煮几十分钟，有时甚至 1～2h 才会死去。在干热的情况下，细菌不容易被杀死。一般细菌在 100℃ 左右干热，要 1～2h 才死去，而芽孢即使被加热到 140℃，还需 2～3h 才能被杀死。

高温之所以能杀死微生物，主要是因为微生物细胞的基本组成是蛋白质，蛋白质遇热会凝固变性。而启动一切生命活动的生物催化剂——酶，其主要成分也是蛋白质，也具有不耐热性。

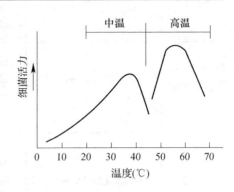

图 6-14　温度对于微生物活力的影响

湿热比干热容易杀死微生物，原因是湿热所用的水蒸气的热传导力与穿透力都比较强，更容易破坏蛋白质。

微生物在其最低生长温度下代谢活动减弱，处于休眠状态，维持生命而不繁殖。实验室中常利用冰箱保存菌种，一般以 4℃ 左右为保存菌种的适宜温度。反复冻融会使细胞受到破坏，微生物死亡。

6.4.2　氢离子浓度

各种细菌都有它们所适宜的氢离子浓度。在酸性太强或碱性太强的环境里，它们一般不能生活。大多数细菌适宜于繁殖的 pH 范围在 6～8 之间，而 pH 在 4～10 之间也能生存。微生物的代谢活动可能导致某些物质的积累，从而影响环境 pH。

pH 和温度的控制，在工业废水的生物处理过程中具有重要的意义。工业废水的 pH 如太高或太低，应加以中和，做适当的调整。

6.4.3　氧化还原电位

不同微生物对氧化还原电位（Eh）的要求不同。

一般好氧微生物要求 Eh 在 +0.3～0.4V 左右，而 Eh 在 +0.1V 以上均可生长；厌氧微生物则需要 Eh 在 0.1V 以下才能生活；对于兼性微生物来说，Eh 在 +0.1V 以上，进行好氧呼吸，Eh 在 0.1V 以下，进行无氧呼吸。

氧化还原电位这个指标已应用于给排水科学与工程的科学研究和工程运转工作中，例如观察污水生物处理构筑物的工作情况等。在一般运转情况下，对于好氧分解系统，如活性污泥法系统，Eh 常在 +200～+600mV 的范围内。对于厌氧生物处理系统，Eh 常在

$-100\sim-200mV$ 的范围内。

6.4.4　干燥

水是生物生存的必要条件，没有水一切生命都不能存在。前面已提到，微生物细胞中含有大量水分。干燥会使微生物细胞失去水分，导致代谢终止或死亡。不同的微生物对于干燥的抵抗力有强有弱。一般没有荚膜、芽孢的微生物对干燥环境比较敏感。细菌的芽孢和其他微生物的孢子耐旱性较强，在干燥环境中可以保持几十年，当遇到适宜的生活条件，仍会发芽繁殖。

由于大多数微生物在干燥环境中不能生长发育，因而人们广泛利用干燥法来保存食品，防止食品腐败。

6.4.5　渗透压

什么叫渗透压？不同浓度的溶液用半透膜分隔时，溶质不能通过半透膜，而水分可以自由透过，但从稀溶液中渗到浓溶液中的水分比从浓溶液中渗到稀溶液中的水分多，浓溶液一边的水面就逐渐升高。此时由于浓溶液一边液面升高产生了外加静压，使稀溶液中的水渗到浓溶液中的速度减慢。当液面升高到一定程度后，两边的水分子渗透速度相等，两边溶液达到了动态平衡，这时半透膜两边的液面高差就是这个溶液的渗透压。溶液的浓度差愈大，渗透压愈大。

微生物细胞的细胞膜是半透性的，在不同渗透压的溶液中呈现不同的反应。当微生物周围的水溶液的渗透压同其细胞内液体的渗透压相等时，微生物生活得最好。

生活在高渗透压溶液中，微生物细胞失水，发生质壁分离，影响其生命活动，甚至死亡。因此，应用高渗透压溶液可以保藏食物，常用的盐腌或蜜饯就是突出例子。

在低渗透压溶液中，微生物细胞容易膨胀，甚至破裂。因此，培养细菌时，除了注意其必需的无机盐的种类外，还要注意其浓度。在微生物实验室中稀释菌液，一般用 0.85% 的食盐（NaCl）溶液维持细菌等微生物的正常生活，这种浓度的盐水称为生理盐水。微生物培养基中无机盐的渗透压为 $0.5\sim1atm(=0.1MPa)$，加入糖以后可产生总的渗透压约 $0.35\sim0.7MPa$。

6.4.6　光及辐射

除光合细菌外，一般细菌都不喜欢光线。许多微生物在日光直接照射下容易死亡，特别是病原微生物。日光中具有杀菌作用的主要成分是紫外线。细菌细胞吸收紫外线后，会因其和核酸发生变化而引起死亡。

紫外线是非电离辐射，以波长 $265\sim266nm$ 的杀菌力最强。紫外辐射对微生物有明显的致死作用，是强杀菌剂。但紫外线穿透性很弱，因此只有表面杀菌能力。一般细菌在紫外线下照射 $5min$ 即能被杀死，芽孢则需 $10min$。由于紫外线不能透过普通玻璃，所以一般紫外线常用于杀死空气中的微生物，如在无菌或无菌箱中用得较多。

电离辐射 X 射线与 α 射线、β 射线和 γ 射线均为电离辐射。在足够剂量时，对各种微生物均有致死作用。常用于一次性塑料制品的消毒，也用于食品的消毒。

6.4.7　化学药剂

化学物质作用于微生物的结果可以是灭菌、消毒、防腐。灭菌（sterilization）指杀死一切微生物及孢子。消毒（disinfection）指杀灭病原微生物，而不一定完全杀死非病原微生物及芽孢和孢子，用来消毒的药物称为消毒剂。防腐（antisepsis）是一种抑菌而非灭菌的作用，用于防腐的化学药品称为防腐剂。某些化学药物在低浓度时为防腐剂，在高浓度时则成为消毒剂。

1. 重金属及其化合物

一些重金属离子是微生物细胞的组成成分，当培养基中这些重金属离子浓度低时，对微生物生长有促进作用，反之会产生毒害作用；也有些重金属离子的存在，不管浓度大小，对微生物的生长均会产生有害或致死作用。因此，大多数重金属及其化合物都是有效的杀菌剂或防腐剂。其作用最强的是 Hg、Ag 和 Cu。如：氯化汞又名升汞，是杀菌力极强的消毒剂。0.1%～1%浓度的硝酸银常用于皮肤的消毒。

2. 有机化合物

对微生物具有有害效应的有机化合物种类很多，其中酚、醇、醛等能使蛋白质变性，是常用的杀菌剂。

（1）酚　酚对微生物的作用主要是使蛋白质变性，同时又有表面活性剂的作用，破坏细胞膜的渗透性，使细胞内含物外溢。当浓度高时是致死因子，反之则起抑菌作用。最简单的酚是苯酚，又名碳酸。

甲酚是苯酚的衍生物。杀菌力比苯酚强几倍。甲酚在水中的溶解度较低，但在皂液与碱性溶液中易形成乳液。市售的消毒剂煤酚皂液（来苏水）就是甲酚与肥皂的混合液，常用 3%～5%的溶液来消毒皮肤、桌面及用具等。

（2）醇　醇是脱水剂、蛋白质变性剂，也是脂溶剂，可使蛋白质脱水、变性，损害细胞膜而具杀菌能力。乙醇是普遍使用的消毒剂，常用于实验室内的玻棒、玻片及其他用具的消毒。50%～70%的乙醇便可杀死营养细胞；70%的乙醇杀菌效果最好，超过 70%以至无水酒精效果较差。这是因为高浓度酒精遇到微生物细胞时，会很快使细胞表面脱水而致硬化，阻止了酒精继续渗入细胞，因此蛋白质也不会凝固。

（3）甲醛　甲醛也是一种常用的杀细菌与杀真菌剂，效果良好。纯甲醛为气体状，可溶于水，市售的福尔马林溶液就是 37%～40%的甲醛水溶液。

3. 卤族元素及其化合物

（1）碘　碘是强杀菌剂。3%～7%的碘溶于 70%～83%的乙醇中配制成碘酊，是皮肤及小伤口有效的消毒剂。碘一般都作外用药。

（2）氯气或氯化物　这是一类最广泛应用的消毒剂。氯气一般用于饮水的消毒，次氯酸盐等常用作食品加工过程中的消毒。氯气和氯化物的杀菌机制，是氯与水结合产生了次氯酸（HClO），次氯酸是一种强氧化剂，对微生物起破坏作用。

4. 氧化剂

强氧化剂可氧化微生物的细胞物质而使其正常代谢受到阻碍，甚至死亡。各种微生物对高锰酸钾的抵抗力基本相同，0.1%的高锰酸钾溶液常用于消毒公用茶具和水果。

5. 表面活性剂

具有降低表面张力效应的物质称为表面活性剂。这类物质加入培养基中，可影响微生物细胞的生长与分裂。

6. 染料

染料，特别是碱性染料，在低浓度下可抑制细菌生长。这是因为碱性染料的显色基团带正电，而一般细菌的细胞常带负电，碱性染料与细菌的蛋白质结合，起抑制作用。碱性三苯甲烷染料，包括孔雀绿、亮绿、结晶紫等，对革兰氏阳性菌有很强的抑制作用。染料要达到一定浓度时才具有对细菌抑制和杀死的作用。常用的皮肤消毒剂紫药水就是1％浓度的甲紫溶液。细菌染色用的染料浓度一般在0.1％～5％范围内。由于这些染料具有选择性抑菌的特点，故常在培养基中加入低浓度的染料配制成选择培养基。

思 考 题

1. 细菌细胞中主要含有哪些成分？细菌需要哪些营养？各种营养物质的功能是什么？

2. 什么是碳源、氮源、碳氮比？微生物常用的碳源和氮源物质各有哪些？

3. 什么叫生长因子？它包括哪些物质？微量元素和生长因子有何区别？

4. 什么叫单纯扩散、促进扩散、主动运输、基团转位？比较微生物对营养物质吸收四种方式的异同。

5. 划分微生物营养类型的依据是什么？简述微生物的四大营养类型。

6. 何谓培养基？培养基的配制原则有哪些？

7. 什么是酶？酶是怎样命名和分类的？

8. 酶的作用有什么特性？影响酶活力的主要因素有哪些？试讨论之。

9. 细菌是怎样吸收和消化营养物质的？

10. 何谓新陈代谢？试用图示说明合成代谢与分解代谢的相互关系。

11. 简述生物氧化过程中，基质脱氢的主要途径。

12. 细菌呼吸作用有哪几种类型？各有什么特点？

13. 根据微生物生活是否需要氧气，微生物可分为哪几类？这样的分类在污水生物处理中有何重要意义？

14. 试比较有氧呼吸、厌氧呼吸及发酵的异同。

15. 微生物活动所需的能量是怎样获得的？

16. 试扼要讨论细菌生长与温度和氢离子浓度的关系。为什么常以4℃左右的温度作为保存菌种的适宜温度？

17. 细菌有机质的主要元素分析结果如下：

C 50.98％（干重）；H 6.2％（干重）；O 30.52％（干重）；N 12.3％（干重）。

试计算细菌的化学组成实验式（微生物的化学组成实验式并不是它的分子式，而仅说明组成有机体的各种主要元素的比例关系）。

第7章 微生物的生长和遗传变异

7.1 微生物的生长及其特性

7.1.1 生长与繁殖的基本概念

微生物的生长是微生物的一个基本特性。微生物体积极其微小，故相对面积较大，物质吸收快，转化快。微生物在生长与繁殖上亦很迅速，而且适应性强。

微生物在适宜的环境条件下，不断地吸收营养物质，并按照自己的代谢方式进行代谢活动，如果同化作用大于异化作用，则细胞质量不断增加，体积得以增大，表现在细胞自身就是体积或重量的不断增加，这种现象叫生长。简单地说，生长就是有机体的细胞组分与结构在量方面的增加。生长到一定阶段，微生物便以二分裂的方式形成两个子细胞，子细胞又重复以上过程，这就是繁殖，其特征是微生物个体数增加。

微生物的生长是一个量变过程，是繁殖的基础，而繁殖又为新的个体的生长创造了条件。因此，生长与繁殖是在适宜的营养条件下，微生物个体生命延续中交替进行和紧密联系的两个重要阶段。由于微生物个体微小，个体质量和体积的变化不易观察，同时这两个过程是紧密联系很难划分的过程。因此在讨论微生物生长时，往往把这两个过程放在一起讨论。在实际工作中，常以微生物的群体作为研究对象，以微生物细胞的数量或微生物群体细胞物质量的增加作为生长的指标。

微生物也有年龄，但是微生物的所谓年龄和人的老年、中年、幼年的概念不同。人是按出生之时算起，年纪越小越年轻，越大就越老，微生物则不然。微生物是以分裂法进行繁殖的，一般繁殖一代的时间，只要 20～30min，而且在一大群微生物中也无法区分每个微生物的年老年轻。因此微生物的所谓年龄是指一群微生物在一定的环境条件下生长而表现出来的特征。换句话说，描述微生物的生长往往用群体繁殖和生长所表现出来的特征来代表。

7.1.2 微生物生长的测定方法

1. 计数法

（1）显微镜直接计数法

显微镜直接计数法又称全数法，是常用的微生物生长测定方法，其特点是测定过程快速，但不能区分微生物的死活。它又分成下述几种：

1）涂片染色法　将已知体积的待测样品，均匀地涂布在载玻片的已知面积内，经固定染色后计数。

2）计数器测定法　采用特殊的微生物或血球计数器进行测定。操作过程是取一定体积的待测微生物样品放于计数器的测定小室与载玻片之间，由于测定小室的体积是已知的，因此根据得到的计数值就可以计算出微生物的数量。

3) 比例计数法　将待测样品溶液与等体积的血液混合，然后涂片，在显微镜下测定微生物与红细胞数的比例，因血液中的红细胞数已知（男性 400～500 万个/mL，女性 350～450 万个/mL），由此可以测得微生物数量。

（2）荧光染色计数法

DAPI（4,6-diamidino-2-phenylindole，4,6-二脒基-2-苯基吲哚）、DTAF [5-(4,6-Dichloro-1,3,5-triazin-2-y1) amino fluorescein，二氯三嗪基氨基荧光素] 都是常用的无毒性荧光染料，能够与 DNA 双链强力结合并产生荧光。DAPI 染色计数法是利用 DAPI 染料与微生物的 DNA 结合产生荧光，从而在荧光显微镜下进行微生物计数的方法。因为 DAPI 可以透过完整的细胞膜，它可以用于细胞的染色。

DAPI 与双链 DNA 结合时，主要结合在 DNA 的 A-T 碱基区，产生的荧光基团的吸收峰是 358nm，紫外光激发时发射明亮的蓝色荧光，使得 DAPI 成了一种常用的荧光检测信号。DAPI 也可以和 RNA 结合，但产生的荧光强度不及与 DNA 结合的结果，其发射光的波长范围约在 400nm 左右。

DAPI 的发射光为蓝色，且 DAPI 和绿色荧光蛋白（Green fluorescent protein，GFP）或 Texas Red 染剂（红色荧光染剂）的发射波长，仅有少部分重叠，因此可以利用这项特性在单一的样品上进行多重荧光染色。DAPI/DTAF 染色计数法具有专一性强、灵敏度高、稳定性好、使用方便等特点。此外，荧光染色法还可以与流式细胞计数仪联合使用以便更快速、准确地处理大量的微生物样本，如细胞分类计数等。

（3）活菌计数法

活菌计数法又称间接计数法，是通过测定样品中活的微生物数量来间接地表示微生物的数量。因此，这种方法不含死的微生物细胞，而且测定所需的时间也较长。常用的有平板计数法、液体计数法和薄膜计数法。

1) 平板计数法　平板计数法是根据每个活的微生物能长出一个菌落的原理设计的。将待测微生物样品先作 10 倍梯度稀释，然后取相应稀释度的样品涂布到平板中，或与经融化的固体培养基混合、摇匀，培养一定时间后观察并计数生长的微生物的菌落数，最终根据微生物的菌落数和取样量计算出微生物浓度。使用该法应注意：① 一般选取菌落数在 30～300 之间的平板进行计数，过多或过少均不准确；② 为了防止菌落蔓延，影响计数，可在培养基中加入 0.001% 的 2,3,5-氯化三苯基四氮唑（TTC）；③ 本法限用于能够在固体培养基上形成菌落的微生物。

2) 液体计数法　液体计数法又称最可能数法 MPN（most probable number）法，是根据统计学原理设计的一种方法，主要用于不能在平板培养基上形成菌落的微生物（如硝化菌、反硝化菌、硫酸还原菌）。具体做法是：先将待测微生物样品作 10 倍梯度稀释，然后取相应稀释度的样品分别接种到 3 管或 5 管一组的数组液体培养基中，培养一段时间后，观察各管及各组中微生物是否生长，记录结果，再查已专门处理好的最可能数表，得出微生物的最终含量。

3) 薄膜计数法　对于某些微生物含量较低的测定样品（如空气或饮用水）可用薄膜法。将待测样品通过带有许多小孔但又不让微生物流出的微孔滤膜，借助膜的作用将微生物截留和浓缩，再将膜放于固体培养基表面培养，然后类似平板计数那样计算结果。这种方法的要求是样品中不得含有过多的悬浮性固体或小颗粒。

上述各种活菌计数法中，除了已述及的特点以外，还有一个共同的要求，即测定的样品中微生物必须呈均匀分散的悬浮状态。对于本身为絮体或聚集体状态的微生物样品，如污水好氧生物处理中的活性污泥，在测定计数之前要采取预处理方法（如匀浆器捣碎等）进行强化分散。

（4）特定微生物计数法

如果要测量环境样本中某种特定微生物的数量，可以采用荧光原位杂交技术（Florescence In-Situ Hybridization，简称 FISH）。FISH 是一种用荧光染料或生物素等标记的核酸探针通过碱基序列互补杂交原理，用荧光信号检测被固定于样品中细胞内的特异 DNA 或 RNA 序列的生物技术。其主要原理为：根据已知微生物不同分类级别上种群特异的 DNA 序列（一般为 16S rRNA 的碱基组成）设计特异性的寡核苷酸探针，并用荧光染料标记。原核细胞和真核细胞处理后对荧光标记的寡核苷酸具有渗透性，寡核苷酸探针通过固定在载玻片上的微生物样品的细胞膜与其 16S rRNA 靶序列杂交，将未杂交的荧光探针洗去后，杂交的细胞可以在荧光显微镜下观察和计数。

FISH 技术在应用中具有高特异性的优点。以 16S rRNA 为靶序列的 FISH 检测技术是可靠的分子生物学工具，FISH 技术可应用于环境中特定微生物种群鉴定、种群数量分析及其特异微生物跟踪检测，是目前在微生物分子生态学领域应用比较广泛的方法之一。

2. 测生长量法

（1）重量法

微生物细胞尽管很微小，但是仍然具有一定的体积和重量，因此借助群体生长后的细胞的重量，可以采用测定重量比如细胞干重的方法直接来表示微生物生长的多少或快慢。

测定细胞干重的方法可采用离心法或过滤法测定。取经过培养一段时间的待测微生物样品，用离心机收集生长后的微生物细胞，或用滤纸、滤膜过滤截取生长后的微生物细胞，然后在 $105 \sim 110℃$ 下进行干燥，称取干燥后的重量，以此代表微生物生长量的多少。一般，从微生物细胞的化学组分可知，干重约为湿重的 $10\% \sim 20\%$。原核微生物的细胞重量是 $10^{-15} \sim 10^{-11}$g/细胞，真核单细胞微生物重量为 $10^{-11} \sim 10^{-7}$g/细胞。

水处理中构筑物内微生物生长量通常采用这种细胞干重测定法。在活性污泥法中采用的指标是混合液悬浮固体（Mixed Liquor Suspended Solid，MLSS，即单位体积水样中固体物质的干重）。具体做法是：取一定体积的待测污泥样品，放于蒸发皿中干燥，然后称重。但是这种方法有个缺陷，即混合液中含有的无机悬浮物或颗粒也包含在测定的重量之中，因此这些重量并不能真正反映微生物的实际生长情况。

为了更确切地得到微生物生长量的结果，必须采用另外一个指标——挥发性悬浮固体（Mixed Liquor Volatile Suspended Solid，MLVSS，即单位体积水样所含干污泥中可灼烧挥发的物质量）。其测定过程是：将已测得干重（W_0）的污泥样品，放于马弗炉内 $550℃$ 下灼烧 2h，在这样的高温下微生物中含有的各种有机物就被分解变成 CO_2 和 H_2O 并蒸发掉。冷却后放入干燥器中保温至恒重并称量（W），污泥干重 W_0 减去最终重量 W 的差值就是挥发性悬浮固体重量。当然，限于测定方法的精度这仅能粗略表示微生物的数量。

（2）光密度法

光密度法是测定悬浮细胞的快速方法。其原理是微生物细胞可以吸收一部分光能，光束通过悬浮液时会引起光的散射或吸收，降低透光度，在一定范围内吸光度与溶液的混浊度即细胞浓度成正比，由此可以测定微生物浓度。采用这种方法时，为了得到实际的细胞绝对含量，通常须将已知细胞浓度的样品按上述测定程序制成标准曲线，然后根据吸光度从标准曲线中直接查得微生物含量。

（3）元素法

氮、碳是微生物细胞的主要成分，含量较稳定，测定氮、碳的含量可以推知细胞的质量。

1）测含氮量：大多数细菌的含氮量为其干重的 12.5%，酵母为 7.5%，霉菌为 6.0%。将含氮量再乘以 6.25，即可测得其粗蛋白的含量，反过来可以求出微生物生长量的多少。测定含氮量的方法很多，如用硫酸、过氯酸、碘酸或磷酸等消化法和 Dumas 测氮法。此法适于细胞浓度较高的样品。

2）测含碳量：将少量干重为 0.2～2.0mg 生物材料混入 1mL 水或无机缓冲液中，用 2mL 2% 重铬酸钾在 100℃ 下加热 30min，冷却后，加水稀释至 5mL，然后在 580nm 波长下读取光密度值，即可推出生长量。需用试剂做空白对照，用标准样品做标准曲线。

（4）细胞物质含量法

1）蛋白质、DNA　不同的微生物细胞其含有的蛋白质或 DNA 含量是不同的，但同一种微生物所含有的蛋白质或 DNA 含量却是基本一致的。利用这一特性，可以通过测定蛋白质或 DNA 的含量来表示微生物的生长量。

2）RNA　RNA 是由 DNA 所携带的遗传信息得以表达的重要中间环节。在一定条件下活细胞的 RNA 含量变化不大，而一旦细胞死亡，释放出的 RNA 又可迅速得到分解，因此可以通过测定细胞中 RNA 的含量来表示活性微生物的浓度。

3）生物醌　微生物醌是能量代谢过程的电子传递体，分为呼吸型醌和光合型醌两类。呼吸型醌是呼吸链中的电子传递体，主要有泛醌（ubiquinone，UQ）即辅酶 Q 和甲基萘醌（Menaquinone，MK）即维生素 K 两大类。光合型醌主要有质体醌（plastoquinone，PQ）和维生素 K_1（Vitamin K_1，VK_1），它们是光反应电子传递链的电子传递体。由于在一定条件下活性污泥中的微生物醌的含量变化不大，1g 细胞平均约含 1μmol 醌类，因此利用微生物醌可以粗略估算活性污泥的活性微生物的浓度。

（5）其他生理生化指标法

微生物的生命活动过程中，不可避免地要吸收和消耗一些物质，同时产生和分泌另一些物质。测定这些物质的变化就可以间接地表示微生物生长的情况。水处理中通常采用的生理生化指标有：营养物质（COD）的消耗，溶解氧的消耗（如好氧微生物的瓦呼仪测定法），有机酸的产生，H_2 和 CH_4 的产生（如厌氧微生物的生长及活性测定）。

7.1.3　微生物的生长特性

微生物的重要特征之一就是生长和繁殖速度快。不同微生物的个体生长和群体生长表现出不同的方式。前面已经提到微生物培养过程中可用测定微生物细胞数量或代谢产物的形成或营养物的消耗等测定微生物的生长，本部分将描述微生物在培养过程中生长变化的规律。

1. 间歇培养

（1）间歇培养生长曲线

间歇培养是将微生物接种于一定量的液体培养基内，在适宜的环境下培养，在培养过程中不加入也不取出培养基和微生物，直至培养结束的一种培养方式。间歇培养过程中，细胞所处的营养物质浓度和产物、副产物的积累时刻都在发生变化，不能使细胞自始至终处于稳定的生长条件下。但是，这种方法操作简单，可控性强，是实验室研究的常用方式。间歇培养时定时取样测定活微生物数目或重量的变化，以活微生物个数或微生物重量为纵坐标，培养时间为横坐标，即可绘制出一曲线，此曲线称为微生物的生长曲线。

一般说，微生物重量的变化比个数的变化更能在本质上反映出生长的过程，因为微生物个数的变化只反映了微生物分裂的数目，而重量则包括微生物个数的增加和每个菌体增长。图 7-1 就是按微生物重量绘制的生长曲线。整个曲线可分为三个阶段（或三个时期）：生长率上升阶段（对数生长阶段），生长率下降阶段及内源呼吸（内源代谢）阶段。

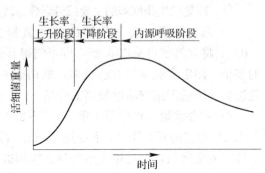

图 7-1　微生物生长曲线（按活微生物重量绘制）

在生长率上升阶段初期，微生物是在适应新的环境，一般不进行分裂，故菌数不增加，但菌体则在逐渐增大，以后很快进入迅速繁殖的阶段。在上升阶段，食料（营养物）充分，微生物的生长不受食料数量的影响，只受自身生理机能的限制。到这一阶段的后期，生长率达到最高，这时它们分解培养基中有机物的速率也最高。科学试验表明，在这一阶段中微生物数目的对数同培养的时间呈直线关系。所以又称对数生长阶段。

经过一定时间后，由于食料减少（食料逐渐被微生物吸收掉）和对微生物有毒的代谢产物的积累，环境逐渐不利于微生物的生长，因而进入生长率下降阶段。此时的微生物生长率基本不受自身生理机能的限制，食料不足成为抑制微生物生长的主导因素。

在内源呼吸阶段，培养基中的食料已经很少，菌体内的贮藏物质，甚至体内的酶都被当做营养物质来利用，也就是说，微生物这时所合成的新细胞质已不足以补充因内源呼吸（即菌体内贮藏物质、酶等一部分细胞物质的氧化）而耗去的细胞质，因此微生物重量逐渐减少。所以在这一阶段微生物重量的减少，这一方面是由于微生物的死亡，另一方面是由于内源呼吸。

在以上三个阶段中，处于第一阶段的微生物可说是微生物的年轻阶段，到第三个阶段是微生物的衰亡（衰老）阶段。在年轻阶段时整个群体都是年轻的，到了衰老阶段尽管也有新分裂的微生物，但仍然属于衰老的。

图 7-2 是按微生物数目的对数绘制的生长曲线图。曲线可分为缓慢期（lag phase）、对数期（log phase）、稳定期（stationary phase）和衰亡期（death phase）四个阶段。在开始阶段微生物并不繁殖，数目不增加，但细胞生理活性很活跃，菌体体积增长很快，而在其后期只有个别菌体繁殖，故称这阶段为缓慢期。经过一段缓慢期后，微生物分裂速度迅速增加，进入对数期。在稳定期中，菌体生

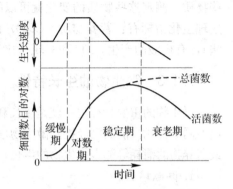

图 7-2　微生物生长曲线（按微生物数目的对数绘制）

长繁殖速度逐渐下降，同时菌体死亡数目逐渐上升，最后达到新增殖的微生物数与死亡数基本相等。稳定期的活菌数保持相对稳定并处于最大值。稳定期的出现是由于食料的减少和有生长抑制作用代谢产物的积累。在衰亡期，微生物死亡速度大大增加，超过其繁殖速度，只有少数菌体进行繁殖，微生物进行内源呼吸，所以活微生物曲线显著下降。

（2）间歇培养过程的数学表达

1）对数生长阶段

在对数生长阶段，微生物的增长过程一般可用下式表示：

$$\frac{\mathrm{d}X}{\mathrm{d}t} = K_1 X \tag{7-1}$$

式中　X——某一时间 t 时微生物的重量或浓度；

　　K_1——微生物增长率。

积分，得：

$$\ln \frac{X}{X_0} = K_1 t \tag{7-2}$$

式中　X_0——微生物的起始重量或浓度。

对于污水生物处理中的活性污泥来说，微生物的重量或浓度可以粗略地用挥发性污泥的重量（MLVSS）或浓度来表示，而 K_1 则表示挥发性污泥的增长率（在实际工作中也可用污泥总量代表挥发性污泥）。

在对数期，对于纯培养的微生物来说有一个很重要的概念——世代时间（generation time），或称倍增时间（doubling time）。它指的是微生物繁殖一代即个体数目增加一倍的时间。对数期的微生物细胞代谢活性最强，组成新细胞物质最快，微生物数目呈几何级数增加，代时稳定。因此世代时间的测定须以对数期的生长细胞作为最佳和最快生长的对象。其测定计算如下：

设时间 t_0 时微生物浓度为 X_0，到时间 t 时微生物浓度为 X，其间微生物共繁殖分裂了 n 代，则：

$$X = X_0 \cdot 2^n \tag{7-3}$$

$$n = \frac{\lg X - \lg X_0}{\lg 2} = 3.3 \lg \frac{X}{X_0} \tag{7-4}$$

$$G = \frac{t - t_0}{n} \tag{7-5}$$

式中　G——世代时间。

微生物的浓度 X_0、X 可通过生长测定方法得到，时间 t_0、t 是确定的，这样就可以测定计算得出微生物的世代时间。

一般来说，微生物（细菌）生长繁殖极快。多数种 20～30min 繁殖一代，最快的世代时间仅 9.8min，有的则长达几十小时。好氧微生物比厌氧微生物的世代时间短，单细胞比多细胞微生物的世代时间短，原核比真核微生物的世代时间短。同一种微生物，世代时间受培养基组成和培养条件的影响，如培养温度、pH、营养物种类和性质等等。但是，在一定条件下，各种微生物的世代时间是一定的。

2）生长率下降阶段

在生长率下降阶段，食料或有机物浓度较低，代谢产物浓度较高已大大影响微生物的生长。实验表明，有机物的去除率与存在的有机物浓度成正比：

$$-\frac{\mathrm{d}S}{\mathrm{d}t} = K_2 S \tag{7-6}$$

式中　S——某一时间 t 时的有机物（基质）浓度；

　　　K_2——常数。

积分，得：

$$\ln \frac{S}{S_0} = -K_2 t \tag{7-7}$$

式中　S_0——有机物的起始浓度。

3）内源呼吸阶段

在内源呼吸阶段，微生物的增长过程则可用下式表示：

$$\frac{\mathrm{d}X}{\mathrm{d}t} = K_3 X \tag{7-8}$$

式中　X——某一时间 t 时微生物的重量或浓度；

　　　K_3——微生物自身氧化速度常数。

积分，得：

$$\ln \frac{X}{X_0} = -K_3 t \tag{7-9}$$

式中　X_0——微生物的起始重量或浓度。

（3）微生物的生长阶段与污水生物处理

在微生物的间歇培养过程中，缓慢期的出现是为了调整代谢。当细胞接种到新的环境后，需要重新合成必需的酶、辅酶或某些中间代谢产物以适应新的环境。在水处理中为了避免缓慢期的出现，可考虑采用处于对数生长期或代谢旺盛的污泥进行接种，另外增加接种量及采用同类型反应器的污泥接种可达到缩短缓慢期的效果。

在污水生物处理过程中，如果维持微生物在生长率上升阶段（对数期）生长，则此时微生物繁殖很快，活力很强，每单位微生物处理污水的能力必然较高；但必须看到，此时的整体处理效果并不是最好，因为微生物活力强大就不易凝聚和沉淀。并且要使微生物生长在对数期，则需有充分的食料，就是说，污水中的有机物必须始终有较高的浓度，在这种情形下，相对地说，处理过的污水所含有机物浓度就要比较高些，所以利用此阶段进行污水的生物学处理实际上难以得到较好的出水。

稳定期的微生物生长速率下降，细胞内开始积累贮藏物质和异染颗粒、肝糖等，芽孢微生物也在此阶段形成芽孢，处于稳定期的污泥代谢活性和絮凝沉降性能均较好，传统活性污泥法普遍运行在这一范围。衰老期阶段只出现在某些特殊的水处理场合，如延时曝气及污泥消化。图 7-3 示微生物的代谢速率与食料和微生物重量或浓度之比（食料/微生物）的关系。在活性污泥法的推流式曝气池进口附近，食料与微生物之比一般总是比较高的，但随着水流向出口处流动，此值

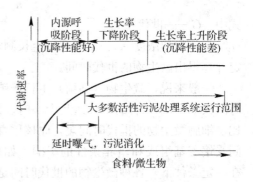

图 7-3　微生物代谢速率与食料/微生物的关系

将逐渐减小。

污水中微生物的种类繁多，生长情况也复杂得多，但总的说来，生长曲线的形态基本上与图 7-2 相似，因为存在着优势微生物种群。

应予特别指出的是，上述这些讨论都是针对微生物的间歇培养。在实际水处理中，反应器的运行多为连续进料方式，两者存在着很大的不同，微生物生长特性的表现也有很大差异。但是，间歇培养的许多概念仍有借鉴意义。

2. 连续培养

连续培养与间歇培养不同，是培养液连续进入反应器，同时又连续等速排出培养液的培养方式。在连续培养过程中，可根据需求将微生物状态，培养基的消耗率或微生物的代谢产物浓度保持稳定，是水处理工程中常用的方式。它又分为两种：恒浊连续培养和恒化连续培养。

（1）恒浊连续培养

培养基提供足够量的营养元素，微生物保持最大速率生长。通过控制进料流速使装置内微生物浊度保持一定，保持理论上的对数生长期，可获得大量菌体或与菌体代谢相平衡的代谢产物。这种方式往往用于微生物的生理生化研究。

（2）恒化连续培养

这种方式与水处理装置的运行方式比较相似。固定恒定的进料流速，又以同样的速率排出，进水组分及反应器中营养物浓度基本不变。这种方式往往有一种限制性营养物控制生长。

恒化连续培养装置中描述与控制微生物生长的最重要参数是稀释速率 D，其含义如下：

$$稀释速率 \qquad D = \frac{F}{V}$$

式中　F——进料体积流量；

　　　V——培养装置体积。

稀释速率 D 与停留时间（reten-tion time，RT）互为倒数，后者指一定流量的进料在反应器中的滞留时间。运行控制中 D 的大小须与微生物的生长相联系，即与微生物的倍增时间（doubling time，DT）有关。为了保证微生物在反应器内能很好生长，停留时间 RT 必须大于倍增时间 DT，这样微生物才能滞留在反应器内，微生物越来越多。反之，停留时间小于 DT，微生物就会被冲出（wash-out）反应器，微生物越来越少。因此，RT 等于 DT 时，D 的数值称为临界稀释速率（D_c）。D、D_c、DT 和基质浓度 S 等之间的关系曲线详如图 7-4 所示。

7.1.4　微生物膜的生长特性

在自然界、某些工业生产环境（如发酵工业和污水处理）以及人和动物的体内外，绝大多数微生物是附着在固体的表面，以生物膜方式生长，而不是以浮游（planktonic）方式生长。生物膜是微生物在机体表面形成的高度组织化的多细胞结构，对于同一菌株，其在生物膜中和浮游生长时具有不同的特性。

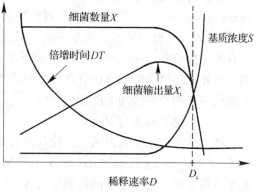

图 7-4　恒化连续培养中细菌的生长特性曲线

研究生物膜形成过程的意义在于，通过对不同领域的生物膜过程的研究，包括对水环境的污染控制、生物侵蚀与生物污染的防治、控制给水系统中微生物生长（生物稳定性），以及在医学、生化方面的应用等进行研究，掌握生物膜形成的机理和条件，就可以实现对生物膜的控制和利用。

1. 生物膜的定义和成分

生物膜（biofilm）是一种不可逆的黏附于固体表面的，被微生物胞外多聚物包裹的有组织的微生物群体。生物膜中水分含量可高达 97%。除了水和微生物外，生物膜还可含有微生物分泌的大分子多聚物（主要是多聚糖）、吸附的营养物质和代谢产物及微生物裂解产物等。

2. 生物膜生长特性

生物膜的形成是一种动态的演变过程（图 7-5）。首先是微生物黏附于表面，然后在表面形成微生物菌落，不同类型的菌落由细胞外多聚物包裹，生物膜成熟与脱落。生物膜形成的各个阶段有不同的生理生化特征。

图 7-5　生物膜形成的三个阶段示意图

（2003，Center for Biofilm Engineering at MSU-Bozeman）

（1）细胞黏附

细胞黏附作用主要是通过微生物表面的生物大分子（如胞外多聚糖）完成的。在生物膜形成的黏附阶段，一些特殊基因的转录是活跃的，比如铜绿假单胞菌 algC，algD、algU、LacZ 等基因，因为这些基因是细胞外多聚糖合成所必需的。

（2）生物膜的发展（微生物菌落的生成）

微生物黏附到表面后，即调整其基因表达，在生长繁殖的同时分泌大量胞外多糖（exopolysaccharide，EPS）。EPS 可黏结多个微生物而形成微生物团块，即微菌落（microcolony）。大量微菌落连接在一起，形成生物膜，因此，EPS 分子的产生对生物膜结构的发展十分重要。在此阶段，除了 EPS 合成的增加外，微生物对抗生素的抗性也有所提高。另外，还伴有诸如增加对紫外线的抗性、遗传交换频率、降解大分子物质的能力以及二级代谢产物产率增加等的变化。

（3）生物膜成熟与脱落

随着微生物的生长繁殖，生物膜逐渐变厚，形成成熟的生物膜。通过激光聚焦显微镜（confocal scanning laser microscope CSLM）观察，生物膜的组织结构并非是均匀的，而是呈不均质性，它不是由同代微生物群落形成的单层细胞结构，而是时间和空间上世代交替的群落的集合体。细胞置身于由 EPS 包绕的"塔状"或"蘑菇状"居室中，在微生物群落之间有开放的水通道，生物膜系统的诸多物质通过这种水通道的液体循环输送，可以运送养料、酶、代谢产物和排泄物等。

在生物膜成熟过程中，除了与上述 EPS 的产生有关外，微生物的密度感应系统（quorum sensing system）起了重要作用。例如，铜绿假单胞菌（*Pseudomonas aeruginosa*）的密度系统突变株，与野生菌相比，其形成的 BF 较薄，缺少复杂的结构，且抗性较差。微生物密度感应系统的功能是微生物通过监测其群体的细胞密度来调节其特定的基因表达，以保证生物膜中营养物质的运输和废物的排出，避免微生物过度生长而造成空间和营养物质缺乏。

成熟的生物膜在内部调节机制或在外部冲刷力等作用下可部分脱落，脱落的微生物又转变成浮游生长状态，可再黏附到合适的表面形成新的生物膜。有研究表明，铜绿假单胞菌从生物膜中"逃脱"与一种能分解细胞外多聚糖的酶有关。

由于生物膜的形成是一个动态过程，且结构上存在不均质性，微生物是在不同时间和空间发展的，其基因表达和生理活性也具有不均质性。生物膜垂直方向不同层面的微生物 RNA 含量、呼吸活性和蛋白质合成均不同。同时由于微生物所处的微环境的 pH 和氧化还原电位等不同，可使遗传学上一致的微生物个体表现出不同的特性。

生物膜的形成是微生物的一种本能，从理论上讲，任何微生物均可形成生物膜。具体到某一菌株能否形成生物膜，与环境条件有密切的关系。环境条件包括营养成分、温度、渗透压、pH、铁离子浓度和氧化还原电位等，其中营养成分对生物膜的形成起重要作用。例如，铜绿假单胞菌和荧光假单胞菌几乎可在任何可以生长的条件下形成生物膜，而大肠杆菌（*Escherichia coli*）K-12 在基础培养基条件下难以形成生物膜。

生物膜可由纯种微生物形成，也可由多种微生物组成。在污水生物处理中涉及的生物膜一般都是多种微生物形成的。在由多种微生物形成的生物膜中，不同微生物在不同的时间和空间发展，存在着微生物种类的交替演变。

7.2　微生物的遗传

微生物同其他生物一样，有其固有的遗传性。所谓微生物的遗传性是指在一定的环境条件下，微生物的形态、结构、代谢、繁殖和对异物的敏感等性状相对稳定，并能代代相传，子代与亲代之间表现出相似性的现象。

遗传可以使微生物的性状保持相对稳定，而且能够代代相传，使它的种属得以保存。例如，大肠杆菌是短杆菌，生活条件要求 pH 为 7.2，温度 37℃，在糖类物质存在的条件下产酸、产气。大肠杆菌的亲代将这些特性传给子代，这就是大肠杆菌的遗传性。

微生物遗传是在系统发育过程中形成的。系统发育愈久的微生物，其遗传的保守程度就愈大，愈不容易受外界环境条件的影响。不同种的微生物遗传保守程度不同，菌龄不同的同种微生物遗传保守程度也不同。一般地，老龄菌遗传保守程度比幼龄菌大。

7.2.1　遗传的物质基础及其存在形式

1. 遗传的物质基础

生物遗传的物质基础是核酸。核酸是一种多聚核苷酸（polynucleotide），根据其戊糖和碱基的差异又分为脱氧核糖核酸（DNA）和核糖核酸（RNA）。DNA 和 RNA 的组分见表 7-1。

DNA 和 RNA 组成成分比较 　　　　　　　　　　　　　　　　表 7-1

组　分	DNA（脱氧核糖核酸）	RNA（核糖核酸）
磷　酸	H_3PO_4	H_3PO_4
戊　糖	D-2-脱氧核糖	D-核糖
碱　基	腺嘌呤（Adenine，简称 A）	腺嘌呤（A）
	鸟嘌呤（Guanine，简称 G）	鸟嘌呤（G）
	胞嘧啶（Cytosine，简称 C）	胞嘧啶（C）
	胸腺嘧啶（Thymine，简称 T）	尿嘧啶（Uracil，简称 U）

在绝大多数生物体内，遗传信息都是通过 DNA 这种遗传物质来携带和传递的。但在不含有 DNA、只含有 RNA（核糖核酸）的微生物（如 RNA 病毒）中，遗传物质是 RNA。

2. DNA 的分子结构及其多样性

（1）DNA 的双螺旋结构

1953 年沃森（Watson）和克里克（Crick）通过 X 射线衍射法以及 A＝T，G＝C 的经验，推导出了 DNA 双螺旋结构模型：

1）两条走向相反的多核苷酸链，以右手方向沿同一轴心平行盘绕成双螺旋，螺旋直径为 2nm，如图 7-6 所示。

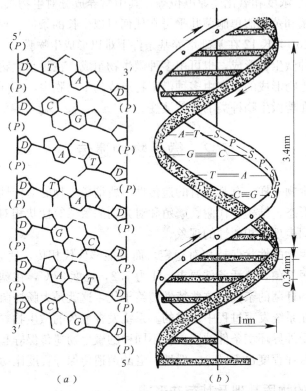

图 7-6　DNA 的二维结构

（a）由两条多核苷酸链组成的分子，各向相反的方向极化，
由弱的氢键把成对的互补碱基（base）结合在一起（以点线代表）。
这些碱基分别是：D—脱氧核糖；A—腺嘌呤；T—胸腺嘧啶；P—磷酸；G—鸟嘌呤；
C—胞嘧啶。（b）DAN 双螺旋结构。一对条带代表糖—磷酸链

2）两条链间借碱基对的氢键相连。A 与 T 之间有 2 个氢键，G 与 C 之间有 3 个氢键（RNA 链中 A 与 U 之间为 2 个氢键，G 与 C 之间为 3 个氢键）。这种碱基相配的关系称为碱基互补或碱基配对（base pair，bp）。

3）一个 DNA 分子可含几十万或几百万个碱基对，两个相邻的碱基对之间的距离为 0.34nm，每个螺旋的距离为 3.4nm。

（2）DNA 的多样性

一般认为 DNA 的双螺旋分子结构在所有生物中是一致的，是由 4 种脱氧核糖核苷酸变化排列组成的。但各种生物 DNA 的 4 种碱基含量往往是不均等的，而且在各种生物中这 4 种碱基的含量之比反映着种的特性。这个比值小到 0.45，大到 2.75。

例如在表 7-2 中的第 1、2 两种微生物的 DNA 分子中，AT 碱基对多于 GC 碱基对的 1 倍；第 3、4 两种微生物中，两者几乎相等；第 5、6 两种微生物中则 GC 碱基对多于 AT 碱基对的 1 倍。可见 DNA 分子中 4 种碱基的排列绝不是简单地重复，DNA 结构的变化是无穷无尽的，具有高度的多样性。

几种微生物的 DNA 碱基含量比较[①]　　　　表 7-2

微生物名称	碱基含量（moles）				碱基含量比		
	G	A	C	T	Pu/Py[②]	$\frac{G+T}{A+C}$	$\frac{G+C}{A+T}$
产气荚膜杆菌（Clostridium perfringens）	15.8	34.1	15.1	35.0	1.00	1.03	0.45
金黄色葡萄球菌（Staphylococcus aureus）	17.3	32.3	17.4	33.0	0.98	1.01	0.53
大肠杆菌（Escherichia coli）	26.0	23.9	26.2	23.9	1.00	1.00	1.09
摩氏变形杆菌（Proteus morganii）	26.3	23.7	26.7	23.3	1.00	0.98	1.13
粪产碱杆菌（Alcaligenes faecalis）	33.9	16.5	32.8	16.8	0.98	1.03	2.00
绿脓杆菌（Pseudomonas aeruginosa）	33.0	16.8	34.0	16.2	0.99	0.97	2.03
灰色链霉菌（Streptomyces griseus）	36.1	13.4	37.1	13.4	0.98	0.98	2.73

① 引自：王家玲，2004。

② Pu：嘌呤；Py：嘧啶。

3. 遗传物质在微生物细胞中的存在形式

微生物的遗传物质较其他生物的遗传物质具有多样性，不仅存在于其细胞染色体，而且在真核微生物的细胞器，染色体外的质粒，RNA 病毒的 RNA 核酸和朊病毒中的朊蛋白等都有遗传信息物质存在。

（1）染色体

染色体是遗传物质的主要载体，是遗传物质在微生物中存在的主要形式。DNA 是染色体的主要成分。

原核微生物染色体中的 DNA 不与蛋白质结合，也没有核膜，而是以单独裸露状态存在。绝大多数微生物的 DNA 是双链的（有的呈环状，有的呈线状），只有少数微生物的 DNA 是单链的。微生物的 DNA 拉直时比细胞长许多倍，如大肠杆菌的长度为 $2\mu m$，其 DNA 长度为 $1100\mu m$ 至 $1400\mu m$，它在细胞中央，高度折叠形成具有空间结构的一个核区。由于含有磷酸根，而带有很高的负电荷。

真核微生物的染色体 DNA 与蛋白质结合，在普通显微镜下可看到真核微生物，外面包有核膜，构成真正的细胞核，真核微生物细胞核中 DNA 的量大于原核微生物中 DNA 的量。

（2）质粒

质粒（plasmid）是在微生物染色体外，携带有某些特殊遗传信息（如抗性基因等）的 DNA 分子，且一般是小型环状双链 DNA，也有的呈超螺旋形和线形的构型。质粒可独立复制，可在不同细菌之间水平转移，可与染色体 DNA 发生重组，不是细胞必需组分。天然质粒仅发现于原核生物和真核生物的酵母中，人造质粒则是基因工程的重要工具。

质粒 DNA 与染色体 DNA 有明显的差别。染色体 DNA 分子量明显大于细胞所含质粒 DNA 分子量。由于质粒 DNA 的分子量较小，因此所携带的遗传信息远较染色体所携带的遗传信息少，而且二者携带的遗传信息所控制的细胞生命代谢活动很不相同。

一般来说，细胞染色体所携带的遗传信息控制关系到其生死存亡的初级代谢及某些次级代谢，而质粒所携带的遗传信息，一般只与宿主细胞的某些次要特性有关，而并不是细胞生死存亡所必需。

某些微生物中的质粒还具有以下特性：

1）可转移性。即某些质粒可以通过细胞间的接合作用或其他途径从供体细胞向受体细胞转移。如具有抗青霉素质粒的细胞可以水平地将抗青霉素质粒转移到其他种类细胞中，而使后者获得抗青霉素特性。

2）可整合性。在某种特定条件下，质粒 DNA 可以整合到染色体上，并可以重新脱离。

3）可重组性。不同来源的质粒之间，质粒与染色体之间的基因可以发生重组，形成新的重组质粒，从而使细胞具有新的表现性状。

4）可消除性。经某些理化因素处理如加热，或加入吖啶橙或丝裂霉素 C、溴化乙锭等，质粒可以被消除，但不会影响宿主细胞的生存与生命活动，只是宿主细胞失去由质粒携带的遗传信息所控制的某些表现型性状。质粒也可能原因不明地自行消失。

根据质粒所携带的遗传信息表达后的表型特征可将质粒分类如下：

1）抗药性质粒（耐药性质粒 R 因子，resistant plasmid）

抗药性质粒指可以赋予宿主细胞或抗或分解或失活某种抗生素或药物性能的质粒。某些抗性质粒携带有可以抗重金属如 Te^{6+}，Hg^{2+}，Ni^{2+}，Co^{2+}，Ag^+，Cd^{2+}，As^{3+} 等毒性的基因。有些质粒还具有对紫外线、X 射线的抗性基因。

多数 R 因子由相连的两个 DNA 片段组成。其一称 RTF 质粒（resistance transfer factor，抗性转移因子），它含有调节 DNA 复制和拷贝数的基因及转移基因，有时还有四环素抗性基因（*Tet*）。RTF 的大小为 16.7Kb。其二称抗性决定质粒（r-determinant），大小不固定，从几 Kb 至 200Kb 以上。其上含有其他抗生素的抗性基因，例如安卡青霉素（*Amp*）、氯霉素（*Cml*）、链霉素（*Str*）、卡那霉素（*Kan*）和磺胺（*Sul*）等基因。

R 因子在细胞内的拷贝数可从 1～2 个到几十个，分属严紧型和松弛型复制控制。后者经氯霉素处理后，拷贝数甚至可达 2000～3000 个。因为 R 因子对多种抗生素有抗性，因此可作为筛选时的理想标记，也可用做基因载体。

2）抗生素产生质粒

抗生素产生质粒指携带有合成某种抗生素的酶系基因的质粒，它能赋予宿主细胞合成某种抗生素的性能。

3）降解质粒（degradative plasmid）

降解质粒指携带分解某种化合物酶系基因的质粒，它能赋予宿主细胞降解某种化合物的能力。这些质粒以其所分解的底物命名，例如有分解 CAM（樟脑）、OCT（辛烷）、XYL（二甲苯）、SAL（水杨酸）、MDL（扁桃酸）、NAP（萘）和 TOL（甲苯）质粒等。

4）性质粒（fertility plasmid，或称 F 因子）

这是第一个从大肠杆菌细胞中发现的质粒，携带有负责接合转移的基因（tra genes），即编码形成性纤毛的基因和 DNA 复制的基因，是 *E.coli* 等微生物中决定性别的质粒。有 F 因子的细菌可通过接合将 F 因子传给另一个细菌，偶尔也会传输部分细菌基因组 DNA，是微生物重组变异的一个重要途径。它是一个大小为 94.5Kb、约等于 2% 核染色体 DNA 的小型 cccDNA。它编码了 94 个中等大小的多肽，而其中有 1/3 的基因（tra 区）与接合作用（conjugation）有关。F 因子除在 *E.coli* 等肠道微生物中存在外，还存在于假单胞菌属（*Pseudomonas*）、嗜血杆菌属（*Haemophilus*）、奈瑟氏球菌属（*Neisseria*）和链球菌属（*Streptococcus*）等微生物中。

5）大肠杆菌素质粒（Col plasmid，或称 Col 因子）

大肠杆菌素质粒指携带有产生大肠杆菌素（colicin）酶系基因的质粒，它能赋予大肠杆菌产生大肠杆菌素的能力。大肠杆菌素是一种由 *E.coli* 的某些菌株所分泌的微生物素，具有通过抑制复制、转录、转译或能量代谢等专一地杀死其他肠道微生物的功能，其大小约为 6～12Kb。假单胞菌属（*Pseudomonas*）和巨大芽孢杆菌（*Bacillus megaterium*）分别含有能决定产生绿脓杆菌素（pyocin）和巨杆菌素（megacin）等微生物素（bacteriocin）的质粒。Col 因子可分两类，分别以 ColEl 和 ColIb 为代表。前者分子量小，约为 6.1Kb，无接合作用，是多拷贝的；后者大小约为 120Kb，它与 F 因子相似，具有通过接合作用转移的功能，属严紧型控制，只有 1～2 个拷贝。凡带 Col 因子的菌株，由于质粒本身编码一种抗性基因，从而对大肠杆菌素有免疫作用，不受其伤害。ColEl 已被广泛研究并应用于重组 DNA 和体外复制系统上。

6）限制性核酸内切酶和修饰酶产生的质粒

在这些质粒上携带有编码合成限制性核酸内切酶和修饰酶的基因。

7）致瘤性质粒（tumor inducing plasmid，Ti 质粒）

致瘤性质粒是存在于致病菌根癌农杆菌（*Agrobacterium tumefaciens*）中的携带有可以导致许多双子叶植物根系产生冠瘿病（crown gall tumor）根癌基因的质粒。当微生物侵入植物细胞后，在其中溶解，把微生物的 DNA 释放至植物细胞中。这时含有复制基因的 Ti 质粒的小片段与植物细胞中的核染色体组发生整合，破坏控制细胞分裂的激素调节系统，从而使它转变成癌细胞。当前 Ti 质粒已成为植物遗传工程研究中的重要载体。一些具有重要性状的外源基因可借 DNA 重组技术插入到 Ti 质粒中，并进一步使之整合到植物染色体上，以改变该植物的遗传性。Ti 质粒长 200kb，是一大型质粒。

8）杀伤性质粒

发现于真菌的酵母（yeast）和黑粉菌的致死颗粒（killer particles），其性能如肠杆菌素质粒。但致死颗粒的基因组都为双链 RNA，不是双链 DNA，且有蛋白质外壳包围，犹如双链 RNA 病毒。

9）已证实和可能与人类疾病有关的质粒

在弱致病性的霍乱弧菌（*Vibrio cholera*）的菌株中存在有质粒 P（性因子，促进接合作用）和质粒 V（功能未知），而具有强力致病性的菌株中则没有这样的质粒。质粒 P 和 V 被认为其产物可干扰肠毒素的生物合成和膜运输而减少引起霍乱的可能性。致病的产气荚膜梭菌型 C（*Clostridium perfringens* TypeC）和引起牙龋的链球菌（*Streptococcus*）的突变株都含有质粒，前者的质粒可控制肠毒素的合成，后者的质粒可控制合成不溶性胞外多糖。

10）酵母菌中的 $2\mu m$ 质粒和其他质粒

存在于真核微生物酵母细胞核中但独立于染色体的长度为 $2\mu m$ 并与组蛋白相结合的 DNA 质粒。酵母菌中还存在其他如编码微生物性纤维素酶的质粒。

（3）细胞器 DNA

细胞器 DNA 是真核微生物中染色体之外的遗传物质的另一种重要存在形式。真核微生物具有的细胞器包括叶绿体（chloroplast）、线粒体（mitochondrion）、中心粒（centriole）、毛基体（kinetosome）等。这些细胞器都有自己的独立于染色体的 DNA。这些 DNA 与其他物质一起构成具有特定形态的细胞器结构，并且携带有编码相应酶的基因，如线粒体 DNA 携带有编码呼吸酶的基因，叶绿体 DNA 携带有编码光合作用酶系的基因。

这些细胞器及其 DNA 具有某些共同特征：

1）结构复杂而多样。各种真核生物的染色体或者同一生物的各个染色体虽然在长短大小上常不相同，但是其结构都基本相同。细胞器则具有复杂而多样化的结构，叶绿体和线粒体具有复杂的膜结构，中心粒和毛基体都具有微管或微纤丝结构。

2）功能不一，而且对于生命活动常不可缺少。叶绿体为依靠光合作用生活的生物所必需，线粒体为细胞呼吸所必需，中心粒为细胞分裂所必需。

3）数目多少不一。每一细胞中有两个中心粒，光合微生物细胞中叶绿体数目不等，同样，线粒体数目在各种微生物中也很不相同。

4）自体复制。线粒体 DNA 和叶绿体 DNA 都可进行半保留复制。除此以外，许多实验和观察结果表明这些细胞器通过分裂产生。

5）一旦消失以后，后代细胞中不再出现。

细胞器中的 DNA 常呈环状，数量只有染色体 DNA 的 1% 以下。DNA 与细胞器中的 70S rRNA、tRNA 和其他功能蛋白形成必要组分，构成一整套蛋白质合成的完全机制。但是细胞器中的许多蛋白不是细胞器 DNA 编码，而是染色体 DNA 编码。

质粒和真核微生物细胞器 DNA 的相同点是：① 都可自体复制；② 一旦消失以后，

后代细胞中不再出现；③ 与染色体 DNA 相比，它们的含量很少。

质粒的不同之处主要是：① 成分和结构简单，一般都是较小的环状 DNA 分子，并不和其他物质一起构成一些复杂结构；② 它们的功能比自体复制的细胞器更为多样化，但一般并不是必需的。它们的消失并不影响宿主微生物的生存；③ 许多微生物质粒能通过细胞接触而自动地从一个微生物转移到另一个微生物，使两个微生物都成为带有这种质粒的微生物。

（4）转座子（transposon）

转座子是能够在染色体不同位点或染色体与质粒之间移动的特殊 DNA 序列，大小通常为几个 kb。转移方式有两种，可以从原位点切出，然后插入另一个位点（剪切插入），也可以先自身复制，再插入另一个位点（复制插入）。

最简单的转座子又称插入序列（insertion sequence, IS），它包括两个部分：首先是两端的反向重复序列（inverted repeats），比如一端的序列是 5'-AGCTTAG，则另一端为 CTAAGCT-3'。通常反向重复序列的长度为 15~25bp，也有几百 bp 长的，是转座识别位点。转座子的主要部分是中间的基因，至少有两个表达转座酶的基因。由于这样的转座子从基因组的一个位点复制到另一个位点，并不对细胞产生影响，所以又称自私基因。复杂的转座子中间还含有对细胞生存有利的基因，如抗生素抗性基因。基因通过转座进入质粒，再通过接合转到另一个细胞中，是细菌之间进行基因重组的重要方式。

（5）RNA 作为遗传物质

某些动植物病毒和微生物噬菌体是以 RNA 为遗传物质的。如动物骨髓灰质炎病毒为单链 RNA，锡兰豇豆花叶病毒为单链 RNA，动物呼肠 3 型病毒为双链 RNA，噬菌体 MS2 为单链 RNA，φ6 为双链 RNA。这些病毒和噬菌体中没有 DNA。Fraenkel-Conrat（1956）利用含 RNA 的烟草花叶病毒（Tobaco mosaic virus, TMV）所进行的分析与重建实验证明了杂种病毒的感染和蛋白质的特征是由它的 RNA 决定的，即遗传物质是 RNA。

单链 RNA 噬菌体 MS2 很小，仅 26nm 长，二十面体，每个病毒颗粒有 180 个壳体蛋白。RNA 由 3569 个核苷酸组成，可直接感染大肠杆菌。其 RNA 链可直接作为 mRNA 起作用，编码成熟蛋白（maturation protein）、壳体蛋白（coat protein）、裂解蛋白（lysis protein）和 RNA 复制酶（RNA replicase）。

（6）朊病毒的遗传物质

朊病毒（Virino）即蛋白侵染因子（prion, proteinaceous infectious agents），是一种比病毒更小、仅含具有侵染性的疏水蛋白质分子，是一类能引起哺乳动物的亚急性海绵样脑病的病原因子。近年引发世界尤其是欧洲国家恐慌的疯牛病即牛海绵状脑病（bovine spongiform encephalopathy）、羊瘙痒症（scrapie）等都是由此朊病毒引起的。纯化的感染因子称为朊病毒蛋白（PrP）。

在正常的人和动物细胞的 DNA 中都有编码 PrP 的基因。且无论受感染与否，宿主细胞中 PrP mRNA 水平保持稳定，即 PrP 是细胞组成型基因的表达产物，为一种膜糖蛋白，称为 PrP c。PrP c 与引发羊瘙痒病的 PrP sc 是同分异构体，一级结构相同，但折叠程度不同，PrP sc 的 β 折叠程度大为增加而导致溶解度降低，对蛋白酶的抗性增强。

有人认为 PrP sc 进入细胞后与 PrP c 的结合，形成 PrP c-PrP sc 复合体，使 PrP c 构型变化为 PrP sc，即形成 2 个 PrP sc 分子，2 个 PrP sc 分子再分别与 2 个 PrP c 分子结合，进入下一轮循环，PrP sc 可呈指数增加。

PrP sc 大量增加会聚集沉淀在脑组织中，从而引发神经系统疾病。

7.2.2　遗传物质的复制

作为主要遗传物质的 DNA，必须具有自我复制的能力，产生与它完全相同的新 DNA 分子，这样才能使遗传信息准确无误地传递给下一代，保证遗传上的连续性和相对稳定性。

1. DNA 的复制

DNA 的复制过程包括解旋和复制。首先 DNA 双螺旋分子在解旋酶的作用下，两条多核苷酸链的碱基对之间的氢键断裂，分离成两条单链，然后各自以原有的多核苷酸链，按照碱基排列顺序，合成一条互补的新链，复制后的 DNA 双链，由一条新链和一条旧链构成。新链的碱基与旧链的碱基以氢键相连接成新的双螺旋结构，称为半保留复制，整个复制过程是边解旋边复制的，如图 7-7 所示。

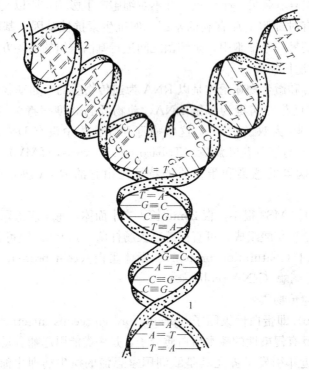

图 7-7　DNA 半保留复制

1—旧链；2——条旧链与各自合成出的一条新链组成新的双螺旋结构

复制过程中，由于 DNA 分子的双链是反向平行的，其中一条新链的合成是由 DNA 聚合酶（pol）Ⅲ连续进行的，而另一条链则是先由聚合酶Ⅲ合成不连续的许多小片段（即冈崎片段，Klenow 片段），然后由 DNA 聚合酶 Ⅰ 将这些冈崎片段连接成另一条新长链。用这两种不同的复制方式使 2 个新的 DNA 分子链迅速形成。

在 DNA 复制过程中，有 3 种不同的 DNA 聚合酶参与了复制过程：① 多聚酶Ⅰ（Pol

Ⅰ），具有修复作用和连接冈崎片段的功能；② 多聚酶Ⅱ（PolⅡ），具有修复作用；③ 多聚酶Ⅲ（PolⅢ），用于 DNA 新链的合成，即加入核苷酸后，可合成连续的 $5'→3'$ 的核苷酸链，并形成不连续的 $5'→3'$ 冈崎片段。

2. RNA 的复制

大多数 RNA 病毒是单链的。这种 RNA 的复制一般是先以自己为模板合成一条与其碱基互补配对的单链，通常称这条起模板作用的 RNA 分子链为"＋"链，而将新复制的 RNA 分子链称为"－"链，这样就形成了双螺旋的复制类型。然后这条"－"链又从"＋"链模板中释放出来，它也以自己为模板复制出一条与自己互补的"＋"链，于是形成了一条新生的病毒 RNA（图 7-8）。

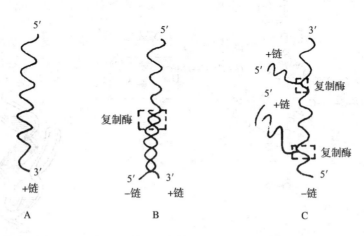

图 7-8　单链噬菌体 RNA 复制示意图

A—以单链 RNA＋链为模板进行复制；B—形成复制类型；C—以一链为模板形成几个新的＋链

7.2.3　遗传信息的传递和表达

生物体的遗传信息大多都贮存在 DNA 上，只有少数病毒的遗传信息贮存在 RNA 上。遗传信息的传递和表达可概括为三个步骤，即复制、转录、翻译。

1. RNA 在细胞中的三种主要类型

（1）信使 RNA（mRNA）

它是以 DNA 的一条单链为模板，在 RNA 聚合酶的催化下，按碱基互补原则合成的（图 7-9）。由于传达了 DNA 遗传信息，故称信使 RNA。

（2）转移 RNA（tRNA）

它存在于细胞质里，在蛋白质合成过程中起转移氨基酸的作用（图 7-10 和图 7-11）。

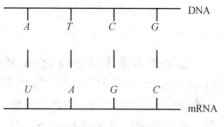

图 7-9　DNA 和 RNA 间遗传信息的转录

（3）核糖体 RNA（rRNA）

它与核糖体蛋白一起组成核糖体。一个核糖体包含有大小两个亚基，它是蛋白质合成的主要场所。

2. 遗传信息的传递与表达过程

下面以 DNA 为例说明遗传信息的传递和表达的过程：

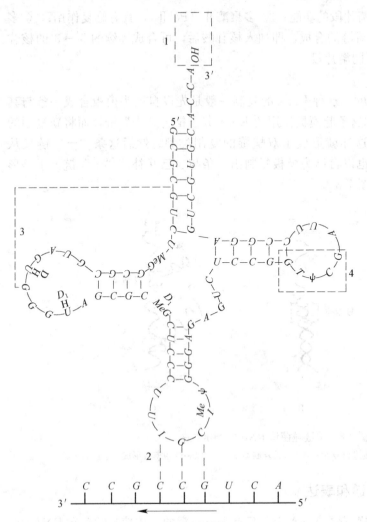

图 7-10　大肠杆菌丙氨酸 tRNA 图解（三叶草平面结构）
1—氨基酸环；2—反密码环；3—双氢尿嘧啶环；4—TψC 环

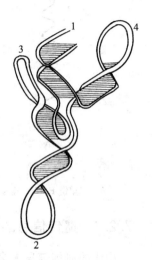

图 7-11　tRNA 的空间结构
（倒 L 形图式）
1—氨基酸环；2—反密码环；
3,4—三叶草旁边的二叶

　　① 将携带遗传信息的 DNA 复制（replication）；② 将 DNA 携带的遗传信息转录（transcription）到 RNA 上；③ 将 RNA 获得的信息翻译（translation）成蛋白质。这 3 个步骤在分子遗传学中称为中心法则（central dogma）。一些致癌的 RNA 病毒，侵入宿主后，在一种逆转录酶的作用下，也可以 RNA 为模板合成 DNA。DNA、RNA 和蛋白质的关系非常复杂，比较完善的中心法则如图 7-12 所示。

　　DNA 的遗传信息贮存在碱基的序列中，以 DNA 一条链为模板以碱基互补原则合成 mRNA 的过程称为转录。转录必须忠实无误。

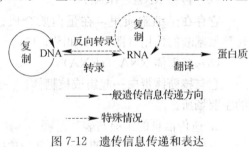

图 7-12　遗传信息传递和表达

mRNA 包括四种碱基 A、G、C、U，可以编码蛋白质中的 20 种氨基酸。实验证明 3 个碱基序列决定一个氨基酸的遗传密码，共有 64 个密码子，编码字典见表 7-3。其中 61 个密码子分别代表 20 种氨基酸。每一种氨基酸，有 1 个到 6 个密码子不等，另外 3 个密码子 UAA、UAG、UGA 为肽链终止信号，不代表任何氨基酸。密码子 AUG 代表甲硫氨酸，也是肽链合成的启动信号。

20 种氨基酸的遗传密码的编码字典 表 7-3

第一碱基	第二碱基				第三碱基
	U	C	A	G	
U	苯丙氨酸	丝氨酸	酪氨酸	半胱氨酸	U
	苯丙氨酸	丝氨酸	酪氨酸	半胱氨酸	C
	亮氨酸	丝氨酸	O	O	A
	亮氨酸	丝氨酸	O	色氨酸	G
C	亮氨酸	脯氨酸	组氨酸	精氨酸	U
	亮氨酸	脯氨酸	组氨酸	精氨酸	C
	亮氨酸	脯氨酸	谷氨酰胺	精氨酸	A
	亮氨酸	脯氨酸	谷氨酰脯	精氨酸	G
A	异亮氨酸	苏氨酸	天冬酰胺	丝氨酸	U
	异亮氨酸	苏氨酸	天冬酰胺	丝氨酸	C
	异亮氨酸	苏氨酸	赖氨酸	精氨酸	A
	甲硫氨酸①	苏氨酸	赖氨酸	精氨酸	G
G	缬氨酸	丙氨酸	天冬氨酸	甘氨酸	U
	缬氨酸	丙氨酸	天冬氨酸	甘氨酸	C
	缬氨酸	丙氨酸	谷氨酸	甘氨酸	A
	缬氨酸①	丙氨酸	谷氨酸	甘氨酸	G

① 代表起始信号。

mRNA 携带着由 DNA 转录来的遗传信息。这些信息蕴藏在 mRNA 的 3 联密码子上，密码子的序列决定了蛋白质中氨基酸的序列。在蛋白质合成中，核糖体的小亚基主要识别 mRNA 的启动密码子 AUG，并搭到 mRNA 的链上移动，直到遇到 mRNA 的终止信号 UAA、UAG 或 UGA 时，合成工作终止。

tRNA 按 mRNA 密码的指示，依赖一种强特异性的氨基酰 tRNA 合成酶，将不同的氨基酸活化，活化后的氨基酸被特异的 tRNA 携带，按排列顺序结合到核糖体的大亚基上，缩合成肽链，如图 7-13 所示。蛋白质或者多肽链是各种遗传性状的物质基础。

7.2.4 基因表达的调控

基因（gene）是染色体或质粒 DNA 上的一个片段，是最小的遗传单位。它包括调控序列，转录序列和其他在该基因表达过程中起作用的序列。根据基因功能的不同，可以将基因分为结构基因（structural gene）和调控基因（regulatory gene）。结构基因是表达非调控因子的基因，它的产物可以是结构蛋白、酶或 RNA。调控基因编码的基因是用来调控其他基因的表达，产物可以是蛋白质或 RNA。根据基因的组织结构的不同，可以将基因分为单顺反子（cistron）和多顺反子（polycistron）。

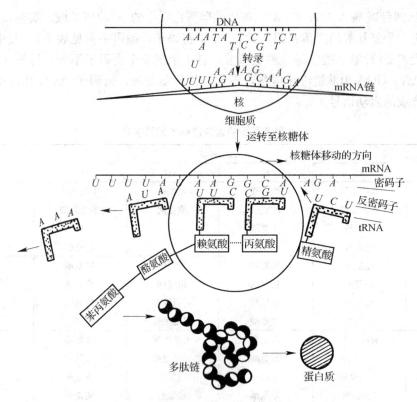

图 7-13　遗传信息的表达和特定蛋白质的合成

根据基因调控方式的不同，可以将基因调控分为转录、翻译、翻译后以及染色体水平上的调控，在这里只介绍转录水平上的调控。转录是产生一段 DNA 的互补 RNA 链的过程。转录水平调控由调控蛋白（通常称转录因子）和调控序列（通常称 DNA 原件，如增强子）相互作用来实现。前面提到的单顺反子就是指一个基因产物受到一套调控蛋白和调控序列的调控，大部分普通基因是通过这种方式调控的。多顺反子则是指多个基因产物受到同一套调控蛋白和调控序列的调控，编码这些基因产物的序列往往是相邻的，且是完成某一功能所需的一系列蛋白，是微生物特有的一类基因组织形式。

微生物基因组中的多顺反子常被称为操纵子（operon），如大肠杆菌中的乳糖操纵子（图 7-14）。该操纵子包括了降解乳糖所需的 3 个酶 Z、Y 和 A，分别由 z、y 和 a 编码。当

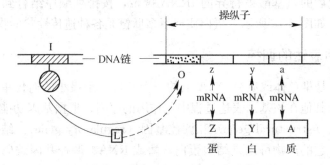

图 7-14　大肠杆菌乳糖操纵子示意

O—操纵基因；z、y、a—结构基因；I—调节基因；L—乳糖

培养基中不存在乳糖时，调控基因 I 表达的调控蛋白能与操纵子中的调控元件 O 结合，与大部分调控蛋白不同的是，这种结合不是启动下游编码序列的转录，而是抑制转录，所以这种调控蛋白也称阻遏蛋白。当培养基中有乳糖时，乳糖能与阻遏蛋白结合，使其丧失与调控元件 O 的结合能力，此时，编码序列的转录可以被开启，培养基中的乳糖就能够被大肠杆菌分解利用。当乳糖全部被利用后，阻遏蛋白又可以与调控元件 O 结合，关闭编码序列的转录。

乳糖操纵子的上述调控方式称为负调控，也就是说作为调控因子的阻遏蛋白存在且有结合活性时，操纵子关闭，酶合成停止。而调控因子不存在或失活时，操纵子才开启。据实验测定，在大肠杆菌不接触乳糖时，每个细胞中大约有 5 个分子的 β-半乳糖苷酶（蛋白酶 Z），当接触乳糖 $2\sim3$min 后就能测到该酶的大量合成，直到达到每个细胞 5000 个分子。

另外，在实践中还发现，并不是只要有乳糖存在，乳糖操纵子就一定会开启。这一现象最初是从葡萄糖和山梨糖共基质培养时发现的。大肠杆菌首先利用葡萄糖作为碳源生长，葡萄糖消耗完后才开始利用山梨糖作为碳源，在这之间会出现一个短暂的生长停顿期，这种现象被称为二度生长。不仅山梨糖这样，凡是必须通过诱导才能利用的糖（包括乳糖）和葡萄糖同时存在时都呈现这种二度生长的现象，这种现象又被称为葡萄糖效应。后来发现，当葡萄糖存在时，葡萄糖的某种代谢产物能够促进磷酸二酯酶的作用，磷酸二酯酶能把 cAMP 变成 AMP，而 cAMP 和其受体分子 CAP 结合后作用于乳糖操纵子的调控序列 P，是乳糖启动子开启的另一个必要条件（图 7-15）。因此，葡萄糖存在时细胞内的 cAMP 浓度就会大大降低，从而阻碍了乳糖操纵子的表达。这种调控方式成为正调控，即只有在调控因子存在且有活性时，操纵子才被开启的调控方式。

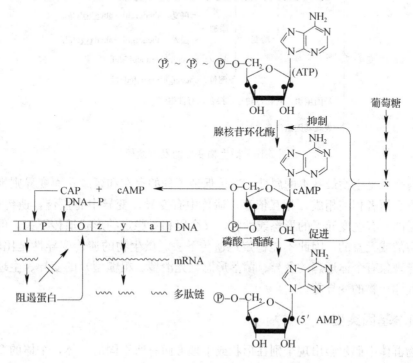

图 7-15　CAP 蛋白、cAMP 和葡萄糖代谢降解物之间的关系

乳糖操纵子中 CAP 的正控制和阻遏蛋白的负控制双重调控机制有利于大肠杆菌的生存。这是因为一方面乳糖不存在时没有必要合成分解乳糖的酶；另一方面葡萄糖代谢中的酶都是组成酶（无需诱导在绝大多数情况下都稳定表达的酶），所以葡萄糖和乳糖共存时分解乳糖的酶的诱导合成也就成为多余，这时葡萄糖的降解物对于分解乳糖的相关酶的合成阻遏便成为有利于生存了。

7.3 微生物的变异

遗传物质因生物个体自身或者环境因素影响而发生基因突变（gene mutation）、重组（recombination）或者改变 DNA 的组织形式（表观基因组学变化，epigenetic modification），如图 7-16 所示，从而导致可遗传的变化，这种现象叫变异。由于微生物繁殖迅速，遗传物质的复制缺乏完善的校正机制，体积小，与外界环境联系密切，所以环境条件在短时期内能对菌体产生多次影响。微生物在受到物理、化学因素影响后，其子代的遗传物质与亲代就会产生差异，从而改变原有的特性，即产生了变异。微生物的变异主要是由基因突变（gene mutation）和基因重组（gene recombination）造成的（图 7-16）。

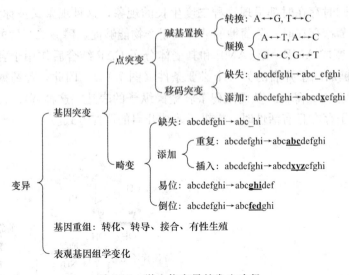

图 7-16 微生物变异的发生途径

遗传与变异是生物最基本的属性，遗传保证了种的存在和延续；而变异则推动了种的进化和发展。两者相辅相成，相互依存，遗传中有变异，变异中有遗传，遗传是相对的，变异是绝对的，有些变异了的形态或性状，又会以相对稳定的形式遗传下去，但是大部分变异是有害的或无益的，因此不能稳定地遗传下去。微生物的遗传变异性是比较普遍的，常见的变异现象有个体形态的变异、菌落形态（光滑型、粗糙型）的变异、生理生化特性的变异及代谢产物的变异等。

7.3.1 基因突变

微生物群体中偶尔会出现个别在形状或生理方面有所不同的个体，个体的变异性能够遗传，产生突变株。这是由于某些原因，引起生物体内的 DNA 链上少数碱基的缺失、置换或插入，改变了基因内部原有的碱基排列顺序（基因型的改变），这样的变异称为突变（mutation）。

1. 突变发生机理与途径

根据突变发生过程是否受人为诱变剂影响可分为自发突变（spontaneous mutation）和诱发突变（induced mutation）两大类。

（1）自发突变

凡是在没有特设的诱变条件下，由外界环境的自然作用如辐射或微生物体内的生理和生化变化（如代谢产物 H_2O_2 等）而发生的基因突变称为自发突变。微生物在生长繁殖过程中，自发突变几率极低，如微生物 1 万到 100 亿次繁殖中，才出现一个突变体。作为遗传物质的 DNA，一般说来是十分稳定的，但是在一定的情况下也会发生改变，从野生型产生一些不同种的突变体，例如色素突变，细胞形态突变（丧失芽孢、荚膜或鞭毛的特性），营养型突变（丧失合成某种营养物质的能力），发酵突变和抗性突变（包括抗药性、抗噬菌体、抗染料、抗辐射等）及致病力突变等。

当突变体回复野生基因型时称回复突变（back mutation）。例如大肠杆菌组氨酸营养缺陷型（his⁻）的菌株在无组氨酸的培养基上应当无菌落生长。假如发现长出少数菌落，表现出有合成组氨酸能力的野生型菌株表型（his⁺），这少数菌落称为回复突变株，即突变体（his⁻）回复野生基因型（his⁺）。饮用水致突活性的检测就是根据这一回复突变频率的大小来确定含有致突物质的多少。

引发自发突变的分子基础是 DNA 分子某种程度上的改变，如在 DNA 复制过程中 DNA 聚合酶产生错误，DNA 分子物理性质的损伤、重组、转座等。特别是碱基在细胞中可以不同形式的互变异构体（lautomer）存在，因而可与不同的碱基相配对造成碱基对的变异，如腺嘌呤 A 与胸腺嘧啶 T 正确配对形成 A-T，但当腺嘌呤以亚氨基（imino）态出现时，则可与胞嘧啶 C 配对形成 A-C，在下轮 DNA 复制之前，如果 A-C 未能修复为正确的 A-T，则复制时会形成 G-C，即经过这一过程 A-T 变成了 G-C，即碱基的互变异构效应。引发自发突变的实质性原因是背景辐射、环境因素改变、微生物自身有害代谢产物积累的长期综合诱变效应。DNA 复制过程中由于偶然因素而在其中一链上发生一个小环，即可在复制时跨越这一小段碱基而造成遗传缺失。

一般情况下，细胞内大量的修复系统可以将这些发生的错误和损伤加以修复，而不致发生突变，但这种修复只能将突变频率降低到最低限度，并不能完全消除，即仍有极低频率的自发突变发生。

自发突变是在自然条件下无定向的，有时会对人类有益，有时对人类无益，甚至有害。如果任其自然发展，往往导致菌种退化。

自发突变具有如下特性：

1）不对应性（无定向性）　这是突变的一个重要特点。即突变性状与引起突变的原因间无直接对应关系。

2）自发性　各种性状的突变，可以在没有人为诱变因素下自发发生。

3）稀有性　自发突变的频率是较低和稳定的，一般在 $10^{-6} \sim 10^{-9}$ 间。

4）独立性　在一个包括亿万个微生物的群体中，可以得到抗链霉素的突变型，也可以得到抗这一种或那一种药物的突变型。抗某一种药物的突变型微生物往往并不抗另一种药物，某一基因的突变既不提高也不降低其他基因的突变率。两个基因发生突变是各不相关的两个事件，也就是说突变的发生不仅对于细胞而言是随机的，对于基因而言同样也是随机的。

5）诱变性　通过诱变剂的作用，可提高自发突变的频率，一般可提高 $10 \sim 10^5$ 倍。不论是自发突变或诱变突变得到的突变型，它们间并无本质上的差别，诱变剂仅起到提高突变率的作用。

6）稳定性　由于突变的根源是遗传物质结构上发生了稳定变化，所产生的新性状也是稳定而可遗传的。这与由于生理适应所造成的抗药性有本质区别，由生理适应而造成的抗药性是不稳定的。

7）可逆性　实验证明，任何性状既有正向突变，也可发生回复突变。回复突变率同样是很低的。

（2）诱发突变

诱发突变也称诱变。人为地利用物理化学因素，引起细胞 DNA 分子中碱基对发生变化叫诱变。所利用的物理化学因素称为诱变剂。常用的诱变剂有紫外线、5-溴尿嘧啶、亚硝酸、吖啶类染料等。根据突变发生的机理，突变可分为点突变和染色体畸变两大类。基因突变是由于 DNA（RNA 病毒和噬菌体的 RNA）链上的一对或少数几对碱基被另一个或少数几个碱基对取代发生改变的突变类型，包括碱基置换和移码突变。染色体畸变则是 DNA 链上大段发生变化或损伤所引起的突变类型。这里包括染色体 DNA 链上的插入（insertion）、缺失（deletion）、重复（duplication）、易位（translocation）、倒位（inversion）等。

2. 突变类型

根据由突变导致的表型改变，突变型可以分为以下几类：

（1）形态突变型

形态突变型指细胞形态发生变化或引起菌落形态改变的那些突变型。如微生物鞭毛、芽孢或荚膜的有无，菌落的大小，外形的光滑（S 型）、粗糙（R 型）和颜色等的变异；放线菌或真菌产孢子的多少、外形或颜色的变异等。

（2）生化突变型

生化突变型指一类代谢途径发生变异但没有明显的形态变化的突变型。

1）营养缺陷型　是一类重要的生化突变型。由基因突变而引起代谢过程中某种酶的合成能力丧失，而必须在原有培养基中添加相应的营养成分才能正常生长的突变型。营养缺陷型在科研和生产实践中有着重要的应用。

2）抗性突变型　是一类能抵抗有害理化因素的突变型。根据其抵抗的对象可分抗药性、抗紫外线或抗噬菌体等突变类型。它们十分常见且极易分离，一般只需在含抑制生长浓度的某药物、相应的物理因素或在相应噬菌体平板上涂上大量敏感细胞群体，经一定时间培养后即可获得。

3）抗原突变型　指细胞成分尤其是细胞表面成分（细胞壁、荚膜、鞭毛）的细微变异而引起抗原性变化的突变型。

（3）致死突变型

造成个体死亡或生活力下降但不致死亡的突变型，后者称为半致死突变型。

（4）条件致死突变型

在某一条件下具有致死效应而在另一条件下没有致死效应的突变型。温度敏感突变型（Ts mutant）是最典型的条件致死突变型。它们的一种重要酶蛋白（例如 DNA 聚合酶、氨基酸活化酶等）在某种温度下呈现活性，而在另一种温度下却是钝化的。其原因是这些酶蛋白的肽链中更换了几个氨基酸，从而降低了原有的抗热性。例如，有些大肠杆菌菌株可生长在 37℃ 下，但不能在 42℃ 生长；T4 噬菌体的几个突变株在 25℃ 下有感染力，而在 37℃ 下则失去感染力等。

突变类型之间并不彼此排斥。某些营养缺陷型具有明显的性状改变，例如粗糙脉孢菌和酵母菌的某些腺嘌呤缺陷型可分泌红色色素。营养缺陷型也可以认为是一种条件致死突变型，因为在没有补充给它们所需要物质的培养基上不能生长。所有的突变型都可以认为是生化突变型，因为任何突变，不论是影响形态或者是致死，都必然有它们的生化基础。突变类型的区分不是本质性的。

7.3.2　基因重组

两种不同来源的 DNA 重新进行了排列组合，形成一种新的遗传物质，产生新品种或表达新的遗传性状，称为基因重组。

在基因重组时，不发生任何碱基对结构上的变化而是大片段 DNA 的排列组合方式发生变化。微生物中基因重组的形式很多。细胞内的重组方式有同源重组、转座和重排等，细胞间的重组方式有转化、接合、转导和有性繁殖等。

1. 转化

转化是环境中裸露的 DNA 片段直接被吸收进入处于感受态状态下的受体细胞的基因重组方式。自然界中某些细菌在特殊环境下可以被转化，人工可诱导细菌处于感受态状态，从而大大提高转化效率。

1928 年英国微生物学家格里菲斯（Griffth）发现肺炎双球菌中 SⅢ型菌株，菌落光滑，产生荚膜，当它感染人、小白鼠或家兔等时均可致病。其中 RⅡ型菌株菌落粗糙，不产生荚膜物质，感染人、小白鼠或家兔均不致病。当将 RⅡ型活菌注射小白鼠，小白鼠健康不致病，并可分离到 RⅡ肺炎双球菌菌落；将 SⅢ型的肺炎双球菌加热杀死后注射小白鼠，小白鼠健康不致病，从健康的鼠体分离不出肺炎球菌；但将加热杀死的 SⅢ型微生物与 RⅡ型活的微生物混合后注射小白鼠，小白鼠得病死亡，并可从死鼠体内分离到 SⅢ型活细菌，如图 7-17 所示。

其后在体外进行转化试验。将死的 SⅢ型微生物研碎，提取出其中的 DNA 与 RⅡ型活菌混合培养，后代产生两种类型的菌落，大部分是 RⅡ型细胞，少数（百万分之一）是有毒的 SⅢ型细胞，证明该混合培养中产生了转化，如图 7-18 所示。如果加 DNA 酶破坏 SⅢ型 DNA，可阻止转化作用。1944 年 Avery 等证明所谓转化物质就是 DNA，SⅢ型的 DNA 进入 RⅡ型受体细胞内，发生了基因重组，使 RⅡ型转化成 SⅢ型。试验发现受体细胞必须在感受态（Competence）阶段才能被转化。在感受态阶段的受体细胞叫感受态细胞。感受态细胞是由细胞的遗传性以及细胞的生理状态、菌龄和培养条件等决定的，如肺炎双球菌的感受态阶段处于对数生长期的中期也可以通过特殊物理化学条件人为地制作感受态细胞。

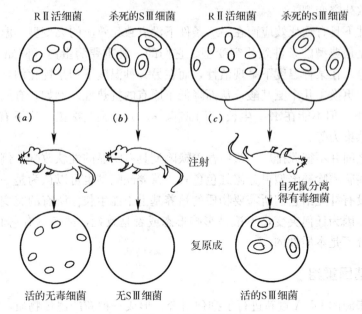

图 7-17 Griffth 试验图解

(a) 无毒菌系 RⅡ不使白鼠死亡，从鼠体内分离仍得无毒细菌；

(b) 将 SⅢ加热杀死，不使白鼠死亡，鼠体内无有毒细菌；

(c) 混合活无毒的 RⅡ和加热杀死的 SⅢ，使白鼠死亡，鼠体内发现活的 SⅢ细菌

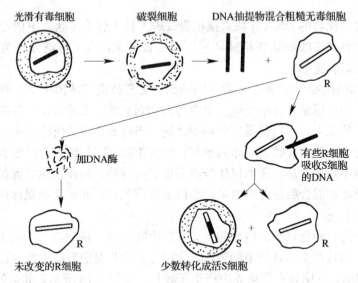

图 7-18 肺炎球菌体外转化试验图解

自菌系 S 抽提的 DNA 与活 R 菌系细胞混合，少数 R 细胞转化成 S 细胞。

加脱氧核糖核酸酶可阻止转化作用

转化因子是游离的 DNA 片段，在自然条件下，转化因子可由微生物细胞的解体产生。在实验室，可通过提取获得有转化能力的 DNA 片段，一般是双链 DNA。单链 DNA 片段转化力很弱或没有转化能力。只有感受态细胞可以接受转化因子，转化频率由感受态细胞

的状态和 DNA 的特征共同决定，大小差异很大。目前，比较成熟的化学感受态制备方法可获得 10^8 个转化子/微克质粒 DNA 的高转化频率。

目前发现许多其他细菌、放线菌、真菌和高等动植物中也有转化现象。

2. 接合

接合（conjugation）是遗传物质通过细菌细胞与细胞的直接接触（如性菌毛）而进行转移的基因重组方式。1946 年美国科学家莱德柏格（Lederberg）和塔图姆（Tatum）采用大肠杆菌的两类营养缺陷型[①]进行试验。其中一类大肠杆菌没有合成生物素（B）和甲硫氨酸（M）能力，但能合成苏氨酸（T）和亮氨酸（L），基因型为 $B^-M^-T^+L^+$。另一类大肠杆菌没有合成苏氨酸（T）和亮氨酸（L）能力，但能合成生物素（B）和甲硫氨酸（M），基因型为 $B^+M^+T^-L^-$。分别从两个菌株取 10^4 个幼龄细胞混合，涂在不含上述四种成分的培养基上，结果竟然长出一些菌落。经分析基因型为 $B^+M^+T^+L^+$ 野生型菌株，这是两类营养缺陷型菌株通过交配发生了基因重组的结果。

为了排除转化作用，设计了一种 U 形管如图 7-19 所示，管中的中间有超微烧结玻璃过滤板，把管两端隔开，每端各接种一种营养缺陷型的大肠杆菌，由于中间滤板隔开，细胞无法直接接触，游离的 DNA 片段可以通过，使两端溶液来回流动，经过一段时间培养，从 U 形管两端取出微生物，分别涂于不含上述四种成分的培养基上，培养后无菌生长，证明接合重组微生物必须直接接触，遗传物质才能转移，排除了转化现象。从电镜照片可看到大肠杆菌的接合实际上是通过性菌毛进行的，性菌毛是中空的，遗传物质可以通过性菌毛转移。带有 F 因子

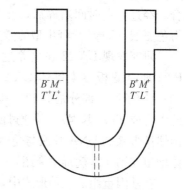

图 7-19　U 形管试验

的大肠杆菌才有性菌毛。图 7-20 为一个具有 F 因子的大肠杆菌（用 F^+ 表示），当与不具有 F 因子的大肠杆菌（用 F^- 表示）接合时，F^+ 菌株先自我复制一个 F 因子通过性菌毛进入 F^- 受体细胞，这样使原来不具有 F 因子的 F^- 菌株变成 F^+ 菌株了。

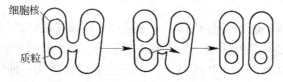

图 7-20　F^+ 菌株和 F^- 菌株接合

除 F 因子外还有 R 因子及降解质粒等，也可通过细胞接触进行转移和重组。

R 因子是具有抗药性（如对抗生素及磺胺类药物的抗性）或抗某些重金属离子（如汞、镉、铅、铋等离子）基因的质粒。1955 年首先在日本的志贺氏菌的一个菌株中发现，此菌株具有抗氯霉素、链霉素、四环素和磺胺类药物等多种抗性。此后其他国家又发现有抗药性的沙门氏伤寒杆菌，被感染的病人用常规药物治疗无效，死亡率高。科学工作者发

---

① 不具备合成生长因子（如维生素或氨基酸）能力的微生物称为营养缺陷型。培养时必须人工供给此类生长因子才能生长。将原来有合成生长因子能力的微生物称为原养型或野生型。能合能某生长因子用"＋"表示，不能合成某生长因子用"－"表示。

现人类和家畜肠道内都可能存在有许多抗药性的大肠杆菌，并可能把抗药因子转移给病原微生物如志贺氏痢疾杆菌和沙门氏伤寒杆菌，从而引起重视。

3. 转导

遗传物质通过病毒或者病毒来源的载体的携带而在细胞间转移的基因重组方式称为转导（transduction），此过程不需要细胞之间的接触。1951 年辛德尔（Zinder）和莱德贝尔格（Lederberg）在研究鼠沙门氏伤寒杆菌重组时发现的。

把一个具有合成色氨酸（Try$^+$）能力，而无合成组氨酸（his$^-$）的营养缺陷型 LA-2 供体，接种在 U 形管的左端；而在管的另一端（右端）接种噬菌体溶源性的 LA22 的营养缺陷型受体（Try$^-$，his$^+$）。U 形管中间用超微烧结玻璃过滤板把两端隔开，管中溶液能通过滤板来回流动，但阻止细菌通过或接触（图 7-21）即排除接合。经过一定时间培养后，在右端 LA22 受体细胞中获得色氨酸（Try$^+$）野生型的微生物。

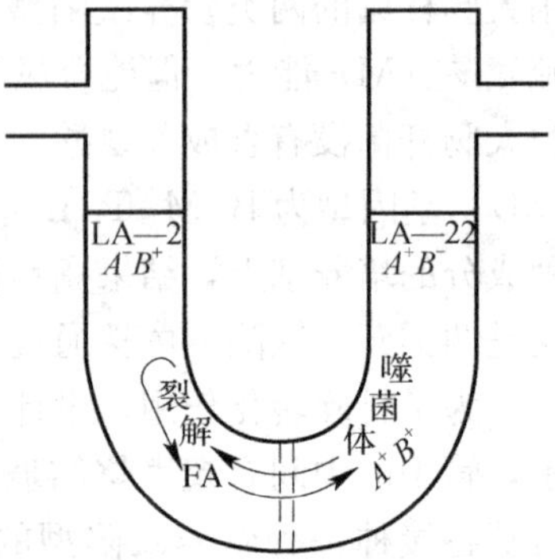

研究发现 LA-22 在培养过程释放温和噬菌体 P-22，P-22 通过滤板侵染供体 LA-2，当 LA-2 裂解后，产生"滤过因子"大部分是 P-22，其中极少数在成熟过程中随机包裹了 LA-2 的 DNA 片段（有此含合成 Try$^+$ 基因），并通过滤板再度感染 LA-22，使 LA-22 获得合成 Try$^+$ 能力，由噬菌体携带来的 DNA 片段与受体细胞的基因重组，这个现象称为转导作用（有关烈性噬菌体增殖在第 4 章病毒中介绍）。

图 7-21 转导试验中的 U 形管试验

在基因重组的三种形式中，微生物的接合必需两个细胞直接接触，而转化和转导无需细胞直接接触，转化没有噬菌体作媒介，转导必须通过噬菌体转移遗传物质。在天然环境中，三种基因重组率均很低。

7.4 遗 传 工 程

遗传工程问世于 20 世纪 70 年代初，它是按照人们预先设计的目标，通过对生物个体的遗传物质的直接改造，进行重组，插入或者删除等，产生新的生物个体，并实现对其遗传性状定向改良的技术。目前采用的基本方法是把遗传物质从一种生物细胞中提取出来，在体外施行适当重组，然后再把它导入另一个生物细胞中，改变其遗传结构，使之产生符合人类需要的新遗传特性，定向地创造新生物类型。由于它采用了对遗传物质体外施工，类似工程设计那样，具有很高的预见性、精确性与严格性，因此称为遗传工程（genetic engineering）。

遗传工程包括两个水平的研究：一是细胞水平；另一是基因水平。所以，又可把它分为细胞工程和基因工程。实际上目前研究的主要内容是基因工程，因此，狭义地讲，遗传工程就是基因工程。

7.4.1 基因工程

基因工程又叫重组 DNA 技术。在分子水平上剪接 DNA 片段，与同种、同属或异种、甚至异界的基因连接成为一个新的遗传整体，再转入受体细胞，创造出具有新的遗传特性的机体。具体过程简述于下：

（1）选择合适的供体细胞，将其 DNA 取出，一般选择性地获取目的基因的 DNA 片段。

（2）选择合适的外切酶或限制性内切酶，它能专一地切断目的基因 DNA 分子的特定部位，并在切断处形成具有粘着活性的末端单链（又称黏性末端，如图 7-22 所示），使 DNA 分子在体外进行剪接、重组的"外科手术"有了可能性。目前，这类酶已陆续发现几十种，它们的切点各不相同，可以分别选用，并已制成商品出售。

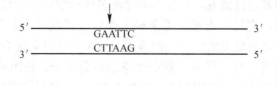

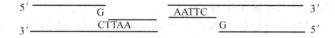

图 7-22　DNA 切断后形成的黏性末端

（3）基因的运载和复制　大部分 DNA 片段在细胞内无自主复制能力，所以要选择有自体复制的质粒（如 R 因子、降解质粒等）或病毒（如 λ 噬菌体，SV40 病毒等），从载体细胞取出质粒等载体的 DNA，也用内切酶将其切断并形成黏性末端如图 7-23 所示。

（4）在 DNA 连接酶的作用下，将目的基因 DNA 黏性末端与载体 DNA 黏性末端粘着起来，相应的互补碱基对以氢键相联，形成一个新的重组载体 DNA 分子。

（5）将重组载体 DNA 分子加入受体细胞培养液中，受体细胞吸入载体，载体在细胞内复制，使受体细胞以及后代获得原供体细胞的基因和相应的属性。

7.4.2　遗传工程在水污染控制及环境工程中的应用

构建基因工程菌治理环境污染是环境生物工程领域的前沿课题。它能定向有效地利用环境微生物细胞中降解污染物的基因，去执行净化污染物的功能。已发现环境微生物具有降解农药、塑料、多氯联苯、多环芳烃、石油烃、染料及其中间体、酚类化合物和木质素等有机污染物的功能及相关的基因。具有降解污染物基因的土著微生物菌株有时难以适应处理环境，而且繁殖速度慢，清除有机污染物的速度和效果达不到治理工程的要求，因此有必要将降解污染物的基因转入繁殖能力强和适应

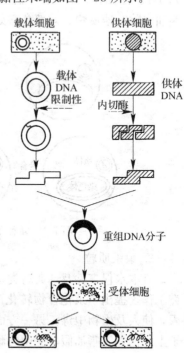

图 7-23　基因工程示意图

性能佳的受体菌株内，构建出能降解特殊污染物的高效菌株用于治理污染或用于建立清洁生产工艺及生产其他利于环境保护的生物制品。例如利用降解石油烃的基因构建出基因工

程菌用于清除大面积海洋石油污染，利用木质素降解基因构建成基因工程菌用于建立生物制浆造纸的清洁生产工艺，利用毒性蛋白基因构建基因工程菌生产生物农药等。

实际工作中，各国科学工作者利用基因工程技术，把具有降解上述多种难降解物质的质粒剪切后，转到受体细胞中，使之用以处理污水中难降解的物质。这种用人工方法选出的多质粒，多功能的新菌种称"超级微生物"。下面扼要介绍这方面的研究工作。

1. 降解石油的超级微生物

20世纪70年代美国生物学家查克拉巴蒂（Chakrabarty）针对海洋输油造成浮油污染，影响海洋生态等问题进行研究，开发出能降解多种石油烃的超级微生物。石油成分复杂，是由饱和、不饱和、直链、支链、芳香烃类等组分组成，不溶于水。当时已发现90多种微生物有不同程度降解烃类的能力，但通常一种菌仅具有氧化少数几种烃的能力。如将它们混合培养在一起进行原油降解，则由于原油组分复杂，各组分降解难易程度各异，不同菌种对石油组分的利用性又差别很大，降解过程十分缓慢。而且海水含盐量高，这些微生物不一定能在海水中大量繁殖生存。

鉴于以上情况，经过研究比较，查克拉巴蒂选择一株既可降解16烷以上的烷烃，又可生活在污水环境中的铜绿假单胞菌PAO（*Pseudomonas aeruginosa*）作为各种质粒的受体细胞（含质粒A），分别将能降解芳烃（质粒B）、萜烃（质粒C）和多环芳烃（质粒D）的质粒，用接合的方法人工转入受体细胞，此时该铜绿假单胞菌便成为带有多种质粒的"超级微生物"。它具有降解直链脂肪烃、芳烃、萜烃及多环芳烃的能力，可除去原油中2/3的烃。浮油在一般条件下降解需一年以上时间，用"超级微生物"，只需几小时即可把浮油去除，速度快、效率高，如图7-24所示。

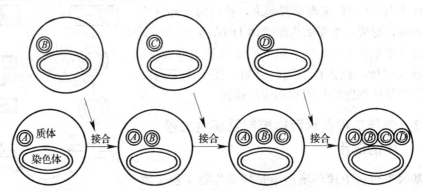

图7-24　4种不同降解质粒接合在同一受体假单胞菌中的模式

2. 耐汞质粒

日本水俣事件及瑞典鸟类汞中毒事件后，日本和瑞典对汞在自然界的转化做了大量研究工作，提出了汞化合物转化的途径，主要是某些微生物使水体汞元素甲基化形成甲基汞，使人及生物中毒。另一方面自然界中存在一些耐汞的微生物，它们的耐汞基因在R因子上。例如，嗜油假单胞菌的耐汞基因在MER抗性质粒上，查克拉巴蒂将该质粒通过接合转入不耐汞的恶臭假单胞菌中，可将其汞耐受能力从$<2\mu g/mL$提高到$50\sim70\mu g/mL$氯化汞。

3. 降解染料的质粒

1983年瑞士科学家Kulla发现有两种假单胞菌分别具有降解纺织污水中两种染料的能

力：其一为假单胞菌 K24，具有降解 1 号橙偶氮染料的质粒；其二为假单胞菌 K46，具有降解 2 号橙偶氮染料的质粒。他把两个菌株的两种质粒接合到一个菌株内，可获得具有降解两种染料的新菌种。

7.4.3　基因工程的生物安全性问题

生物安全性，简单说，就是生物体对人是否安全，一般特指生物体经过基因工程改造后对人是否还依然安全。可以说，从转基因技术诞生的那一天起，其安全性就引起了科学家们及许多国家政府的强烈关注。

目前，关于转基因技术的安全性问题存在着两种观点。反对派认为，转基因技术打破了自然界中原先仅限于种内或近缘种间的基因重组和交流，把来源于任何生物甚至人工合成的基因转入生物体内，在自然界中是不可能发生的。转基因生物在自然界中释放将污染自然基因库，打破原有的生态平衡，对生态环境产生难以预料的冲击。赞成派认为，至少目前还没有找到一种生物技术真正导致危害的实例。一些可预见的或潜在的危险，通过生物安全手段是可以避免的。因而，并不像人们想象的那么可怕。例如，转基因植物的杂草化问题，现有的大多数栽培作物经人工驯化后，在自然条件下，已失去适应性和自然竞争力，其变为杂草的可能性是微乎其微的。

尽管有关基因工程生物安全性的争论一时难以定论，但转基因技术作为一项全新的应用技术，其应用显示出强大的生命力。任何一项新技术产生以后都要面临一个社会化的问题。转基因技术当然也不例外，必须经历这一过程以获得和完善其社会属性，形成和实现其应有的社会角色。

7.5　微生物的驯化与保藏

7.5.1　微生物的驯化

在污水生物处理中，通过有计划、有目的地人为控制微生物的生长条件，使微生物群落的功能向人类需要的方向发展，这个过程称之为驯化。在驯化过程中，微生物的群落结构，微生物自身的遗传物质以及代谢途径都会发生变化。在工业废水生物处理中，常利用微生物对营养要求、温度、pH 以及耐毒能力的变化适应能力，改善处理方法。例如，在含酚废水的生物处理过程中，可以通过逐渐提高进水的含酚量，增强微生物氧化酚的能力，则可在一定程度上提高进水浓度，而维持满意的处理效果。另外利用生活污水活性污泥接种，加速培养工业废水活性污泥的方法，也利用了微生物的强适应性。

在污水生物处理工艺中，污泥驯化是整个处理工艺中首要且关键的一环。污泥驯化质量的好坏，将直接影响到污染物负荷率的大小和处理效率的高低。污泥驯化要达到两个目的：一是培养微生物的抗毒性，使污泥中的微生物群落能够适应较高毒性的水质，且污染物去除率不降低；二是培养出具有特异和高效降解特性的微生物，使微生物对于待处理污水中的碳（能）源、氮源物质由不利用到利用，由缓慢利用达到快速降解。

污泥驯化过程实际上是一个在相当长一段时间内逐渐加大微生物降解能力或耐受负荷的过程，其结果是使得污泥微生物达到一个较稳定、相对高的负荷阈值。关于污泥驯化机理，目前还没有统一的解释，一般情况下可能涉及以下几个方面：

（1）部分微生物细胞启动诱导酶的合成，微生物群落结构变化。

污泥驯化初期，部分微生物细胞启动诱导酶的合成，而部分完全不能适应新环境的微生物，就会死亡或休眠，微生物的酶包括诱导酶与组成酶两大类。通过酶合成的诱导和阻遏两种作用，微生物细胞能有效地协调和控制其中诱导酶酶量的变化，以使其能够适应新的基质环境。混合碳源对单一微生物生长影响的研究表明，微生物的驯化选育，速效碳源或氮源往往能阻遏利用迟效碳源或氮源的酶的合成，只有当前者利用完之后，微生物才开始利用迟效碳源或氮源，但其间需经历一个生长停滞期，用于合成新的诱导酶类。

污泥驯化初期，微生物群也存在着一个由对原有环境基质的利用到能够代谢新的污水环境中基质的酶合成调节的过程，这期间许多新的诱导酶类将大量合成。启动诱导酶合成时存在的生长停滞期及诱导酶合成的速度决定了污泥负荷在驯化初期应该是一个阶梯式升高的过程。

（2）随着驯化时间的延长，微生物群落正向自发突变得以积累。

负荷的提高除与诱导酶酶量的调节有关外，还与微生物在驯化过程中发生的自发突变有关。微生物在污水中发生的突变一般是自发的、低频的和随机的，其中只有发生了正向突变的、能适应新的生存环境的种类才能保存下来。

在驯化过程中，不断增大的污染物负荷作为施加的选择压力，使得整个微生物群落的正向自发突变得以积累，最终改变了多种降解酶的蛋白结构而提高了降解活性。此外，突变还可能引起微生物细胞膜的透性或某些敏感酶的结合位点的改变，使之忍受某些生物毒性物质的能力得到加强。

（3）最大污染物负荷阈值出现，污泥驯化结束。

污泥驯化进行到一定程度时，一般均会出现这种情况：保持相对平稳的去除率，从某一污染物负荷值起急剧下降，污泥沉降性能开始变差，出水水质恶化。这一负荷值就是最大污染物负荷阈值，指示污泥驯化应该结束。该值的出现是由于此时微生物的酶诱导体系已经发挥了最大效应，而自发突变的速度和能力已赶不上负荷的增加。超出此阈值，微生物的生长将受到较大抑制，代谢能力大幅下降，因而污染物去除率下降。同时，微生物合成胞外黏多糖、形成菌胶团的能力也会减弱，因而其絮凝沉降性变差。长时间的超负荷运行会因微生物的流失而导致生物处理系统功能的丧失。

污水处理驯化活性污泥及生物膜的方法，一般是把培养、选择、淘汰结合在一起。在特定污水中有些菌种不能适应被淘汰，有的菌株能产生诱导酶来降解此类污水，并能在这种培养条件下生存而被保留下来，同时大量繁殖，使污水达到预期的处理目标。

国外目前正在研究针对某种污水用人工诱变方法筛选大量具有很强分解能力及絮凝能力的菌株，并把它们做成干粉状变异菌成品。这时，微生物处于休眠状态。当工厂处理此类污水时，可把干粉状菌种置于 30℃ 水中溶解 30min，使微生物恢复活性，不必再驯化，对所需处理的污水有较好的效果。

7.5.2　微生物的保藏与复壮

菌种是一种资源，不论是从自然界直接分离到的野生型菌株，还是经过人工方法选育出来的优良变异菌株或基因工程菌株，都是重要的生物资源。虽然在菌种选育过程中进行了分离纯化，但是，由于微生物具有易变异这一特性，因此在生产过程中和保藏过程中菌种仍会不断地发生变异，使原来的菌种变得不纯，甚至可能引起菌种的衰退，而不利于生产。所以，必须在未发现衰退现象之前妥善保藏菌种；在出现衰退现象之后，就应设法加以复壮。通过复壮恢复正常生产性能的菌种又会再次衰退，又必须再度复壮。复壮的过程是一个不断解决矛盾的过程，以便使菌种在生产中保持相对的稳定。

1. 菌种退化现象

菌种在培养或保藏过程中，由于自发突变的存在，出现某些原有优良生产性状的劣化，遗传标记的丢失等现象，称为菌种的退化，也称衰退。常表现为：菌落和细胞形态的改变；生长速度缓慢，产孢子越来越少；抵抗力、抗不良环境能力减弱；代谢产物生产能力或其对宿主寄生能力下降等。造成菌种退化的原因主要有：

（1）自然突变

微生物与其他生物类群相比最大的特点之一就是有较高的代谢繁殖能力，在 DNA 大量快速复制过程中，因出现某些基因的差错从而导致突变发生，故繁殖代数越多，突变体的出现也越多。一般来说，微生物的突变常常是负突变，是指使菌种原有的优良特性丧失或导致产量下降的突变。只有经过大量的筛选，才有可能找到正突变。

（2）环境条件

环境条件对菌种退化有很大的影响，如营养条件。有人把泡盛曲霉（*Aspergillus awamori*）的生产种，在 3 种培养基上连续传代 10 次，发现不同培养基和传代次数对淀粉葡萄糖苷酶的产量下降有不同影响，说明营养成分影响菌种退化的速度。环境温度也是重要的作用因素。例如，温度高，基因突变率也高，温度低则突变率也低，因此菌种保藏的重要措施就是低温。其他环境因子，如紫外线等诱变剂也可加速菌种退化。

2. 菌种的保藏

要使菌种在使用中长期保持优良的性状就必须设法减少菌种的退化和死亡，即做好保藏工作。世界各国对菌种的保藏极为重视。国际微生物学会设有世界菌种保藏机构，编写有《世界菌种保藏名录》。国内外部分菌种保藏机构有：中国微生物菌种保藏委员会（CCCCM）、美国典型菌种保藏中心（ATCC）、英国国家典型菌种保藏所（NCTC）和法国里昂巴斯德研究所（IPL）。

菌种保藏的目的是使菌种保藏后不死亡、不变异、不被杂菌污染，并保持其优良性状，以利于生产和科研的应用。不论何种保藏方法，原则上就是使微生物的代谢作用相对地处于不活泼状态。菌种保藏的关键是降低菌种的变异率，以达到长期保持菌种原有特性的目的。菌种的变异主要发生在微生物旺盛生长繁殖过程中。因此必须创造一种环境，使微生物处于新陈代谢最低水平、生长繁殖处于最不活跃状态。

目前菌种保藏的方法很多，但基本都是根据以下原则设计的：① 挑选典型菌种的优良纯种，最好采用它们的休眠体（如芽孢、分生孢子等）；② 创造一个使微生物的代谢处于不活泼、生长繁殖受抑制且难以发生突变的环境条件，如干燥、低温、缺氧、避光、缺乏营养以及添加保护剂等；③ 尽量减少传代次数。

一种良好的保藏方法，首先应能保持原种的优良性状不变，同时还须考虑方法的通用性和简便性。菌种的保藏方法很多，采取哪种方式，要根据保藏的时间、微生物种类、具备的条件等而定。下面着重介绍几种常用的保藏方法：

（1）斜面保藏法

将菌种接种在试管斜面培养基上，待菌种生长完全后，置于 4℃冰箱中保藏，每隔一定时间再转接至新的斜面培养基上，生长后继续保藏。对细菌、放线菌、霉菌和酵母菌均可采用。此方法简单、存活率高，故应用较普遍。其缺点是菌株仍有一定的代谢强度，传代多则菌种易变异，故不宜长时间保藏菌种。保藏时间一般不超过 3 个月，到时必须进行移接传代，再放回冰箱。

（2）石蜡油封藏法

为了防止传代培养菌因干燥而死亡，也为限制氧的供应以削弱代谢水平，在斜面或穿刺的培养基中覆盖灭菌的液体石蜡。主要适用于霉菌、酵母菌、放线菌、好氧性细菌等的保存。霉菌和酵母菌可保存几年，一般为 1～2 年，有的可长达 10 年。本法的优点是方法简单不需特殊装置。其缺点是对很多厌氧微生物或能分解烃类的微生物的保藏效果较差。液体石蜡要求选择优质无毒，一般为化学纯规格，可以在 121℃湿热灭菌 20min。而且液体石蜡的油层应高于斜面顶端 1cm，垂直放在 4℃冰箱内保藏。

（3）载体保藏法

使微生物吸附在适当的载体上（土壤、砂子等）进行干燥保存的方法。最常用的有砂土保藏法，主要用于能形成孢子或孢子囊的微生物（真菌、放线菌和部分细菌）的保存。将干燥砂粒与细土混合后灭菌制成砂土管，然后接种保藏。若把砂土管放在低温或抽气后密封，效果更佳。此法适用于产孢子及芽孢菌种的保藏。保藏期 1～10 年。此法简便，保藏时间较长，微生物转接也较方便，故应用范围较广。

（4）冷冻干燥保藏法

这是最佳的微生物菌体保存法之一，保存时间长，可达 10 年以上。低温冷冻可以用普通−20℃或更低的−50℃、−70℃冰箱，用液氮（−196℃）更好。无论是哪种冷冻，在原则上应尽可能按一定速度缓慢冻存，如每分钟降低 0.5℃，使其产生的冰晶小而减少细胞的损伤。不同微生物的最适冷冻速度不同。为防止细胞被冻死，保存液中应加些保护剂，例如甘油、二甲亚砜等，它们可透入细胞，通过降低强烈的脱水作用而保护细胞；大分子物质如脱脂牛奶、血清白蛋白等，可通过与细胞表面结合的方式防止细胞膜受冻伤。其缺点是手续麻烦、需要条件高。

其中真空冷冻干燥法，是目前较理想的一种方法。在低于−15℃下，快速将细胞冻结，并保持细胞完整，然后在真空中使水分升华致干。在此环境中，微生物的生长和代谢都暂时停止，不易发生变异，故可长时间保存，一般为 5～10 年，最多可达 15 年之久。此法兼备了低温、干燥及缺氧几方面条件，使微生物可以保存较长时间，但手续较麻烦，需要一定的设备。

另外还有悬液保藏法、寄主保藏法等。

在国际著名的美国 ATCC（American Type Culture Collection）中，目前已改为仅采用两种最有效的方法，即保藏期一般达 5～15 年的冷冻干燥保藏法和保藏期一般达 20 年以上的液氮保藏法，以达到最大限度地减少传代次数和避免菌种衰退的目的。其保藏的方法是：当菌种保藏单位收到合适菌种时，先将原种制成若干液氮保藏管作为保藏菌种，然后再制一批冷冻干燥保藏菌种作为分发用。经 5 年后，假定第 1 代（原种）的冷冻干燥保藏菌种已分发完毕，就再打开一瓶液氮保藏原种，这样下去，至少在 20 年内，凡获得该菌种的用户，至多只是原种的第 2 代，可以保证所保藏和分发菌种的原有性状。

3. 菌种的复壮

菌种的复壮是指使衰退的菌种恢复原来优良性状。狭义的复壮是指在菌种已发生衰退的情况下，通过纯种分离和生产性能测定等方法，从衰退的群体中找出未衰退的个体，以达到恢复该菌原有典型性状的措施；广义的复壮是指在菌种的生产性能未衰退前就有意识地经常进行纯种的分离和生产性能测定工作，以期菌种的生产性能逐步提高。实际上是利用自发突变（正向突变）不断地从生产中选种。

菌种的复壮措施主要有以下三种：

（1）纯种分离

通过纯种分离，可把退化菌种细胞群体中一部分仍保持原有典型性状或性能更好的单细胞分离出来，经扩大培养，就可恢复原菌株的典型性状，甚至获得性状更好的菌株。常用的分离纯化的方法有平板稀释法、单细胞或单孢子分离法等。

（2）通过寄主体进行复壮

对于寄生性的退化菌株，可回接到相应寄主体上，以恢复或提高其寄生性能。例如，根瘤菌属经人工移接，结瘤固氮能力减退，将其回接到相应豆科寄主植物上，令其侵染结瘤，再从根瘤中分离出根瘤菌，其结瘤固氮性能就可恢复甚至提高。

（3）淘汰已衰退的个体

采用比较激烈的理化条件进行处理，以杀死生命力较差的已衰退个体。

例如对“5406”放线菌的分生孢子，采用 $-10\sim-30℃$ 处理 $5\sim7$ 天，其死亡率达 80%，在抗低温的存活个体中，留下了未退化的健壮个体。

以上介绍了一些在实践中收到一定效果的防止衰退和达到复壮的方法和经验。但必须强调的是，在采取这类措施之前，要仔细分析和判断一下菌种是发生了衰退，还是仅属一般性的表现型变化，或只是杂菌的污染而已。只有针对不同的情况，才能使复壮工作奏效。

思　考　题

1. 微生物是怎样繁殖的？
2. 画出间歇培养生长曲线，简述各个阶段的特点。
3. 怎样利用微生物的生长曲线来控制污水生物处理构筑物的运行？
4. 生物膜的主要成分是什么？
5. 请说明生物膜的形成过程和相应的特征。
6. 试区别遗传与变异性。
7. 怎样利用微生物的变异，进行工业废水的生物处理？
8. 试以大肠杆菌降解乳糖来说明操纵子学说。
9. 简述蛋白质合成过程三种 RNA 的功能。
10. 基因重组有几种形式，各有什么特点？
11. 试述质粒与“超级微生物”。

12. 什么叫基因突变，可分为几类？

13. 什么叫遗传工程？在污水生物处理中如何应用？

14. 什么是驯化？驯化的本质是什么？

15. 简述菌种的保藏方法。

第8章 微生物的生态

8.1 生态系统的基本概念及特征

8.1.1 种群、群落、生态系统和生物圈

一个物种在一定空间范围内的所有个体的总和在生态学中称为种群（population），所有不同种的生物的总和称为群落（community）。生物群落及其生存环境共同组成的动态平衡系统就是生态系统（ecosystem）。生物圈是指地球上所有生物及其生活的那部分非生命环境的总称，包括非生命部分和生命部分。例如，森林、草原、河流、湖泊、山脉或其一部分都是自然生态系统；农田、水库、城市则是人工生态系统。生态系统具有等级结构，即较小的生态系统组成较大的生态系统，简单的生态系统组成复杂的生态系统，最大的生态系统是生物圈。

生态系统是生物圈的组成单元，生物圈内的任何一个相对完整的自然整体都是一个生态系统。生态系统是生物群落和它们所生活的非生物环境结合起来的一个整体。生物群落同其生存环境之间以及生物群落内不同种群生物之间不断进行着物质交换和能量流动，并处于互相作用和互相影响的动态平衡之中。

8.1.2 生态系统的结构

任何一个生态系统都由生物群落和理化环境两大部分组成。阳光、氧气、二氧化碳、水、植物营养素（无机盐）是理化环境的最主要要素，生物残体（如落叶、秸秆、动物和微生物尸体）及其分解产生的有机质也是理化环境的重要因素。理化环境除了给活的生物提供能量和养分之外，还为生物提供其生命活动需要的媒质，如水、空气和土壤。而活的生物群落是构成生态系统精密有序结构和使其充满活力的关键因素，各种生物在生态系统中起着不同的作用。

生态系统中的生物有三种：生产者、消费者和分解者，它们分别由不同种类的生物充当。

生产者吸收太阳能并利用无机营养元素（C、H、O、N等）合成有机物，将吸收的一部分太阳能以化学能的形式贮存在有机物中。生产者的主体是绿色植物，以及一些能够进行光合作用的菌类。由于这些生物能够直接吸收太阳能和利用无机营养成分合成构成自身有机体的各种有机物，故称它们为自养生物（autotroph）。

消费者是直接或间接地利用生产者所制造的有机物作为食物和能源，而不能直接利用太阳能和无机态的营养元素的生物，包括草食动物、肉食动物、寄生生物和腐食动物。消费者以动物为主。消费者按其取食的对象可以分为几个等级：草食动物为一级消费者，肉食动物为次级消费者（二级消费者或三级消费者）等等。杂食动物既是一级消费者，又是

次级消费者。

分解者是指所有能够把有机物分解为简单无机物的生物，它们主要是各种细菌和部分真菌。分解者以动植物的残体或排泄物中的有机物作为食物和能量来源，通过它们的新陈代谢作用，有机物被分解为无机物或小分子有机物并最终成为植物可以利用的营养物。消费者和分解者都不能够直接利用太阳能和理化环境中的无机营养元素，故称它们为异养生物（heterotroph）。

8.1.3 生态系统的特征

1. 生态系统的物质循环

在生态系统中，物质从理化环境开始，经生产者、消费者和分解者，又回到理化环境，完成一个由简单无机物到各种高能有机化合物，最终又还原为简单无机物的生态循环。通过该循环，生物得以生存和繁衍，理化环境得到更新并变得越来越适合生物生存的需要。在这个物质的生态循环过程中，太阳能以化学能的形式被固定在有机物中，供食物链上的各级生物利用。

碳、氮和磷等元素的循环是生态系统中的最重要和最有代表性的物质循环。有关碳、氮、磷等元素的生态循环模式以及微生物在其中的作用，将在第10章讨论。

2. 生态系统的能量流

推动生物圈和各级生态系统物质循环的动力，是能量在食物链中的传递，即能量流。与物质循环运动不同的是，能量流是单向的，它从植物吸收太阳能开始，通过食物链逐级传递，直至食物链的最后一环。在每一环的能量转移过程中都有一部分能量被有机体用来推动自身的生命活动（新陈代谢），随后变为热能耗散在理化环境中。

为了反映一个生态系统利用太阳能的情况，常使用生态系统总产量这一概念。一个生态系统的总产量是指该系统内食物链各个环节在一年时间里合成的有机物质的总量。它可以用能量、生物量表示。

生态系统中的生产者在一年里合成的有机物质的量称为该生态系统的初级总产量。在有利的理化环境条件下，绿色植物对太阳能的利用率一般在1%左右。生物圈的初级生产总量约 4.24×10^{21} J/年，其中海洋生产者的总产量约 1.83×10^{21} J/年，陆地的约为 2.41×10^{21} J/年。总产量的一半以上被植物的呼吸作用所消耗，剩下的称为净初级产量。各级消费者之间的能量利用率也不高，平均约为10%，即每经过食物链的一个环节，能量的净转移率平均只有十分之一左右。

因此，生态系统中各种生物量按照能量流的方向沿食物链递减，处在最基层的绿色植物的量最多，其次是草食动物，再次为各级肉食动物，处在顶级的生物量最少，形成一个生态金字塔。只有当生态系统生产的能量与消耗的能量大致相等时，生态系统的结构才能维持相对稳定状态，否则生态系统的结构就会发生剧烈变化。

3. 生态系统的信息传递

生态系统的信息传递在沟通生物群落与其生活环境之间、生物群落内各种群生物之间的关系上有重要意义。生态系统的信息包括营养信息、化学信息、物理信息和行为信息。这些信息最终都是经由基因和酶的作用并以激素和神经系统为中介体现出来的。它们对生态系统的调节具有重要作用。

4. 生态系统的调节能力

生态系统具有自动调节恢复稳定态的能力。系统的组成成分愈多样，能量流动和物质循环的途径愈复杂，这种调节能力就愈强；反之，成分愈单调，结构愈简单，则调节能力就愈小。然而这种调节能力也有一定的幅度，超过这个幅度就不再能起调节作用，从而使生态系统遭到破坏。

使生态系统失去调节能力的主要因素有三种：一是种群成分的改变。例如由于人类的干预，使一种控制草食动物的肉食动物消失，从而引起草食动物大量繁殖，最后可导致草原生态系统的破坏。单一种植业的农田生态系统也正是由于缺乏多样性而易受昆虫破坏。二是环境因素的变化。例如湖泊富营养化可使水质变坏，同时由于藻类过度生长所产生的毒素，以及藻类残体分解时消耗大量的溶解氧，使水中溶解氧大大减少，从而会引起鱼类及其他水生生物死亡。三是信息系统的破坏。例如石油污染导致洄游性鱼类的信息系统遭到破坏，无法溯流产卵，以致影响洄游性鱼类的繁殖，从而破坏了鱼类资源。

研究生态系统的自动调节能力，可为人类制订环境标准和对环境实行科学管理提供依据。

5. 生态系统中的生态演替

在同一环境内，原有的生物群落可暂时或永久消失，由新生的群落所代替，这种交替现象称为生态演替或生态消长。新生的生物群落在其发展初期具有生长迅速的特点：生产量（P）与呼吸量（R）的比值（P/R）高，净生产量高，食物链短，缺少多样性，生物个体小，稳定性低。这种生物群落在发展趋于成熟时则显示下列特点：生物量（B）与呼吸量的比值（B/R）高，食物链发展成为复杂的食物网，净生产量低，富于多样性，稳定性高。这就是说，当生态系统趋于成熟和稳定时，其能量流动由供应生产转为供应维持（由呼吸作用体现）。

现存的生态系统是自然历史发展、演替的产物，今后它还会随着时间的变迁而发生变化。生物（包括人类）的行为对生态系统的演变有显著的影响，因此人类必须考虑自己的一切活动对生态系统所起的影响。

8.1.4 微生物在生态系统中的作用

微生物是生态系统的重要成员，特别是作为分解者分解系统中的有机物，对生态系统乃至整个生物圈的能量流动、物质循环发挥着独特的、不可替代的作用。特别是近几十年，人类活动的增强、科学技术和社会经济的迅速发展带来了环境污染和生态破坏，微生物分解污染物的巨大潜力在污染控制和环境修复中发挥了重要的作用。

1. 有机物的主要分解者

微生物是有机物的主要分解者。它们能够分解生物圈内的动物、植物和微生物残骸等复杂有机物质，并最后将其转化成最简单的无机物，再供初级生产者利用。因此，微生物作为分解者在生态系统中的作用是不可缺少的。

2. 物质循环中的重要成员

微生物在自然界中参与了碳、氮、磷、氧、硫、铁和氢等物质的转化和循环作用，大部分元素及化合物的循环过程都受到微生物的作用。在一些物质的循环中，微生物是主要成员，起主要作用；有些循环过程只有依靠微生物才能进行，这时微生物起独特作用，比如：某些纤维素的降解、氮气的固定和某些特殊化合物的分解等。这些循环、转化和分解作用对于保持生态系统平衡起着非常重要的作用。

3. 生态系统中的初级生产者

光能自养和化能自养型微生物是生态系统的初级生产者，它们具有初级生产者所具有的两个明显特征，即可直接利用太阳能、无机物的化学能作为能量来源，另一方面其积累下来的能量又可以在食物链、食物网中流动。

4. 物质和能量的蓄存者

微生物和动物、植物一样也是由物质组成和由能量维持的生命有机体。在土壤、水体中有大量的微生物，蓄存着大量的物质和能量。

5. 地球生物演化中的先锋种类

微生物是最早出现的生物体，并进化成后来的动、植物。藻类的产氧作用，改变大气圈中的化学组成，为后来动、植物的出现打下基础。

8.2　微生物在环境中的分布

由于微生物本身的特性，如营养类型多、基质来源广、适应性强，又能形成芽孢、孢囊、菌核、无性孢子、有性孢子等等各种各样的休眠体，所以可以在自然环境中长时间存活；另外，微生物个体微小，易被水流、气流或其他方式迅速而广泛传播。因此微生物在自然环境中的分布极为广泛。从海洋深处到高山之巅，从土壤到空中，从室内到室外，除了人为的无菌区域和火山口中心外，到处可以发现有微生物存在。许多微生物种不仅是区域性的甚至是世界性的，也有一部分微生物因其本身的特殊生理特性而局限分布于某些特定环境或极端条件的生境中。

8.2.1　土壤中的微生物

1. 土壤的环境条件

土壤具有绝大多数微生物生活所需的各种条件，是自然界微生物生长繁殖的良好基地。其原因在于土壤含有丰富的动植物和微生物残体，可供微生物作为碳源、氮源和能源。土壤含有大量而全面的矿质元素，供微生物生命活动所需。土壤中的水分可满足微生物对水分的需求。不论通气条件如何，都可适宜某些微生物类群的生长。通气条件好可为好氧性微生物创造生活条件；通气条件差，处于厌氧状态时又成了厌氧性微生物发育的理想环境。土壤中的通气状况变化时，生活在其间的微生物各类群之间的相对数量也会随之变化。土壤的 pH 范围在 3.5～10.0 之间，多数在 5.5～8.5 之间。而大多数微生物的适宜生长 pH 也在这一范围。即使在较酸或较碱性的土壤中，也有耐酸、喜酸或耐碱、喜碱的微生物发育繁殖。土壤温度变化幅度小而缓慢，这一特性极为有利于微生物的生长，其温度范围恰是中温性和低温性微生物生长的适宜范围。

因此，土壤是微生物资源的巨大宝库，事实上，许多对人类有重大影响的微生物种大多是从土壤中分离获得的，如大多数产生抗生素的放线菌都分离自土壤。

2. 土壤中微生物的数量和分布

土壤中微生物的类群、数量与分布，由于土壤质地、发育母质、发育历史、肥力、季节、作物种植状况、土壤深度和层次等等不同而有很大差异。1g 肥沃土壤，如菜园土中常可含有 10^8 个甚至更多的微生物，而在贫瘠土壤如生荒土中仅有 $10^3 \sim 10^7$ 个微生物，甚至更低。

我国主要土壤微生物调查结果表明，在有机质含量丰富的黑土、草甸土、磷质石灰土、某些森林土或其他植被茂盛的土壤中微生物数量多；而西北干旱地区的栗钙土、盐碱土及华中、华南地区的红壤土、砖红壤土中微生物数量较少。

不同深度土壤中微生物的含量也有很大不同。从土壤的不同断面采样，用间接法进行分离、培养研究，发现微生物数量按表层向里的次序减少，种类也因土壤的深度和层位而异，且分布极不均匀。

土壤微生物中细菌最多，大部分细菌为 G^+ 细菌，且 G^+ 细菌的数目要比淡水和海洋生境中的高。细菌的作用强度和影响最大，放线菌和真菌次之，藻类和原生动物等数量较少，影响也小。

（1）细菌

土壤中细菌可占土壤微生物总量的 70% ～ 90%，占土壤有机质的 1% 左右。它们数量大、个体小，与土壤接触的表面积特别大，是土壤中最大的生命活动面，也是土壤中最活跃的生物因素，推动着土壤中的各种物质循环。

土壤中的细菌大多为异养型细菌，少数为自养型细菌。土壤细菌有许多不同的生理类群，如固氮细菌、氨化细菌、纤维分解细菌、硝化细菌、反硝化细菌、硫酸盐还原细菌、产甲烷细菌等在土壤中都有存在。常见的细菌属包括不动杆菌（*Acinetobacter*）、农杆菌（*Agrobacterium*）、产碱杆菌（*Alcaligenes*）、节杆菌（*Arthrobacter*）、芽孢杆菌（*Bacillus*）、短杆菌（*Brevibacterium*）、柄杆菌（*Caulobacter*）、纤维单胞菌（*Cellulomonas*）、梭状芽孢杆菌（*Clostridium*）、棒杆菌（*Corynebacterium*）、黄杆菌（*Flavobacterium*）、微球菌（*Micrococcus*）、分枝杆菌（*Mycobacterium*）、假单胞菌（*Pseudomonas*）、葡萄球菌（*Staphylococcus*）和黄单胞菌（*Xanthomonas*）等，但是他们在不同的土壤中相对比例有很大的不同。

细菌在土壤中一般黏附于土壤团粒表面，形成菌落或菌团，也有一部分散于土壤溶液中，且大多处于代谢活动活跃的营养体状态。但由于它们本身的特点和土壤状况不一样，其分布也很不一样。

细菌积极参与着有机物的分解、腐殖质的合成和各种矿质元素的转化。

（2）放线菌

土壤中放线菌的数量仅次于细菌，它们以分枝丝状营养体缠绕于有机物或土粒表面，并伸展于土壤孔隙中。1g 土壤中的放线菌孢子可达 $10^7 \sim 10^8$ 个，占土壤微生物总数的 5% ～ 30%，在有机物含量丰富和偏碱性土壤中这个比例更高。由于单个放线菌菌丝体的生物量较单个细菌大得多，因此尽管其数量上少些，但放线菌总生物量与细菌的总生物量相当。

土壤中放线菌的种类十分繁多，其中链霉菌属和诺卡氏菌属在土壤放线菌中所占的比例最大，其次是微单胞菌属（*Micromonospora*）、放线菌属和其他放线菌。

放线菌对干燥条件抗性比较大，并能在沙漠土壤中生存。目前已知的放线菌种大多是分离自土壤。放线菌主要分布于耕作层中，随土壤深度增加其数量、种类减少。

（3）真菌

在土壤中可以找到大多数真菌，并广泛分布于土壤耕作层，在 30cm 处以下很难找到真菌。在土壤中真菌的生物量相当大，如果土壤含有大量的氧气，那么真菌的量就很大。1g 土壤中可含 $10^4 \sim 10^5$ 个真菌。土壤中的真菌有藻状菌、子囊菌、担子菌和半知菌类，其中以半知菌类最多。

真菌中霉菌的菌丝体像放线菌一样，发育缠绕在有机物碎片和土粒表面，向四周伸展，蔓延于土壤孔隙中，并形成有性或无性孢子。

土壤霉菌为好氧性微生物，一般分布于土壤表层，深层较少发育。且较耐酸，在 pH 为 5.0 左右的土壤中，由于细菌和放线菌的发育受到限制而使得土壤真菌在土壤微生物总量中占有较高的比例。

真菌菌丝比放线菌菌丝宽几倍至几十倍，因此土壤真菌的生物量并不比细菌或放线菌少。据估计，每克土壤中真菌菌丝长度可达 40m，以平均直径 5mm 计，则每克土壤中的真菌鲜重为 0.6mg 左右。

土壤中酵母菌含量较少，每克土壤在 $10 \sim 10^3$ 个，但在果园、养蜂场土壤中含量较高，每克果园土可含 10^5 个酵母菌。

大部分土壤真菌可以代谢碳水化合物，包括多糖，甚至进入土壤的外来真菌也可以生长并降解植物残体的大部分组分，少数几种真菌还会降解木质素。

（4）藻类

土壤中藻类的数量远较其他微生物类群少，在土壤微生物总量中不足 1%。在潮湿的土壤表面和近表土层中，发育有许多大多为单细胞的硅藻或呈丝状的绿藻和裸藻，偶见有金藻和黄藻。在温暖季节的积水土面可发育有衣藻、原球藻、小球藻、丝藻、绿球藻等绿藻和黄褐色的硅藻，水田中还有水网藻和水绵等丝状绿藻。这些藻类为光合型微生物，因此易受阳光和水分的影响，但它们能将 CO_2 转化为有机物，可为土壤积累有机物质。

土层表面的土著藻类可以进入土壤的亚表层，这时这些藻类又成为外来藻类，并有可能被其他微生物吞噬。

（5）原生动物

大部分原生动物往往只存在于土壤的表层 15cm 处，因为它们需要相对高浓度的氧气。土壤中原生动物的数量变化很大，每克有 $10 \sim 10^5$ 个。在富含有机质的土壤中含量较高。种类有纤毛虫、鞭毛虫和根足虫等单细胞能运动的原生动物。它们的形态和大小差异都很大，主要以分裂方式进行无性繁殖。原生动物吞食有机物残片和土壤中的细菌、单细胞藻类、放线菌和真菌的孢子，因此原生动物的生存数量往往会影响土壤中其他微生物的生物量。原生动物对于土壤有机物质的分解具有显著作用。

3. 土壤微生物区系

土壤微生物区系是指在某一特定环境和生态条件下，土壤中所存在的微生物种类、数量以及参与物质循环的代谢活动强度。

在研究微生物区系时，应该注意到没有一种培养基或培养条件能够同时培养出土壤中所有的微生物种类。任何一种培养基都是选择性培养基，只是各种培养基的选择范围和选择对象不同。应用分子生物学技术研究表明，运用微生物学传统方法分离培养的种类仅仅占土壤等环境微生物种类总量的 1% 左右，而大量的未知种类微生物至今仍是不可培养的。

　　研究不同土壤微生物区系的特征,可以反映土壤生态环境的综合特点,如土壤的熟化程度和生态环境等。例如圆褐固氮菌(*Azotobacter chroococcum*)可以作为土壤熟化程度的指示微生物。它们在各种生荒土壤中基本分离不到,而在耕种后的土壤中就能分离到,而且耕作年限越长,每克土壤中的圆褐固氮菌数量越多。纤维分解菌的优势种在不同熟化程度的土壤中不一样。在生荒土中主要是丛霉;在有机质矿化作用强,含氮量较高的土壤中主要是毛壳霉和镰刀霉;在熟化土壤中的优势菌是堆囊黏细菌和生孢食纤维菌;而在施用有机肥和无机氮肥的土壤中,纤维弧菌和食纤维菌为优势菌。

　　土壤微生物区系中的微生物种类、数量以及活动强度等特点随着季节变化(包括温度、湿度和有机物质的进入等)而发生显著的年周期变化。根据土壤微生物各类群在土壤中的发育特点,可以分为土著性区系和发酵性区系两类:

　　(1) 土著性微生物区系　是那些对新鲜有机物质不很敏感、常年维持在某一数量水平上,即使由于有机物质的加入或温度、湿度变化而引起数量变化,其变化幅度也较小的那些微生物。如革兰氏阳性球菌类、色杆菌、芽孢杆菌、节杆菌、分枝杆菌、放线菌、青霉、曲霉、丛霉等。

　　(2) 发酵性微生物区系　是那些对新鲜有机物质很敏感,在有新鲜动植物残体存在时可爆发性地旺盛发育,而在新鲜残体消失后又很快消退的微生物区系。包括各类革兰氏阴性无芽孢杆菌、酵母菌以及芽孢杆菌、链霉菌、根霉、曲霉、木霉、镰刀霉等。发酵性微生物区系的数量变幅很大。因此在土壤中有新鲜有机残体时,发酵性微生物大量发育占优势;而新鲜有机残体被分解后,发酵性微生物衰退,土著性微生物重占优势。

8.2.2　水体中的微生物

　　水体是人类赖以生存的重要环境。地球表面有 71% 为海洋,贮存了地球上 97% 的水。其余 2% 的水贮于冰川与两极,0.009% 存于湖泊中,0.00009% 存于河流,还有少量存于地下水。凡有水的地方都会有微生物存在。水体微生物主要来自土壤、空气、动植物残体及分泌排泄物、工业生产废物、废水及市政生活污水等。许多土壤微生物在水体中也可见到。水中溶有或悬浮着各种无机和有机物质,可供微生物生命活动之需。但由于各水体中所含的有机物和无机物种类和数量以及酸碱度、渗透压、温度等的差异,各水域中发育的微生物种类和数量各不相同。

　　在水体中,特别是低营养浓度水体中,微生物倾向于生长在固体表面和颗粒物上,它们要比悬浮和随水流动的微生物能吸收利用更多的营养物,常常有着附着器和吸盘,这有助于附着在各种表面上。

　　微生物在较深水体(如湖泊)中具有垂直层次分布的特点。在光线和氧气充足的沿岸带、浅水区分布着大量光合藻类和好氧微生物,如假单胞菌、噬纤维素菌、柄细菌和生丝微菌等。深水区位于光补偿水平面以下,光线少,溶氧低,可见紫色和绿色硫细菌及其他兼性厌氧菌。湖底区是厌氧的沉积物,分布着大量厌氧微生物,主要有脱硫弧菌、甲烷菌、芽孢杆菌和梭菌。

　　根据水体微生物的生态特点,可将水域中的微生物分为两类。一是清水型水生微生物,主要是那些能生长于含有机物质不丰富的清水中的化能自养型或光能自养型微生物,如硫细菌、铁细菌、衣细菌等,还有蓝细菌、绿硫细菌、紫细菌等,它们仅从水域中获取无机物质或少量有机物质作为营养。清水型微生物发育量一般不大。二是腐生型水生微生物，腐败的有机残体、动物和人类排泄物，生活污水和工业有机废物、废水大量进入水体，随着这些废物、废水进入水体的微生物利用这些有机废物、废水作为营养而大量发育繁殖，引起水质腐败。随着有机物质被矿化为无机态后，水被净化变清。这类微生物以不生芽孢的细菌和革兰氏阴性杆菌为多，如变形杆菌、大肠杆菌、产气杆菌、产碱杆菌以及芽孢杆菌、弧菌和螺菌等，原生动物有纤毛虫类、鞭毛虫类和根足虫类。

水体也常成为人类和动植物病原微生物的重要传播途径。

自然界的水圈可以分为淡水生境和海水生境，淡水生境包括湖水、池塘、沼泽地、温泉、溪流和河流。海水生境就是海洋。

1. 淡水中的微生物

各类淡水中的微生物种类、数量和分布特征很不一样。大气水和雨雪仅为空气尘埃所携带的微生物所污染，一般微生物数量不高，尤其在长时间降雨过程的后期，菌数较少甚至可达无菌状态。高山积雪中也很少。种类主要有各种球菌、杆菌和放线菌、真菌的孢子。

在流动的江河流水中微生物区系的特点与流经接触的土壤和是否流经城市密切相关。土壤中的微生物随雨水冲刷、灌水排放和随刮风等进入河水，或悬浮于水中，或附着于水中有机物上，或沉积于江河淤泥中。河流经城市时由于大量的城市污水废物进入河流而有大量的微生物进入河水，因此城市下游河水中的微生物无论在数量上还是在种类上都要比上游河水中的丰富得多。河水中藻类、细菌和原生动物等都有存在。

池塘水一般由于靠近村舍，有机物进入量较丰富，且受人畜粪便污染，因此往往有大量腐生性细菌、藻类、原生动物生存和繁殖。在水体表层常有好氧性细菌生长和单细胞或丝状藻类繁殖，而在下层和底泥层则常有厌氧性或兼性厌氧性细菌分布。

在湖泊中的微生物分布与池塘中的相类似。但在大型湖泊中，由于水体的不流动性和污染物分布的不均匀性，微生物的分布在各部分水体中有所差异。一般来说沿岸水域中的微生物要比湖泊中心水域中的微生物丰富得多，其活性也高。自养菌是许多湖泊的土著微生物，这些微生物对湖泊的营养物循环起着非常重要的作用。在湖泊中常见的自养菌是蓝细菌和紫色、绿色厌氧光合细菌。在湖泊较深的地方，常见的是绿菌科和红硫菌科等能进行光能自养生活的细菌。

地下水一般无有机物污染，因而很少有甚至无微生物生长繁殖。

在淡水中具有代表性的细菌有：无色细菌、黄杆菌、短杆菌、微球菌、芽孢杆菌、假单胞菌、诺卡氏菌、链霉菌、小单胞菌、噬纤维菌、螺旋菌和弧菌。许多有柄细菌，例如柄杆菌和生丝微菌生长在水中的一些固体表面上。

在淡水生态系统中真菌和细菌是重要的外来有机物的降解者，但植物碎片进入水生态时，微生物开始吸附在这些碎片上，并进行有机物的再循环。这样微生物就介入了外来有机碳的转移，使有机碳转化成淡水生态系统中土著微生物的细胞生物碳，在淡水生态系统中微生物对许多其他元素的转化和循环也起着关键作用。

2. 海水中的微生物

海水是地球上最大的水体，但由于海水具有含盐高、温度低、有机物含量少、在深处有很大的静压力等特点，因此海水微生物区系与其他水体中的很不一样。只有能适应于这种特殊生态环境的微生物才能生存和繁殖，包括嗜盐或耐盐的革兰氏阴性细菌、弧菌、光合细菌、鞘细菌等。这些微生物的嗜盐浓度范围不大，以海水中盐浓度为最宜，少数可在淡水中生长，但不能在高盐浓度（如30％）生长。最适生长温度也低于其他生境中的微生物，一般为12～25℃，超过30℃就难以生长。最适生长pH在7.2～7.6之间。许多深海细菌是耐压的。

海水中微生物的分布以近海岸和海底污泥表层为最多，海洋中心部位水体中数量较少。从垂直分布来看，10～50m深处为光合作用带，浮游藻类生长旺盛，也带动了腐生细菌的繁殖，再往下则数量大为减少。

海洋原生动物可以适应有盐环境，有时它们可以忍受10％（w/v）的NaCl浓度。海洋原生动物是以细菌、水生植物和形态更小的水生动物作为食物，这样就在初级生产者和海洋食物网的高等生物之间建立起海洋食物网的连接点。

8.2.3 空气中的微生物

空气并不具备微生物生长所必需的营养物质和生存条件，因此空气并不是微生物生长繁殖的良好场所。但空气中仍存在有细菌、病毒、放线菌、真菌、藻类、原生动物等各类微生物。它们来源于被风吹起的地面尘土和水面小水滴以及人、动物体表的干燥脱落物、呼吸道分泌物和排泄物等等。

室外空气中的微生物主要是真菌孢子。空气中常见的真菌有半知菌类、枝孢属和担子菌属纲的掷孢酵母。另外，空气中担子菌孢子浓度也非常大。霉菌有曲霉、青霉、木霉、根霉、毛霉、白地霉等，酵母有圆球酵母、红色圆球酵母等。细菌主要来自土壤，如芽孢杆菌属的许多种。

空气中微生物的地域分布差异很大，城市上空中的微生物密度大大高于农村，无植被地表上空中的微生物密度高于有植被覆盖的地表上空，陆地上空高于海洋上空，室内空气又高于室外空气（表8-1）。微生物在空气中滞留的时间与气流流速、空气温度和附着粒子的大小密切相关。低气流速、高温和大粒子都可导致微生物下沉、跌落至地面。

不同地域上空空气中的细菌数	表8-1
地 域	空气含菌数（个/m³）
畜 舍	1000000～2000000
宿 舍	20000
城市公园	5000
公 园	200
海 面 上	1～2
北 极	0～1

室内空气中也有真菌，但不如室外的多。室内空气中的主要真菌有腐生菌，如青霉、曲霉和其他能在食物和潮湿墙壁上生长的微生物。在农村的干草房、动物饲养房，真菌和放线菌的数目是相当多的，长时间待在这些房间会引起人的肺部发生过敏反应。

在正常生活条件下，室内的细菌来源主要有两个方面：一是呼吸道表面；二是皮肤的小鳞片。所以室内空气中存在的细菌群落可以用来说明皮肤和呼吸道细菌群落。主要的细菌有葡萄球菌，另外还有芽孢杆菌、产气荚膜梭菌等。

8.2.4　极端环境中的微生物

在高温环境、低温环境、高压环境、高碱环境、高酸环境、高盐环境，还有高卤环境、高辐射环境和厌氧环境中，一般生物难以生存而只有某些特殊生物和特殊微生物才能生存，这些环境称为极端环境。如温泉、热泉、堆肥、火山喷发处、冷泉、酸性热泉、盐湖、碱湖、海洋深处、矿尾酸水池、某些工厂的高热和特异性废水排出口处等都是极端环境。能在这些极端环境中生存的微生物即是极端环境微生物（extreme microorganisms）。

这些极端环境微生物包括嗜冷菌（*Psychrophiles*）、嗜热菌（*Thermophiles*）、嗜盐菌（*Halophiles*）、嗜压菌（*Barophiles*）、嗜酸菌（*Acidophiles*）、嗜碱菌（*Alkaliphiles*）以及抗辐射、抗干旱、抗低营养浓度和高浓度重金属离子的微生物。这些微生物对极端环境的适应是长期自然选择的结果。极端环境微生物细胞内的蛋白质、核酸、脂肪等分子结构、细胞膜的结构与功能、酶的特性、代谢途径等许多方面，都有区别于其他普通环境微生物的特点。

1. 高温环境中的微生物

自然界有许多高温环境，如正在喷发的火山（1000℃）、流出的火山岩浆（500℃）、在这些火山周围的土壤和水、深海中地热区、沸腾的温泉（93～109℃）等。人类在工农业生产中也人为地创造了许多高温环境。在这些高温环境中存在着许多不同种类和不同温度适应性的高温微生物。一般来说，原核微生物比真核微生物、非光合细菌比光合细菌、构造简单的生物比构造复杂的生物更能在高温下生长（表8-2）。

各类微生物群的生长上限温度　　　　　　　　　　　　　表8-2

真核微生物	上限温度（℃）	原核微生物	上限温度（℃）
原生动物	56	蓝细菌	70～73
藻类	55～60	光合细菌	70～73
真菌	60～62	无机化能细菌	>90
		异养细菌	>90

高温微生物可分为三类：

① 极端嗜热菌：最适生长温度为65～70℃，最低生长温度在40℃以上，最高生长温度在70℃以上。

② 兼性嗜热菌：最高生长温度在50～60℃之间，但在室温下仍有生长与繁殖能力，只是生长缓慢。

③ 耐热细菌：最高生长温度在45～50℃之间，在室温中生长较中温性细菌差而较兼性嗜热菌好。对于这种分类的温度界限，各研究者的认识有所不同。

许多异养菌也是嗜热菌，这些细菌具有潜在的工业用途。它们的最高生长温度在85℃左右，主要存在于堆肥等富含有机物的高温环境中，如栖热菌属。

当温度超过80℃时，环境中存在的细菌主要为古细菌（*Archaebacteria*），如绝对厌氧的产甲烷菌 *Methanococcus jannaschii* 和 *Methanothermus fervidus*。

2. 高盐环境中的微生物

自然界中高盐环境主要是盐湖、死海、盐场和腌制品。盐湖、死海等环境水体的含盐

量可达 $1.7\%\sim2.5\%$ 左右，盐场和腌制品的盐浓度更高。能在这些高盐环境中生存繁殖的微生物称为嗜盐性微生物。根据嗜盐性微生物对盐浓度的适应性和需要性，可以将它们分为不同的嗜盐类群（表 8-3）。

常见的极端嗜盐菌见表 3-2（参见第 3 章）。常见的中等嗜盐菌有盐脱氮副球菌（*Paracoccus halodenitrificans*）、嗜盐动性球菌（*Planococcus halophilus*）、红皮盐杆菌等（*H. cutirbrum*）。目前极端嗜盐细菌和嗜盐微藻（Microalgae）这两类微生物引起了人们的高度重视。关于嗜盐菌的嗜盐的机制参见第 3 章。

微生物的不同嗜盐性类群

表 8-3

嗜盐类群	最适生长盐浓度（mol/L NaCl）	例样
非嗜盐微生物	0.2	淡水微生物
弱嗜盐微生物	0.2~0.5	大多数海洋微生物
中等嗜盐微生物	0.5~2.5	某些细菌和藻类
极端嗜盐微生物	2.5~5.2	盐杆菌和盐球菌
耐盐微生物	0.2~2.5	金黄色葡萄球菌、耐盐酵母

3. 高酸、高碱环境中的微生物

高酸环境如某些含硫矿的矿尾水、酸性热泉以及人为有机酸发酵反应器等处，都有一些嗜酸性微生物存在，如氧化硫硫杆菌（*Thiobacillus thiooxidans*）在氧化 S^{2-} 为 SO_4^{2-} 时可在 5% H_2SO_4 和 pH 为 $1.0\sim1.5$ 的环境中进行生命活动。

高碱环境如某些碱性温泉、矿尾水等处，也有一些嗜碱的微生物生存。如环状芽孢杆菌（*Bacillus circulans*）可在 pH 高达 11.0 的环境中生活。

无论环境是酸性或碱性，生存其中的微生物都有一整套较好的调节系统，使得胞内的 pH 维持在正常的 6.8 左右，既不会因嗜酸而降低，也不会因嗜碱而增加。如嗜酸菌依赖质子泵从细胞中排出质子，或靠一种特异的钠离子泵的作用，或靠细胞表面栅栏阻止质子渗入。尽管某些调节机能的机理还不很清楚，但分子遗传学的研究表明，嗜碱细菌的嗜碱性仅为少数基因所控制。

4. 高压环境中的微生物

高压环境主要是海洋深处和深油井内等。在这些环境中，一般每深 10m 即可增加一个大气压，如在 10000m 深处即有 $1000\times(101.325\text{kPa})$。另外，在深油井环境中，每深 10m，同时温度可提高 0.14℃。

一般微生物都不能忍受高压，但仍有少数微生物喜欢在此高压下生存，如在 $1000\times(101.325\text{kPa})$ 处分离获得的专性嗜压菌 *Pseudomomas bathycetes*。

嗜压菌的最大特点是生长极为缓慢。3℃下培养，滞留适应期需 4 个月，倍增时间需 33 天，一年后才达到静止期，生长速率仅相当于常压微生物生长速率的 1/1000。

耐高压或嗜高压微生物的耐高压机理尚不清楚。

8.3　微生物之间的相互关系

在自然界中，微生物物种之间，微生物与高等动物、植物之间的关系都是非常复杂而多样化的，它们彼此相互制约，相互影响，共同促进了整个生物界的发展和进化。它们之间的相互关系，归纳起来基本上可分为互生（mutualism）、共生（symbiosis）、拮抗（对抗）（antagonism）和寄生（parasitism）四种。下面着重讨论微生物之间的这四种关系。

8.3.1　互生关系

两种不同的生物，当其生活在一起时，可以由一方为另一方提供或创造有利的生活条件，这种关系称为互生关系。

在污水生物处理过程中，普遍存在着互生关系。例如，石油炼油厂的废水中含有硫、硫化氢、氨、酚等。硫化氢对一般微生物是有毒的。当采用生物法去处理酚时，分解酚的细菌为什么不会中毒呢？一方面是因为分解酚的细菌经过驯化能耐受一定限度的硫化氢，另一方面因为处理系统中的硫磺细菌能将硫化氢氧化分解成对一般细菌非但无毒而且是营养元素的硫。

又例如，天然水体或生物处理构筑物中的氨化菌、氨氧化菌（亚硝酸菌）和亚硝酸菌氧化菌（硝酸菌）之间也存在着互生关系。水中溶解的有机物会抑制氨氧化菌的发育，甚至可能导致氨氧化菌死亡。由于与氨氧化菌生活在一起的氨化细菌能将溶解的有机氮化物分解成氨或铵盐，这样既为氨氧化菌解了毒，又为氨氧化菌提供了氮素养料。氨对亚硝酸菌氧化菌有抑制作用，可是由于氨氧化菌能把氨氧化成亚硝酸，就为亚硝酸菌氧化菌解了毒，还提供了养料。以上都是单方面有利的互生关系。

互生关系除了单方面有利作用外，有时也可以是双方面的。图 4-13 所示的氧化塘中藻类与细菌之间的关系就是双方面互利的例子。藻类利用光能，并以水中二氧化碳为碳源进行光合作用，放出氧气。它既移除了对好氧菌有害的二氧化碳，又将它的代谢产物（氧）供给好氧菌。好氧菌利用氧去氧化分解有机污染物质，同时放出二氧化碳供给藻类做营养。这种互生关系在自然界也大量存在。

8.3.2　共生关系

两种不同种的生物共同生活在一起，互相依赖并彼此取得一定利益。有的时候，它们甚至相互依存，不能分开独自生活，形成了一定的分工。生物的这种关系称为共生关系。地衣是藻类和真菌所形成的一种共生体。微生物之间的共生关系并不普遍。

8.3.3　拮抗（对抗）关系

一种微生物可以产生不利于另一种微生物生存的代谢产物，这些代谢产物能改变微生物的生长环境条件，如改变 pH 等，造成某些微生物不适合生长的环境。这些代谢产物也可能是毒素或其他物质，能干扰其他生物的代谢作用，以致抑制其生长和繁殖或造成死亡。此外，一种微生物还可以另一种微生物为食料。微生物之间的这种关系称为拮抗或对抗关系。拮抗作用的结果，有产生有利的一面，也有产生不利的一面。

在污水生物处理系统中，动物性营养的原生动物主要以细菌和真菌等为食料，它们能吃掉一部分细菌等微生物和一些有机颗粒，并促进生物的凝聚作用，从而使出水更加澄清。这是由于拮抗作用而产生的有利一面。但对污水净化起主要作用的毕竟是细菌，如细菌被吃掉过多或活性污泥的结构被破坏过大，就会产生不利影响。

不仅原生动物和细菌之间，原生动物和原生动物之间以及后生动物和原生动物之间也存在着拮抗关系。但是，这种拮抗是无选择性的，是强的吃弱的，大的吃小的，是非特异性的。

拮抗的另一种形式则是特异性的，即一种微生物在生活过程中，产生一种特殊的物质去抑制另一种微生物的生长，杀死它们，甚至使它们的细胞溶解。这种特殊物质就叫做抗生素。医药上用的青霉素、链霉素都是抗生素，分别是真菌中的青霉菌和放线菌中的灰链霉菌的分泌物。这些微生物在其生命活动过程中，分泌抗生素都是为了抑制或杀死其他微生物而使它们自己得以优势发展。这种特异性的拮抗关系在污水生物处理过程中尚未很好地研究。

在天然水体对有机污染物质的净化（无机化）过程中，各种微生物的相互关系也在交替演变着。优势种的发展总是遵循一个固定的规律。当水体刚受到污染时，细菌数目开始增多，但数量还不大，这时可发现较多的鞭毛虫。在一般天然情况下，清洁的水中不可能发现数目很大的鞭毛虫。新污染的水中则可发现一定数量的肉足虫。植物性鞭毛虫常与细菌争夺溶解的有机物，但是它们竞争不过细菌。动物性鞭毛虫较植物性鞭毛虫的条件优越，因为它们以细菌为食料。但是，动物性鞭毛虫掠食细菌的能力又不如游泳型纤毛虫，因此它也只得让位给游泳型纤毛虫。游泳型纤毛虫的数目随着细菌数目的变化而变化。随着细菌数目减少，游泳型纤毛虫也逐渐减少，而让位给固着型的纤毛虫，如各种钟虫。固着型纤毛虫只需要较低的能量，所以它们可以生存于细菌很少的环境中。水中细菌等物质愈来愈少，最后固着型纤毛虫也得不到必需的能量。这时，水中生存的微型生物主要是轮虫等后生动物了。它们都是以有机残渣、死的细菌等为食料的。这种现象不但在被污染的水体的净化过程中如此，在生物处理构筑物中污水的无机化过程也遵循着相似的规律（图 8-1）。

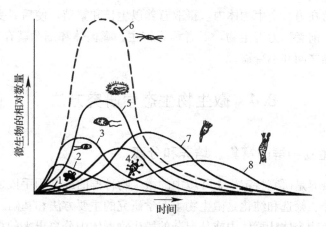

图 8-1　有机废液无机化过程中微生物的生长关系

1—肉足类原生动物；2—植物性鞭毛虫；3—动物性鞭毛虫；4—吸管虫；5—游泳型
纤毛类原生动物；6—细菌（游离细菌）；7—固着型纤毛类原生动物；8—轮虫

湖北省水生生物研究所对某石油化工厂活性污泥曝气池中的微型动物进行观察，得出水的 5 天 20℃ 生化需氧量（BOD_5）与微生物之间的关系，见表 8-4。从表中可看出，出水的水质愈好，有柄纤毛虫（即固着型纤毛虫）的数量愈多。

某石油化工厂曝气池试验微型动物及其有柄纤毛虫数量与出水 BOD₅ 的关系　　表 8-4

出水 BOD₅ （mg/L）	微型动物（个/mL）		有柄纤毛虫（个/mL）	
		平均		平均
0～10	16896		15480	
	7656	12696	6624	11712
	13536		13008	
11～20	6720		4704	
	8448		8130	
	8232	9336	6312	8016
	14016		12912	
21～25	8712		6432	
	12768		11256	
	6768		4416	
	5256	8596	3168	4752
	5688		2328	
	4632		3288	

应当指出，在处理有毒废水的活性污泥中有时原生动物会很少，主要是游离细菌和细菌菌胶团。大量游离细菌的存在会使水质不易澄清，呈现浑浊。

8.3.4　寄生关系

一个生物生活在另一个生物体内，摄取营养以生长和繁殖，使后者受到损害，这种关系称为寄生关系，前者称为寄生物，后者称为寄主。噬菌体和细菌就存在着寄生的关系。寄生关系在微生物之间并不普遍。

8.4　微生物生态学研究方法

8.4.1　微生物种群的富集、培养和分离

富集和人工培养是研究特定生态环境中的微生物种群的最常用手段之一，其中特定微生物的选择性培养、筛选和纯化是微生物生态学研究的主要方法和基础。

将特定的微生物个体从群体中或从混杂的微生物群体中分离出来的技术叫做分离；在特定环境中只让一种来自同一祖先的微生物群体生存的技术叫做纯化。

分离技术主要是稀释和选择培养。稀释是在液体中或在固体表面上高度稀释微生物群体，使单位体积或单位面积仅存留一个单细胞，并使此单细胞增殖为一个新的群体。最常用的为平板划线法。如果所要分离的微生物在混杂的微生物群体中数量极少或者增殖过慢而难以稀释分离时，需要结合使用选择培养法，即选用仅适合于所要分离的微生物生长繁殖的特殊培养条件来培养混杂菌体，改变群体中各类微生物的比例，以达到分离的目的。

8.4.2　微生物生态系统中微生物种群定量分析方法

为了研究环境中微生物种群的生长代谢以及演变过程，往往需要对其种群的大小进行定量分析，这时可以采用直接计数法或间接计数法。这些检测方法在第 7 章 7.1 节中已作介绍，这里不再赘述。

有时为了检测某些特定的微生物种群的数量，还可以采用可以与这些微生物的细胞结构有特异结合的荧光染料来先进行染色，然后再通过荧光显微镜或激光共聚焦显微镜观察或测量荧光的强度和面积来计算微生物种群的数量。对于一些可以分离培养的微生物种群还可以先用特殊的培养基和培养条件进行富集、分离和培养，然后再采用微生物计数法来测定种群数量。

8.4.3　微生物系统分类学研究方法

现代的微生物分类学，已从原有的按微生物表型进行分类的经典分类学发展到按它们的亲缘关系和进化规律进行分类的微生物系统学阶段。微生物的分类包括三个内容：分类、鉴定和命名。具体地说，分类是通过收集大量描述有关个体的文献资料，经过科学的归纳和理性的思考，整理成一个科学的分类系统。鉴定则是通过详细观察和描述一个未知名称纯种微生物的各种性状特征，然后查找现成的分类系统，以达到对其知类、辨名的目的。命名是为一个新发现的微生物确定一个新学名。

分类和命名在第 1 章中已有简单的介绍，这里重点介绍分类鉴定方法。

1. 微生物分类鉴定中的经典方法

生物分类的传统指标包括：形态学特征、生理学特征、生态学特征。它们从不同层次（细胞的、分子的），用不同学科（化学、物理学、遗传学、免疫学、分子生物学等）的技术方法来研究和比较不同微生物的细胞、细胞组分或代谢产物，从中发现的反映微生物类群特征的资料。在现代微生物分类中，任何能稳定地反映微生物种类特征的资料，都有分类学意义，都可以作为分类鉴定的依据。

（1）形态学特征

常用的形态学特征有：培养特征、细胞形态及其染色特性、特殊的细胞结构、运动性等。这些形态学特征可作为微生物分类和鉴定的重要依据之一，原因如下：① 易于观察和比较，尤其是真核微生物和具有特殊形态结构的细菌；② 许多形态学特征依赖于多基因的表达，具有相对的稳定性，常用于原核生物分类鉴定的形态学特征。

（2）生理生化特征

生理生化特征与微生物的酶和调节蛋白质的本质和活性直接相关，酶及蛋白质都是基因产物，所以，对微生物生理生化特征的比较也是对微生物基因组的间接比较，加上测定生理生化特征比直接分析基因组要容易得多，因此生理生化特征对于微生物的系统分类仍然是有意义的。

常用于微生物分类鉴定的生理生化特征有：营养类型、与氧的关系、对温度的适应性、对 pH 的适应性、对渗透压的适应性、代谢产物等。在以实用为主要目的表型分类中，生理生化特征往往是细菌分类鉴定的主要特征。

形态和生理生化特征是最常用的细菌分类、鉴定指标。

2. 微生物分类鉴定中的现代方法 ——通过核酸分析鉴定微生物遗传型

与形态及生理生化特性的比较不同，对 DNA 的碱基组成进行比较可以得到更加可信的信息。

（1）DNA 的碱基组成（G+C mol%）

DNA 碱基因组成是各种生物的稳定特征，即使个别基因突变，碱基组成也不会发生明显变化。分类学上，用 G+C 占全部碱基的摩尔百分数（G+Cmol%）来表示各类生物的 DNA 碱基因组成特征。

1）每个生物种都有特定的 G+C%范围，因此可以作为分类鉴定的指标。细菌的 G+C%范围为 25%～75%，变化范围最大，因此更适合于细菌的分类鉴定。

2）G+C%测定主要用于对表型特征难区分的细菌作出鉴定，并可检验表型特征分类的合理性，从分子水平上判断物种的亲缘关系。

3）使用原则：G+C 含量的比较主要用于分类鉴定中的否定；每一种生物都有一定的碱基组成，亲缘关系近的生物，它们应该具有相似的 G+C 含量，若不同生物之间 G+C 含量差别大表明它们关系远。但具有相似 G+C 含量的生物并不一定表明它们之间具有近的亲缘关系。

在疑难菌株鉴定、新种命名、建立一个新的分类单位时，G+C 含量是一项重要的、必不可少的鉴定指标。其分类学意义主要是作为建立新分类单元的一项基本特征和把那些 G+C 含量差别大的种类排除出某一分类单元。G+C 含量的比较主要用于分类鉴定中的否定。

（2）核酸的分子杂交法

生物的遗传信息以碱基排列顺序（遗传密码）线性地排列在 DNA 分子中，不同生物 DNA 碱基排列顺序的异同直接反映这些生物之间亲缘关系的远近，碱基排列顺序差异越小，它们之间的亲缘关系就越近，反之亦然。由于目前尚难以普遍地直接分析比较 DNA 的碱基排列顺序，所以，分类学上目前主要采用较为间接的比较方法——核酸分子杂交（Hybridization），来比较不同微生物 DNA 碱基排列顺序的相似性进行微生物的分类。核酸分子杂交在微生物分类鉴定中的应用包括：DNA-DNA 杂交、DNA-rRNA 杂交以及根据核酸杂交特异性原理制备核酸探针。

1）DNA-DNA 杂交。DNA-DNA 杂交的基本原理：对双链结构的 DNA 分子进行加热处理时，互补结合的双链可以离解成单链，即 DNA 变性；若将变性了的 DNA 分子进行冷却处理，已离解的单链又可以重新结合成原来的双链 DNA 分子，这一过程叫 DNA 的复性。不仅同一菌株的 DNA 单链可以复性结合成双链，来自不同菌株的 DNA 单链，只要二者具有同源互补的碱基序列，它们也会在同源序列之间互补结合形成双链，这就称之为 DNA-DNA 分子杂交。

自 20 世纪 60 年代将 DNA-DNA 杂交技术应用于细菌分类以来，已经对大量的微生物菌株进行过研究，它对于许多有争议的种的界定和建立新种起了重要作用。许多资料表明：DNA-DNA 杂交同源性在 60%以上的菌株可以认为是同一个种；同源性超过 70%为同一亚种；同源性在 20%～60%是同属不同种的关系。

2）DNA－rRNA 杂交。研究表明，当两个菌株 DNA 的非配对碱基超过 10%～20%时，DNA-DNA 杂交往往不能形成双链，因而限制了 DNA-DNA 杂交主要应用于种水平上的分类。为了进一步比较亲缘关系更远的菌株之间的关系，需要用 rRNA 与 DNA 进行杂交。rRNA 是 DNA 转录的产物，在生物进化过程中，其碱基序列的变化比基因组要慢得多，保守得多，它甚至保留了古老祖先的一些碱基序列。因此，当两个菌株的 DNA-DNA 杂交率很低或不能杂交时，用 DNA-rRNA 杂交仍可能出现较高的杂交率，因而可以用来进一步比较关系更远的菌株之间的关系，进行属和属以上等级分类单元的分类。DNA-DNA 杂交和 DNA-rRNA 杂交的原理和方法基本相同，只是在技术细节上有些差异，如 DNA-rRNA 杂交中，用同位素标记的是 rRNA 而不是 DNA 等等。

　　3) 核酸探针。核酸探针是指能识别特异核苷酸序列的、带标记的一段单链 DNA 或 RNA 分子。这段核酸探针能与被检测的特定核苷酸序列（靶序列）互补结合，而不与其他序列结合的带标记的单链核苷酸片段。因此，一种核苷酸片段能否作为探针用于微生物鉴定，最根本的条件是它的特异性，即它能与所检测的微生物的核酸杂交而不能与其他微生物的核酸杂交。根据特异性的不同，在微生物鉴定与检测中的作用也不同，有的探针只用于某一菌型的检测，有的可能用于某一种、属、科甚至更大类群范围的微生物的检测或鉴定。

8.4.4　微生物群落结构和多样性的研究方法

　　微生物生态学除了研究微生物生态系统中微生物存在的数量以外，对微生物群落组成和结构的研究也是重要内容。群落结构决定了生态功能的特性和强弱。群落结构的高稳定性是实现生态功能的重要因素。群落结构变化是标记环境变化的重要方面。通过对环境微生物群落结构和多样性进行解析并研究其动态变化，可以为调节群落功能和发现新的重要微生物功能类群提供可靠的依据。

　　20 世纪 70 年代以前，微生物群落结构和多样性研究方法主要是传统的培养分离方法，依靠形态学、培养特征、生理生化特性的比较进行分类鉴定和计数，但认识是不全面和有选择性的，方法的分辨水平也很低。70 年代后期到 80 年代，随着微生物化学成分的分析方法的发展，建立了一些微生物分类和定量的方法（生物标记物方法），对环境微生物群落结构及多样性的认识进入到较客观的层次上。到 80 和 90 年代，现代分子生物学技术以特异性 DNA/RNA 序列为标记物，通过 rRNA 基因测序技术和基因指纹图谱等方法，比较精确地揭示了微生物种类和遗传的多样性，并给出了关于群落结构的直观信息。

　　1. 基于培养的群落结构研究方法

　　采用传统的微生物培养方法，将能够在实验室培养的微生物种群分别培养出来，再进一步进行种群鉴定。这种方法可以检测环境中活的可培养的微生物种群结构，并且对微生物生态学的发展起了很重要的作用。但是，由于采用配比简单的营养基质和固定的培养温度，还忽略了气候变化和生物相互作用的影响，这种人工环境与原生境的偏差使得可培养的种类大大减少（不到 1%）。因而不能全面地反映微生物区系组成状况，而且繁琐、耗时。已有研究表明传统培养方法只能检测出污水活性污泥处理系统中 3%～15% 的微生物种类。

　　2. 群落水平生理学指纹方法

　　由于微生物所含的酶与其丰度或活性是密切相关的，如果某一微生物群落中含有特定的酶可催化利用某特定的基质，则这种酶-底物可作为此群落的生物标记分子之一。由

Garlan 和 Mills 于 1991 年提出的群落水平生理学指纹方法 CLPP，通过检测微生物样品对底物利用模式来反映种群组成的酶活性的分析方法。具体而言，CLPP 就是通过检测微生物样品对多种不同的单一碳源的利用能力，来确定哪些基质可以作为能源，从而产生对基质利用的生理代谢指纹，并作为微生物种群鉴定的依据。由 BIOLOG 公司开发的 BI-OLOG 氧化还原技术，使得 CLPP 方法快速方便。BIOLOG 鉴定系统是在 96 孔细菌培养板上检测微生物对不同发酵性碳源（95 种）利用情况。培养板上都含有培养基和氧化还原染料四唑盐，微生物利用碳源进行呼吸时会将四唑从无色还原成紫色。这样通过分光光度计就可以快速准确地检测样品中各种微生物对不同碳源的利用情况，从而从微生物的碳源类型上间接地反映出样品中微生物的种群结构。这种方法自动化程度高、检测快速。缺点是仅能鉴定快速生长的微生物，误差较大，拥有的标准数据库还不完善。

3. 生物标记物法（Biomarkers）

生物标记物通常是微生物细胞的生化组成成分，其总量通常与相应生物量呈正相关。特定的标记物标志着特定的微生物，一些生物标记物的组成模式种类、数量和相对比例可作为指纹估价微生物群落结构。生物标记物法首先使用一种合适的提取剂直接把生物标记物从环境中提取出来，然后对提取物进行纯化，然后用合适的仪器加以定量测定。其优点是不需要把微生物的细胞从环境样中分离，能克服由于培养而导致的微生物种群变化，具有一定的客观性。

醌指纹法就是一种典型的生物标记物检测方法。呼吸醌广泛存在于微生物细胞膜中，在电子传递链中起重要作用，主要有泛醌、辅酶 Q、甲基萘醌和维生素 K 等。醌可以依据侧链含异戊二烯单元的数目和侧链上使双键饱和的氢原子数进一步区分。每一种微生物都含有一种占优势的醌，而且不同的微生物含有不同种类和分子结构的醌。因此，醌的多样性可定量表征微生物的多样性，醌谱图（即醌指纹）的变化可表征群落结构的变化。醌指纹法具有简单快速的特点。

磷脂是构成生物细胞膜的主要成分，约占细胞干重的 5%。在细胞死亡时，细胞膜很快被降解，磷脂脂肪酸被迅速的代谢掉，因此它只在活细胞中存在，十分适合用于微生物群落的动态监测。脂肪酸具有属的特异性，特殊的甲基脂肪酸已经被作为微生物分类的依据。磷脂脂肪酸谱图分析法（phospholipid fatty acid，PLFA）首先将磷脂脂肪酸部分提取出来，然后用气相色谱分析，得出 PLFA 谱图。甲基脂肪酸酯（Fatty acid methyl ester，FAME）是细胞膜磷脂水解产物，气相色谱分析系统分析出全细胞的 FAME 谱图。脂肪酸谱图法分类水平较低，不能鉴定到种。另外，不同微生物种属之间脂肪酸组成有重叠，外来生物污染也限制了脂肪酸谱图法对种群结构解析的可靠性。

4. 现代分子生物学方法

现代分子生物学方法以微生物基因组 DNA 的标记序列为分类依据，通过分析不同 DNA 分子的种类及其数量来反映微生物的种群结构。可以用于微生物群落结构分析的基因组 DNA 的序列信息包括：核糖体操纵子基因序列（rRNA）、已知功能基因的序列、重复序列和随机基因组序列等。最常用的标记序列是核糖体操纵子基因（rRNA）。rRNA（rDNA）在细胞中相对稳定，同时含有保守序列及高可变序列，是微生物系统分类的一个重要指标。其中，16srRNA 分子大小适中（约 1.5Kb），既能体现不同菌属之间的差异，又宜于利用测序技术而得到有关系统发育关系的充足信息，故被广泛采用。相对于宏观生物而言，不同微生物的差异在形态上并不明显，而突出表现在基因水平上。这正是现代分子生物学的优势所在，在物种的鉴定上，它有着精细的分辨能力（可达菌株）。另外，与生物标记物一样，DNA（RNA）是微生物都含有的生化组成成分，能够比较客观地反映微生物群落的组成情况。现代分子生物学方法包括群落水平总 DNA 分析方法、核酸杂交技术、克隆文库方法和基因指纹。

　　总的来说，目前的每一类方法都有自身的优势和局限性，也都在发展和完善当中，并相互补充相互推动。传统培养分离方法积累了种群分类的大量数据，为生物标记物方法和现代分子生物学技术提供了良好的背景材料，在功能特性的认识上有独特的优势。生物标记物方法可快速进行单个环境微生物样品的群落结构和多样性解析，但在定性上依赖于传统培养分离方法。现代分子生物学提高了解析的灵敏度，在基因水平上扩大了物种多样性的视野，其中基因指纹技术可同时分析多个样品，直观显示了种群结构变化情况，有助于分析调控因子对群落结构和群落功能的影响。为了达到指导功能调控的目的，微生物群落结构和多样性解析技术的发展趋势是原位、快速、灵敏、高通量和准确定量。

思　考　题

1. 什么是生态系统？
2. 生态系统的主要特性是什么？
3. 微生物在生态系统中的作用有哪些？
4. 试比较空气、水、土壤中微生物分布的特征。
5. 研究极端环境有什么重要意义？
6. 各种极端环境中的代表微生物有哪些？有哪些已经引起人们的广泛关注？
7. 试区别微生物的拮抗关系和互生关系及其在污水生物处理中的应用。
8. 微生物分类鉴定有哪些方法？它们的原理各是什么？
9. 微生物群落结构的研究方法有哪些？它们的优势和不足是什么？

第9章　大型水生植物

9.1　大型水生植物的特点

9.1.1　大型水生植物的界定及其主要类群

大型水生植物（macrophyte）是指植物体的一部分或全部永久地或至少一年中数月沉没于水中或漂浮在水面上的高等植物类群。它们可为水生生物和其他野生动物提供食物和栖息地，向水中分泌氧气，有一定的水质净化功能。这是一个生态学范畴上的类群，是不同类群植物通过长期适应水环境而形成的趋同性生态适应类型，因此包含了多个植物门类，如蕨类植物和种子植物。通常意义上的大型水生植物还包括一些大型的藻类植物，如轮藻门的藻类。

大型水生植物可分为四种生活型（life form）：挺水、漂浮、浮叶根生和沉水。

挺水植物（emergent macrophyte）是以根或地下茎生于水体底泥中，植物体上部挺出水面的类群。这类植物体形比较高大，为了支撑上部的植物体，往往具有庞大的根系，并能借助中空的茎或叶柄向根和根状茎输送氧气。常见的种类有芦苇、香蒲等。

漂浮植物（floating macrophyte）指植物体完全漂浮于水面上的植物类群，为了适应水上漂浮生活，它们的根系大多退化成悬垂状，叶或茎具有发达的通气组织，一些种类还发育出专门的贮气结构（如凤眼莲膨大成葫芦状的叶柄），这些为整个植株漂浮在水面上提供了保障。

浮叶根生植物（floating-leaved macrophyte）指根或茎扎于底泥中，叶漂浮于水面的类群。这类植物为了适应风浪，通常具有柔韧细长的叶柄或茎，常见的种类有菱、荇菜等。

沉水植物（submergent macrophyte）是指植物体完全沉于水气界面以下，根扎于底泥中或漂浮在水中的类群，这类植物是严格意义上完全适应水生环境的高等植物类群。相比其他类群，由于沉没于水中，阳光的吸收和气体的交换是影响其生长的最大限制因素，其次还有水流的冲击。因此该类植物体的通气组织特别发达，气腔大而多，有利于气体交换；叶片也多细裂成丝状或条带状，以增加吸收阳光的表面积和减少被水流冲破的风险；植物体呈绿色或褐色，以吸收射入水中较微弱的光线，常见的种类有狐尾藻、眼子菜等。

9.1.2　大型水生植物的繁殖与分布特点

大型水生植物具有很强的繁殖能力，不但能以种子进行有性繁殖，而且还能以它们的分枝或地下茎进行营养繁殖，如浮萍类可以靠叶状体出芽产生新的叶状体，菹草、金鱼藻等则靠断裂的分枝产生新植株，而芦苇等能借助泥中的根状茎分蘖产生新植株。随着水的流动，种子、果实或可繁殖的营养体也随着传播，这些繁殖体在不利的环境条件下，如：寒冷、干涸时可沉入水底泥中，待条件适宜时重新萌发生长。由于水环境相比陆地环境稳定得多，生长在其中的大型水生植物受气温、干湿条件变化的影响也比较小，再加上较强的繁殖能力，许多水生植物如芦苇、浮萍、睡莲、狐尾藻等可以在世界各地广泛分布。

大型水生植物主要生长在水流比较平缓的水体，如湖泊或水流平缓的河湾地带，也有个别种类可以适应瀑布、激流等湍急的水体，如飞瀑草。它们可生长的水深范围约在10m以内，在四种生活型中，挺水植物、浮叶根生植物和沉水植物在水中的分布主要是受水深的限制，从岸边向深水区分布的位置依次为：挺水—浮叶根生—沉水（图9-1）。而漂浮植物在水中分布主要是受风浪的影响，通常生长在水面比较平静的湖湾，或由挺水植物、浮叶根生植物群落围成的稳定水面中。

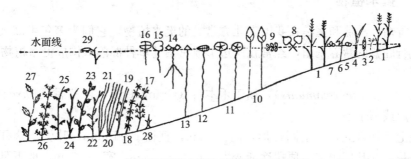

河北省安新县白洋淀水生植被生态系列图

图9-1 大型水生植物群落在沿岸带的分布

1—芦苇；2—花蔺；3—菖蒲；4—菰；5—青萍；6—慈姑；7—紫萍；8—水鳖；9—槐叶萍；10—莲；11—芡实；12—两栖蓼；13—茶菱；14—菱；15—睡莲；16—荇菜；17—金鱼藻；18—黑藻；19—小茨藻；20—苦草；21—苦草；22—竹叶眼子菜；23—光叶眼子菜；24—龙须眼子菜；25—菹草；26—狐尾藻；27—大茨藻；28—五针金鱼藻；29—眼子菜

挺水植物分布的水深一般在1m左右，可短期耐受3m以上的水深，但不能忍受长期的淹没。一些挺水植物能适应短期的干旱，如在干涸的河床中经常可以见到成片的芦苇生长。挺水植物借助地下根茎强大的营养繁殖能力，往往在岸边形成挺水植物群落带。

挺水植物带的存在可有效地防治水体的面源污染，因为密集的根系可以拦截陆地冲刷下来的泥沙、有机质以及地表径流中携带的氮磷等营养物质。目前在滇池和太湖等一些富营养化严重的湖泊，正在通过重建或恢复以挺水植物为主的湖滨带来防治面源污染。但是挺水植物的不断发育也有可能导致浅水湖泊的沼泽化，因为根系的拦截作用使泥沙等陆源固体物质不断积累，挺水植物富含纤维的植株死亡后不能很快分解，其残体也会不断积累，致使水底垫高，水域变浅，生长区域逐渐向远岸一侧扩展，原来生长的沿岸带逐渐变浅形成沼泽。在我国常见的挺水植物群落主要有芦苇群落、香蒲群落以及菰（茭白）群落。

浮叶根生植物一般分布在挺水植物远岸一侧，水深小于5m的亚沿岸带。它们对水位的波动有一定的适应能力，可耐受短期的淹没。一些种类兼具有挺水植物和沉水植物的某些性质，即水位较低时枝叶可挺出水面，水位较高时植株可完全淹没在水面以下生长。浮叶根生植物通常以单种群落的形式在水体中形成连续的条带状。我国常见的浮叶植物群落主要有荇菜群落，菱群落和金银莲花群落等。

沉水植物茎叶全部沉没在水下，对水深的适应性最强，通常可在水深 6m 以内的范围内生长，一些种类的生理下限可达到 10～12m。沉水植物在水下的生长分布与水下的光照条件密切相关，大部分沉水植物对水下光照条件的最低要求为水面光照强度的 5%。它们可在浮叶根生植物带深水一侧形成沉水植物群落，也可以伴生在挺水植物和浮叶植物群落之中。我国常见的沉水植物群落主要有：狐尾藻群落、黑藻群落和金鱼藻群落等。

9.2 常见的大型水生植物

9.2.1 挺水植物

芦苇、香蒲、菖蒲和菰是在我国南北方常见的挺水植物，它们为多年生高大禾草，多以根状茎进行旺盛的营养繁殖，经常在岸边形成密集的单种群落，构成挺水植物带。

1. 芦苇

芦苇（*Phragmites communis*），属于禾本科（Gramineae），芦苇属（*Phragmites*）植物，又称为芦或苇子。

芦苇地上茎秆直立，中空圆柱形，高 1～3m，直径 2～10mm，叶生于茎秆上，为带状披针形叶片，叶基部较宽，顶端逐渐变尖，长 15～50cm，宽 1～3cm，地下具有粗壮的匍匐根状茎，芦苇花序为圆锥形，生于直立茎顶端，长可达 45cm，花为两性花，果实为颖果，长圆形，通常在 7～11 月开花结果。

芦苇生于湖泊、河岸旁、河溪边多水地区，在条件适宜的环境中常形成成片的芦苇塘、芦苇荡。水下土层深厚、土质较肥、含有机质较多的黏壤土或壤土最适宜芦苇的生长，这类土壤一般都分布在静水沼泽和浅水湖荡地区，如我国河北保定的白洋淀。芦苇生长旺盛阶段最大耐水深度达到 1.3m 左右，但也能在湿润而无水层的土壤上生长。

芦苇可起到保护圩堤，挡浪防洪的作用。芦苇茎秆可建茅屋，编织芦席、芦帘，也是造纸的原料，根茎入药有清火除烦热、止呕、利尿之功效。此外芦苇荡还是鸟类的栖息场所，芦苇滩的浅水处也是一些水生动物的活动场所。

2. 香蒲

香蒲为香蒲科（Typhaceae）香蒲属（*Typha*）种类的统称，也称为蒲草或蒲菜，因有着呈蜡烛状穗状花序，故又称水烛。

香蒲地上茎秆为实心圆柱形，直立，高 0.5～2m，叶片带状，长 0.5～1m，宽 2～3cm，叶生于直立茎上，基部呈长鞘状抱茎，香蒲地下具有白色横生的根状茎。香蒲花序为肉穗型，圆柱状似蜡烛生于茎秆顶端，花单性，雄花序生于上部，雌花序生于下部，雌雄花序是否相连以及雌花序是否有苞片是区分不同种类的主要特征。

香蒲植物约 18 种，我国常见的有东方香蒲（*T. orientalis*）、宽叶香蒲（*T. Latifolia*）、达香蒲（*T. davidiana*）、小香蒲（*T. minima*）、狭叶香蒲（*T. angustifolia*）、长苞香蒲（*T. angustata*）和普通香蒲（*T. przewalskii*），见表 9-1。

常见的香蒲属种类 表 9-1

种类	主要特征		在我国的分布
东方香蒲 (T. orientalis)	雌雄花序相连接	花粉四粒聚合成四合体，植株高约 1m，叶宽 0.5～0.8cm	主要分布于我国的东北、华北、华中及华东地区
宽叶香蒲 (T. Latifolia)		花粉粒单一不聚合，植株高约 1m，叶宽 1～2cm	主要分布于我国的东北、华北、西北以及西南地区
小香蒲 (T. minima)	雌雄花序不相连接	雌花有小苞片	植株高不超过 1m，叶宽 0.2～0.3cm	主要分布于我国的东北、华北地区
长苞香蒲 (T. angustata)			植株高 1～4m，叶宽 0.8～1.3cm	主要分布于我国的东北、华北以及西北地区
狭叶香蒲 (T. angustifolia)			植株高 1～4m，叶宽 0.4～0.8cm	主要分布于我国的东北地区
达香蒲 (T. davidiana)		雌花无苞片	植株高 0.6～0.8m，叶宽 0.2～0.3cm	主要分布于我国的东北、华北、华中地区
普通香蒲 (T. przewalskii)			植株高 1～1.5m，叶宽 0.6～1cm	主要分布于我国的东北、华北、西北地区

香蒲叶绿、穗奇，常用于点缀园林水池、湖畔，构筑水景，花序称为蒲棒常用做切花材料，叶子称为蒲草可用于编织，花粉称为蒲黄可入药，有止血、消炎、利尿的作用，全株是造纸的好原料。

3. 菖蒲

菖蒲（Acorus calamus）属于天南星科（Araceae），菖蒲属（Acorus）植物，又名臭菖蒲、水菖蒲、泥菖蒲等。

菖蒲只有粗壮、横卧的地下根状茎，无直立茎，剑形叶自根状茎顶端直立、丛生，叶中肋明显地向两面突起，叶长可达 90～100cm 或更长，宽 1～3cm，菖蒲花序为肉穗型，花序柄生于根状茎顶端，直立或斜向上，花为两性花。菖蒲整个植株具有芳香气味。

菖蒲通常生于池塘浅水处、山谷湿地或河滩湿地，耐贫瘠，其根茎可入药，味辛性温，能辟秽开窍、宣气逐痰、解毒杀虫。

4. 菰

菰（Zizania latifolia），属于禾本科（Gramineae），菰属（Zizania）植物。又称茭白、茭笋。菰地上茎直立，茎秆高 1～2m，基部因真菌寄生而变得肥厚，叶生于直立茎上，扁平带状，长 0.3～1m，宽 2.5cm 左右。菰地下根状茎细长，但须根粗壮，花序为圆锥形，生于茎秆顶端，花单性，雌花序位于花序上部，雄花序位于下部。

菰多生于湖面、池沼边缘，适应水深 1～1.5m，底质为厚层泥沙或淤泥的地域，常和芦苇、香蒲成带状混生。其茎秆基部被真菌黑粉菌寄生后变肥大而柔嫩，可供食用，即通常所称茭白、茭笋，因此是一种经济型水生作物，我国南方地区常有人工栽培。

除了上述四种外，在我国常见的挺水植物种类还有莲、水葱、千屈菜、慈姑、泽泻、荸荠、水蓼、风车草、香根草等，但这些种类自然条件下往往零星生长，很少能形成挺水植物带中的单种群落。其中莲（Nelumbo nucifera）由于花具有很强的观赏性，同时果实莲子、根茎藕具有较高的食用价值，已经转变为经济作物，许多湖泊水塘中见到的大片莲群落往往是在精心管理下的人工种植。经过多年栽培，目前莲的品种已经有花莲、籽莲和耦莲三个大类型、500多个品系。

9.2.2 浮叶根生植物

菱、荇菜、金银莲花是在我国常见的浮叶根生植物，它们多生长于淡水池塘或湖泊处，以种子繁殖，冬季来临之前将种子散落在底泥中，来年春天萌发，往往可在池塘、湖泊挺水植物带的远岸一侧形成成片的浮叶根生植物带。

1. 菱

菱为菱科（Trapaceae）菱属（*Trapa*）种类的统称，因叶片菱形而得名。

菱属植物均为一年生草本，根生于底泥中，茎细长抽出水面，植株具有两种叶，沉水叶和浮水叶，沉水叶对生于茎上，羽状分裂，裂片细丝状，外形像根；浮水叶三角状菱形或菱形；水面上茎的节间缩短，叶密聚于茎顶端，叶柄上具有气囊，上部叶的叶柄较短，下部的叶柄较长，使得各叶片镶嵌展开于水面上，成盘状，称为菱盘。花单生于叶腋处，两性花，花冠为白色。果实为坚果，有刺状角2～4枚，菱的果实富含淀粉可生食或熟食。

菱属在我国有11个种，不同种类之间以果实的形状不同而区分，最常见的为野菱（*T. incisa*）。一些果实较大，口感较好的种类已变为人工栽培的经济作物，如著名的太湖红菱。

2. 荇菜

荇菜（*Nymphoides peltata*），属于龙胆科（Gentianaceae），荇菜属（*Nymphoides*）植物。

荇菜根生于底泥中，茎细长，漂荡于水下，叶互生于茎上，叶片心状椭圆形，类似革质，比较厚，长可达15cm，宽可达12cm，顶端圆形，基部深裂至叶柄着生处，边缘有小三角齿或成微波状，上面光滑，下面带紫色有腺点，叶柄较长，可达10cm。荇菜花序为伞形生于叶腋处，花冠为黄色，比较大，直径3～3.5cm。

3. 金银莲花

金银莲花（*Nymphoides indica*），龙胆科（Gentianaceae），荇菜属（*Nymphoides*）植物。金银莲花主要性状与荇菜相似，不同之处在于叶较大，长可达22cm，宽可达20cm，而叶柄较短，仅几毫米，花为白色，比较小，直径不超过2cm。

除上述三种植物外，在我国常见的浮叶根生植物种类还有睡莲、空心菜、莼菜、水皮莲等，但这些种类自然条件下往往零星生长，很少能够形成浮叶根生植物带。其中，睡莲由于花的观赏性，已经转变为以人工栽培为主的花卉，在许多景观水体有成片的培育，而空心菜和莼菜由于其食用价值，也已经转变为广泛栽培的蔬菜。

9.2.3 漂浮植物

凤眼莲、浮萍和满江红是在我国最常见的三种漂浮植物，这些种类主要通过营养繁殖分生新的植株，在适宜的环境条件下，植株的生长代谢非常活跃，每个个体可在几天时间内就分生出一个新的个体，只要条件合适，这种营养繁殖就会一直持续进行，直至空间资源被完全占用，生物量增长呈现密度制约特点的对数（logistic）增长模式。在春夏季，它们的快速生长往往可以完全覆盖一些静水水体的水面，在水面形成密集的"绿色垫层"。其中凤眼莲比后两种具有更强的空间争夺能力，一些池塘甚至缓流的城市河面一旦被凤眼莲入侵，很快即会被其独占。

1. 凤眼莲

凤眼莲（*Eichhornia crassipes*）为雨久花科（Pontederiaceae），凤眼莲属（*Eichhornia Kunth*）植物，俗称水葫芦、水风信子、布袋莲、水荷花、假水仙、水凤仙、水荷花、大水萍、水浮莲、洋雨久花等。

凤眼莲为多年生浮水草本，植株较高大，株高 10～50cm，须根发达，悬垂水中，叶丛生在缩短茎的基部，叶片卵形，光滑，叶柄中下部有膨胀成葫芦状的气囊，因而得名"水葫芦"。花茎单生，穗状花序呈蓝紫色。

果实成熟后掉落水底，来年种子可萌发生长。其无性繁殖能力也非常强，在生长季节可靠腋芽几天内发育出新植株来扩大种群，是公认的生长最快的植物之一。

凤眼莲喜欢生长于温暖向阳及富含养分的水域中，在 25～35℃下生长最快，每年的九、十月份是生长旺季。旺盛生长的凤眼莲在一公顷水面能挤满 200 万株，重达 300 多吨，当其快速生长时很难被控制，非常容易在水体表面大规模爆发，阻塞河道，破坏水生生态系统，为水体带来生态灾难，因此也是臭名昭著的水生害草，故被称之为"绿魔"（参见第 14 章）。

2. 浮萍

浮萍为浮萍科（Lemnaceae）植物的简称，共有 4 个属约 40 个种。

浮萍是世界上最小最简单的高等植物之一，它们的整个植株完全退化为一个呈圆形或椭圆形的叶状体，厚度仅几个毫米，面积约在 10～50mm^2，叶状体的背部着生有短小的根，长约有 1～10cm，而有些种类的根则完全退化。

浮萍主要是通过类似于酵母出芽生殖的营养繁殖方式产生后代和扩大种群。

浮萍在我国分布主要有 3 属 4 个种类（表 9-2）：浮萍属的小浮萍（*Lemna minor*）和细脉浮萍（*Lemna aequinoctialis*），紫萍属的紫背浮萍（*Spirodela polyrrhiza*），无根萍属的无根萍（*Wolffia arrhiza*）。

我国分布的浮萍科植物　　　　　　　　　　　　　　　　　　　　　　　　表 9-2

属	种	大小及形状特征	分布范围
紫萍属（*Spirodela*）	紫背浮萍（*S. polyrrhiza*）	倒卵或椭圆形，长 5～9mm，宽 4～7mm，两头圆钝，上部绿色下面紫红色，根丛生多条（5～21 条）	海拔 1～2900m 的范围内，广布我国南北各省
浮萍属（*Lemna*）	小浮萍（*L. minor*）	叶状体椭圆形，长 2～6mm，宽 2～4mm，叶片深绿，叶脉 5 条较明显，根 1 条较短	我国中温带地区
浮萍属（*Lemna*）	细脉浮萍（*L. aequinoctialis*）	叶状体长椭圆形，长 2～7mm，宽 2～3mm，叶片深绿，叶脉 3 条，不明显，根 1 条，较长	我国暖温带和亚热带地区
无根萍属（*Wolffia*）	无根萍（*W. arrhiza*）	叶状体椭圆或卵圆形，直径仅 1mm 左右，面积非常小，背部无根	多在长江以南地区

由于浮萍个体较小，对水的波动非常敏感，水面的水平流速超过 0.1m/s 时，浮萍在

水面上形成的垫层就能被搅动吹散,因此浮萍多生长在水流相对平缓的沟渠、湖湾处。

3. 满江红

满江红(*Azolla imbricate*),为满江红科(Azollaceae),满江红属(*Azolla*)植物,又称为红萍、绿萍。

满江红通常横卧于水面上,茎比较短小并有数个分枝,叶极小,长1mm,上面红紫色或蓝绿色,无叶柄,每个叶片分裂成上下重叠的2个裂片,裂隙中有固氮蓝藻共生其中,可将空气中氮气固定成可利用的氮肥,因此经常被有目的地栽培在水池或稻田中起固氮增肥作用。

除了以上几个种类外,在我国常见的漂浮植物还有槐叶萍、水鳖等,但通常零星生长,成片群落较少见。

9.2.4 沉水植物

黑藻、金鱼藻、苦草和狐尾藻是在我国常见的沉水植物种类,它们茂盛生长时,密集的枝叶可在水下形成"水下森林"或"水底草坪"的景观。

1. 黑藻

黑藻(*Hydrilla verticillata*),为水鳖科(Hydrocharitaceae),黑藻属(*Hydrilla*)植物,又称水王荪。

黑藻为多年生沉水草本植物,根扎于底泥中,茎直立伸长,分枝比较少。叶4～8枚轮生于直立茎上,叶片带状披针形,长1～2cm,宽约1.5cm,叶边缘有小齿,花为绿色,生于叶腋,比较小很难被发现。黑藻主要靠分枝进行营养繁殖扩大种群,常见于静水中,不耐水流冲击。

2. 金鱼藻

金鱼藻(*Ceratophyllum demersum*),金鱼藻科(Ceratophyllaceae),金鱼藻属(*Ceratophyllum*)植物。

金鱼藻为多年生沉水草本植物,根扎于底泥中,茎平滑细长,有疏生的短枝。叶轮生于茎上,每5～10或更多枚叶集成一轮,叶长1.2～2cm,1～2回叉状分枝,边缘散生刺状细锯齿,无叶柄。金鱼藻花比较小,单生于叶腋,不明显。与黑藻相似,金鱼藻主要靠分枝进行营养繁殖扩大种群,常见于静水中,茎叶易受水流冲击而折断。

3. 苦草

苦草(*Vallisneria asiatica*)为水鳖科(Hydrocharitaceae),苦草属(*Vallisneria*)植物,又称扁担草。

苦草为多年生沉水草本植物,具有纤细的地下根状匍匐茎,无直立茎。叶基生于匍匐茎上,长线形或细带形,直立于水中,可随水流漂动,长短因水的深浅而不同,长可达2m,宽3～8mm,顶端多为钝形。苦草花比较小,但具有较长花柄,可伸出水面。苦草具有一定的抗水流冲击能力,可在流水中生长。

4. 狐尾藻

狐尾藻(*Myriophyllum verticillatum*),为小二仙草科(Haloragidaceae),狐尾藻属(*Myriophyllum*)植物,又称聚藻。

狐尾藻为多年生沉水草本植物,具有根状茎和直立茎,直立茎圆形,较粗壮,长1m

左右。叶 4 枚轮生于直立茎上，丝状全裂，裂片 10～15 对，长 1～1.5cm。狐尾藻花序为穗状，生于茎顶端并挺出水面，长 5cm，小花黄色不明显。狐尾藻多生于静水中。

思　考　题

1. 大型水生植物有哪几种生活类型？各种生活类型的特点是什么？
2. 大型水生植物的生态分布特征是什么？
3. 我国常见的能形成单种群落的代表性挺水植物有哪些？
4. 我国常见的能形成水生植物带的代表性植物有哪些？
5. 我国常见的漂浮植物有哪些？它们各有什么样的特点？
6. 我国常见的沉水植物有哪些？它们各有什么样的特点？

第 2 篇
污染物的生物分解与转化

第 10 章　微生物对污染物的分解与转化

10.1　微生物对有机物的分解作用

10.1.1　生物分解的一般特点与分类

1. 有机物生物分解的一般特点

微生物对有机物的分解作用（或降解作用）常简称为"生物分解"或"生物降解"。有机物的生物分解是通过一系列的生化反应，最终将有机物分解成小分子有机物或简单无机物的过程。有机物生物分解的一般机制是有机物经逐步分解后，产生能进入 TCA 循环或（和）能作为合成代谢原料的中间代谢产物，继而被转化为小分子有机物、无机物等分解产物和微生物细胞。有机物进入 TCA 循环之前的逐步分解过程因化合物而异，但进入 TCA 循环之后的过程基本相同。

污水中的有机污染物在生物处理过程中的分解过程如图 10-1 所示。

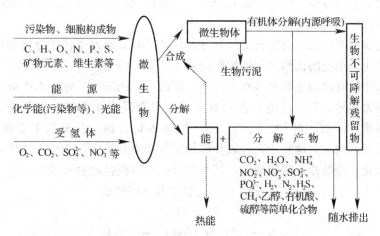

图 10-1　有机污染物在污水生物处理过程中的转化途径
（引自：王家玲主编，环境微生物学（第二版），2004）

2. 生物分解的分类

根据生物分解的程度和最终产物的不同，有机物的生物分解可分为生物去除（表观分解）、初级分解、环境可接受的分解和完全分解（矿化）4 种不同的类型。各种类型生物分解的特点见表 10-1。值得注意的是，利用不同的分析方法，所能评价的分解类型也不同。

有机物的生物分解类型及其特点　　　　　　　　　　　表 10-1

生物分解类型	特　点	分解对象有机物的分析方法
生物去除 （Bioelimination）	由于微生物细胞、活性污泥等的吸附作用使化学物质浓度降低的一种现象。这里所说的"生物去除"不是真正意义上的分解，而是一种表观现象，也可称为"表观生物分解"	各种色谱分析 有机碳分析
初级分解 （Primary biodegradation）	在分解过程中，化学物质的分子结构发生变化，从而失去原化学物质特征的分解	各种色谱分析 官能团分析 毒性测试
环境可接受的分解 （Environmentally acceptable biodegradation）	经过生物分解，化学物质的物理化学性质和毒性达到环境安全要求的程度	各种色谱分析 官能团分析 毒性测试
完全分解 （Ultimate biodegradation）	有机化合物被分解成稳定无机物（CO_2、H_2O 等）的分解	总有机碳分析 产生的 CO_2 分析

　　根据是否在有氧气存在的条件下进行，生物分解可分为好氧分解和厌氧分解两种类型。在有氧条件下进行的生物分解，叫做好氧生物分解（简称"好氧分解"），是好氧微生物（包括兼性微生物，主要是好氧细菌或兼性细菌）活动的结果。在无氧条件下进行的生物分解，叫厌氧生物分解（简称"厌氧分解"），是厌氧微生物（包括兼性微生物，主要是厌氧细菌或兼性细菌）活动的结果。

　　与厌氧生物分解相比，有机物的好氧分解往往具有分解速率快、分解程度彻底、能量利用率高、转化为细胞的比例大（即细胞转化率高）等特点。

　　生活污水中的有机物主要是碳水化合物、蛋白质和脂肪。工业废水的成分随工业性质的不同而有很大差异，其中可能存在的有机物主要有碳水化合物、蛋白质、油脂、有机酸、醇类、醛类、酮类、酚类、胺类、腈、异腈等化合物。有机物主要由碳、氢、氧、氮、硫、磷等元素构成，这些元素好氧分解的最终产物是稳定而无臭的物质，包括二氧化碳、水、硝酸盐、硫酸盐、磷酸盐等，其分解反应可以概括地表示如下：

$$C \rightarrow CO_2 + 碳酸盐和重碳酸盐 \tag{10-1}$$

$$H \rightarrow H_2O \tag{10-2}$$

$$N \rightarrow NH_3 \rightarrow HNO_2 \rightarrow HNO_3 \tag{10-3}$$

$$S \rightarrow H_2SO_4 \tag{10-4}$$

$$P \rightarrow H_3PO_4 \tag{10-5}$$

　　式（10-3）、式（10-4）和式（10-5）中的亚硝酸、硝酸、硫酸和磷酸可与水中的碱性物质作用，形成相应的盐类。

　　有机物厌氧分解的最终产物主要是甲烷、二氧化碳、氨、硫化氢等。由于散发硫化氢等物质，所以污水会产生臭气，由于硫化氢与铁作用（污水中往往含有一些铁质）形成硫化铁，所以通过厌氧分解的水往往呈现黑色。厌氧条件下的氧化还原反应可用下列各式表示：

$$C \rightarrow RCOOH(有机酸) \rightarrow CH_4 + CO_2 \tag{10-6}$$

$$N \rightarrow RCHNH_2COOH(氨基酸) \rightarrow NH_3 + 有机酸 \tag{10-7}$$

$$S \rightarrow H_2S \tag{10-8}$$

$$P \rightarrow PO_4^{3-} \tag{10-9}$$

上面概括地介绍了有机物的好氧生物分解和厌氧生物分解及其分解产物，下面分别讨论这两种生物分解的基本过程和特点。

10.1.2　有机物的好氧生物分解

有机物的好氧生物分解是在有氧的条件下，借好氧微生物（包括兼性微生物，主要是好氧细菌或兼性细菌）的作用来进行的。图 10-2 可以简单地说明这个过程。

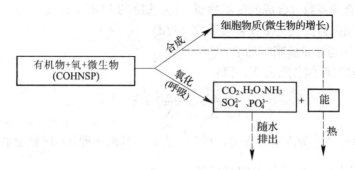

图 10-2　有机物的好氧生物分解

应当指出，在微生物的生长过程中，除吸收入体内的一部分有机物被氧化并释放出能量外，还有一部分微生物的细胞物质也在进行氧化，同时放出能量。这种细胞质的氧化称为自身氧化或内源呼吸。当有机物（食料）充足时，细胞质大量合成，内源呼吸是不显著的，所以在图中未表示出细胞质的氧化过程。但当有机物几乎耗尽时，内源呼吸就会成为供应能量的主要方式，最后细菌将由于缺乏能量而死亡。

下列方程式表示有机物（以 $C_xH_yO_z$ 表示）氧化和细胞物质合成的反应：

（1）有机物的氧化

$$C_xH_yO_z + \left(x + \frac{1}{4}y - \frac{1}{2}z\right)O_2 \longrightarrow xCO_2 + \frac{1}{2}yH_2O + 能量 \tag{10-10}$$

（2）细胞物质的合成　　（包括有机物的氧化，并以 NH_3 作氮源）

$$n(C_xH_yO_z) + NH_3 + \left(nx + \frac{ny}{4} - \frac{n}{2}z - 5\right)O_2$$

$$\longrightarrow \underset{细胞物质(细菌)}{C_5H_7NO_2} + (nx - 5)CO_2 + \frac{1}{2}(ny - 4)H_2O + 能量 \tag{10-11}$$

（3）细胞物质的氧化

$$C_5H_7NO_2 + 5O_2 \longrightarrow 5CO_2 + 2H_2O + NH_3 + 能量 \tag{10-12}$$

在正常情况下，各类微生物细胞物质的成分是相对稳定的，一般可用下列实验式表示：细菌，$C_5H_7NO_2$；真菌，$C_{10}H_{17}NO_6$；藻类，$C_5H_8NO_2$；原生动物，$C_7H_{14}NO_3$。

　　如在式（10-10）中的有机物含有氮、磷或硫，则氮、磷或硫将分别被氧化并与水中碱性物质作用而生成相应的盐类。式（10-11）中的 NH_3 可以是微生物所吸入的含氮有机物的分解产物或是吸入的铵盐。如果没有含氮物质被吸入，则不可能有细胞物质合成。

　　有机物氧化和合成的比例随有机物的性质和微生物的种类、活动等而有所不同。在污水生物处理过程中，一般情况下，生物处理构筑物内新生长（增加）的细胞物质等于所合成的细胞物质减去由于内源呼吸而耗去的细胞物质，可用下列算式表示：

$$\Delta X = a\Delta S - bX \tag{10-13}$$

式中　ΔX——新生长的细胞物质（kg/d）；

　　　ΔS——所利用的食料（基质），即去除的 BOD_5（kg/d）；

　　　X——构筑物内原有的细胞物质（kg）；

　　　a——合成系数（合成的细胞物质（kg/去除的 BOD_5 kg））；

　　　b——细胞自身氧化率或衰减系数（1/d）。

　　a 和 b 的值可通过试验确定如下：

　　将式（10-13）两侧各除去 X，得：

$$\frac{\Delta X}{X} = \frac{a\Delta S}{X} - b \tag{10-14}$$

　　$\dfrac{\Delta S}{X}$ 为横坐标，$\dfrac{\Delta X}{X}$ 为纵坐标作图，可得一直线，其斜率即 a，纵轴上的截距即（$-b$）。

　　就活性污泥来说，可用其中的有机物含量代表微生物，曝气池内污泥的有机物（通常称之为"污泥挥发性部分"S_a）量可作为 X 代入式中；此外，池中所增加的微生物细胞的量可假定大致等于所排放的剩余污泥挥发性部分的量。图 10-3 是某染厂漂染废水活性污泥法处理试验求 a、b 值的实例（图中"挥泥"为剩余污泥挥发性部分的简称）。

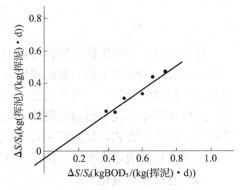

图 10-3　漂染废水 $\dfrac{\Delta S}{S_a}$ 与 $\dfrac{a\Delta S}{S_a}$ 的关系

　　对于生活污水和性质与之接近的工业废水，a 一般可取 0.5～0.7，b 可取 0.05～0.1；污泥泥龄长，a 值取小，b 值取大；污泥泥龄短，a 值取大，b 值取小。表 10-2 为几种工业废水的 a、b 值。

几种工业废水的 a、b 值　　　　　　　　　　　　表 10-2

废水	a	b	废水	a	b
合成纤维废水	0.38	0.10	纸浆和造纸废水	0.76	0.065
亚硫酸盐废水	0.55	0.13	制药废水	0.77	—
含酚废水	0.70	—	酿造废水	0.93	—

　　生物处理构筑物内所增加的细胞物质也可约略地以投入的有机物（以 BOD_5 计）的 50% 左右估算。

【**例 10-1**】某城市混合污水用活性污泥处理。其曝气池的有效容积为 $340m^3$，进水流量为 $150m^3/h$，进水 BOD_5 为 $200mg/L$，出水 BOD_5 为 $20mg/L$，曝气池内污泥浓度为 $4g/L$（其中挥发份占 75%）。计算剩余污泥量。

【**解**】按式（10-13）

$$\Delta X = a\Delta S - bX,$$

$$\Delta S = (200 - 20) \times 150 \times \frac{24}{1000} = 648kg/d$$

$$X = 4 \times 75\% \times 340 = 1020kg$$

取　　　　　　　　　　$a=0.6,\ b=0.075,$

$$\therefore \Delta X = 0.6 \times 648 - 0.075 \times 1020 = 312.3kg/d$$

∴剩余污泥量为：

$$\Delta X' = \frac{\Delta X}{75\%} = \frac{312.3}{75\%} = 416kg/d$$

如果剩余污泥的含水率（P）为 99.2%，则剩余污泥体积为：

$$\Delta X'' = \left(1 \times \frac{100 - 0}{100 - 100P}\right) \times \frac{1}{1000} \times \Delta X'$$

$$= \frac{100}{100 - 99.2} \times \frac{1}{1000} \times 416 = 52m^3/d$$

有机物生物氧化所需要的氧量则包括微生物生长活动和自身氧化过程中所需的全部氧量，可用下列关系式表示：

$$O_2 = a'\Delta S + b'X \qquad\qquad (10-15)$$

式中　O_2——微生物需氧量（kg/d）；

　　　ΔS——所去除的 BOD_5（kg/d）；

　　　X——微生物重量（kg）；

　　　a'——去除单位 BOD_5 所需的氧量（kg/kg）；

　　　b'——微生物自身氧化需氧率（$1/d$）。

就活性污泥来说，已如上述，可用其挥发性部分代表微生物，曝气池内挥发性污泥量可作为 X 代入上式中，在选择鼓风系统或曝气装置时，应留有一定余地。

a' 和 b' 的值可通过试验确定如下：

将式（10-15）两侧各除以 X，得：

$$\frac{O_2}{X} = \frac{a'\Delta S}{X} + b'$$

以 $\frac{\Delta S}{X}$ 为横坐标，$\frac{O_2}{X}$ 为纵坐标作图，可得一直线，其斜率即 a'，纵轴上的截距即 b'。

对于生活污水或性质与之相近的工业废水，a' 常在 $0.4 \sim 0.55$，b' 常在 $0.2 \sim 0.1$ 之间。上海某活性污泥污水处理厂生活污水运转资料中，a' 为 0.42，b' 为 0.188。表 10-3 列出了几种工业废水的 a'、b' 值。

几种工业废水的 a'、b' 值　　　　　　　　　　　　　　　　　表 10-3

废水	a'	b'	废水	a'	b'
石油化工废水	0.75	0.160	酿造废水	0.44	—
含酚废水	0.56	—	制药废水	0.35	0.354
合成纤维废水	0.55	0.142	亚硫酸浆粕废水	0.40	0.185
漂染废水	0.5～0.6	0.065	制浆造纸废水	0.38	0.092
炼油废水	0.50	0.120			

在进行活性污泥法曝气系统设计时，如果缺乏资料，有机物生物氧化所需的氧量可按去除 1kgBOD$_5$ 需氧 1kg，并留一定余地进行估计。

于是根据氧的重量为 1.43kg/m^3，空气中含氧 21％（体积比），即可算出所需的空气量。

除少数物质外，几乎所有的有机物都能被相应的微生物氧化分解，所以目前生物处理法被广泛地用于处理各种含有有机物的污水。

10.1.3　有机物的厌氧生物分解

有机物的厌氧生物分解是在无氧条件下，借厌氧微生物（包括兼性微生物），主要是厌氧菌（包括兼性菌）的作用来进行的。有机物的厌氧生物分解主要用于高浓度有机污水和污泥的处理，但近年来对厌氧生物分解在处理中、低浓度有机污水中的应用备受研究者的关注。

图 10-4 简单地说明了有机物的厌氧生物分解过程。从图中可看出，有机物的厌氧分解是分阶段完成的，早期将厌氧分解分为两个阶段（酸性发酵阶段和碱性发酵或产甲烷阶段）。20 世纪 70 年代以后有人提出了厌氧消化的三阶段理论和四类群理论，如图 10-5（简单示意图）所示。

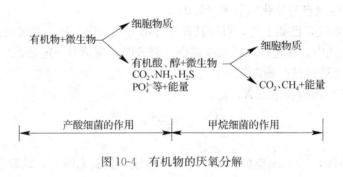

图 10-4　有机物的厌氧分解

厌氧分解所产生的气体中，甲烷约占 50％～75％，二氧化碳约占 20％～30％。这种气体的发热量高，一般为 20900～25080kcal/m^3，是一种很好的燃料。

应当指出，对于不溶性有机物，先要通过胞外酶的作用，成为溶解性有机物后，才能被细菌吸收。而胞外酶的水解作用是比较缓慢的，因此固体物质在进行厌氧处理之前应尽量使其粉碎或打成小块。

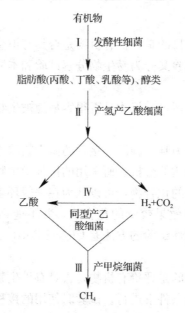

图 10-5　厌氧消化三阶段、四类群理论

注：（1）Ⅰ、Ⅱ和Ⅲ阶段为 Bryant 的三阶段理论，Ⅰ、Ⅱ、Ⅲ和Ⅳ阶段为 Zeikus 的四类群理论；
　　　（2）对含 S 有机物还会有 H_2S 等产生；（3）所产细胞物质未示于图中。

10.2　有机物的生物分解性

10.2.1　有机物的生物分解性评价方法

不同的化合物，具有不同的分子结构和物理化学性质，同时也具有不同的生物分解性。正确评价有机物的生物分解难易程度，即生物分解性，对于评价有机污染物在环境中的迁移转化规律及其生态与健康风险，预测其在污水生物处理和生物净化装置中的去除效果等都具有重要的意义。

有机物生物分解性的评价试验是一个难度很大的工作，其关键和难点是如何科学、合理地确定微生物种类和浓度、环境条件（温度、pH 等）和受试化合物的浓度等试验条件。生物分解性试验的目的不同，选择的试验条件也应有所不同。

如图 10-6 所示，生物分解性试验分为"生物分解潜能试验"和"生物分解模拟试验"两大类。

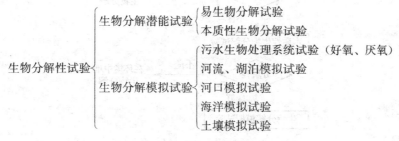

图 10-6　生物分解性试验的分类

1. 生物分解潜能试验

生物分解潜能试验的主要目的是评价有机物是否具有被生物分解的潜在性。根据评价目的的不同，生物分解潜能试验又分为易生物分解试验和本质性生物分解试验。

（1）易生物分解试验

易生物分解试验的目的是评价有机物是否很容易地被生物完全分解，一般在不利于生物分解的条件下进行。

试验通常以受试化合物作为唯一碳源，接种的微生物浓度较低，利用总有机碳分析等非特异性方法进行分解对象物质的分析。所采用的接种微生物事先不经过驯化。在易生物分解试验中得到良好分解效果的化合物，可以认为在一般环境中也很容易被生物分解。但是，在易生物分解试验中分解效果较差的化合物，并不能判断其在环境中不能被生物分解。国际上常用的易生物分解性试验的方法有 Closed Bottle 试验法等。

（2）本质性生物分解试验

本质性生物分解试验的目的是评价有机物是否具有被生物分解的潜在性质。试验通常在最有利于受试化合物分解的条件下进行。试验时使用的接种微生物通常经过事先的充分驯化，接种浓度较高，试验周期长，尽可能地添加各种必须的营养物质等。因此在本质性生物分解试验中得到良好分解效果的化合物，在实际环境中不一定能够分解。但是，在该试验中不能被生物分解的化合物，可以认为其在实际的环境条件下也不能被生物分解。国际上常用的本质性生物分解试验方法有美国 EPA 活性污泥试验法等。

2. 生物分解模拟试验

生物分解模拟试验的目的是评价有机物在特定的环境条件下，如污水生物处理系统、河流、湖泊、河口、海洋和土壤中的生物分解性。生物分解模拟试验的关键是尽可能地在接近自然环境条件下进行分解试验。国际上常用的试验方法有模拟污水生物处理条件的 OECD 确认试验法和 Coupled Units 试验法，模拟水体自然条件的 River Die-away 试验法和模拟土壤环境的 Soil Die-away 试验法等。

3. 有机物生物分解性评价的一般步骤

为了经济、快速和科学、合理地评价有机化合物的生物分解性，一般按图 10-7 的顺序进行逐步评价。

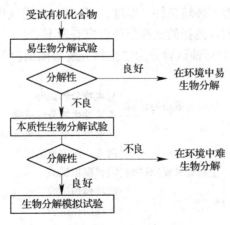

图 10-7　有机物的生物分解性评价步骤

　　对于在易生物分解性试验中得到良好分解效果的有机化合物，可以判断该化合物在一般环境条件下能被生物分解，无需进行下一步的评价。

　　对于在易生物分解性试验和本质性生物分解中均未得到良好分解效果的化合物，就可以得到在环境中不易生物分解的结论，无需进行下一步的生物分解模拟试验。

　　对于在易生物分解性试验中得到不良分解效果，而在本质性生物降解中得到良好分解效果的化合物，不能明确判断其在一般环境条件下的生物分解性，需要进行下一步的生物分解模拟试验。最终根据生物分解模拟试验的结果判断其生物分解性。

10.2.2　有机物的生物分解性与分子结构的关系

　　有机物的生物分解性与其分子结构有密切的关系，根据目前积累的研究成果，总结出了一定的规律，现简要介绍如下：

　　(1) 增加 A 类取代基（即异源基团）一般分解性变差，增加 B 类取代基，有时可以增加生物分解性。能使生物分解性降低的基团称异源基团（xenophore）。

　　A 类取代基：$-Cl$，$-NO_2$，$-SO_3H$，$-Br$，$-CN$，$-CF_3$，$-CH_3$，$-NH_2$

　　B 类取代基：$-NH_2$，$-OCH_3$，$-OH$，$-COH$，$-C-O-$

　　(2) 异源基团数目增加越多，生物分解性越差。

　　(3) 异源基团的位置对生物分解性产生显著影响。

　　(4) 甲基分支越多，生物分解性越差。

　　(5) 对于脂肪族化合物，其分子量越大越不易生物分解。

　　(6) 芳香族化合物的生物分解性一般低于小分子的脂肪族化合物。

　　(7) 对于复环芳烃，其苯环越多越难生物分解。

　　(8) 好氧条件下的分解规律与厌氧条件下的分解规律有时不同。

　　值得注意的是，以上规律只能说明一定的趋势，存在很多例外的情况。另外，一些研究者正在致力于有机物的生物分解性与其物理化学性质之间的定量关系，即 QSBR 模型（Quantitative Structure Biodegradability Relationship）的研究，以期定量预测有机化合物的生物分解性。

10.2.3　值得注意的几个问题

　　1. 生物分解性与浓度的关系

　　在一些情况下，有机物的生物分解性与该化合物的浓度有密切的关系，如浓度较低时生物分解性良好，生物分解速率随浓度升高而升高，但高于某一浓度时生物分解性变差，表现为分解速率随浓度的升高反而降低（图 10-8），这种现象称基质抑制作用。由此可见，在生物分解试验中合理确定受试有机化合物的浓度至关重要。

　　2. 共代谢现象

　　一些有机化合物，如 2,4-D（二氯苯氧乙酸），单独存在时不能进行生物分解，但在与其他有机化合物同时存在时，可以进行生物分解，这种现象称"共代谢现象"。发生这种现象的原因目前还没有得到很好的解释，

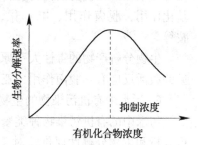

图 10-8　生物分解的基质抑制现象

可能的原因是（1）缺少分解该类化合物的酶系；（2）生物分解的中间产物对原化合物的分解有抑制作用；（3）浓度低，不能维持微生物的生命活动等。

3. 有机物间的相互作用

在多种有机物同时存在的情况下，各种物质间存在以下几种可能的相互作用关系：

（1）各种物质之间互不影响，各自以单独存在时同样的速率进行分解。这种现象往往发生在各种物质浓度都非常低的情况下。

（2）一种有机物促进另一有机物的生物分解。如甲苯可以促进假单胞菌对苯、二甲苯的分解。葡萄糖等易生物分解性物质的添加可以加快难生物分解性物质的分解。

（3）一种有机物阻碍另一有机物的生物分解。产生这种现象的原因有两种情况，一种是一种物质抑制了另一种物质的分解微生物的活性，另一种情况是顺次利用（sequential use），即一种有机物的生物分解只发生在另一种有机物大部分或全部分解之后。

4. 微生物间的相互作用

（1）协同作用

微生物间的协同作用是一种普遍存在的现象，主要表现在有机物被单一纯培养的微生物的分解速率和程度低于被混合培养微生物的分解速率和程度。因此，在环境领域，利用混合培养的复合微生物群，往往有利于污染物的生物分解和去除。

产生这种现象的主要原因有：①混合培养的复合微生物群具有高的遗传多样性和丰富的分解酶体系，能分解更多种类的有机化合物，如中间代谢产物、有毒分解产物等；②混合培养的复合微生物群中存在能为其他微生物提供维生素 B、氨基酸等生长因子的微生物。

（2）抑制作用（拮抗）

在复合微生物群中，一种微生物的代谢产物能抑制其他微生物活性，从而影响特定有机物的分解。

（3）捕食作用

在环境中，细菌是有机化合物的主要分解者。有机污染物在水体中的分解特性，有时会受到原生动物的影响。在原生动物大量存在时，由于原生动物的捕食作用，悬浮性细菌的浓度降低，从而影响有机化合物的分解速率。

5. 生物去毒作用与激活作用

在生物分解和转化（Biological transformation）过程中，有机物的毒性往往发生变化。生物分解产物的毒性低于原化合物时的生物分解作用，称去毒作用（Detoxication），在毒理学上，被视为活性物质转化为无活性物质。去毒作用的机制主要有：水解作用、羟基化作用、脱卤作用、甲基化、去甲基、硝基还原、去氨基、醚键断裂、腈转化为酰胺等。

生物分解产物的毒性大于原化合物时的生物分解作用，称激活作用（activation），常见的激活反应有：脱卤作用、亚硝胺的形成、环氧化作用、硫醚的氧化、甲基化等。

6. 污水中有机污染物的生物分解性评价

污水中的有机污染物种类繁多、浓度水平也各不相同，很难将污水中的污染物逐一进行分析和生物分解性评价。对于污水中的有机污染物浓度，经常用生化需氧量（BOD）、化学需氧量（COD）和总有机碳（TOC）等综合指标来表示。在评价污水中有机污染物综合生物分解特性时，可以简单地测定污水的 BOD_5 和 COD_{cr} 的浓度，根据 BOD_5/COD_{cr} 比值预测污水中有机污染物的生物分解性，即污水的可生物处理性。

根据 BOD_5/COD_{cr} 比值预测污水可生物处理性的参考标准如下：

$BOD_5/COD_{cr}>0.4\sim0.6$　　污水的可生物处理性好

$0.2<BOD_5/COD_{cr}<0.4$　污水中含有难生物分解的有机物，较难生物处理

$BOD_5/COD_{cr}<0.1$　　　　污水中的有机污染物的生物分解性差，难以生物处理

根据 BOD_5 和溶解性 TOC（DOC）比值预测污水可生物处理性的参考标准如下：

$BOD_5/DOC>1.2$　　　　污水的可生物处理性好

$0.3<BOD_5/DOC<1.2$　污水中含有难生物分解的有机物，较难生物处理

$BOD_5/DOC<0.3$　　　　污水中的有机污染物的生物分解性差，难以生物处理

值得注意的是，以上参考标准仅仅是一个初步评价，有很多例外的情况。要想客观评价污水的可生物处理性还要进行其他实验。

10.3　不含氮有机物的生物分解

污水中可能含有的不含氮有机物质有酚类、醛类、酮类、醇类、有机酸等化合物和油脂等。无论在有氧或无氧的情况下，它们在自然界中的分解都不是一两步就可完成的，而是包括一系列的反应，有着各种酶的参加。

10.3.1　纤维素、半纤维素、木质素的生物分解

1. 纤维素的生物分解

纤维素隶属于碳水化合物。碳水化合物是由碳、氢和氧 3 种元素所组成，它是动植物能量的主要来源。含碳水化合物的工业废水主要来自食品、造纸、纺织、医药等工业企业。在生活污水中，碳水化合物是不含氮有机物质的主要成分，其量约占污水中有机物总量的 $40\%\sim50\%$。

碳水化合物可分为三类，其通式为 $C_x(H_2O)_y$。单糖是最简单的一类碳水化合物。葡萄糖（$C_6H_{12}O_6$）就是单糖的 1 种。双糖是水解后能生成两个分子单糖的碳水化合物，属于这一类的糖有蔗糖、乳糖和麦芽糖等，它们的分子式都是 $C_{12}H_{22}O_{11}$。多糖是水解后能生成很多个分子单糖的碳水化合物，淀粉、纤维素等都是属于这一类的糖，它们的分子式可用 $(C_6H_{10}O_5)_n$ 来表示，其中 n 代表一个很大的数字，例如淀粉的 n 约为 $22\sim28$，纤维素的 n 约为 $100\sim200$。

在树木、农作物中都含有大量纤维素。印染工业由于洗布和上浆，造纸工业由于用木材等做原料，因此在它们排出的废水中含有较多的纤维素。

自然界中，分子结构复杂的有机物质如纤维素必须经微生物（主要是细菌）胞外酶的作用水解成可溶性的较简单物质如葡萄糖后，才能被微生物吸收。由于水解作用是在微生物体外进行的，产物可被微生物自己吸收，也可以被其他微生物利用。这些物质进入菌体细胞后，除一部分被组成菌体的成分外，其余部分则在呼吸作用中进行着不同的转化过程（发酵和氧化），形成不同的产物。

下列两式表示纤维素在微生物作用下的水解过程：

$$2(C_6H_{10}O_5)_n + nH_2O \xrightarrow{\text{纤维酶}} nC_{12}H_{22}O_{11} \tag{10-16}$$

$$nC_{12}H_{22}O_{11} + nH_2O \xrightarrow{\text{纤维二糖酶}} 2nC_6H_{12}O_6 \tag{10-17}$$

葡萄糖是溶解性的较简单的有机物质，能被微生物吸收。它进入细胞后，借胞内酶的作用，除一部分用于组成细胞物质外，另一部分则根据环境中是否有氧气存在而进行不同过程的转化，所形成的中间产物最后可完全被分解或部分地被分解。一种能使葡萄糖生成某一中间产物的微生物不一定能使此中间产物继续分解。所以就这方面来看，不同种类的微生物混合群对于污水中有机物的稳定化（无机化）也会比某一纯种的微生物的效率高。

在有充分氧气的情况下，葡萄糖的氧化可以进行到底，产生二氧化碳和水。

$$C_6H_{12}O_6 + 6O_2 \longrightarrow 6CO_2 + 6H_2O + 2872kJ \tag{10-18}$$

如果缺乏氧气，葡萄糖就在不同种类的厌氧微生物的作用下产生多种有机酸和醇类物质。例如：

$$C_6H_{12}O_6 \longrightarrow 2CH_3CH_2OH + 2CO_2 + 109kJ \tag{10-19}$$

$$C_6H_{12}O_6 \longrightarrow 2CH_3CHOHCOOH + 94kJ \tag{10-20}$$

$$C_6H_{12}O_6 \longrightarrow CH_3CH_2CH_2COOH + 2CO_2 + 2H_2 + 75kJ \tag{10-21}$$

醇类和有机酸（如上面的乳酸、丁酸）在厌氧环境中又可被产甲烷细菌分解而产生甲烷。这一过程称为甲烷发酵。例如：

$$2CH_3CH_2OH + CO_2 \longrightarrow 2CH_3COOH + CH_4 + 能量 \tag{10-22}$$

$$CH_3COOH \longrightarrow CH_4 + CO_2 + 能量 \tag{10-23}$$

$$2CH_3CH_2CH_2COOH + 2H_2O \longrightarrow 5CH_4 + 3CO_2 + 能量 \tag{10-24}$$

在厌氧情况下，有许多微生物还可将一些简单的有机酸分解，生成二氧化碳和氢气等。

在有氧情况下，丁醇、醋酸等化合物又可被一些好氧微生物作用氧化成二氧化碳和水。

例如：

$$CH_3CH_2OH + O_2 \longrightarrow CH_3COOH + H_2O + 490kJ \tag{10-25}$$

$$2CH_3COOH + 4O_2 \longrightarrow 4CO_2 + 4H_2O + 1742kJ \tag{10-26}$$

在自然界中，大部分微生物（主要是细菌和酵母菌）能够分解葡萄糖，而只有一些特殊的微生物才能分解纤维素，其中以霉菌和细菌研究较多。主要有纤维黏菌、生孢纤维黏菌、纤维杆菌、纤维弧菌、链霉菌、曲霉、毛壳霉、芽枝霉、镰刀霉、青霉和木霉等。

2. 半纤维素的生物分解

半纤维素存在于植物的细胞壁中，它在植物组织中含量很高，在一年生植物中常占植物残体重量的 $25\% \sim 80\%$，半纤维素由聚戊糖（阿拉伯糖和木糖）、聚己糖（半乳糖、甘露糖）及聚糖醛酸构成。除土壤中含半纤维素外，在某些工业废水中，如人造纤维工业废水、造纸工业废水，也含半纤维素。

半纤维素易被土壤中微生物分解，能分解纤维素的微生物大多数能分解半纤维素。许多芽孢杆菌、假单胞菌和放线菌能分解半纤维素。霉菌中的根霉、青霉、镰刀霉和曲霉等也能分解半纤维素。参与水解半纤维素的酶有三类：内切酶、外切酶和糖苷酶。半纤维素分解的简化过程如下：

$$半纤维素 \xrightarrow[H_2O]{各种酶} 单糖 + 糖醛酸 \begin{array}{l} \xrightarrow{好氧分解} CO_2 + H_2O \\ \xrightarrow{厌氧分解} 发酵的产物 \end{array} \qquad (10\text{-}27)$$

3. 木质素的生物分解

木质素在植物性有机废物中的含量仅次于纤维素和半纤维素。成年树木的木质素含量为 $20\% \sim 40\%$。发现木质素已经有 100 年左右，但是对它的结构、合成与生物分解机理还远远没有弄清。其原因是木质素在物理上和化学上与纤维素、半纤维素和果胶等的细胞壁成分结合紧密，难以萃取出一种化学上稳定的木质素组成。木质素酸解生成芳香族单体的混合物，如原儿茶酸［Ⅶ］、对羟基酸［Ⅷ］、香草酸［Ⅸ］和香草醛［Ⅹ］。较彻底的处理方法是用乙醇和盐酸加热回流、生成物质为"赫伯尔脱（Hibbort）氏单体"，即 α-乙氧基丙酰愈疮木酮（α-cthoxypropionguaiaconc）、香草酰甲基甲酮等。

研究发现，真菌、放线菌、细菌与木质素的全部分解过程有关。有些学者在研究木质素分解的生物化学过程中，发现担子菌纲，特别是"白腐病"真菌在木质素衰变中有明显作用。还有层孔菌属（*Fomes*）、密环菌属（*Armillaria*）、多孔菌属（*Polyporus*）和侧耳属（*Pleurotus*）等也在降解木质素中起作用。

因为污水处理厂的污水中碳水化合物和蛋白质的含量较高，在这种环境中，木质素的衰变必然是由于细菌、放线菌和微小真菌的作用。很多水解生成的芳香族产物，是细菌和真菌的合适的基质。木质素分解初期的可能途径如下：首先是芳醚键的断裂，从而解聚和增溶苯丙烷大分子。最初生成的产物是愈疮木丙三醇-β-松柏醚等，再脱甲基而生成适宜于细胞内降解的水溶性单体和二聚物，最终那些环状结构（尿黑酸、龙胆酸、原儿茶酸）才可以分裂。多种胞外酶都参与木质素的初期分解，参与最多的是酚氧化酶（漆酶）。

木质素的结构、合成和降解至今还没有完全弄清楚。

10.3.2　淀粉的生物分解

淀粉质的原料（如米、高粱等）常用来做酒，淀粉在工业上也有广泛应用，如在纺织工业中用于上浆、印染工业中用于调制印花浆料等，因此在纺织、印染等工业废水中含有淀粉。淀粉在微生物作用下先形成葡萄糖，参加的微生物主要有曲霉、根霉等霉菌。淀粉分解过程如下：

淀粉→糊精→麦芽糖→葡萄糖

葡萄糖的分解，如前所述，则可由另外一些微生物如细菌和酵母菌来完成。

10.3.3　脂肪的生物分解

脂肪也是由碳、氢、氧几种元素所构成，它的来源主要是动植物体。通常把来自动物体的称为脂肪、来自植物体的称为油。洗毛、肉类加工等工业废水和生活污水中都含有油脂。

脂肪是比较稳定的有机物质，但也能被某些微生物分解，其中最活跃的有荧光杆菌、绿脓杆菌和灵杆菌等；此外，有些放线菌和分枝杆菌以及真菌中的青霉、曲霉和乳霉等也有分解脂肪的能力，它们从中取得营养物质和能源。

不论在有氧或厌氧（缺氧）环境中，脂肪分解的第一阶段都是在脂肪酶的作用下水解为甘油和脂肪酸。

$$
\begin{array}{l}
CH_2\text{—}O\text{—}C\text{—}R_1 \\
CH\text{—}O\text{—}C\text{—}R_2 \;+3H_2O \longrightarrow CHOH + R_2COOH \\
CH_2\text{—}O\text{—}C\text{—}R_3
\end{array}
\quad (10\text{-}28)
$$

脂肪　　　　水　　　甘油　　脂肪酸

式（10-28）中的 R_1、R_2 和 R_3 代表脂肪酸中的各个烃基，R_1、R_2 和 R_3 可能相同，也可能不同，可能是饱和的，也可能是不饱和的。脂肪中饱和的 R 较多，如果不饱和的 R 较多，则称油。

甘油和脂肪酸在有氧的环境中最后可被分解氧化成二氧化碳和水或合成微生物的细胞物质。

在厌氧情况下，发酵细菌和产甲烷细菌可以分解较复杂的脂肪酸成为较简单的酸，所形成的醋酸则通过直接代谢作用被转化成为二氧化碳和甲烷。

$$2RCH_2CH_2COOH + CO_2 + 2H_2O \longrightarrow 2RCOOH + 2CH_3COOH + CH_4 \quad (10\text{-}29)$$

10.3.4　芳香族化合物的生物分解

芳香族化合物也可被微生物分解。芳香族化合物都是六碳环（苯）的衍生物，其中酚类化合物是比较重要的一种。酚类化合物存在于炼焦、石油、煤气等多种工业的生产废水中。酚对于微生物有一定的毒害作用，但在适当的条件下仍能被微生物分解破坏。目前已经发现，在污水、粪便和土壤中存在着能分解酚类物质的细菌。它们在有氧情况下可氧化酚成二氧化碳和水，其化学反应大致如下：

$$\text{酚} \longrightarrow \text{邻苯二酚} \longrightarrow \text{中间物} \longrightarrow \text{丁二酸} \longrightarrow \text{醋酸} \longrightarrow CO_2 + H_2O \quad (10\text{-}30)$$

酚对人体、牲畜、水生生物都有毒害作用，所以含酚污水必须经过处理后才可排放出去。

由于微生物能分解酚，因此含酚废水也可利用微生物来处理。目前生物法已被广泛应用于含酚工业废水的处理。

对酚起作用的主要是细菌。武汉微生物研究所曾分离出两种分解酚能力强的细菌：食酚假单胞菌（*Pseudomonas phenolphagum*）和解酚假单胞菌（*Pseudomonas phenoli-*

cum)。前者在 20h 内可以分解 0.1% 浓度的酚，后者稍差。两者都能在 0.2% 的酚溶液中
生长。

10.3.5　烃类化合物的生物分解

烃类物质也能被微生物氧化分解。引起烃类氧化的微生物很有价值。可以利用它们的
特殊生理性质来勘探可燃性气体和石油。微生物还可应用于石油生产上，如石油脱蜡。引
起石油烃类物质转化的有酵母菌和细菌。目前国内外正在大力研究以石油烃类为碳源培养
菌体蛋白。

1. 烷烃类化合物的分解

烷烃的通式为 C_nH_{2n+2}，可被有关微生物分解。该类微生物有甲烷假单胞菌、分枝杆
菌、头孢霉、青霉等。

烃类物质除甲烷、乙烷、丙烷外，还有含碳较多的高级烃类。

引起甲烷氧化的有甲烷极毛杆菌。它是一种无芽孢的小杆菌。当空气中含甲烷和氧
时，它们可以在无机培养基上生长，利用空气中的氧使甲烷氧化，从中取得生活所需的能
量，并且可以利用甲烷中的碳作为碳源，组成机体的有机物。

$$CH_4 + 2O_2 \longrightarrow CO_2 + 2H_2O + 能量 \tag{10-31}$$

2. 烯烃化合物的生物分解

大部分烯烃类化合物比烷烃、芳香烃容易降解。烯烃的代谢产物主要是具有双链的加
氧化合物，最终形成饱和或不饱和的脂肪酸，再经 β 氧化进入 TCA 循环，最终被分解，
产物是 CO_2 和 H_2O。烯烃的降解途径如图 10-9 所示。

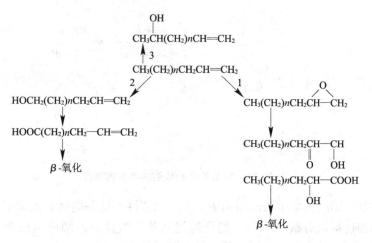

图 10-9　烯烃化合物的生物分解途径

10.3.6　合成洗涤剂的生物分解

合成洗涤剂是人工合成的高分子聚合物，主要成分是表面活性剂。表面活性剂的组成
分子具有亲水和疏水两种性质，故它们易于聚集在空气—水界面和油—水界面上、降低表
面张力、促进乳化作用。因此，这类化合物广泛用做清洁剂。商品洗涤剂含有效表面活性
剂 10%～30%，其他成分为聚磷酸盐等。按照合成洗涤剂在水中的电离形式及性状可分

为：阴离子型、阳离子型、非离子型和混合型四大类。阴离子型合成洗涤剂包括烷基磺酸盐、烷基硫酸酯、烷基苯磺酸盐、合成脂肪酸衍生物等；阳离子型主要是带有氨基或季铵盐的脂肪链缩合物等。

难生物分解的合成洗涤剂是其分子结构带有碳氢侧链的 ABS 型洗涤剂。为了使洗涤剂易为生物分解，人们研制了直链型烷基苯磺酸盐（LAS）。这种洗涤剂由于减少了支链，使其直链部分易于分解，而且在一定范围内碳原子数越多，其分解速度越快。

合成洗涤剂易于在曝气池和天然水体中起大量泡沫，阻断大气向水中复氧。合成洗涤剂的表面活性剂对环境并不形成严重的威胁，因为它在低浓度时对动物、植物无毒。表面活性剂能被微生物吸附。研究表明，离子型表面活性剂对细菌有毒。由于 pH 的变化反映了分子的离解，故阳离子型表面活性剂的毒性随 pH 升高而加强，当 pH 为中性时，毒性最强；阴离子型表面活性剂的毒性则随 pH 的降低而增强。各种表面活性剂杀细菌的效力，除受 pH 影响外，也与其他因素有关。

合成表面活性剂能很快在环境中消失。在日常生活和工业生产中使用大量的合成表面活性剂，但在天然水体、土壤、动物和植物体内皆无明显的积累。合成表面活性剂的消失主要是被细菌所分解的。

研究表明，阴离子型烷基苯磺酸盐类合成表面活性剂降解的途径如图 10-10 所示。

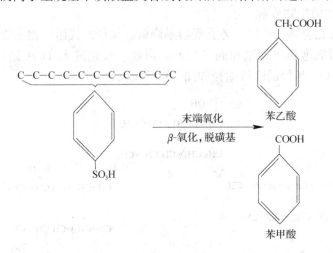

图 10-10　烷基苯磺酸盐类的微生物降解

可以靠烷基苯磺酸盐类生长的细菌中，某些只能降解烷基侧链，但大多数纯培养细菌和混合培养细菌也可以分解芳香环。能分解烷基苯磺酸盐类的细菌包括芽孢杆菌属细菌等，及最近研究发现的有很好发展前景的恶臭假单胞菌（*Pseudomonas putida*）等。采用直链烷基苯磺酸盐类（LAS）以后，形成泡沫问题已缓解。

虽然合成表面活性剂对环境威胁不大，且易被微生物降解，但合成洗涤剂中的某些非表面活性剂组分却值得重视，特别是添加做软水剂的聚磷酸盐，可在天然水体中蓄积，并可能使藻类大量繁殖而引起水体的富营养化。

上面扼要地介绍了不含氮有机物质在微生物作用下的分解过程。这里可以清楚地看出，它们好氧分解的最终产物是二氧化碳和水，而厌氧分解的结果主要是甲烷和二氧化碳。此外，好氧分解所放出的能量远远超过厌氧分解所放出的。比较式（10-18）和式

(10-19)，可以清楚地看出这方面的差别。

应当指出，自然界中可以用来组成生物体物质的碳素并不多，主要都储藏在空气中，大致有 6000 亿 t 左右。据估计，地球上的植物每年要用二氧化碳至少 600 亿 t，折合成碳素，大约是 200 亿 t。所以，如果没有细菌等微生物转化碳素的巨大力量，如果不是它们在改变地球表面的各种碳素状态，并且补充空气中消耗的二氧化碳，数十年后空气中的二氧化碳含量就将无法维持生物界旺盛发展的需要。

图 10-11 表示了自然界中碳转化的基本情况（碳循环）。从图中可以看出，有机物中的碳由于微生物的呼吸作用先被氧化分解成二氧化碳，然后通过光合作用成为植物性蛋白质，碳水化合物和脂肪。动物吃了植物产生动物性蛋白质、碳水化合物和脂肪。动物的排泄物又分解产生二氧化碳。动植物通过呼吸也都产生二氧化碳，而它们死亡后的残体又都是有机性物质。这些物质又开始分解，如此进入了第二次循环。在自然界中含碳物质就是这样的循环不已。图中直线表示污水生物处理过程中碳素的转化情况。

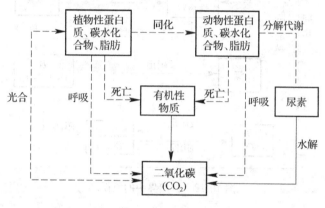

图 10-11 自然界中碳的循环

10.4 含氮有机物的生物分解

污水中可能存在的含氮有机物质主要有蛋白质、氨基酸、尿素、胺类、腈化物、硝基化合物等。生活污水中所含的氮主要是以铵离子或尿素的形式存在的，此外，还存在约 10% 更为复杂的有机化合物，包括蛋白质和氨基酸。蛋白质不仅存在于生活污水中，也存在于多种工业废水中，例如，食品加工、屠宰场、制革工业等生产废水。蛋白质是一类组成极其复杂的化合物，其分解也复杂得多。本节着重讨论它的生物氧化过程。

10.4.1 氮的循环

自然界中蕴藏着大量的氮。首先，在空气中就有 80% 左右的氮气；其次，一切生物体中也都含有氮（以有机氮化物，主要是以蛋白质的形态存在），这些氮都不能被植物直接吸收利用；再次，土壤中有硝酸盐和铵盐，这些无机氮化物是高等植物所能吸收的有效氮，但是在土壤中的储量不多，不能满足逐年植物营养的需要。然而，在自然界中这三种基本类型的氮由于微生物的作用在不断进行转化，由一种形态转化为另一种形态，或由一种组合中分解出来参加到另一种组合中去，使有效氮能持续供应。所以，如果没有微生物的作用,植物不能生长,人和动物也就无法生活。

图 10-12 为自然界中的氮循环示意图。从图中可以看出,有机物中的氮在微生物作用下先被转化成氨,氨被氧化成为亚硝酸盐及硝酸盐。氨和硝酸盐可被植物吸收而变成植物性蛋白质。动物吃了植物产生动物性蛋白质,而动物的排泄物又能被分解氧化成氨、亚硝酸盐和硝酸盐。动植物死亡后的残体又都是有机性物质。由于反硝化作用硝酸盐又可转化成亚硝酸盐和自由氮,而自由氮在氮固定作用下又可产生植物性蛋白质。图中直线表示污水生物处理过程中氮素的转化情况。

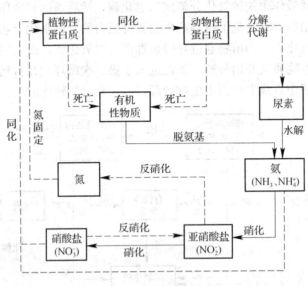

图 10-12　自然界中的氮循环

10.4.2　蛋白质的生物分解

蛋白质由许多氨基酸分子所组成。氨基酸可用通式 $RCHNH_2COOH$ 表示(R 代表不同的基团)。构成蛋白质的天然氨基酸有 20 余种,这些氨基酸以各种组合构成蛋白质,所以蛋白质种类也很多。蛋白质除含有碳、氢、氧和氮四种元素外,有时还含有硫等,其中氮的含量平均约为 16%。蛋白质的分子量高达几万到几百万。

1. 氨化作用

蛋白质生物化学变化的第一步是水解。能产生蛋白酶的微生物,可以把蛋白质逐渐水解成简单的产物,最后形成氨基酸。

$$蛋白质 \rightarrow 胨 \rightarrow 陈 \rightarrow 肽 \rightarrow 氨基酸 \tag{10-32}$$

蛋白质必须水解至氨基酸,才能渗入细菌的细胞内。在细胞内氨基酸可以再合成菌体的蛋白质,也可能转变成另一种氨基酸,或者进行脱氨基作用。

脱氨基作用能在有氧条件下进行,也能在厌氧条件下进行,例如:

(1) 在有氧条件下

$$RCHNH_2COOH + O_2 \longrightarrow RCOOH + CO_2 + NH_3 \tag{10-33}$$

(2) 在厌氧条件下

$$RCHNH_2COOH + H_2 \longrightarrow RCH_2COOH + NH_3 \tag{10-34}$$

从上两式中可以看出，不论在有氧还是厌氧情况下，氨基酸的分解结果都产生氨和一种不含氮的有机化合物，如 RCOOH、RCH₂COOH。这些不含氮的有机化合物可再按上节所讨论的不含氮有机物质生物分解的规律而被分解，或者参与合成作用变成细胞的碳水化合物、蛋白质或脂类物质的一部分，氨则能作为微生物所需氮的来源。这种由有机氮化物转化为氨态氮的过程，叫做氨化作用。

参与氨化作用的细菌称为氨化细菌（Ammonifier，ammonifying bacteria）（图 10-13）。在自然界中，它们的种类很多，主要有好氧性的荧光假单胞菌（*Pseudomonas fluorescens*）和灵杆菌（*Bacillus prodigiosum*），兼性的变形杆菌（*Proteus vulgaris*）和厌氧的腐败梭菌（*Clostridium putrificum*）等。除细菌外，有些真菌在有氧条件下也能分解蛋白质，但产生氨的能力则很不一致，有的比较活跃，不过大部分真菌在分解蛋白质过程中只能产生少量的氨。

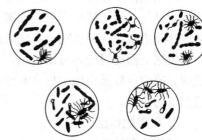

图 10-13　几种氨化细菌

氨基酸的分解过程，除脱氨基产生氨外，含硫的氨基酸同时还可以脱去硫，产生有臭气的硫化氢。如果氧气不足、不畅，还会有一些硫醇等产生。但是这些化合物的大部分仅在厌氧的环境中才会累积到一定程度而影响环境卫生，在有充分氧气存在时，一般都会被氧化成无臭的物质。

2. 硝化作用

氨和硫化氢的进一步转化都需要氧气。氨在硝化细菌（Nitrifier，nitrobacteria，nitrifying bacteria）的呼吸过程中先氧化成亚硝酸再氧化成硝酸。在此氧化过程中，硝化细菌获得生活所需的能量。

$$2NH_3 + 3O_2 \longrightarrow 2HNO_2 + 2H_2O + 619.6kJ \tag{10-35}$$

$$2HNO_2 + O_2 \longrightarrow 2HNO_3 + 201kJ \tag{10-36}$$

这种由氨氧化成硝酸的过程称为硝化作用。硝化作用是由两类不同的硝化细菌分工进行的（图 10-14）。氨氧化菌（ammonia oxidizing bacteria）或称亚硝酸菌（Nitrite bacteria）负责氧化氨为亚硝酸，亚硝酸氧化菌（nitrite oxidizing bacteria）或称硝酸细菌（Nitrate bacteria）负责氧化亚硝酸为硝酸。这两类细菌都是革兰氏染色阴性，不生芽孢的球状或短杆状的细菌，有强烈的好氧性；适宜于中性或碱性环境，不能在强酸性条件下生长；生活时不需要有机养料，是自养菌，氨氧化菌具有单生鞭毛，亚硝酸氧化菌则不生有鞭毛。

硝化细菌对毒质十分敏感。很少的铁质能促进其生长，但锰即使量很少也对它们有害。

硝化作用的进行，除有氧和氨的存在外，还要有细菌生活所需的磷素和某些碱性物质以中和所产生的亚硝酸和硝酸，而有机物质，已如上述，却是不必要的。

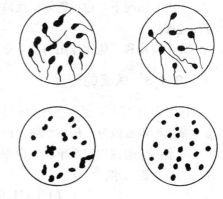

图 10-14　几种硝化细菌

值得一提的是，近年发现了一类在厌氧条件下，能够把氨氧化的"厌氧氨氧化菌"。

在 NH_4^+ 和 NO_2^- 同时存在时，NH_4^+ 作为反硝化的无机电子供体，NO_2^- 作为电子受体，生成氮气，这一过程称为厌氧氨氧化。目前报道的厌氧氨氧化菌主要有：*Brocadia anammoxidans*，*Kuenenia stuttgartiensis* 和 *Scalindua sorokinii*。厌氧氨氧化菌是一类专性厌氧的无机自养细菌，革兰氏阴性，呈球状。

与硝化作用相类似，硫化氢氧化成硫磺和硫酸的过程称为硫化作用。硫化作用的进行也需要氧气。参与硫化作用的细菌主要是硫磺细菌和硫化细菌。它们也都是自养菌，在有氧的环境里通过代谢作用会有硫酸产生。

根据上面的讨论，可以看出，在有氧的情况下，蛋白质最后被氧化成二氧化碳、水、硝酸、硫酸（如蛋白质中也含有硫的话）等产物。所产生的酸与水中的碱性物质作用可形成相应的盐。

3. 反硝化作用

硝酸盐在缺氧的情况下可被厌氧菌作用而还原成亚硝酸盐和氮气等，这一过程称为反硝化。参与反硝化作用的细菌叫反硝化细菌（Denitrifying bacteria）。它们的种类很多，多数是异养或兼性的，如反硝化杆菌、荧光假单胞菌等。它们在厌氧或缺氧条件下利用硝酸中的氮，氧化有机物，借以获得能量，如：

$$C_6H_{12}O_6 + 4NO_3^- \longrightarrow 6CO_2 + 6H_2O + 2N_2 + 能量 \qquad (10\text{-}37)$$

所以，一般说，反硝化作用是在硝酸盐与有机物同时存在，而氧气又不足，即兼性厌氧（溶解氧低于 0.5mg/L）的情况下发生的。

但反硝化细菌也有自养的，如反硝化硫杆菌可以利用硝酸盐中的氧把硫氧化成硫酸，以所得到的能量来同化二氧化碳。如：

$$6KNO_3 + 5S + 2CaCO_3 \longrightarrow 3K_2SO_4 + 2CaSO_4 + 2CO_2 + 3N_2 + 能量 \qquad (10\text{-}38)$$

反硝化在污水处理过程中有着重要的意义。在活性污泥法曝气池的出水中含有硝酸盐。如果硝酸盐含量高，则在二次沉淀池（曝气池后面的沉淀池）污泥中可以由于反硝化作用产生大量氮气，气体的上升将促使污泥杂质浮起而影响沉淀效果。此外，还应注意，生物处理二次沉淀池出水中亚硝酸盐的测定并不能正确反映污水硝化的程度，因为所测得的亚硝酸盐可能是通过反硝化而形成的。

在厌氧情况下，也可能发生反硫化作用，这是硫酸盐经硫酸盐还原菌的作用形成硫化氢的过程。

关于硫化和反硫化作用将于本章 10.5 节中再讨论。

10.4.3　尿素的转化

尿素含氮 47%，是人畜尿中的主要含氮有机物。每人一昼夜排出的尿素约达 30g。尿酸也是尿的组成成分，尿酸水解时产生大量尿素。

尿素的分解过程很简单，先由尿素酶把尿素水解成碳酸铵，后者很不稳定，易分解成氨与二氧化碳和水。

$$CO(NH_2)_2 + 2H_2O \longrightarrow (NH_4)_2CO_3 \qquad (10\text{-}39)$$

$$(NH_4)_2CO_3 \longrightarrow 2NH_3 + CO_2 + H_2O \qquad (10\text{-}40)$$

引起尿素水解的细菌称尿素细菌，尿素细菌可分成球状与杆状两大类。一般说，它们都是好氧的，但对氧的需要量不大，并且有若干菌种即使在无氧条件下也能生长。

10.5　微生物对无机元素的转化作用

10.5.1　硫的生物转化

除上节所提到的含硫氨基酸在微生物作用下同时会有硫化氢产生外，化学等工业的生产过程中也会有硫化氢产生，如在石油炼厂生产中就产生硫化氢。硫化氢是有毒物质，对人体有毒害作用。硫化氢也极易使铁管腐蚀。

关于硫化氢被氧化成硫磺和硫酸的过程（硫化作用）和硫酸盐被还原成硫化氢的过程（反硫化作用）已在上节中提到。现将自然界中硫的循环示于图 10-15 中。在水体污染和污水处理的研究中，硫循环也具有重要意义。

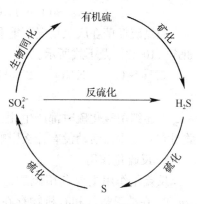

图 10-15　硫循环

1. 硫化作用

硫化作用主要是由硫磺细菌和硫化细菌引起的。

硫磺细菌能氧化硫化氢成硫磺颗粒贮存于细胞内。当环境中缺乏硫化氢时，细胞内的硫磺颗粒则继续被氧化而成硫酸。

在硫磺细菌中，根据有无颜色又可分为两群：一群是无色的，所谓无色硫磺细菌，如贝日阿托氏菌（*Beggiatoa*）、发硫菌（*Thiothrix*）等；另一群具有菌紫色，称紫色硫磺细菌，如紫硫菌、八叠硫菌等。

无色硫磺菌大多是化能自养菌，从氧化硫化氢和元素硫过程中取得能量。

$$2H_2S + O_2 \longrightarrow 2H_2O + S_2 + 能量 \tag{10-41}$$

$$S_2 + 3O_2 + 2H_2O \longrightarrow 2H_2SO_4 + 能量 \tag{10-42}$$

$$CO_2 + H_2O + 能量 \longrightarrow [CH_2O] + O_2 \tag{10-43}$$

所产生的硫酸，排出菌体后可与环境中的盐类作用，形成硫酸盐。

紫色硫磺细菌细胞内也含有硫磺粒，它们有两种方式进行有机碳化物的合成作用，光合作用和化学合成作用（图 10-16）。

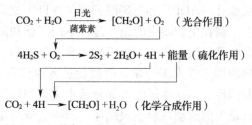

图 10-16　紫色硫磺细菌的有机碳化物合成作用

硫化细菌主要有排硫杆菌（*Thiobacillus thioparus*）、氧化硫杆菌（*Thiobacillus thiooxidans*）和脱氮硫杆菌（*Thiobacillus denitrificans*）。这些菌除脱氮硫杆菌外都是好氧性的。

排硫杆菌能氧化硫化氢或硫代硫酸盐为硫酸，同时形成硫，积留于细胞体外，这同硫磺细菌有显著的差别。

$$3H_2S + 3O_2 \longrightarrow H_2SO_4 + 2S + 2H_2O + 能量 \tag{10-44}$$

$$5Na_2S_2O_3 + H_2O + 4O_2 \longrightarrow 5Na_2SO_4 + H_2SO_4 + 4S + 能量 \tag{10-45}$$

氧化硫杆菌氧化硫或硫代硫酸盐为硫酸。

$$S_2 + 3O_2 + 2H_2O \longrightarrow 2H_2SO_4 + 能量 \tag{10-46}$$

$$Na_2S_2O_3 + H_2O + 2O_2 \longrightarrow Na_2SO_4 + H_2SO_4 + 能量 \tag{10-47}$$

脱氮硫杆菌在厌氧情况下能利用还原硝酸时获得的氧化硫或硫代硫酸盐生成硫酸盐，如式（10-38）及下式所示。

$$5Na_2S_2O_3 + 8KNO_3 + 2NaHCO_3 \longrightarrow 6Na_2SO_4 + 4K_2SO_4 + 4N_2 + 2CO_2 + H_2O \tag{10-48}$$

上述细菌氧化硫时都产生相当量的硫酸，特别是氧化硫杆菌可以抵抗强酸，5% 的硫酸对它们的生命活动没有什么影响，适宜的 pH 约为 2～4。

2. 反硫化作用

反硫化作用主要利用硫酸盐还原菌，常见的有去硫弧菌（*Desulfovibrio desulfuricans*）。在缺乏氧气和有机物存在的条件下，它们使硫酸盐转化成硫化氢。

$$CH_3COOH + Na_2SO_4 \longrightarrow Na_2CO_3 +$$
$$H_2S + CO_2 + H_2O \tag{10-49}$$

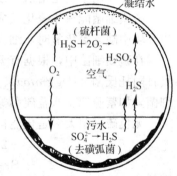

在混凝土沟渠中，硫酸盐还原所形成的硫化氢，被硫磺细菌等氧化成硫酸后，可使混凝土由于腐蚀而受到损坏（图 10-17）。一般说，污水中硫酸盐还原菌是不多的，它们比较集中在沟渠沉淀物中。所以，为了减少沟渠中可能产生的硫化氢，也要求沟渠有适当的坡度和加强渠道的维护工作。

图 10-17　H_2S 对混凝土管的腐蚀

10.5.2　磷的生物转化

磷是有机体不可缺少的元素。生物细胞内发生的一切生物化学反应中的能量转移都是通过高能磷酸键在二磷酸腺苷（ADP）和三磷酸腺苷（ATP）之间的可逆转化实现的。磷还是构成核酸的重要元素。磷在生物圈中的循环过程不同于碳和氮，属于典型的沉积型循环。生态系统中的磷的来源是磷酸盐岩石和沉积物以及鸟粪层和动物化石。这些磷酸盐矿床经过天然侵蚀、微生物的作用或人工开采，磷酸盐进入水体和土壤，供植物吸收利用，然后进入食物链。经短期循环后，这些磷的大部分随水流失到海洋的沉积层中。因此，在生物圈内，磷的大部分只是单向流动，形不成循环。磷酸盐资源也因而成为一种不能再生的资源。

不溶性无机磷酸盐可借微生物分解有机物时所产生的有机酸和二氧化碳或由于硝化细菌及硫化细菌所形成的硝酸和硫酸的作用转化成可溶性磷酸盐。

$$Ca_3(PO_4)_2 + 2CO_2 + 2H_2O \longrightarrow 2CaHPO_4 + Ca(HCO_3)_2 \tag{10-50}$$

$$Ca_3(PO_4)_2 + 2HNO_3 \longrightarrow 2CaHPO_4 + Ca(NO_3)_2 \tag{10-51}$$

$$Ca_3(PO_4)_2 + H_2SO_4 \longrightarrow 2CaHPO_4 + CaSO_4 \qquad (10\text{-}52)$$

可溶性磷盐能被微生物或植物吸收，组成有机化合物中的含磷有机物，如卵磷脂、核酸以及各种糖的磷酸酯等。微生物体内含磷量较其他生物为高，以 P_2O_5 计，约为干重的 $4\%\sim5\%$，占全部灰分的一半以上，其中 80% 的磷存在于核酸中。

有机磷化物在有氧条件下也可被很多微生物，如解磷大芽孢杆菌（*Bacillus megaterium*）、蜡质芽孢杆菌（*B. cereus*）、霉状芽孢杆菌（*B. mycodies*）等，分解产生磷酸，从而形成磷酸盐。

在厌氧的条件下，磷酸盐可以由梭状芽孢杆菌、大肠杆菌等微生物的作用而被还原，与硝酸还原（反硝化）和硫酸还原（反硫化）类似：

$$H_3PO_4 \rightarrow H_3PO_3 \longrightarrow H_3PO_2 \rightarrow PH_3 \qquad (10\text{-}53)$$

10.5.3　金属的生物转化

1. 铁的生物转化

微生物对铁的转化方式有氧化、还原以及有机铁的溶解或铁的沉淀等几个方面的作用。一般来说，在碱性环境中溶于水中的铁量很少，而在酸性环境中则有较多游离的铁。

（1）铁化物的氧化和沉淀

在适当的条件下，低价的铁能被微生物氧化成高价铁，以氢氧化铁的状态而被排出并沉淀下来。引起这种作用的微生物，统称为铁细菌。它们从氧化低铁为高铁的变化中获得能量。

在含有低铁的工业废水中，如铁被沉淀下来，则废水就得到净化。这是有利的一面。但当这些微生物生活在水中含铁较多的水管中时，排出菌体的氢氧化铁沉积物将在管壁上积成锈块，以致阻塞管道。这种沉淀物还将影响水质。

（2）铁化物的还原与溶解

沉淀的铁化物可由于微生物在生命活动中所产生的碳酸等无机酸及各种有机酸而溶解；另外，还可由于微生物分解有机物的过程中，降低了环境中氧化还原电位，使高价铁化物还原成亚铁化合物而溶解，这种现象特别是在氧不足的情况下容易发生。

（3）有机铁化物的形成与溶解

溶解性的铁可以被动植物及微生物吸收利用形成有机结合的状态，或与有机酸结合成有机酸铁盐。这种有机态结合铁又可被微生物分解而无机化，再形成溶解性的铁为微生物等利用。

2. 铬的生物转化

在厌氧条件下，有些铬耐性细菌可以将 Cr^{6+} 还原成无毒性的 Cr^{3+}。曾报道过的 Cr^{6+} 还原细菌有：铜绿假单胞菌、荧光假单胞菌、恶臭假单胞菌、含糊假单胞菌（*Pseudomonas ambigua*）、门多萨假单胞菌（*Pseudomonas mendocina*）、乳链球菌（*Streptococcus lactis*）、真养产碱菌（*Alcaligenes eutrophus*）、阴沟肠杆菌（*Enterobacter cloacae*）等。

阴沟肠杆菌 HO-1 菌株是从活性污泥中分离出来的一种兼性厌氧菌。据称该菌株的 Cr^{6+} 还原能力是其他菌的 10 倍以上。但当有分子氧存在时，HO-1 菌株优先利用 O_2 作为最终电子受体，不发生 Cr^{6+} 还原反应。HO-1 菌株的 Cr^{6+} 还原反应的最适温度为 $30\sim37℃$，最适 pH 范围为 $7.0\sim7.4$。有机基质的种类对 Cr^{6+} 还原反应有很大的影响。氨基酸是该菌株的最合适的有机质，以葡萄糖作基质时，Cr^{6+} 还原能力会逐渐丧失。

3. 汞的生物转化

微生物对汞的转化作用有氧化、还原和甲基化等。

（1）汞的生物氧化和还原

在好氧条件下，一些细菌如枯草芽孢杆菌和巨大芽孢杆菌等能将元素汞氧化生成二价汞离子 Hg^{2+}。另外，有些细菌，如铜绿假单胞菌、大肠杆菌、变形杆菌等在适宜的条件下能将 Hg^{2+} 还原为金属汞。

（2）汞的甲基化

有些微生物能把元素汞和汞离子转化为甲基汞和二甲基汞，这种过程称汞的甲基化。汞的甲基化在好氧和厌氧条件下均可能发生。产甲烷菌、匙形梭状芽孢杆菌、荧光假单胞菌、大肠杆菌、产气肠杆菌和巨大芽孢杆菌等都具有将元素汞转化为甲基汞的能力。甲基汞的毒性远远大于元素汞和汞离子。

4. 其他金属的生物转化

砷和硒的生物转化与汞相似，均可以被微生物氧化、还原和甲基化。铅和锡也能被微生物甲基化。

10.6 生物对污染物的浓缩与吸附作用

10.6.1 水生生物对污染物的浓缩作用

1. 生物浓缩

水生生物从水环境中不断地主动或被动地吸收各类化学物质。化学物质在生物体内的积累速率与该物质的生物分解性和生物本身排泄该类物质的能力有密切的关系，它们之间存在以下关系：

$$体内积累速率 = 吸收速率 - （体内分解速率 + 排泄速率 + 生长稀释率）\quad (10-54)$$

当吸收速率大于体内分解速率与排泄速率之和时，化学物质在体内的浓度就会升高，这种现象称"生物浓缩"（Bio-concentration）作用。水生生物吸收的化学物质有对生物的生长、繁殖和维持生命有关的营养物质，也有与其生命活动无关，甚至有害的物质，如各类污染物等。污染物在水生生物体内的积累是水处理生物学关心的重要内容。研究生物对污染物的浓缩作用，对深入理解污染物在生物处理系统中的去除机理以及评价污染物的生态和健康风险都具有重要的理论意义。

生物浓缩是水生态毒理学里的概念，它的一般定义为：水生生物个体从水环境中仅通过呼吸（如鱼通过鳃呼吸）和表皮摄入并蓄积某种化学物质，使体内该物质的浓度超过水中浓度的现象，又称生物富集。生物浓缩的程度一般用生物浓缩系数（Bio-concentration Factor，BCF，亦称富集因子）来表示，浓缩系数越大，生物浓缩的程度越高。BCF 的定义如下式所示：

$$BCF = \frac{物质在生物体内的浓度}{物质在环境介质中的浓度} \quad (10-55)$$

物质在生物体内的浓度单位为 kg 化学物质/kg 生物体，在环境介质中的浓度单位为

"kg 化学物质/kg 环境介质"或"kg 化学物质/m^3 环境介质",因此 BCF 的单位为"kg 环境介质/kg 生物体"或"m^3 环境介质/kg 生物体"。在应用过程中应特别注意 BCF 值的单位。

获取水生生物对某种物质的浓缩系数有三种方法:实验室测定法、野外调查法和计算法。实验室测定法和野外调查法繁琐、费时而且费用高,利用 BCF 与化学物质的物理化学性质之间的相关关系式预测 BCF 值,具有快捷、方便的特点,但应特别注意预测公式的适用范围和条件以及预测结果的可靠性。

化学物质的辛醇—水分配系数(K_{ow})、在水中的溶解度(S_w)与 BCF 有较好的相关关系,常用于 BCF 的预测。如一些稳定的化学物质在虹鳟鱼肌肉中的浓缩系数与 K_{ow} 和 S_w 之间的关系得到以下回归方程(转引自:孔繁翔主编,环境生物学):

$$lgBCF = 0.542lgK_{ow} + 0.124(r = 0.948, n = 8)$$

$$lgBCF = -0.802lgS_w - 0.497(r = 0.977, n = 7)$$

对于微生物也曾获得 BCF 与 K_{ow} 的关系:

$$lgBCF = 0.907lgK_{ow} - 0.361(r = 0.954, n = 14)$$

生物浓缩的程度与化学物质本身的性质、生物的种类以及环境条件有密切的关系。同一种生物对不同的化学物质的浓缩程度有很大的差异,同一种化学物质在不同的生物种体内的浓缩程度也会有很大的差异。

2. 生物积累与生物放大

与生物浓缩相关的常用术语还有"生物积累"(Bio-accumulation)和"生物放大"(Bio-magnification)。

生物积累是指生物个体通过各种途径摄入某种化学物质的速度比代谢排出该物质的速度快,或者说该化学物质的生物半衰期很长,导致生物体内该物质浓度或生物浓缩系数在单个生命周期中不断增加的现象。与生物浓缩不同的是,生物积累适用于所有水生和陆生的生物。生物积累的程度通过生物积累系数(bioaccumulation factor,BAF)表示,它可以是动物组织中化学物质的浓度除以水中改物质的浓度(如鱼),也可以是组织浓度除以底泥浓度(如底栖生物),还可以是组织浓度除以食物组织中的浓度(如食鱼的鸟类)。不同种生物和同一种生物的不同器官和组织对同一化学物质的生物积累速率有很大的差别。

生物放大是指生物体内化学物质的浓度超过其食物组织中该物质浓度的现象。在生态系统中,某些化学物质在生物体内的浓度,可以在某一食物链上由低营养级生物到高营养级生物逐级增大。这种现象是由于高营养级生物捕食低营养级生物所造成的,并通常对高营养级产生的危害最大。能产生生物放大的污染物一般具有以下特征:持久性(环境因素无法使其发生改变),难降解性和难代谢性(通常由于脂溶性强)。有关美国图尔湖和克尔马斯南部保护区有机氯杀虫剂 DDT 对生物群落污染的研究表明,湖水中 DDT 浓度为 0.006mg/L 情况下,水体中藻类细胞内的浓度为 0.1~0.3mg/L(BCF 为 167~500),鱼类体内的最高浓度为 1.6mg/L(BCF 为 2667),以鱼类为食的水鸟体内的浓度高达63~75.5mg/L(BCF 为 10,500~125,873)。

由于生物浓缩、生物积累和生物放大作用,即使是进入环境中的微量污染物,也会通过逐级生物放大,影响高位营养级的生物,甚至人类。

10.6.2　微生物对有机污染物的吸附作用

微生物细胞特别是细菌具有胶体粒子的特性，比如细菌细胞表面一般带有负电荷。由于微生物细胞很小，具有很大的比表面积，具有吸附水中有机颗粒、胶体物质和溶解性有机物，特别是疏水性有毒有害有机污染物的能力。

有机颗粒和胶体物质的生物吸附是一个快速的物理过程。在污水活性污泥处理系统中，20～30min 左右的时间即可完成有机颗粒和胶体物质的吸附过程。A（生物吸附）-B（生物降解）工艺是基于这种快速生物吸附现象而开发出的一种新型污水生物处理工艺。

微生物细胞对溶解性污染物，特别是对疏水性有机污染物，如农药、多氯联苯（PCBs）、多环芳烃（PHA）、挥发性有机物（VOC）等的吸附作用是污水生物处理系统中微量有机污染物去除的重要机理。值得注意的是，被吸附去除的有机物将积累在剩余污泥中，从而引起二次污染。在环境水体中，藻类对疏水性污染物也具有吸附作用，如藻类对农药 DDT 的吸附量为 4～20mgDDT/g 干重藻细胞，浓缩倍数达 5700～26300。

10.6.3　微生物对金属的吸附作用

水中的金属离子或其他污染物与微生物（如某些藻类，真菌和细菌）的生物质尤其是细胞壁上的特定基团结合，而被动吸附富集到细胞生物质上，这种现象称为生物吸附（biological adsorption）。微生物细胞表面能与重金属吸附结合的基团有巯基、羧基、羟基等。

金属离子吸附到微生物细胞表面的过程不依赖于能量代谢，具有快速、可逆的特点，又称为"被动吸附"。在另一些情况下，吸附在细胞表面的金属离子与细胞表面的某些酶相结合而转移到细胞内，这种过程是通过微生物的代谢活动富集金属，又称为"主动吸附"，其特点是速度慢、不可逆。

不同种类微生物能吸附的金属离子见表 10-4。

微生物对金属离子的吸附作用　　　　　　　　　　　　　　表 10-4

微生物种类	易吸附的金属离子
生枝动胶菌（*Zoogloea ramigera*）	Cu^{2+}，Cr^{3+}，UO_2^{3+}
链霉菌（*Streptomyces sp.*）	Pb^{2+}，Zn^{2+}，UO_2^{3+}
枯草芽孢杆菌（*Bacillus subtilis*）	Cu^{2+}，Cd^{2+}，Ag^+，La^{3+}
大肠杆菌（*E. coli*）	Cu^{2+}，Cd^{2+}，Ag^+，La^{3+}
根霉（*Rhizopus arrhizus*）	Pb^{2+}，Th^{2+}，UO_2^{3+}
黑曲霉（*Aspergillus niger*）	Cu^{2+}，Cr^{3+}，Ni^{2+}，Zn^{2+}，Co^{2+}，Pb^{2+}，Mn^{2+}，Th^{2+}
产黄青霉（*Penicillium chrysogenum*）	Pb^{2+}，Ra^{2+}，UO_2^{3+}，CrO_4^{2-}
酿酒酵母（*Saccharomyces cerevisiae*）	Cu^{2+}，Cd^{2+}，Ag^+，Pb^{2+}
囊叶藻属（*Ascophyllum nodosum*）	Cd^{2+}，Co^{2+}，Pb^{2+}
马尾藻属（*Sargassum natans*）	Cd^{2+}，Pb^{2+}
黑角藻属（*Fucus vesiculosus*）	Cd^{2+}，Pb^{2+}
小球藻属（*Chlorella vulgaris，salina*）	Cu^{2+}，Cd^{2+}，Zn^{2+}，Co^{2+}，Pb^{2+}，Mn^{2+}，Au^{2+}，Au^+，Ag^{2+}，Hg^{2+}

（引自：王家玲主编，环境微生物学（第二版），2004）

除细胞和金属离子种类外，pH、共存离子、细胞的预处理、吸附剂的粒径等也会对生物吸附产生影响。温度对生物吸附的影响不大。

在污水处理过程中，污水中的重金属离子由于微生物细胞的吸附作用被浓缩到活性污泥中，从而会影响活性污泥的资源化利用，特别是堆肥利用。

思 考 题

1. 根据分解程度，有机物的生物分解有哪几种类型？各种类型的特点分别是什么？
2. 试比较有机物的好氧分解和厌氧分解各有什么特点？两者有何不同？
3. 简述有机物厌氧生物分解中的三阶段四类群理论。
4. 有机物生物分解性试验的意义何在？简要概述生物分解性试验的方法体系？
5. 有机物生物分解性试验的一般步骤是什么？
6. 有机物的生物分解性与其分子结构之间一般有何关系？
7. 概述微生物在碳循环中的作用？
8. 概述微生物在氮循环中的作用？
9. 试简单说明下列各种微生物作用：
(1) 氨化作用；(2) 硝化作用；(3) 硫化作用；(4) 反硫化作用。
10. 什么叫生物浓缩、生物积累和生物放大？
11. 试分析微生物的污染物吸附作用对污水生物处理会产生什么样的影响（或效果）？

第11章 污水生物处理系统中的主要微生物

11.1 污水生物处理的基本原理

1. 污水生物处理的基本原理

自然界中很多微生物有分解与转化污染物的能力。生产实践表明，利用微生物氧化分解污水中的有机物是十分有效的。这种利用微生物处理污水的方法叫做生物处理法。目前生物处理法主要是用来除去污水中溶解的和胶体的有机污染物质以及氮、磷等营养物质，亦可用于某些重金属离子和无机盐离子的处理。

2. 污水生物处理的基本类型

根据在处理过程中起作用的微生物对氧气要求的不同，污水的生物处理可分为好氧生物处理和厌氧生物处理两类。

根据微生物的利用形态，生物处理单元基本上可分为附着生长型和悬浮生长型两类。在好氧处理中附着型所用反应器可以生物滤池为代表，而悬浮型则可以活性污泥法中的曝气池为代表。

3. 污水生物处理系统中的微生物

各类处理系统中的微生物皆为混合培养微生物系统。从生态学的角度看，生物处理构筑物中包含一个完整的生态系统。各类生物构成一个食物网。可以画成一个食物网金字塔。在这种食物网金字塔中具有不同层次的营养水平。由于反应器的特性不同，悬浮生长反应器系统中的营养水平比附着生长反应器系统少。图 11-1 是 1985 年 Wheatley 提出的生物滤池和活性污泥法的食物金字塔的对比。这类人工生态系统完全受运行方式的控制，并受食物（有机负荷）和供氧的限制。

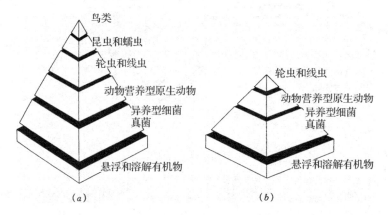

图 11-1 生物滤池和活性污泥法的食物金字塔的对比

(a) 生物滤池；(b) 活性污泥法

11.2　有机污染物好氧生物处理的基本原理及其主要微生物

11.2.1　污水的好氧生物处理

好氧生物处理（或称好气生物处理）是在有氧的情况下，借好氧微生物（主要是好氧菌）的作用来进行的。在处理过程中，污水中的溶解性有机物质透过细菌的细胞壁和细胞膜而为细菌所吸收；固体的和胶体的有机物先附着在细菌细胞体外，由细菌所分泌的胞外酶分解为溶解性物质，再渗入细胞。

细菌通过自身的生命活动——氧化、还原、合成等过程，把一部分被吸收的有机物氧化成简单的无机物，并放出细菌生长、活动所需要的能量，而把另一部分有机物转化为生物体所必需的营养物质，组成新的细胞物质，于是细菌逐渐生长繁殖，产生更多的细菌。其他微生物摄取营养后，在它们体内也发生相同的生物化学反应。

当污水中有机物较多时（超过微生物生活所需时），合成部分增大，微生物总量增加较快；当污水中有机物不足时，一部分微生物就会因饥饿而死亡，它们的尸体将成为另一部分微生物的"食料"，微生物的总量将减少。微生物的细胞物质虽然也是有机物质，但微生物是以悬浮的状态存在于水中的，相对地说，个体比较大，也比较容易凝聚，可以同污水中的其他一些物质（包括一些被吸附的有机物和某些无机的氧化产物以及菌体的排泄物等）通过物理凝聚作用在沉淀池中一起沉淀下来。

由此可见，好氧生物处理法特别适用于处理溶解的和胶体的有机物，因为这部分有机物不能直接利用沉淀法除去，而利用生物法则可把它们的一部分转化成无机物，另一部分转化成微生物的细胞物质从而与污水分离。但必须注意，沉淀下来的污泥（其中含有大量微生物）在缺氧的情况下容易腐化，应作适当的处置。

用好氧法处理污水，基本上没有臭气，处理所需的时间比较短，如果条件适宜，一般可除去 $80\% \sim 90\%$ 左右的 BOD_5，有时甚至可达 95% 以上。

除上面所提到的活性污泥法外，生物滤池、生物转盘、污水灌溉和生物塘等也都是污水好氧处理的方法。

习惯上，把污水的好氧生物处理称为生物处理。

11.2.2　活性污泥法处理构筑物内的微生物

1. 活性污泥生态学及常见微生物

活性污泥中的微生物主要有假单胞菌、无色杆菌、黄杆菌、硝化细菌、球衣细菌、贝日阿托氏菌、发硫菌、地霉等；此外，还有钟虫、盖纤虫、等枝虫、草履虫等原生动物；以及轮虫等后生动物。

与所有生物处理过程一样，活性污泥系统具有混合培养的、主要起氧化有机物作用的细菌和其他较高级的水生微生物，形成了一个具有不同营养水平的生态系统。由于不断的人工充氧和污泥回流，使曝气池不适于某些水生生物生存，特别是那些比轮虫和线虫（*Nematodes*）更大型的种群和那些长生命周期的微生物。活性污泥反应器中主要生物种群是细菌、原生动物和线虫。其他种群如剑水蚤属（*Cyclops*），甚至某些双翅目（*Dipterans*）的幼虫也偶尔可见。在混合液中也可见藻类，但很难生长。传统活性污泥法过程的食物金字塔较详细地示于图 11-2 中。

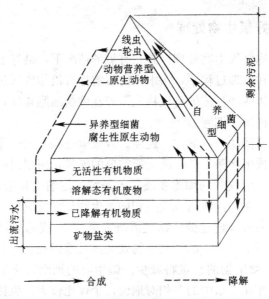

图 11-2　活性污泥法过程的食物金字塔

曝气池中的生物絮体是由细菌细胞通过凝聚作用或丝状菌的促进作用聚集形成的，其主体是异养细菌。絮体的生物条件决定了基质的去除率，其物理结构又确定了它们在二次沉淀池中的沉降效果。国外有人对其实验室中的活性污泥及某生产性活性污泥厂污泥进行了检验，结果见表 11-1。

活性污泥中的一些好氧异养菌　　　　　　　　　　　　　表 11-1

种　类	实验室活性污泥	某生产性活性污泥厂污泥
不动杆菌属（*Acinetobacter*）	9[1]	4[1]
产碱杆菌属（*Alcaligenes*）	4	2
芽孢杆菌属（*Bacillus*）	0	5
短杆菌属（*Brevibacterium*）	17	7
柄杆菌属（*Caulobacter*）	2	0
卡玛单胞菌属（*Comomonas*）	7	5
噬纤维菌属（*Cytophaga*）	1	8
德巴利酵母菌属（*Debaromyces*）	0	4
黄杆菌属（*Flavobacterium*）	7	1
生丝微菌属（*Hyphomicrobium*）	0	2
假单胞杆菌属（*Pseudomonas*）	8	16
球衣菌属（*Sphaerotilus*）	0	33[2]
未知的	2	12[3]

① 游离的数量；

② 只采集到 3 个种群；

③ 不能在 Difco 培养基中生长，或不能归类。

原生动物是活性污泥的重要组成部分，其个数可达 5000 个/mL，可占混合液干重的 5%～12%。表 11-2 列出了活性污泥法污水处理厂中最常见的原生动物。

采用活性污泥法的污水处理厂中最常见的原生动物　　　　　　　表 11-2

研究者	分类		
	植鞭毛纲 (Phytomastigophorea)	根足亚纲 (Rhizopodea)	纤毛纲 (Ciliatea)
Brown (1965)		蜂巢鳞壳虫 (Euglypha alvcolata)	有肋术纤虫 (Aspidisca costata) 锐利术纤虫 (Aspidisca lynceus) 壮术纤虫 (Aspidisca robusta) 僧帽斜管虫 (Chilodonella cucullulus) 褶累枝虫 (Epistylis plicatilis) 小腔游仆虫 (Euplotes aediculatus) 片状漫游虫 (Litonotus fasciola) 钟钟虫 (Vorticel la campanula) 沟钟虫 (Vorticella convallaria) 小口钟虫 (Vorticella microstoma) 似星云钟虫 (Vorticella nobulifora varsmilis) 八条纹钟虫 (Vorticella striata var. octava)
Curds & Cockburn (1970)	粗袋鞭虫 (Peranema Trichophorum)	小变形虫 (small amoebae) 普通表壳虫 (Arcella vulgaris) 鳞壳虫 (Euglypha sp.)	有肋术纤虫 (Aspidisca costata) 螅状独缩虫 (Carchesium polypinum) 四棘多7污游仆虫 (Euplotes moebiusi) 集盖虫 (Opercularia coarctata) 卑怯管叶虫 (Trachelophyllum pusillum) 白钟虫 (Vorticella alba) 沟钟虫 (Vorticella convallaria) 法帽钟虫 (Vorticella fromenteli) 小口钟虫 (Vorticella microstoma)
Schofield (1971)		变形虫 (未定种) (Amoeba sp.) 螺足虫属 (未定种) (Cochilopodium sp.)	有肋术纤虫 (Aspidisca costata) 钩刺斜管虫 (Chilodonella uncinata) 单镰虫属 (未定种) (Drepanomonas sp.) 累枝虫属 (未定种) (Epistylis sp.) 半眉虫 (未定种) (Hemiophrys sp.) 沟钟虫 (Vorticella convallaria) 小口钟虫 (Vorticella microstoma)

完全混合活性污泥曝气池内的原生动物的种类在空间上观察不到有什么差别（在生物滤池中纵向是有差别的）。随着活性污泥的逐步成熟，混合液中的原生动物的优势种类也会顺序变化，从肉足类、鞭毛类优势动物开始，依次出现游泳型纤毛虫、爬行型纤毛虫、附着型纤毛虫。

爬行型纤毛虫和附着型纤毛虫与活性污泥絮体紧密连接，一旦达到一定密度就会随着二沉池中沉淀的回流活性污泥返回曝气池，而被冲洗（wash out）掉的大部分是鞭毛类优势动物和游泳型纤毛虫。

当活性污泥达到成熟期，其原生动物发展到一定数量后，出水水质则明显改善。新运行的曝气池或运行得不好的曝气池，池中主要含鞭毛类原生动物和根足虫类（Rhizopods），只有少量纤毛虫；相反的，出水水质好的曝气池混合液中，主要含纤毛虫，只有少量鞭毛型原生动物和变形虫。纤毛虫成为优势种，常见的例如斜管虫属（Chilodonclla spp.）、豆形虫属（Colpidium spp.）、术纤毛虫属（Aspidisca spp.）和某些独缩虫属（Carchesium spp.）以及钟虫属（Vorticella spp.）等。这种污泥状态和出水水质与微生物种类的连带关系是利用原生动物指示活性污泥处理厂出水水质的理论基础。

Curds 和 Cockburn 根据大量实测数据，找出了原生动物种类与出水水质的相关关系。他们根据出水 BOD_5 判定水质优劣，将出水水质分为四类：优（0～10mg/L）、良（11～20mg/L）、中（21～30mg/L）和差（>30mg/L），各个种类在活性污泥污水处理厂采样中出现的频率（以百分数表示）都记录下来，求出在 4 个档次中出现频率的记录的总和，设这一总和共得 10 分，再根据个别种在每个档次中出现的比例给予"得分值"。表 11-3 为活性污泥处理厂中某些常见原生动物与出水水质及在 4 个 BOD_5 档次中得分值的关系。表中的数字为某一档次的出现频率记录数，括弧中为该档次的得分值。

活性污泥处理厂某些常见原生动物出现频率与出水水质的关系 表 11-3

原 生 动 物	出现频率（%）及增加点数（在括号内）			
	BOD_5（mg/L）			
	0～10	11～20	21～30	>30
沟钟虫（Vorticella convallaria）	63（3）	73（4）	37（2）	22（1）
法帽钟虫（Vorticella fromenteli）	38（5）	33（4）	12（1）	0（0）
蜮状独缩虫（Carchesium polypinum）	19（3）	47（5）	12（2）	0（0）
有肋术纤虫（Aspidisca costata）	75（3）	80（3）	50（2）	56（2）
盘状游仆虫（Euplotes patella）	38（4）	25（3）	24（3）	0（0）
有鞭毛的原生动物	0（0）	0（0）	37（4）	45（6）

表 11-4 中列出 Curds 和 Cockburn 研究的结果。表中纵向数字代表得分数。例如：当出水 BOD_5 为 11～20 时，各种类得分之和为 43，得分愈高，出水水质愈好。

活性污泥污水处理厂的出水质量与原生动物种类及其得分数的关系 表 11-4

污泥中原生动物	出水 BOD_5（mg/L）			
	0～10	11～20	21～30	>30
卑怯管叶虫（Trachelophyllum pusillum）	3	3	3	1
纺锤半眉虫（Hemiophrys fusidens）	3	4	3	0
僧帽斜管虫（Chilodonella cucullulus）	4	4	1	1
旋毛草履虫（Paramecium trichium）	4	3	1	0
社钟虫（Vorticella commums）	10	0	0	0
沟钟虫（Vorticella convallaria）	3	4	2	1
法帽钟虫（Vorticella fromenteli）	5	4	1	0
小口钟虫（Vorticella microstoma）	2	4	2	2
集盖虫（Opercularia coarctata）	2	2	3	2
蜮状独缩虫（Carchesium polypinum）	3	5	2	0

污泥中原生动物	出水 BOD_5（mg/L）			
	0～10	11～20	21～30	>30
霉聚缩虫（*Zoothamnium mucedo*）	10	0	0	0
有肋术纤虫（*Aspidisca costata*）	3	3	2	2
亲游仆虫（*Euplotes affinis*）	6	4	0	0
盘状游仆虫（*Euplotes patella*）	4	3	3	0
总分值	62	43	24	10

可以根据低倍显微镜观察到的原生动物的类群与得分数去判断处理厂出水的水质。Curbs 和 Cockburn 又用另外的 34 个污水处理厂的实测值去验证他们的研究结果。根据观察原生动物去判断出水水质时，有 85％ 是正确的。后续研究发现有时判断出水水质的成功率较低。但是，通过按照个别种的混合液中出现的规律而权衡其得分数，会提高判断的成功率。例如，在质量很好的活性污泥中观察到的代表优质出水的指示生物的种应该比观察到少量代表较差水质的指示生物更重要（应忽略代表较差水质的指示微生物）。以上方法操作方便，可节省时间。但也有两点局限性：首先是鉴别纤毛虫种类的技术要求较高，检验人员必需有较高的业务水平；其次是这种方法的检验结果只能是估计出水的 BOD 值。

2. 活性污泥法运行中微生物造成的问题

活性污泥在运行中最常见的故障是在二次沉淀池中泥水的分离问题。造成污泥沉降问题的原因是污泥膨胀、不絮凝、微小絮体、起泡沫和反硝化。这只是从效果上分类，实际上不是很精确，而且有些重叠。所有的活性污泥沉降性问题，其起因皆为污泥絮体的结构不正常造成的。活性污泥颗粒的尺寸的差别很大，其幅度从游离的个体细菌的 $0.5 \sim 5.0 \mu m$，直到直径超过 $1000 \mu m$（1mm）的絮体。絮体最大尺寸取决于它的黏聚强度和曝气池中紊流剪切作用的大小。

絮体结构分为两类：微结构与宏结构（Sezqin et al.，1978）。微结构是较小絮体（直径 $< 75 \mu m$），球形，较密实但相对地较易破裂。此类絮体多由"絮体形成菌"（flocform-ing）组成。在曝气池紊流条件下易被剪切成小颗粒。虽然这种絮体能很快沉淀，但从大凝聚体被剪切下的小颗粒需较长的沉淀时间，可能随沉淀池出水排出，使最终出水的 BOD_5 值上升，并使浊度大幅度上升。当丝状微生物出现时，即出现宏结构絮体，微生物凝聚在丝状微生物周围，形成较大的不规则絮体，这种絮体具有较强的抗剪切强度。

下面将重点说明污泥膨胀的形成及对策，并简要说明其他造成污泥沉降问题的原因。

（1）不凝聚

不凝聚是一种微结构絮体造成的现象。这是因为絮体变得不稳定而碎裂，或者因过度曝气形成的紊流将絮体剪切成碎块而造成的运行问题。也可能是细菌不能凝聚成絮体，微生物成为游离个体或非常小的丛生块。它们在沉淀池中呈悬浮态，并随出水连续流出。一般认为不凝聚是由于溶解氧浓度低、pH 低或冲击负荷（Pipes，1979）。污泥负荷应大于 $0.4 kg/(kg \cdot d)$，否则将发生不凝聚问题。某些有毒废水也可形成微小凝聚体。自由游泳型原生物，如肾形虫属（未定种）（*Colpoda sp.*）和草履虫属（未定种）（*Paramecium sp.*），数量很多时，虽未影响污泥沉降性能，但也可使最终出水出现浑浊。

（2）微小絮体（Pin-point floc）

前已述及微结构絮体的形成原因及造成的运行问题。含微小絮体的污泥不会在出水中形成高浓度，因为其颗粒比不凝聚污泥要大得多。用肉眼在出水中可观察到离散的絮体。微小絮体往往由于长泥龄（>5～6d）和低有机负荷（<0.2kg/(kg·d)）而形成的（Pipes，1979）。因此这种问题往往发生在延时曝气系统。

（3）起泡沫

自从使用了不降解的"硬"洗涤剂以来，常常在曝气池中出现很厚的白色泡沫。微生物造成的泡沫是另外一种很密实的、棕色的泡沫，有时在曝气池中出现。这种类型的泡沫是由于某些诺卡氏菌属（Nocardia）的丝状微生物超量生长，曝气系统的气泡又进入其群体而形成的。这种泡沫以一种密实稳定的泡沫或者一层厚浮渣的形式浮在池面上。气泡使污泥上浮还可能是反硝化造成的。

气泡附着于诺卡氏菌属的机理是相当复杂的。在有些情况下，虽然这种丝状微生物在混合液中的种群密度也很高，但却不会造成污泥沉降质量问题。其原因是诺卡氏菌属产生许多分枝（图 11-3），使絮体成为很坚固的宏结构，生成一种大而牢固、很容易沉降的絮体。

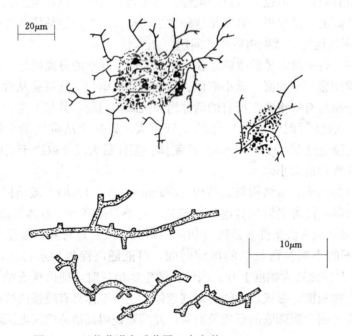

图 11-3　丝状菌诺卡氏菌属（未定种）（Nocardia sp.）

在某污水处理厂泡沫中诺卡氏菌属的群体密度曾升高至 10^{12} 个/mL，而在混合液中仅为 10^6 个/mL（Wheeler and Rule，1980）。假如污泥需消化，诺卡氏菌属会随之在消化池中产生泡沫（Jenkins et al.，1984）。

促使诺卡氏菌属生长的原因尚不甚清楚。有利于它生长的因素有高温（>18℃）；高负荷和长泥龄（>9d）。在活性污泥法处理厂中广泛应用的控制诺卡氏菌属生长的方法是缩短泥龄，用增加剩余污泥量的方法将诺卡氏菌属冲洗（wash-out）出处理系统。泥龄是温度的函数，水温愈高则要求泥龄愈低。

（4）丝状菌引起的污泥膨胀

在曝气池运行过程中，有时会出现污泥结构松散，沉降性能恶化，随水漂浮，溢出池外的异常现象，称为污泥膨胀。开始时，尽管膨胀污泥比正常活性污泥的沉速慢，但出水水质仍然很好。即使污泥膨胀已较严重，仍能有清澈的上清液，因为延伸的丝状菌会过滤掉形成浊度的细小颗粒。只有当沉降性很差，泥面上升，以致大的絮体也溢出沉淀池，最终出水中 SS 和 BOD 升高。主要问题是污泥膨胀使污泥压缩性能变差，其结果是很多稀薄污泥回流到曝气池，使池中 MLSS 下降，进而造成出水水质达不到要求而使曝气池运行失败。

理想絮体的沉降性能好；最终出水中 SS 和浊度极低；丝状菌与絮体形成均保持平衡；丝状菌都留在絮体中，从而使絮体强度增加并保护固定的结构。即使有少数丝状菌伸出污泥絮体，它们的长度也足够短小而不会影响污泥沉降。与此相反，膨胀污泥有大量丝状菌伸出絮体。

可辨别的膨胀污泥絮体有两种类型：第一类是具有长丝状菌从絮体中伸出，此类丝状菌将各个絮体连接（或称搭桥），形成丝状菌和絮体网；第二类是具有更开放（或扩散）的结构，由细菌沿丝状菌凝聚，形成相当细长的絮体。絮体形成，对沉淀的影响等皆取决于丝状微生物的种类。搭桥型絮体如 021N 型、*Schaerotilus natans*、0961 型、0803 型、*Thiothrix sp.*、0041 型和 *Haliscomenobacter hydrossis* 等。开放型结构有 1701 型、0041 型、0675 型。

已知大约有 25 种丝状细菌可造成活性污泥膨胀。尚未发现在活性污泥中藻类能造成污泥膨胀。根据美国、南非、荷兰和德国已检测的结果，可排出最常见的 10 种丝状微生物，见表 11-5。

南非、美国、荷兰和德国的活性污泥法处理厂常见
的 10 种形成污泥膨胀的丝状微生物　　　　　　　　　　　　表 11-5

排序	南非	美国	荷兰	德国
1	021N 型	0092 型	*Nocardia*	*M. parvicella*
2	*M. parvicella*	0041 型	1701 型	021N 型
3	0041 型	0675 型	021N 型	*H. hydrossis*
4	*S. natans*	*Nocardia* sp.	0041 型	0092 型
5	*Nocardia* sp.	*M. parvicella*	*Thiothrix* sp.	1701 型
6	*H. hydrossis*	1851 型	*S. natans*	0041 型
7	*N. limicola*	0914 型	*M. parvicella*	*S. natans*
8	1701 型	0803 型	0092 型	0581 型
9	0961 型	*N. limicola*	*H. hydrossis*	0803 型
10	0803 型	021N 型	0675 型	0961 型

造成膨胀的主要原因是 DO 浓度低、污泥负荷率低、曝气池进水含较多化粪池出水、营养不足和低 pH（<6.5）。Strom 和 Uenkins 研究了污泥膨胀原因与微生物相的关系。这些关系的拟合结果非常好，见表 11-6。

以形成污泥膨胀的微生物优势种为条件的指示生物　　　　　表 11-6

形成条件	指示性丝状菌类型
低 DO	1701 型，*S. natans*，*H. hydrossis*
低 F/M	*M. parvicella*，*H. hydrossis*，*Nocardia* sp.，021N 型，0041、0675、0092、0581、0961 和 0803 型
化粪池出水/硫化物	*Thiothrix* sp.，*Beggiatoa*，021N 型
营养不足	*Thiothrix* sp.，*S. natans*，021N 型，并可能有 *H. hydrossis* 和 0041、0675 型
低 pH	真菌

即使已知丝状微生物的种属，目前也找不到控制优势种的有效、实用方法。所以，操作人员需根据指示性丝状微生物的出现，采用控制运行条件的方法来运转曝气池，直至问题消失。主要的方法如下：

1）控制污泥负荷　污水处理厂的一般处理系统的正常负荷为 $0.2\sim0.45$ kg/(kg·d)，发生污泥膨胀时可能超出此范围。为防止膨胀，应经常将污泥负荷率控制在正常负荷范围内。

2）控制营养比例　一般曝气池正常的碳（以 BOD_5 表示）、氮和磷的比例为 BOD_5：N：P＝100：5：1。当 BOD_5：P 偏高时，丝状微生物能将多余部分储存在体内。当营养浓度不足时，丝状微生物仍有储存，这就增强了丝状微生物对絮体形成细菌的竞争性。

3）控制 DO 浓度　为防止丝状微生物的猛增，一般应将池中 DO 控制在 2.0mg/L 以上。因为防止污泥膨胀的最低 DO 浓度是污泥负荷 F/M 的函数，所以当 F/M 增加时，应相应地增加最低 DO 浓度，如图 11-4 所示。

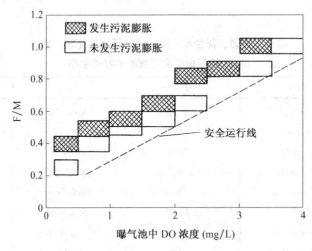

图 11-4　控制活性污泥膨胀的最低 DO 浓度与 F/M 的关系

4）加氯、臭氧或过氧化氢　这些化学剂是用于有选择地控制丝状微生物的过量增长。

5）投加混凝剂　可投加石灰、三氯化铁或高分子絮凝剂以改善污泥的絮凝，同时也会增加絮体的强度。

（5）非丝状菌引起的污泥膨胀

有时在不出现丝状微生物时也会出现污泥膨胀。这种膨胀与散凝作用（deflocculation) 有关，当游离细菌产生菌胶团基质（zoogloeal）时，就会导致污泥膨胀，通常称这种膨胀为菌胶团膨胀或黏性膨胀。这种失败是由于絮体微结构中产生了大量胞外多聚物（ECP，extracellular polymer），它具有糊状或果冻样的外观。可以用印度墨水反染色法清楚地区别它与正常絮体的不同。正常絮体染色后，墨水会深深贯入絮体，而具有胞外多聚物的絮体则能抗拒浸染贯穿。

11.2.3　生物膜法及其主要微生物

生物膜法中最常用的形式为生物滤池。生物滤池（滴滤池）为附着型或固定膜型反应器。在这种反应器内微生物形成了生物膜附着在滤料上，用以处理污水。早期的生物滤池的处理负荷低，即所谓低负荷生物滤池。后来提高了负荷就称为高负荷生物滤池，也简称生物滤池。近年来又发展了若干改进型固定膜反应器，例如生物转盘、生物流化床等。各种固定膜反应器在微生物的种类及作用方面有类似之处。下面以生物滤池为代表，说明各种微生物的作用及生物滤池的生态学。

1. 生物滤池中的微生物及其作用

生物滤池建成后，就开始进水，不需要接种，因为污水中含有滤池生物膜需要的各种微生物。在夏天约 3～4 周就可在滤料上长成正常的生物膜；冬天约需 2 个月。生物膜上生长着一个复杂的生物群体。

一般来说，生长在生物滤池中的细菌大多是革兰氏阴性菌，例如，无色杆菌、黄杆菌、极毛杆菌、产碱杆菌等。其中很多都能形成菌胶团。丝状细菌则有球衣细菌、贝氏硫细菌等。在生物滤池下层，主要是硝化细菌。真菌有镰刀霉、青霉、毛霉、地霉、分枝孢霉等以及多种酵母菌。藻类仅生长在滤池表面，主要有小球藻、席（蓝）藻、丝（绿）藻等。原生动物最常见的有钟虫、盖纤虫、等枝虫和草履虫等纤毛类原生动物。此外，还有一些其他种类的小型动物，如轮虫、蠕虫、昆虫的幼虫，甚至灰蝇等小动物也会在滤池（特别是低负荷滤池）内生长繁殖。灰蝇很小，能穿过纱窗、不咬人，但能飞进人或动物的耳、鼻、眼和口。它们飞行距离不超过数百米，有风时则可被带至较远地区。

污水中的有机物主要被好氧的异养微生物所降解。生物膜的结构似海绵状，很像活性污泥的絮体，生物膜被生长在膜内的驯养动物（grazing fauna）连续不停地挖洞，使膜变得更加多孔（图 11-5）。污水可穿过膜表面直至相当的深度，其穿透限度取决于膜厚和滤池的水力负荷。

图 11-5 中左侧为滤料；右侧为生物膜，它由两部分组成：接触滤料的附着生物体和最右侧吸附在生物体上的液膜，最外侧是空气。外部空气中的氧气穿过液膜传递给生物体部分，愈往里传，氧的浓度愈低，甚至有时靠近滤料处会出现厌氧状态。

2. 滤池微生物的生态学

活性污泥提供纯水生生物的生长环境，但是生

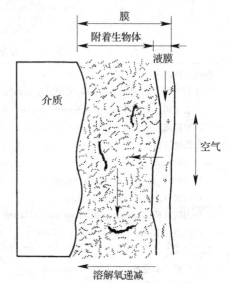

图 11-5　微生物膜结构示意图

物滤池中的生长环境则可适用于有水生微生物和陆生驯养动物。

　　生物滤池的食物链比活性污泥的多几种营养水平。水质净化的最基本部分是异养性膜，它将进水中溶解的和悬浮的有机物转化成细菌和菌类生物膜。动物性原生动物主要居留在膜上，有些与游离细菌在一起，还有一些靠捕食其他原生动物或腐生植物（saprophytes）生存。其他生活在膜上的还有轮虫和线虫。驯养动物主要是真蝇类的幼虫和寡毛纲蠕虫，其关系如图 11-6 所示。表 11-7 列出了生物滤池中典型的生物种群。

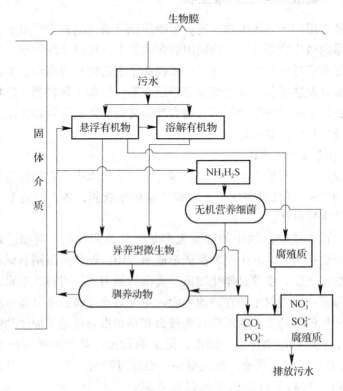

图 11-6　生物滤池的生物膜食物网

单级生物滤池典型微生物　　　　　　　　　　　　　　　　　　　　表 11-7

细菌（Bacteria）

　　菌胶团型（zoogloeal forms）主要是生枝动胶菌（*zoogloeal ramigera*）

　　球衣菌属（未定种）（*Sphaerotilus sp.*）

　　纤发菌属（未定种）（*Leptothrix sp.*）

　　贝氏硫细菌属（未定种）（*Beggiatoa sp.*）

真菌（Fungi）

　　Subbaromyces splendens Hesseltine

　　瘤孢属（未定种）（*Sepedonium sp.*）

　　镰刀属（*Fusarium aguaeductuum*）（*Radimacher & Rabenhorst*）*Saccardo*

　　白地霉（*Geotrichum candidum*）*Link*

藻类（Algae）

　　小球藻（未定种）（*Chlorella sp.*）

　　栅藻属（未定种）（*Scenedesmus sp.*）

　　毛枝藻属（未定种）（*Stigeoclonium sp.*）

原生动物（*Protozoa*）：肉鞭门（*Sarcomastigophora*）

　　波豆虫属（未定种）（*Bodo sp.*）

　　变形虫属（未定种）（*Amoeba sp.*）主要是辐射变形虫（*Amoeba radiosa*）Ehrenberg

　　眼虫藻（未定种）（*Euglena sp.*）

原生动物（*Protozoa*）：纤毛亚门（*Ciliophora*）

　　（全毛亚纲）（*Holotrichia*）

　　卑怯管叶虫（*Trachelophyllum pusillum*）Perly-Claparede & Lachmann

　　纺锤半眉虫（*Hemiophrys fusidens*）Kahl

　　肋状半眉虫（*Hemiophrys pleurosigma*）Strokes

　　僧帽斜管虫（*Chilodonella cucullulus*）（*Muller*）

　　钩刺斜管虫（*Chilodonella uncinata*）Ehrenberg

　　僧帽肾形虫（*Colpoda cucullus*）Muller

　　暗尾丝虫（*Uronema nigricans*）（*Muller*）Florentin

　　闪瞬目虫（*Glaucoma seintillans*）Ehrenberg

　　肾形豆形虫（*Colpidium colpoda*）Stein

　　弯豆形虫（*Colpidiun campylum*）（*Strokes*）

　　双核草履虫（*Paramecium aureliu*）Ehrenberg

　　尾草履虫（*Paramecium caudatum*）Ehrenberg

缘毛亚钢（*Peritrichia*）

　　小口钟虫（*Vorticella microstoma*）Ehrenberg

　　沟钟虫（*Vorticella convallaria*）Linnaeus

　　春钟虫（*Vorticella vernalis*）Strokes

　　小盖虫（*Opercularia minima*）Kahl

　　微盘盖虫（*Opercularia microdiseum*）Faure-Fremict

　　集盖虫（*Opcrcularia coarctata*）Claparede & Lachmann

　　浮游累枝虫（*Epistylis rotans*）Svcc

旋毛亚纲（*Spirotrichia*）

　　带核喇叭虫（*Stcntor rocscli*）Ehrcnbong

　　有肋术纤虫（*Aspidisca costata*）（*Dujardin*）＝cicada

　　皮急纤虫（*Tachysoma pellionella*）（*Muller-Stein*）

　　游溢尖毛虫（*Oxytricha ludibunda*）Strokes

吸管钢（*Suctoria*）

　　尖壳吸管虫（*Acinela cuspidala*）Strodes

　　粗壮壳吸管虫（*Acineta foetida*）Maupas

　　胶衣足吸管虫（*Podophrya maupasi*）Butschli

　　卡氏足吸管虫（*Podophrya carchesii*）Claparede & Lachmann Podophrya mollis Butschli

　　大球吸管虫（*Sphaerophrya magna*）Maupas

11.3　有机污染物厌氧生物处理的基本原理及其主要微生物

11.3.1　污水厌氧生物处理

厌氧生物处理是在无氧条件下，借厌氧微生物（包括兼性微生物），主要是厌氧菌

（包括兼性菌）的作用来进行的。这种方法主要用于高浓度有机污水的处理。有机物的厌氧分解过程详见第10章。

好氧法处理有机物所需的时间一般比用厌氧法处理短，基本上没有臭气，但需要有氧的供应和比较复杂的处理设备，且当污水中有机物浓度太高时，一般不可能供应好氧分解所需要的充足的氧。用厌氧法处理污水，所产生的甲烷气体可以利用；但由于有硫化氢等气体产生，所以臭气大；同时，由于存在硫化铁等黑色物质，使处理后的污水颜色深，并且所含有机物也较多，如果要使有机物完全稳定，需时甚长，当污水量大时，所需设备的容量也将很大。由此，处理污水一般多用好氧法，处理污泥则用厌氧法。若处理高浓度有机污水，则往往先采用厌氧生物处理，将有机污染降至一定浓度后，再采用好氧法处理至达到排放标准。厌氧处理还有可能使难以好氧生物降解的有机物转化为较易好氧降解的物质。

11.3.2 参与厌氧生物处理的微生物

厌氧生物处理中有各种微生物参与，一般分为两大类：不产甲烷微生物和产甲烷微生物。

1. 不产甲烷微生物（non-methanogens）

不产甲烷微生物包括厌氧菌和兼性厌氧菌，其种类很多，具体种类及数量随发酵原料和发酵工艺而定。此外，还有真菌和原生动物。细菌除厌氧菌和兼性厌氧菌之外，在厌氧设备中还有一定数量的好氧细菌。好氧细菌在厌氧发酵过程中的作用目前尚研究得不够。常见的不产甲烷细菌可分为三类：

（1）发酵细菌 梭菌属（*Clostridium*），例如丁酸梭菌等；枝杆菌属（*Ramibacterium*）；乳杆菌属（*Lactobacillus*）等。

（2）产氢产乙酸细菌 大多数为发酵细菌，也有专性产氢产乙酸细菌。这类细菌有脱硫弧菌（*Desulfovibrio*）、沃尔夫互营单胞菌（*Syntrophomonas wolfei*）、沃林互营杆菌（*Syntrophobacter wolinii*）等。

（3）同型产乙酸细菌群 乙酸梭菌、甲酸乙酸化梭菌、乌氏梭菌、伍迪乙酸杆菌等。此外，在厌氧发酵中能经常见到原生动物，但数量不多，大约有18种，如鞭毛虫、纤毛虫和变形虫等，其生存条件目前尚不清楚。

2. 产甲烷细菌（methanogen）

产甲烷细菌属于古菌，其主要特征参见第3章，这里简要介绍产甲烷菌与污水生物处理相关的主要特性（见表11-8）。

常见的产甲烷菌及主要特性 表11-8

菌 种	适宜温度（℃）	适宜 pH
产甲烷杆菌属		
甲酸产甲烷杆菌（*M. formicicum*）	37	7.0
布氏产甲烷杆菌（*M. bryantii*）	38	7.0
武氏产甲烷杆菌（*M. wolfei*）	55～65	7.0～7.5
嗜热自养产甲烷杆菌（*M. thermoautotrophicum*）	66～65	7.2～7.6

菌　　　种	适宜温度（℃）	适宜 pH
产甲烷短杆菌属		
反刍产甲烷短杆菌 （*M. ruminantium*）	38	7.2
史氏产甲烷短杆菌 （*M. smithii*）	38	6.9～7.4
产甲烷球菌属		
万尼氏产甲烷球菌 （*M. vannielii*）	36～40	7.0～9.0
沃氏产甲烷球菌 （*M. voltae*）	32～40	6.7～7.4
产甲烷微菌属		
运动产甲烷微菌 （*M. mobile*）	40	6.1～6.9
产甲烷菌属		
卡列阿科产甲烷菌 （*M. cariaci*）	20～25	6.8～7.3
黑海产甲烷菌 （*M. marisnigri*）	20～25	6.2～6.6
产甲烷螺菌属		
亨氏产甲烷螺菌 （*M. hungatei*）	30～37	6.6～7.4
产甲烷八叠球菌属		
巴氏产甲烷八叠球菌 （*M. barkeri*）	35	7.0
马氏产甲烷八叠球菌 （*M. mazei*）	40	6.0～7.0
产甲烷丝菌属		
索氏产甲烷丝菌 （*M. soehngenii*）	37	7.4～7.8

　　产甲烷细菌对于温度和酸碱度都相当敏感。几度的温度变化或环境中的 pH 稍超过适宜的范围时，就会在较大程度上影响有机物的分解。一般的产甲烷细菌都是中温性的、最适宜的温度在 25～40℃ 之间，高温性产甲烷细菌的适宜温度则在 50～60℃ 之间。在污水厌氧分解处理构筑物内，如果要保持较高的温度则需增加燃料费用，且高温细菌对于温度的变化更为敏感，故常采用 30～35℃ 的发酵温度，但完成高温发酵所需的时间较短，杀菌效果也较好。

　　产甲烷细菌生长最适宜的 pH 范围约在 6.8～7.2 之间。如 pH 低于 6 或高于 8，细菌的生长繁殖将受到极大影响。产酸细菌对酸碱度不及产甲烷细菌敏感，其适宜的 pH 范围也较广，在 4.5～8 之间。所以在用厌氧法处理污水的应用中，由于有机物的酸性发酵和碱性发酵在同一构筑物内进行，故为了维持产生的酸和形成的甲烷之间的平衡，避免产生过多的有机酸，常保持处理构筑物内的 pH 在 6.5～7.5（最好在 6.8～7.2）的范围内。在实际运转中，有机酸的控制较 pH 更为重要，因当酸量积累至足以降低 pH 时，厌氧处理的效果已经显著下降，甚至停止产气。有机酸本身不毒害产甲烷菌，而 pH 的下降则会抑制产甲烷菌的生长。

11.3.3　厌氧处理的各种反应器（处理构筑物）

　　厌氧处理有多种不同过程，虽然各种过程的反应器中的微生物种群在总体上是相同的，但由于运行条件的不同，各类微生物在数量上会有不同。反应器若不是完全混合式的，反应器微生物在垂直方向的生态分布也会不同。

当前应用得最普遍的是"消化池"。消化池从运行温度上又分中温（35℃）和高温（55℃）两种。消化池可以是单级的；也有两级的，第一级设置搅拌装置，第二级不设搅拌装置。还有一种两阶段厌氧消化池（也称两相厌氧消化池），第一阶段是酸性阶段；第二阶段是产甲烷阶段。

近年来新型厌氧反应器不断出现，如具有污泥回流的接触消化池、厌氧生物滤池、厌氧流化床和升流式厌氧污泥层（UASB）反应器等。在这些新型反应器中从微生物角度值得特别说明的是 UASB 反应器。运行良好的 UASB 反应器中的污泥是"颗粒污泥"，其直径约 1～4mm。这种颗粒污泥有较好的产甲烷活性和良好的沉降性能。它是一种团粒结构，由许多种类的细菌组成。这些细菌之间存在互营共生关系。大部分细菌是专性厌氧细菌，只有小部分发酵细菌是兼性厌氧菌。各类细菌在颗粒污泥中的分布是有规律的。分布在颗粒外层的主要是发酵细菌和氢营养型产甲烷细菌；内层则主要是乙酸营养型产甲烷细菌及产氢产乙酸细菌。

11.4　无机污染物生物处理的基本原理及其主要微生物

11.4.1　生物脱氮及参与的微生物

某些工业废水和生活污水中的有机氮经微生物降解为无机的 NH_3。在好氧条件下 NH_3 会被亚硝酸菌和硝酸菌氧化成亚硝酸盐和硝酸盐。大量 NO_3^- 排入水体就会形成富营养化，也会污染给水水源。

目前常采用的生物脱氮的流程是首先经过硝化过程，然后利用反硝化细菌进行反硝化，将 NO_2^- 和 NO_3^- 转化为 N_2。N_2 逸入大气，完成脱氮过程。

关于硝化细菌的特性，请参见第 10 章。根据硝化细菌的特点，影响污水处理系统中硝化过程的主要因素有以下几点：

（1）污泥龄：硝化菌在各种污水处理系统中虽有存在，但数量不多；加之自养型硝化菌世代时间长，生长速度慢（见表 11-9），因此硝化菌数量及硝化速率是生物脱氮处理的关键制约因素。除给予适宜的环境条件外，应注意增加污泥龄，即污泥停留时间（一般要大于 20～30d）。

硝化菌与活性污泥中异养菌的生长速率比较　　　　　　　　　　表 11-9

细菌种类	世代时间（h）	最大增长速率（1/h）
氨氧化菌（亚硝酸菌）	8～36	0.02～0.09
亚硝酸氧化菌（硝酸菌）	8～59	0.01～0.06
活性污泥中异养菌	2.3～8.7	0.08～0.3

（2）溶解氧（DO）：DO 对硝化菌的生长及活性都有显著的影响。在 DO 低于 0.5mg/L 时，亚硝酸氧化菌的活性受到抑制，而氨氧化菌对低溶解氧的耐受程度高于亚硝酸氧化菌，DO 低于 0.5mg/L 时仍能正常代谢。在活性污泥中，要维持正常的硝化效果，混合液

的 DO 一般应大于 2mg/L，而生物膜法则应大于 3mg/L。

（3）温度：温度对硝化活性有重要的影响。温度低于 12℃，硝化活性明显下降，30℃时活性最大，温度超过 30℃时，由于酶的变性，活性反而降低。

（4）pH：氨氧化菌的最适 pH 范围为 7.0～7.8，而亚硝酸氧化菌的最适 pH 范围为 7.7～8.1。pH 过高或过低都会抑制硝化活性。硝化过程常大量产酸，使 pH 降低，运行中应随时调节 pH。

（5）营养物质：污水水质，特别是 C/N 比影响活性污泥中硝化细菌所占的比例。因硝化菌为自养微生物，生长不需有机质，所以污水中 BOD_5/TN 越小，即 BOD_5 浓度越低硝化菌的比例越大，硝化反应越易进行。在城市污水处理系统中，硝化菌所占比例一般低于 0.086，不能满足硝化作用的需要。

氨氮是硝化作用的主要基质，应保持一定浓度。但氨氮浓度大于 100～200mg/L 时，对硝化反应呈现抑制作用，氨氮浓度越高，抑制程度越大。

（6）毒物：硝化菌对毒物的敏感度大于一般细菌，大多数重金属和有机物对硝化菌具有抑制作用。一般来说，氨氧化菌比亚硝酸氧化菌对毒物更敏感。表 11-10 列出了一些物质对活性污泥硝化活性产生 75％抑制时的浓度。

能进行反硝化作用的细菌绝大多数是异养的兼性厌氧菌，它们需利用有机物作为反硝化过程中的电子供体。影响反硝化作用的因素主要有以下几点：

一些物质对活性污泥硝化活性的影响 表 11-10

物质	75％抑制浓度（mg/L）	物质	75％抑制浓度（mg/L）
铜	4.0	苯胺	7.7
酚	5.6	硫代乙酰胺	0.53
邻—甲酚	12.8	丙烯醇	20
氰	1.3	氨基硫脲	0.18
三氯甲烷	18	丙酮	2000

（1）营养物质：反硝化作用需要足够的有机碳源，一般认为污水中的 BOD_5 与总氮之比大于 3 时，无需外加碳源，即可达到脱氮的目的。低于此值时需要添加碳源。甲醇、乙醇、乙酸、苯甲酸、葡萄糖等都曾被选择作为碳源，其中利用最多的是甲醇，因为它价廉，而且其氧化分解产物为水和二氧化碳。但在欧美各国，在饮用水的脱氮处理中采用乙醇，以避免残留甲醇对人体的危害。另外，活性污泥微生物死亡、自溶后释放出的有机物也可作为反硝化的碳源。在一般情况下，硝酸盐本身对反硝化没有抑制作用。

（2）溶解氧：反硝化菌一般为兼性厌氧菌，在 O_2 和 NO_3^- 同时存在时，反硝化菌首先利用 O_2 作为最终电子受体，只有溶解氧浓度接近零时才开始进行反硝化作用。但是，在一般情况下，活性污泥生物絮体内存在一个缺氧区，曝气池内即使存在一定的溶解氧，反硝化作用也能进行。要获得较好的反硝化效果，对于活性污泥系统，溶解氧需保持在 0.5mg/L 以下，对于生物膜系统，溶解氧需保持在 1.5mg/L 以下。

（3）温度：反硝化反应的最佳温度为 40℃，温度低于 0℃，反硝化菌的活动终止，温度超过 50℃时，由于酶的变性，反硝化活性急剧降低。

（4）pH：反硝化反应的最适合 pH 范围为 7.0～7.5，pH 高于 8 或低于 6 都会明显降低反硝化活性。pH 不仅对反硝化活性而且对反应产物也产生影响。反硝化作用可有 $NO_3^- \rightarrow NO_2^- \rightarrow NO \rightarrow N_2O \rightarrow N_2$ 等阶段，其中 NO、N_2O、N_2 为气态氮，反硝化反应可能在气态氮的任何一步终止，这主要取决于 pH。pH 小于 $6 \sim 6.5$ 时 NO 和 N_2O 是主要产物，而 pH 大于 8 时，将会出现 NO_2^- 的积累。pH 在中性范围内有利于 N_2 的产生。

11.4.2　生物除磷及参与的微生物

20 世纪 70 年代末，有些学者，如 Fuks 和 Chen，发现多种有明显除磷能力的细菌，统称除磷菌（或聚磷菌，polyphosphate accumulation microorganisms）。它们在有氧环境中，能超量摄取（Luxury uptake）磷。根据一般细菌的分子式估算，其细胞中磷占 2.3%，而聚磷菌可摄取约为正常需要 10 倍以上的磷。

图 11-7 示出了在厌氧与好氧条件下聚磷菌所起的作用。在厌氧环境中，因污水中没有溶解氧和缺乏氧化态氮（NOx），一般无聚磷能力的好氧菌和脱氮菌不能产生 ATP，故这类细菌不能摄取细胞外的有机物。但在厌氧环境中聚磷菌却能分解细胞内的聚磷酸盐和产生 ATP，并利用 ATP 将污水中的脂肪酸等有机物摄入细胞，以 PHB（聚-β 羟基丁酸盐）及糖原等有机颗粒的形式贮存于细胞内，同时还将分解聚磷酸盐所产生的磷酸排出体外。此时细胞内还会诱导产生相当量的聚磷酸盐激酶。

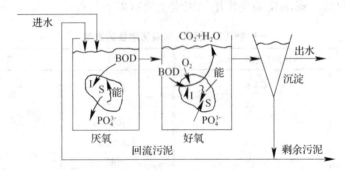

图 11-7　厌氧—好氧系统生物除磷过程图

注：I—贮存的食料（以 PHB 等有机颗粒形式存在于细胞内）；S—贮存的磷（聚磷酸盐）

一旦进入好氧环境，聚磷菌又可利用聚-β 羟基丁酸盐氧化分解所释放的能量来摄取污水中的磷，并把所摄取的磷合成聚磷酸盐而贮存于细胞内。一般来说，细菌增殖过程中，在好氧环境中所摄取的磷比在厌氧环境中所释放的磷多，污水生物除磷正是利用了微生物的这一过程，多余的污泥作为剩余污泥排走。此外，在好氧条件下，当细菌生长环境中缺乏一些基本的其他营养元素（如 S、N）时，它们的生长和核酸的合成虽被抑制，但仍能摄取水中的磷以聚磷酸盐的形式贮存起来。

聚磷菌区别于其他细菌的主要标志之一是其细胞内含有异染颗粒。利用荧光抗体染色技术和 16s-rRNA 解析技术研究表明，不动杆菌占聚磷菌总数的 1%～10%。另有报道假单胞菌和气单胞菌占聚磷菌总数的 15%～20%。其他报道过的能同时积累聚磷酸盐和 PHB 的细菌还有：诺卡氏菌、深红红螺菌、着色菌属、囊硫菌属、贝日阿托氏菌属、蜡状芽孢杆菌属等。聚磷菌生长较慢，但因能积累和分解聚磷酸和 PHB，故能适应厌氧和好氧交替环境而成为优势菌种。

在生物除磷工艺中还存在发酵产酸菌和异养好氧菌等。大多数聚磷菌一般只能利用低级脂肪酸等小分子的有机质，不能直接利用和分解大分子有机质。而发酵产酸菌的作用是将大分子物质降解为小分子，供聚磷菌用。如果没有发酵产酸菌的存在，聚磷菌则因有机质不足而不能放磷和摄磷。因此，在生物除磷工艺中，聚磷菌和发酵产酸菌是密切相关的互生关系。

影响生物除磷的主要因素有以下几点：

（1）溶解氧/氧化还原电位 聚磷菌的磷释放特性与所处环境的氧化还原电位（Eh）有密切的关系。Eh 大于 0 时不能释放磷，而 Eh 小于 0 时，其绝对值越大，磷的释放能力越强。一般认为在厌氧池内，Eh 应控制在 $-200\text{mV} \sim -300\text{mV}$ 内。

好氧池内的溶解氧浓度对聚磷菌的磷摄取有很大的影响。为了获得较好的磷释放效果，溶解氧浓度应保持在 2mg/L 以上，以满足聚磷菌对其贮存的 PHB 进行氧化，获取能量，供大量摄取磷之用。

（2）温度 虽然温度对聚磷菌的生长速率有一定的影响，但对生物除磷效果的影响不大。有资料显示，在 $8 \sim 9^\circ\text{C}$ 的低温时，出水磷浓度仍趋稳定，保持在 2mg/L 水平。

（3）pH 生物除磷系统的适宜 pH 范围为中性—弱碱性。

（4）硝酸盐与亚硝酸盐浓度 厌氧池内存在硝酸盐与亚硝酸盐时，一些发酵菌会利用它们作为最终电子受体，进行反硝化反应，这样会抑制对有机物发酵产酸的作用，从而影响聚磷菌的释磷和合成 PHB 的能力。一般应控制硝酸盐浓度在 0.2mg/L 以下。

（5）碳源 厌氧池内 BOD_5/TP 是影响聚磷菌释磷和摄磷的重要因素。聚磷菌利用的有机碳源不同，其释磷速度存在明显差异。甲酸、乙酸、丙酸等低分子脂肪酸是聚磷菌优先利用的碳源，乙醇、甲醇、柠檬酸、葡萄糖等只有在转化为低分子脂肪酸后才能被利用。

为了给聚磷菌提供足够的有机碳源，达到较好的除磷效果，进水的 BOD_5/TP 比值一般应大于 15，若处理水中的总磷控制在 1mg/L 以下，进水的 BOD_5/TP 比值应高于 $20 \sim 30$。

（6）污泥龄 污泥龄的长短对聚磷菌的摄磷作用和剩余污泥排放量有直接的影响，从而对除磷效果产生影响。污泥龄越长，污泥中的磷含量越低，加之排泥量的减少，会导致除磷效果的降低。相反，污泥龄越短，污泥中的磷含量越高，加之产泥率和剩余污泥排放量的增加，除磷效果越好。因此，在生物除磷系统中，一般采用较短的污泥龄（$3.5 \sim 7\text{d}$），但污泥龄太短又达不到 BOD 和 COD 去除的要求。

11.4.3 含硫废水的生物处理

1. 含硫酸根废水的厌氧生物处理

含硫酸根废水的厌氧生物处理是利用硫酸盐还原菌（sulfate reducing bacteria，SRB）在氧化有机物的过程中，以 SO_4^{2-} 作为最终电子受体，使其还原为 H_2S，即反硫化作用。SO_4^{2-} 还原所需的氧化还原电位的范围为 -160mV 至 -200mV。SO_4^{2-} 还原需要足够的有机碳源，COD 与 SO_4^{2-} 的质量比一般应大于 1.7。

产生的 H_2S 可由 NaOH 吸收塔吸收生成 Na_2S（可作为工业原料），也可利用下面讲述的生物氧化法将其氧化为单质硫而去除。

2. 含硫化氢废水的好氧生物处理

在好氧条件下，能将硫化物氧化成单质硫（S^0）或 SO_4^{2-} 的菌有无色硫细菌等。H_2S 的好氧处理关键在于控制条件使反应向生成 S^0 的方向进行。溶解氧和硫化物浓度是影响最终产物的主要因素，一般情况下 DO 为 1mg/L 以下时，S^0 产生量大；硫化物浓度越高，S^0 生成率也越高。硫化物浓度大于 20mg/L 时，即使在高 DO 的条件下，S^0 生成率也可高达 95%。

有研究者曾用硫酸盐生物还原—硫化物生物氧化工艺进行青霉素废水（SO_4^{2-} 浓度：5000~7000mg/L，COD：18000~26000mg/L）处理实验，SO_4^{2-} 去除率达 90% 以上。

11.4.4 含金属离子废水的生物处理

1. 生物沉淀处理法

金属生物沉淀（biological precipitation）处理的原理是利用硫酸盐还原菌在厌氧条件下把 SO_4^{2-} 还原成硫化氢，废水中的金属离子与硫化氢生成金属硫化物沉淀而被去除。金属硫化物的溶解度一般都很低，该方法的金属去除率很高，但由于金属对微生物有毒害作用，不适用于处理高浓度金属废水。另外，若废水中不含有一定浓度的有机物和硫酸盐，则需外加。

有人曾研究利用该工艺处理含锌废水，结果表明：在 COD 和锌离子浓度分别为 320mg/L 与 100mg/L 时，COD 和锌去除率分别达到 73.8% 和 99.6%。锌离子浓度低于 500mg/L 时系统可以稳定运行，而当浓度达到 600mg/L 时，硫酸盐还原菌的活性受到明显抑制。

2. 生物还原处理法

电镀、皮革等工业废水中常含有较高浓度的六价铬（Cr^{6+}），由于 Cr^{6+} 的生物毒性大，需适当处理后才能排放。Cr^{6+} 的处理方法有亚铁盐（$FeSO_4$）还原法、亚硫酸盐还原法等，但都具有污泥产生量大、化学药剂消耗多、费用高等缺点。近年来利用微生物还原法（biological reduction）处理 Cr^{6+} 的研究受到人们的关注。

Cr^{6+} 生物还原处理法的原理是利用 Cr^{6+} 还原菌，在厌氧条件下把 Cr^{6+} 还原成无毒性的 Cr^{3+}，Cr^{3+} 在碱性条件下生成 $Cr(OH)_3$ 沉淀而被去除。

$$CrO_4^{2-} + 4H_2O + 3e^- \longrightarrow Cr(OH)_3 + 5OH^-$$

中国科学院成都生物研究所曾从电镀污泥等分离筛选出高效净化 Cr^{6+} 及其他重金属的复合菌，并进行了工程示范研究。据报道，采用该复合菌对废水中的重金属的去除率高达 99%，金属的回收率也可达 80%。

3. 生物氧化处理法

铁细菌在酸性条件下（pH=2）可以将 Fe^{2+} 氧化成 Fe^{3+}，该性质已经成功地应用于矿山废水的生物氧化处理。矿山废水中常含有较高浓度的 Fe^{2+} 和硫酸根，而且 pH 低。利用铁细菌首先将不易沉淀的 Fe^{2+} 氧化为易形成沉淀的 Fe^{3+}，加入碳酸钙调节 pH，使 Fe^{3+} 形成 $Fe(OH)_3$ 沉淀而被去除，同时硫酸根与钙形成硫酸钙沉淀被去除。

4. 生物吸附处理法

如前所述，细菌、真菌和藻类的细胞都具有吸附金属离子的能力。因此，可以利用微生物细胞作为吸附剂处理废水中的金属。金属的生物吸附处理技术目前处于实验室研究阶段。由于生物吸附，特别是"被动吸附"与生物的新陈代谢无关，可以用活细胞也可以用死细胞作吸附剂。目前研究最多的生物吸附材料是工业发酵过程中产生的废菌体。

吸附于生物吸附剂上的金属可以用适当的方法解吸，从而回收金属。常用的解吸剂有：盐酸、硝酸、醋酸、氢氧化钠、EDTA 等。

11.5　生物处理法对污水水质的要求

为了有效地进行生物处理，在处理过程中，除应根据所采用的处理是好氧处理还是厌氧处理控制氧气的供应外，对于污水水质主要还有下列几点要求：

1. 酸碱度

一般说，对于好氧生物处理，pH 应在 6～9 之间，对于厌氧生物处理，pH 应保持在 6.5～7.5 的范围内。

2. 温度

温度是影响微生物生活的重要因素。对于大多数细菌讲，适宜的温度在 20～40℃ 之间，而有些高温细菌可耐较高的温度，它们生长的适宜温度在 50～60℃ 之间。在污水处理中，这两类细菌都可利用。据观察，好氧法处理污水，水温低至 10℃ 或高至 40℃，还可有相当的处理效果，水温在 20～40℃ 时，则可获得较好地处理效果。有些工业废水温度太高，在生物处理前应设法降温。高温也影响污水中的溶解氧含量。

某研究所曾对焦化厂含酚废水进行了在不同温度下活性污泥生物吸附法处理效果的观察，结果如图 11-8 所示。从图中可以看出，当水温在 20℃ 左右时，挥发酚和 BOD_5 的去除率可分别达到 99％ 和 90％ 以上，但如继续增高水温，则去除率提高不多，而当水温低于 15℃ 左右时，去除率便迅速下降（水质和其他试验条件不同，所得结果会有一定差异。图 11-8 仅作为一个例子来说明水温对处理效率的影响）。

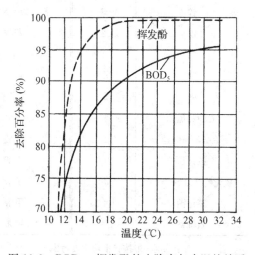

图 11-8　BOD_5、挥发酚的去除率与水温的关系

3. 有毒物质

污水中不能含过多的有毒物质。多数重金属，如锌、铜、铅、铬等离子有毒性。某些非金属物质，如酚、甲醛、氰化物、硫化物等也有毒性，能抑制其他物质的生物氧化作用，但它们本身却能被某些微生物分解氧化。污水中也不应含有过多的油类物质。

毒物毒性的强弱随污水的酸碱度、溶解氧、温度和有无其他毒物的存在以及微生物的数量等的不同可有很大差异。细菌愈多，每单位重量的细胞所吸附的毒物愈少，因此细菌受到的毒性就比较小。毒物的毒性也可由于毒物的沉淀而减弱。在碱性溶液中，铜离子和锌离子容易沉淀，所以细菌在碱性溶液中承受铜和锌的能力比在酸性溶液中大。

当工业废水与生活污水混合时，工业废水中金属离子的毒性也可由于这些离子和污水中的蛋白质形成某些络合物而降低。

不同种类的微生物对毒性的容忍能力也不同。例如，重金属离子的容许浓度一般规定在几个毫克/升以下，而根据某些报道，铜离子浓度高达 100mg/L 时还没有影响炼油厂含酚废水的生物处理。所以，从已有的资料来看，各种毒物的容许浓度范围较广。对某一种废水来说，必须根据具体情况，作具体的分析，必要时可通过试验，以确定生物处理对水中毒物的容许浓度。

细菌的适应能力比较强，当环境变化时能慢慢适应新环境。所以在处理过程中，如果逐渐提高毒物的浓度，则在一定程度上有可能使微生物适应这种环境而有效地完成其处理废水的任务。例如，用生物法处理含酚废水，进水中酚的容许浓度可以从每升几十至100mg 逐渐提高到每升 500、600 甚至 1000mg；又如重金属离子的容许浓度可以从每升几个毫克提高到每升 70、80mg。微生物对 pH 的适应也是可以逐渐改变的，经过适应后，适宜的范围可能离中性很远，但瞬间的剧烈变化则会带来较大影响。表 11-11、表 11-12 所列数字仅供参考。

废水中抑制生物处理的有毒物质的容许浓度　　　　　　　　　　表 11-11

有毒物质	容许浓度 （mg/L）	有毒物质	容许浓度 （mg/L）	有毒物质	容许浓度 （mg/L）
三价铬	10	铁	100	三硝基甲苯	12
铜	1	镉	1~5	酚	100
锌	5	氰（以 CN^- 计）	2	甲醛	160
镍	2	苯胺	100	硫氰酸铵	500
铅	1	苯	100	氰化钾	8~9
锑	0.2	甘油	5	醋酸铵	500
砷	0.2	二甲苯	7	吡啶	400
石油和焦油	50	己内酰胺	100	硬脂酸	300
烷基苯磺酸盐	15	苯酸	150	氯苯	10
拉开粉	100	丁酸	500	间苯二酚	100
硫化物（以 S^{2-} 计）	40	戊酸	3	邻苯二酚	100
氯化钠	10000	甲醇	200	苯二酚	15
六价铬	2~5	甲苯	7		

注：1. 表中浓度一般按日平均浓度考虑。

　　2. 废水中含有两种或两种以上毒物时，单项物质容许浓度应低于表列数字，重金属容许浓度则为表列数字的 50%~70%。

　　3. 表内数字一般是指排入城市污水处理厂的抑制浓度。对于专门的工业废水处理，微生物经驯化后，可提高浓度。

污水和污泥厌氧发酵中有毒物质的容许浓度　　　　　　　　　　表 11-12

有毒物质	表示方式	容许浓度
盐酸、磷酸、硝酸、硫酸	pH	6.8
乳酸	pH	5.0
丁酸	pH	5.0
草酸	pH	5.0
酒石酸	pH	5.0

续表

有毒物质	表示方式	容许浓度
甲醇	CH_3OH	800mg/L
丁醇	C_4H_9OH	800mg/L
异戊醇	$C_5H_{11}OH$	800mg/L
甲苯	$C_6H_5CH_3$	400mg/L
二甲苯	$C_6H_4(CH_3)_2$	<870mg/L
甲醛	HCHO	<100mg/L
丙酮	CH_3COCH_3	>4g/L
乙醚	$(C_2H_5)_2O$	>3.6g/L
汽油	—	400mg/L
马达油	—	25g/L
氯化钠	NaCl	5~10g/L
氟化钠	NaF	>11mg/L
硫代硫酸钠	$Na_2S_2O_3$	>2.5g/L
亚硫酸钠	Na_2SO_3	<200mg/L
硫氰酸钠、硫氰酸钾	SCN	>180mg/L
氢氰酸钠、氰化物—钾	氰化物 CN	2~10mg/L
苛性苏打、苛性钠		25mg/L
苏打、苛性石灰	pH	7~8
铜化合物	Cu	约100mg/L
镍化合物	Ni	200~500mg/L
铬酸盐、铬酸、硫酸铬	Cr	200mg/L
硫化氢铬、硫化物	S^{2-}	70~200mg/L
盐浓度、钾矿废物	Cl^-	2g/L
四氯化碳	CCl_4	1.6g/L
去垢剂—阳离子的	有效物质	100mg/L
去垢剂—非离子的	有效物质	500mg/L

注：用驯化污泥的容许浓度。

此外，用好氧法处理污水，生物处理构筑物进水的 BOD_5 一般不宜超过500~1000mg/L 左右（视处理设备而异），因为进水的浓度高了，将增加生化反应所需的氧量，但污水的充氧量有一定的限度，容易造成缺氧情况，影响生化作用，而且当进水浓度高时，相对地说，出水的浓度也将增高，另外还可能产生其他方面的影响，如生物滤池容易发生堵塞等问题。但是，进水的浓度也不是越低越好。有机物浓度太低，微生物生长所需的养料也就少，这就有可能影响微生物的生长繁殖，因而降低处理效果。一般来说，进水的 BOD_5 不宜低于 50~100mg/L 左右。

4. 营养物质

微生物的生长繁殖必须要有各种营养，其中包括碳、氮、磷、硫，微量的钾、钙、镁、铁等和维生素。但不同的微生物对每一种营养元素量的要求是不同的，并且对于这些营养元素之间，要求一定的比例关系。生活污水具有以上所列的全部养料，而有些工业废水如含酚废水、造纸废水则可能缺乏某些养料，特别是氮和磷，这些废水进行生物处理时，需投加生活污水或氮、磷化合物（如硫酸铵、磷酸氢二钠等）。据研究，为了能够有效地处理污水，污水中碳（C）、氮（N）与磷（P）之间的含量应满足一定的比例关系。对于好氧生物处理，下列比值可资参考（氮、磷的正确投加量应通过试验确定），即 $BOD_5 : N : P = 100 : 5 : 1$。

微量营养物质是微生物生长代谢过程所需的重要成分之一，其需要量虽然很少，但在微生物生理活动中的作用却极为重要。微量营养物质在微生物的生长代谢中有如下作用：（1）作为辅酶以激活相关酶的活性；（2）用于系统的电子传递；（3）调节渗透压、氢离子浓度、氧化还原电位等；（4）微生物的生长因子。几种微量营养物质在微生物生长代谢过程中的具体作用见表 11-13。

微量营养物质的作用　　　　　表 11-13

微量营养物质	有需要的微生物	作用
维生素 B_1（硫胺素）	酵母菌、霉菌、原生动物和腐生营养细菌等	生长基质成分，用于碳氢化合物的新陈代谢和细胞生长；辅脱水酶、辅歧化酶、辅羧化酶的活性基
维生素 B_2（核黄素）	许多种细菌，包括乳酸菌、丙酸菌	生长因子[a]；黄素酶辅基的组成成分，可催化氧化还原反应
维生素 B_3（泛酸）	所有的微生物	细胞生长、发酵、繁殖、呼吸和糖原生成的生长因子，与维生素 H 和维生素 B_6 有协同增效作用，缺乏泛酸会导致 N、P 去除率下降
维生素 B_5（烟酸）	细菌，尤其是葡萄状球菌、杆状菌	生长因子，参与氧化磷酸化和辅酶的生成
维生素 B_6（吡哆素）	细菌尤其是乳酸菌	生长因子，与维生素 H 和泛酸有协同增效作用。磷酸吡哆醛是氨基酸的消旋酶、转氨酶、脱羧酶的辅酶。磷酸吡哆胺能催化转氨作用，吡哆素在氨基酸代谢中起重要作用
维生素 B_{11}（叶酸）	粪链球菌、丙酸菌	四氢叶酸称为辅酶 F，在合成核酸中起重要作用
维生素 B_{12}	细菌	生长因子，是钴酰胺辅酶的组成部分，钴酰胺辅酶参与甲硫氨酸和胸腺嘧啶核苷酸的甲基合成
维生素 H（生物素）	酵母菌、所有的细菌（尤其是乳酸菌）	新陈代谢活化剂。各种羧化酶的辅基，与 CO_2 的结合有关，在糖代谢和脂肪酸的合成过程中起催化作用与泛酸和维生素 B_6 有协同增效作用[a]
维生素 K	所有的细菌	电子传递体，呼吸链的组成要素
K	所有微生物	许多酶的激活剂，可促进碳水化合物的代谢。控制原生质的胶态和细胞质膜的通透性。参与磷的传递作用
Na	所有微生物	在微生物细胞中不如钾那样重要，与维持渗透压有关
Ca	好氧细菌	细胞运输系统与渗透平衡，连接阴离子 ECP 并促进絮凝。促进生长速度并改善絮凝。需求和作用多种多样，与其他金属相互作用

微量营养物质	有需要的微生物	作　　用
Mg	异养细菌	激酶和磷酸转移酶的激活剂。磷酸化酶和烯醇化酶的活性都需要镁。与钙有拮抗作用
Fe	几乎所有微生物	细胞色素中的电子传递体。过氧化酶素、顺乌头酸酶的合成。铁还原促进絮体形成。过氧化氢酶、过氧化物酶、细胞色素、细胞色素氧化酶的组成部分
Zn	细菌	酶的激活剂，脱水酶和羧肽酶的活性因子。乙醇脱氢酶和乳酸脱氢酶的活性基。刺激细胞生长
Cu	细菌	需要量较小的酶的激活剂，能够抑制新陈代谢，与其他物质螯合可降低其毒性。多元酚氧化酶的活性基
Co	细菌	酶的激活剂，维生素 B_{12} 的组成部分
Ni	蓝细菌和绿藻、产甲烷厌氧菌、活性污泥培养	激活特定的酶，甲烷产生。保持生物量，可能抑制新陈代谢。甲烷菌中细胞尿素酶的主要成分
Mn	细菌	激活异柠檬酸脱氢酶和苹果酸酶。在羧化反应中是必须的；黄嘌呤氧化酶中含有锰。能促进巨大芽孢杆菌芽孢的呼吸和发芽。在激酶反应中常可与 Mg 互换，与其他金属相比对细胞亲和力较小，但在 1mg/L 时仍可以抑制新陈代谢

引自：梁威等，环境科学，25（增刊），2004；周律等，化工环保，37（3），2017。

　　值得注意的是，微量营养物质的浓度过高会对微生物产生毒害作用。研究微生物（尤其是复合微生物系统）对微量营养物质的需求量具有重要的理论意义和应用价值。由于微量物质较难准确测量，同时与微生物有关的化学和生物化学反应较复杂，所以对微量营养物质的理论需求量一直没有建立。通常细菌细胞对微量元素的需求量可以通过细胞的组成来估算。通过细胞组成的分析，活性污泥对几种微量营养物质的需求量参考范围见表 11-14。

活性污泥微生物微量营养物质的需求量参考范围　　　　表 11-14

微量营养物质	需求量范围（mg/L）	微量营养物质	需求量范围（mg/L）[①]
维生素 B_1	0~1.0[a]，0.3~1.2[b]	Ca	0.4~1.5
维生素 B_2	0~1.0[a]，0.5~2.0[b]	Mg	0.4~5.0
维生素 B_3	0~1.0[a]，0.01~2.0[b]	Fe	0.1~0.5
维生素 B_5	0~1.0[a]，0~10[b]	Zn	0.1~1.2
维生素 B_6	0~0.00001[a]，0.3~10[b]	Cu	0.01~0.06
维生素 B_{12}	0.005[a,b]	Co	0.1~5.0
维生素 H	0~0.001[a]，0.01~0.05[b]	Mn	0.01~0.5
K	0.8~3.1	Mo	0.2~0.8
Na	0.5~2.0[b]	Al	0.01~0.05

引自梁威，2004；周律等，化工环保，37（3），2017；彭建柳，科技通报，28（8），2012。

① Burgess J. E., Quarmby J., Stephenson T. (1999)；[b] Sathyanarayana Rao and Srinath (1961)。

　　最后还须指出，生物处理是借微生物的作用完成的，因此污水中必须含有足量的和适宜的微生物才能有效地进行处理。如工业废水中缺少微生物，可用生活污水、粪便或采取其他措施接种培养。投加生活污水或粪便还可供应微生物生长所需的养料。

　　以上所讨论的水质要求，主要是对活性污泥法和生物膜法（生物滤池、生物转盘等）来讲的。如果把污水排入农田，还应考虑污水所含成分对农作物和土壤以及地下水源的影响。当将污水引入养鱼塘时，则应考虑污水对鱼类和水生作物有无毒害作用。

思 考 题

　　1. 污水生物处理系统中的微生物有什么基本特点？为什么说它们包含了一个完整的生态系统？

　　2. 原生动物在污水活性污泥法处理系统中的作用是什么？

　　3. 菌胶团、原生动物和微型后生动物在水处理中有哪些作用？

　　4. 简述生物膜法处理污水的作用机理。活性污泥系统和生物膜系统中的微生物群落有何不同？

　　5. 活性污泥法处理系统运行中经常遇到的由微生物引起的主要问题有哪些？这些问题各有什么样的特征？

　　6. 试简单讨论活性污泥膨胀的主要控制方法。

　　7. 简述厌氧生物处理的生化过程及各阶段参与的微生物类群。它们各有什么样的特点，各起什么作用？

　　8. 生物脱氮的基本原理是什么？简述影响硝化和反硝化的主要因素。

　　9. 生物除磷的基本原理是什么？参与生物除磷的关键微生物有何特点？

　　10. 利用微生物处理重金属污水，有哪些可能的技术？简要概述各种方法的优缺点。

　　11. 污水生物处理对污水水质有哪些基本要求？

第12章 水生植物的水质净化作用及其应用

12.1 水生植物的水质净化作用

水生植物作为水生生态系统的重要组成部分，具有重要的生态功能。对于水体，特别是浅型水体，大型水生植被的存在具有维持水生生态系统健康、控制水体富营养化、改善水环境质量的功能。

12.1.1 大型水生植物的水质净化功能

1. 促进悬浮物质的沉降

大型水生植物主要是通过物理和生物化学作用促进水中悬浮物质的沉降。有水生植被存在的水体，水质都比较澄清。

物理作用主要是由于大型水生植物在水中形成的茂密植被具有抑制风浪和减缓水流的功能，由此可促进水中悬浮物的沉降，以及减少底泥中颗粒物的再悬浮。

生物化学作用则是指植物根部释放出氧气形成根际氧化区，使底泥由厌氧状态转变为好氧状态，避免因有机物厌氧分解导致的底泥上浮。

2. 吸收、分解污染物

水生植物直接吸收、降解的污染物包括两大类：氮磷等植物营养物质和对水生生物有毒害作用的某些重金属和有机物。第一类污染物被吸收后用于合成植物自身的结构组成物质。第二类污染物则是被脱毒后储存于体内或在植物体内被降解。

（1）对氮磷的吸收

由于氮磷是植物体的主要结构组成物质，大型水生植物对水中氮磷的吸收能力取决于它们的生长速率和植物体的氮磷含量，而生长速率和氮磷含量又受到光照、温度、水中氮磷含量等因素的影响，因此大型水生植物对氮磷的吸收能力与环境营养条件密切相关。

许多大型水生植物种类具有强大的营养繁殖能力，在营养资源充分时生物量增长速度非常快，并且氮磷含量都比较高（表12-1），因此环境条件适宜时，水中氮磷等营养物质能够大量地被其吸收，如果生物量能够被有效地收获利用，则水中氮磷等营养污染物就能够被带出。

一些大型水生植物的氮磷含量和生长率 表12-1

植物种类	生物量 （t/hm²）	生长率 （t/hm²/a）	氮的组织含量 （g/kg 干重）	磷的组织含量 （g/kg 干重）
凤眼莲	20.0～24.0	60～110	10～40	1.4～12.0
大漂	6.0～10.5	50～80	12～40	1.5～11.5
浮萍	1.3	6～26	25～50	4.0～15.0

续表

植物种类	生物量 (t/hm²)	生长率 (t/hm²/a)	氮的组织含量 (g/kg 干重)	磷的组织含量 (g/kg 干重)
槐叶萍	2.4~3.2	9~45	20~48	1.8~9.0
香蒲	4.3~22.5	8~61	5~24	0.5~4.0
灯心草*	22	53	15	2.0
镳草			8~27	1.0~3.0
芦苇	6.0~35.0	10~60	18~21	2.0~3.0
沉水植物*	5		13	3

* 平均值

（2）对重金属的吸收

大型水生植物可以吸收一些生长非必需的重金属，如 Pb、Cd、Cr 等，而对于生长所需的金属如 Mo、Cu、Zn、Ni 等，水生植物则可以过量吸收。对长春南湖中重金属的研究表明，有水生植物生长的区域，水和底泥中的重金属含量明显低于无植物生长区域，并且水生植物体内重金属的类型、含量与水中形成污染的重金属类型、含量成正相关。

重金属在水生植物体内不同部位分布的特点一般是根＞茎＞叶。这主要由于根是水生植物吸收重金属的主要部位，并且为了避免重金属对其生理活动的毒害作用，植物通过一定的解毒机制避免重金属向上部迁移。

不同水生植物种类能够吸收富集的重金属种类往往不同，表 12-2 是篦齿眼子菜等 9 种水生植物对长江水中重金属元素的富集情况，可以看出同一种类对不同金属元素或不同种类对同一种金属元素的富集系数有着较大的差别。

水生植物对水中重金属的平均富集系数 BCF　　　　表 12-2

文献	植物	Cr	Cu	Mn	Pb	Zn	Ni	As	Cd	Co
a	香蒲	2.18	0.37	2.03	1.18	2.90	—	—	—	—
	芦苇	1.85	0.50	0.86	4.44	1.05	—	—	—	—
	水芹菜	1.62	0.34	1.30	1.13	2.29	—	—	—	—
	水花生	1.47	0.17	0.69	0.30	0.67	—	—	—	—
	黑三棱	1.03	0.06	0.46	0.48	0.98	—	—	—	—
	菹草	0.28	0.06	1.31	0.33	0.07	—	—	—	—
	水蓼	0.78	0.62	0.64	0.72	0.33	—	—	—	—
	菰	2.53	0.32	1.18	0.76	1.26	—	—	—	—
	狐尾藻	1.60	0.24	9.41	0.39	1.22	—	—	—	—
b	芦苇	0.142	0.004	—	0.027	—	0.108	0.045	0.172	
	黑藻	0.62	1.412	—	0.103	—	0.45	0.123	0.439	
	水盾草	0.516	2.237	—	0.406	—	2.747	0.079	0.324	
	金鱼藻	0.918	0.308	—	0.177	—	0.642	0.543	1.22	
	苦草	2.753	0.084	—	0.277	—	0.446	0.332	0.984	
	千屈菜	0.213	0.158	—	0.054	—	0.114	0.049	0.314	
	梭鱼草	0.198	0.067	—	0.033	—	0.097	0.025	0.244	
	再力花	0.235	0.022	—	0.024	—	0.13	0.034	0.159	—
	黄菖蒲	0.087	0.08	—	0.028	—	0.057	0.03	0.279	—

续表

文献	植物	Cr	Cu	Mn	Pb	Zn	Ni	As	Cd	Co
	狐尾藻	0.019	0.056	0.335	0.173	0.216	0.040	0.112	0.882	0.037
	金鱼藻	0.036	0.194	2.698	0.332	1.136	0.188	0.377	1.225	0.165
	青萍	0.021	0.115	0.726	0.226	0.523	0.078	0.244	1.124	0.069
	水鳖	0.016	0.069	0.233	0.153	0.283	0.035	0.099	0.925	0.023
c	水葫芦	0.031	0.159	1.172	0.321	0.816	0.129	0.227	1.170	0.124
	菱	0.007	0.050	0.077	0.132	0.104	0.013	0.047	0.811	0.045
	莕菜	0.005	0.019	0.039	0.253	0.055	0.008	0.227	0.780	0.010
	荷	0.022	0.056	0.351	0.225	0.171	0.020	0.079	0.909	0.022
	茭白	0.010	0.026	0.122	0.084	0.080	0.005	0.127	0.735	0.017

引自：a 慕凯等，生态科学，36（3），2017；b 孔皓等，基因组学与应用生物学，37（5），2018；c 孙宇婷等，长江科学院院报，33（6），2016。"—"表示未检测。

（3）对有机物的吸收与降解

大型水生植物也可以从水中吸收农药、工业化学物质等有机污染物，甚至持久性有机污染物。这些有机物进入植物体内后有着多种代谢机制，包括富集、转化和完全降解，如：狐尾藻可从水溶液中吸收 2,4,6-三硝基甲苯（TNT），并在体内迅速代谢为高极性的 2-氨基-4,6-二硝基甲苯及脱氨基化合物。凤眼莲可直接吸收降解有机酚类。最近的研究发现，黑藻（*Hydrilla verticillata*）可以吸收富集阿特拉津、磷丹和氯丹，其富集系数分别为 10、38 和 1060；浮萍可迅速吸收水中的氯酚以及氟氯化合物，但是这些化合物在浮萍体内并不能被降解而是被贮存在细胞壁中。

水生植物除了直接吸收、分解有机物外，还可以通过根系分泌有机酸类等物质，刺激根际微生物群落的活性，促进微生物对有机污染物的降解。有研究表明，对有机酚降解，凤眼莲 10 小时降解 1.9%，假单胞菌 10 小时降解 37.9%，两者所组成的体系 10 小时降解可达到 97.5%。

3. 抑制藻类生长

当大量的氮磷等营养物质进入水体时，就可能引起水体富营养化，致使浮游藻类大量生长，形成"水华"，导致水质恶化。而大型水生植物和浮游藻类同为水体初级生产者，相互之间具有竞争抑制的特点，在大型水生植物占优势的情况下，藻类的生长可以被抑制。大型水生植物主要通过以下两种机制抑制藻类生长。

（1）资源竞争抑制

光照和无机营养是大型水生植物和浮游藻类生长必需的资源，由于生长特点的不同，这两类植物往往会通过竞争这些资源而相互抑制。在与藻类的光能竞争方面，挺水植物、漂浮植物、浮叶植物占据绝对优势，而沉水植物则居于劣势。

在无机营养的竞争方面，大型水生植物完全占据优势，前面已经提到，当大型水生植物快速生长时，水中氮磷等营养物质能够大量地被其吸收，而大型水生植物往往具有较长的生长周期（几个月），通常是冬季植株死亡后营养才会被重新释放出来，这就意味着在整个生长季节（春夏季）氮磷等营养被固定在大型水生植物体内，藻类的生长由于得不到充足的营养就会被限制。

（2）释放抑藻化感物质

植物向周围环境释放的能影响其他生物生长的次生代谢物质称为化感物质（allelochemical）。研究发现许多大型水生植物种类可以向水中分泌针对特定浮游藻类的化感物质。研究人员已经从凤眼莲、香蒲、芦苇和狐尾藻等种类中分离鉴定出多种抑藻化感物质，这些物质可以通过破坏藻类细胞膜、抑制光合作用过程等机制来杀死藻类细胞或抑制其生长繁殖，该部分内容将在第 14 章中详述。

12.1.2　浮游藻类的水质净化功能

1. 对氮磷的吸收

氮磷是浮游藻类必需的营养物质，因此藻类大量生长时，可以吸收水中的氮磷转化为自身的结构组成物质。藻类对氮磷的吸收与环境营养条件密切相关，如藻类通常优先吸收水中的氨氮和其他还原态氨，对硝态氮的吸收仅仅发生在氨氮浓度极低或耗尽时。

藻类对磷的吸收受水中 N/P 比的影响，当水中氮浓度高而磷浓度相对较低时，藻类对磷的吸收增加，反之，藻类对磷的吸收下降，适宜比值在 N/P＝$(7\sim15)/1$。藻类中，单细胞浮游藻类生长周期较短，往往只有几天，藻类生物量若不能被及时收获，其吸收的氮磷很快又会释放到水中。

2. 对重金属的去除

浮游藻类也可以吸收富集水中的重金属，如空星藻可以吸收富集铅，绿藻能有效吸收镉等。研究人员发现，空星藻在温度为 23℃时，20h 后从含铅 1mg/L 溶液中吸收 100% 的铅。通常认为藻类去除重金属的过程分为吸附和转移两个阶段。吸附通常是重金属与藻细胞表面的负电荷反应点（一般为多糖类）的结合发生吸附，转移是一种主动运输的过程，需要代谢提供能量。

3. 对有机物的去除

藻类对有机物的去除机理分为两种：转化降解与富集。一些单细胞浮游藻类与细菌相似，可以利用易降解的有机物作为碳源进行异养生长，在这个过程中将有机物转化或分解，其中有些种类可以降解某些难降解的有机物。研究人员发现，纤维藻能在 $25\mu g/L$ 的三丁锡中生长，并能将三丁锡降解为二丁锡、单丁锡和无机锡。除此之外，一些难降解的有机物也可以被藻类吸收富集在体内，研究人员发现普通小球藻对丙体 2666 有机农药富集量为 $33\sim35\mu g/mL$。

12.2　水处理与水体修复生态工程技术

随着水环境污染的加剧，为了寻找高效低耗的水污染控制技术，20 世纪 70 年代，大型水生植物开始受到人们的关注，随着研究的不断深入，逐渐发展出了多种以大型水生植物为主体的水处理和水体修复的生态工程技术。这些技术根据所利用的植物生活型不同，基本方式主要有以下三种。

12.2.1　漂浮植物系统

漂浮植物系统是在氧化塘基础上发展而来的水质净化技术。氧化塘的出水经常由于藻类浓度过高而导致出水总悬浮固体物（TSS）和生化需氧量（BOD）不能达到要求。研究人员发现在其中引入漂浮植物不仅能够抑制藻类生长，还可促进有机污染物的降解，同时漂浮植物的快速生长也能大量吸收水中的氮磷等营养物质，植物体被打捞收获后还可作为生物资源加以利用，因此逐渐发展出以漂浮植物为主的塘系统，通常又被称为强化氧化塘或生态塘。

处理系统依靠植物和微生物的共同作用完成水质净化。漂浮植物在塘表面形成一个垫层，垫层的下面由于植物释放氧气在根系附近形成好氧层，向下随氧含量逐渐减少形成兼氧层和厌氧层。三个层中存在对应的好氧、兼氧、厌氧微生物群落。塘内有机物的降解主要通过微生物来完成。氮的去除主要是通过四个过程完成：① 植物的吸收；② 随固体颗粒物的沉降；③ 硝化、反硝化；④ 氨的挥发。磷的去除主要是通过植物的吸收和沉降作用。

在漂浮植物中，凤眼莲是较早被使用的种类，因为它对污染物的耐受能力非常强，可以在各种富含营养的污水中生长，其快速生长能够大量地从水中吸收氮、磷，甚至重金属铅、铬等污染物，并且其庞大的根系为微生物提供了适宜的微环境，有助于其活性的发挥，能够有效地降低水体污染。

但是随着对凤眼莲生态入侵性的认识，它在水污染治理中的应用也越来越慎重，而另一种漂浮植物浮萍则正在被越来越多地选用。相比较而言，浮萍植物组织的氮磷含量明显较高（表 12-1），这使其在同样的生长速率下可以带走更多的氮磷。浮萍个体较小，植株粗纤维含量较低，也更易于管理和打捞加工，而且浮萍科植物世界各地均有适应当地环境条件的种类分布，不会导致生态入侵和种群爆发现象。此外，水生植物的生物量资源化利用是制约生态处理技术发展应用的关键因素之一，而浮萍生物量则有着多样化的资源化利用方式，包括做饲料和肥料，提取生物化工产品以及作为植物基因工程的载体生产转基因生化产品等。

12.2.2　挺水植物系统

用于水处理的挺水植物系统一般称为人工湿地，因为它是根据自然的沼泽湿地对水质净化的原理，在人工筛选堆填的基质上有选择地栽种挺水植物而成，挺水植物密集的根系和基质可为微生物提供适宜生长的微环境，污水流过系统时依靠植物、微生物和基质三者的共同作用完成对污染物的去除。根据污水水流方式，人工湿地可分为表面流人工湿地和潜流式人工湿地（图 12-1 和图 12-2）。

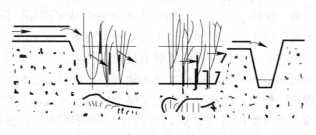

图 12-1　表面流人工湿地示意图

表面流人工湿地（Surface Flow Wetland，SFW）：污水在填料表面漫流，与自然湿地最为接近。绝大部分有机物的降解是由附着在植物水下茎秆上的微生物来完成。

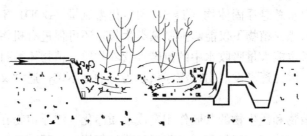

图 12-2　潜流人工湿地示意图

潜流式人工湿地（Subsurface Flow Wetland，SSFW）：水在填料内部渗流，可充分利用填料表面及植物根系上的微生物及其他各种作用来处理污水，因此污染物去除效率高，而且卫生条件较好。

水生植物是人工湿地的特点所在。一方面水生植物自身能吸收一部分营养物质，同时它的根区为微生物的生存和降解营养物质提供了必要的场所和好氧条件。人工湿地植物根系常形成一个网络样的结构，在这个网络中根系不仅能直接吸收和沉降污水中的氮磷等营养物质，而且还为微生物的吸附和代谢提供了良好的生化条件。

植物本身的吸收作用是湿地去除氮磷的重要机制之一。植物吸收营养维持生长和繁殖，所吸收的营养在其生长过程中基本上被保留在植株中，只有枯死才会被微生物分解，因此可以说水生植物是一个营养贮存库。收割植物可将这些营养物移出系统，各类植物的生产力取决于可利用的营养、环境和其对环境的适应性。挺水植物细长的叶片，既保证了很大的叶面积，又减少了叶片之间的自我荫蔽，形成了合适的微气候，从而促进了光合作用。

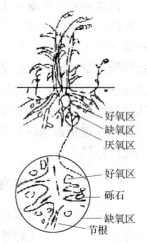

图 12-3　人工湿地中氧的
分布和输氧过程

水生植物的重要功能之一是泌氧作用，即通过水面上叶子的光合作用释放的氧气经枝干输送至根部（图 12-3）。因此，与根或茎直接接触的土壤会与其他部位的土壤不同而呈好氧状态。这些氧气用以维持根区中心及周围的好氧微生物的活动。

此外水生植物的根茎和深入土层或填料的根须能够在潜流式湿地中形成更有效的水流，使之能与填料底更好地接触。在表面流湿地中，植物的水下部分和残枝败叶起着非常重要的作用，它们为水中微生物生长提供了寄栖场所；另外，水面上的水生植物枝干和叶片形成了阴影，限制了阳光的透射，从而可阻止藻类等生长。用于人工湿地的水生植物种类很多，常见的有芦苇、灯芯草、香蒲和蓑衣草，具有密集的根系和较强的泌氧能力是植物种类选择的关键。

漂浮植物系统和挺水植物系统两种形式可单独利用，也可组合利用，形成复合生态系统。与其他的水处理技术相比，以水生植物为主体的生态工程技术具有基建投资较小、运行管理简单，耗能少，运行费用低等优点，还具有一定的环境和社会效益，不足之处在于，占地面积大，受气候影响较大，因此比较适用于土地较富裕的小城镇或农村地区。

12.2.3　沉水植物系统

由于在浊度较高的污水中不能生长，沉水植物通常不被用于污水处理，而是被用于受污染水体，特别是富营养化浅水湖泊的治理。

研究人员通过对浅水水体生态系统的深入研究后发现，水体中的沉水植被可以发挥重要的环境生态功能，主要包括以下几个方面：

1. 吸收、固定水中的氮磷等营养物质

沉水植物既可以通过根吸收底质中的氮磷营养，也可通过茎叶利用水中的营养物质，并且它们生活史较长，多为一年或两年生，死亡后这些营养才会被逐渐释放出来，因此当水体中沉水植被发育良好时，就会有大量的营养物质被长时间地固定在其体内，这样就减缓了营养物质在水中的循环速度。

2. 抑制藻类生长

作为水体的初级生产者，沉水植物和藻类之间在营养物质、光照等方面存在竞争排斥，因此若水体具有发育良好的沉水植被就可强烈地抑制藻类的生长。首先是沉水植物通过竞争生长资源，即大量固定水中的氮磷营养，使藻类生长受到抑制。再者，一些沉水植物种类可以分泌针对藻类的化感物质杀死藻类或抑制其生长。而且，沉水植被为大型浮游动物提供庞大的栖息表面积，从而抚育出高密度的浮游动物群落，大量捕食浮游藻类，也间接地控制藻类的群体数量。

3. 澄清水质

沉水植被密集的枝叶与水有着庞大的接触面积，能够吸附、沉降水中的悬浮颗粒物质。除此之外，沉水植物好氧的根基环境也可以起到固持底泥，减少或抑制底泥中氮磷等污染物质溶解释放的功能。

4. 提高水生生态系统的生物多样性

沉水植被的良好发育可以为其他水生生物提供多样化的生境，如周丛生物的生活基质，鱼类等水生动物的栖息、避难和产卵场所等。在西湖和东太湖部分保留有沉水植被的湖区，尽管氮、磷的浓度远远高于富营养化的临界水平，但藻类浓度比较低，水体依然保持清澈透明状态。

基于沉水植物的作用，在富营养化水体中适当地恢复沉水植被正在成为控制富营养化、抑制藻类暴发，维持良好水环境质量的有效途径。

思 考 题

1. 水生植被健全的水体，其水质通常比较清澈，为什么？
2. 大型水生植物能吸收或分解哪些污染物？
3. 大型水生植物抑制浮游藻类生长的主要机理是什么？
4. 浮游藻类有哪些水质净化功能？
5. 漂浮植物水处理系统的水质净化机理是什么？
6. 水生植物在湿地中的作用是什么？
7. 简述沉水植物在天然水体水质净化中的作用。

第 3 篇
水质安全与生物监测

第 13 章　水卫生生物学

13.1　水中的病原微生物

13.1.1　水中的病原微生物及其危害

在各种水体，特别是污染水体中存在着大量的有机物质，适于微生物的生长，因此水体是仅次于土壤的第二大微生物天然培养基。水体中的微生物主要来源于土壤，以及人类和动物的排泄物，其数量和种类受各种环境条件的制约，变化很大。

水中的微生物包括致病性微生物和非致病性微生物，能够引起疾病的微生物称致病性微生物（即病原微生物），包括细菌、病毒和原生动物等。水体中的病原微生物一般并不是水中原有的微生物，大部分是从外界环境污染而来，特别是人和其他温血动物的粪便污染。

水中的病原微生物是引起水传播疾病暴发的根源，表 13-1 中列出了对人体健康影响较大的典型病原微生物。

水中典型病原微生物及其危害　　　　　　　　　　　　　　表 13-1

名　　称	健康影响	环境持久性
致病性大肠杆菌	胃肠道疾病	数周
幽门螺旋杆菌	胃病	
弯曲杆菌	肠道疾病	
肠道病毒	直肠道疾病	数年
肝炎病毒	肝炎	4 个月以上
隐孢子虫卵囊	胃肠道疾病，隐孢子虫病	湿冷环境中存活期长，一部分可达半年
贾第鞭毛虫包囊	胃肠道疾病，贾第鞭毛虫病	水温<10℃时至少 2 个月；水温高时则减少
军团菌	军团病，严重的流感状疾病	存在于冷却塔和热水供应系统中

与水有关的微生物感染疾病可分为饮水传播性疾病、洗水性疾病、水依赖性疾病和水相关性疾病（表 13-2）。通过摄入被污染的水而被传染和传播的疾病被称为饮水传播性疾病，如流行性霍乱和伤寒。这类疾病在人类历史上曾频繁发生，现在通过保护水源和对给水系统的治理，这些疾病得到了有效的控制。饮水传播性疾病由粪—口途径传播，饮水只是许多可能的传染途径之一。洗水性疾病是指那些与恶劣卫生条件和不适当的环境卫生相关的疾病，如缺少用于洗涤和淋浴的水，就很容易发生眼睛和皮肤类疾病，如结膜炎、砂眼及腹泻等。水依赖性疾病是由生活在水中或依赖水生存的病原体引起的疾病，如寄生性蠕虫（如血吸虫）和细菌（如军团菌等），它们分别导致血吸虫病和军团病。水相关性疾

病通过在水中繁殖（如传播疟疾的蚊子）或靠近水边生活（如传播丝虫病的苍蝇）的某些昆虫传播的疾病，如黄热病、登革热、丝虫病、疟疾和昏睡病等。

与水有关的微生物感染疾病的分类　　　　　　　　　　　　　　　　表 13-2

分　　类	原　　因	实　例
饮水传播性疾病	病原体来源于粪便，通过摄入传播	霍乱、伤寒
洗水性疾病	病原体来自于排泄物，通过接触不适当的卫生条件和卫生设备传播	砂眼
水依赖性疾病	病原体来自于终生或生活史中部分时间生活在水中的水生物，人类通过直接接触水传播或吸入传播	血吸虫病、军团病
水相关性疾病	病原体的生活史常和水中生存和繁殖的昆虫相关	黄热病

病原微生物在水中的存活时间直接影响它引发疾病的风险，存活时间越长，引发疾病的风险越大。病原微生物在水中的存活时间，根据种类、水质和环境条件的不同变化很大，表 13-3 列出了几种病原微生物在不同水中的存活时间参考值。

几种病原微生物在不同水中的大致存活时间（d）　　　　　　　　表 13-3

微生物	蒸馏水	灭菌水	自来水	河水	井水	污水
大肠杆菌	21～72	3～365	2～262	21～183		
伤寒杆菌	3～81	6～365	2～93	7～157	～547	24～27
痢疾杆菌	3～39	2～72	15～27	12～92	2～19	10～56
霍乱弧菌	166～260	30～360	4～28	7～92	1～92	30
结核杆菌				107～211		197
脊髓灰质炎病毒			140	5～14		6～50

13.1.2　水中的病原细菌

1. 水中的细菌及其分布

水中所含细菌来源于空气、土壤、污水、垃圾、死的动物和植物等，所以水中细菌的种类是多种多样的。

雨或雪中所含的细菌有时较多，有时很少。空气新鲜的高山或乡村所下的雨、雪中细菌很少，每毫升往往只有几个。若当地空气中尘土和细菌很多，雨、雪中细菌含量将会显著增加。工业区或城市的雨、雪水中细菌较多，每毫升可达数百或成千个。

当雨点或雪片落地后，随即被土壤中的微生物所污染。污染的程度取决于土壤中细菌的数目，也决定于土壤中能被水溶解出的营养物的种类和数量。细菌靠水中的有机物而生长繁殖。有机物含量多，细菌的数量相对地也多。当水被污水、垃圾、粪便污染时，水中细菌的种类和数量将大大增加。一般说，在远离工厂和居民区的清洁河、湖中，细菌的种类主要包括通常生活在水中的和土壤中的细菌。在工业区或城市附近，河水受到污染，不但含有大量腐生细菌，还可能含有病原细菌。河水下游离城镇越远，受清洁支流冲淡和生化自净作用的影响越大，细菌数目也就逐渐下降。

在静止的湖泊中，细菌分布有一定规律。一般在湖岸附近细菌数目较多，湖水表面和深水区比较少，雨前比雨后少，湖底淤泥中的细菌比湖水多。海水中细菌的分布也有类似的情况。

地下水经过土壤过滤，逐渐渗入地下。由于渗滤作用和缺少有机物质，所以地下水中所含细菌远远少于地面水，在深层的地下水中甚至会没有细菌。

2. 水中的病原细菌

水中细菌虽然很多，但大部分都不是病原菌。以下介绍几种主要的病原菌。

（1）致病性大肠杆菌

大肠埃希氏杆菌（*Escherichia coli*）通常称为大肠杆菌，多不致病，为人和动物肠道中的常居菌。但某些菌株的致病性强，能引起腹泻，这些菌株通称为致病性大肠杆菌。致病性大肠杆菌通过污染饮水、食品、娱乐水体引起疾病暴发流行，病情严重者，可危及生命。

致病性大肠杆菌根据其致病机理可分为 4 类：产肠毒素大肠杆菌（*Enterotoxigenic E. coli*，ETEC）、肠致病性大肠杆菌（*Enteropathogenic E. coli*，EPEC）、肠侵袭性大肠杆菌（*Enteroinvasive E. coli*，EIEC）以及肠出血性大肠杆菌（*Enterohemorrhagic E. coli*，EHEC）。上述致病性大肠杆菌的主要感染特性见表 13-4。

致病性大肠杆菌的感染特性 表 13-4

大肠杆菌类型	ETEC	EPEC	EIEC	EHEC
感染部位	小肠	小肠	大肠	大肠
腹泻类型	水泻	水泻	痢疾样	血性腹泻
易感人群	婴儿，成人	婴儿	成人，儿童	各种年龄
分布	发展中国家（热带）	世界各地	世界各地	北美、日本
流行病学	散发或暴发婴儿腹泻及旅游者腹泻	散发或暴发婴儿腹泻	散发或暴发，常见于年龄较大儿童	

大肠杆菌 O157：H17 是 1982 年在美国首先发现的 EHEC 型致病大肠杆菌，该菌株在北美、欧洲和南美某些地区曾引起严重的问题。该菌引起婴幼儿腹泻，进一步加重可发展成溶血性尿毒综合症（HHS），导致肾脏受损和溶血性贫血，因此这种疾病可导致永久性肾功能障碍。在老年患者中，溶血性尿毒综合症（HHS）与另外两种症状（发烧和神经症状）一起构成栓塞型原发性血小板减少症（TTP），这种疾病在老年组中的死亡率高达 50%。

近年来发现肠黏附性大肠杆菌（*Enteroadhesive E. coli*，EAEC）也可引起腹泻。EAEC 不侵入肠上皮细胞。唯一特征是具有与 Hep-2 细胞（人喉上皮细胞癌细胞系）黏附的能力，故也称 Hep-2 细胞黏附性大肠杆菌。

（2）伤寒杆菌（沙门氏菌）

伤寒杆菌有 3 种：伤寒沙门氏菌（*Salmonella typhi*）、副伤寒沙门氏菌（*Salmonella paratyphi*）和乙型副伤寒沙门氏菌（*Salmonella schottmuelleri*）。它们的大小约为（0.6～0.7）×（2.0～4.0）μm，不生芽孢和荚膜，借周生鞭毛运动，革兰氏阴性反应，加热到 60℃，30min 可以杀死，对 5% 的苯酚，可抵抗 5min（图13-1）。

伤寒和副伤寒是一种急性的传染病，特征是持续发烧，牵涉到淋巴样组织，脾脏肿大，躯干上出现红斑，使胃肠壁形成溃疡以及产生腹泻。

感染来源为被感染者或带菌者的尿及粪便，一般是由于与病人直接接触或与病人排泄物所污染的物品、食物、水等接触而被传染的。

（3）痢疾杆菌（志贺氏菌）

图 13-1　伤寒杆菌

痢疾杆菌是可引起细菌性痢疾（与阿米巴痢疾不同）的一类细菌，也称志贺氏菌，它有两种主要类型，分述如下：

1）痢疾杆菌（痢疾志贺氏菌 *Shigella dysenteriae*）。痢疾杆菌的大小为（0.4～0.6）×（1.0～3.0）μm。所引起的痢疾在夏季最为流行，特征是急性发作，伴以腹泻。有时在某些病例中有发烧，通常大便中有血及黏液。

2）副痢疾杆菌（副痢疾志贺氏菌 *Shigella parodysenteriae*）。这种杆菌的大小约为（0.5×1.0）～1.5μm。所引起疾病的症状与痢疾杆菌引起的急性发作类似，但症状一般较轻。

痢疾杆菌不生芽孢和荚膜，一般无鞭毛，革兰氏染色阴性，加热到 60℃ 能耐 10min，对 1‰ 的石炭酸，可抵抗半小时。它们主要由于取食污染的食物和饮用污染的水，以及由于蝇类而传播。痢疾杆菌如图 13-2 所示。

痢疾杆菌的感染剂量较小，10 个细菌即可产生症状，故在水中浓度不高时亦可引起人群感染。

（4）霍乱弧菌

霍乱弧菌（*Vibrio cholerae*）的细胞呈微弯曲的杆状，大小约（0.3～0.6）×（1.0～5.0）μm。细胞可以变得细长而纤弱，或短而粗，具有一根较粗的鞭毛，能运动，革兰氏阴性反应，不生荚膜与芽孢。在 60℃ 下能耐 10min，在 1‰ 的苯酚中能抵抗 5min，能耐受较高的碱度。在霍乱的轻型病例中，只造成腹泻。在较严重或较典型的病例中，除腹泻外，症状还包括呕吐、"米汤样"大便、腹疼和昏迷等。此病病程发展短，严重的常常在症状出现后 12h 内死亡。

霍乱弧菌可借水及食物传播，与病人或带菌者接触也可能传染，也可由蝇类传播。霍乱弧菌如图 13-3 所示。

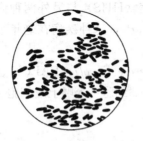

图 13-2　痢疾杆菌

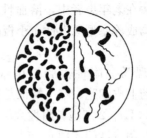

图 13-3　霍乱弧菌

（5）军团菌

军团菌（Legionnaires）是具有高度暴发性和流行性的呼吸道致病菌。由军团菌引起的军团菌病（legionaires disease）临床死亡率为 15%，其中约 90% 是由嗜肺军团菌所致。

军团病患者以呼吸道感染为主，引起的疾病主要是肺炎的一种，军团病起病缓慢，但也可经 2～10 天潜伏期而急剧发病，表现为高烧、寒战、咳嗽、胸痛、呼吸困难及腹泻、休克、肾功能衰竭等，严重者有肺炎症状，甚至死亡。

军团菌是革兰氏阴性杆菌，是单核细胞和巨噬细胞的兼性细胞内寄生菌，不易被通常的革兰氏染料染色。军团菌菌体呈多形性，不形成芽孢，无荚膜。最适生长温度为 35～36℃，在 25℃ 和 40℃ 也可生长，但生长缓慢，固体培养基上一般在 48h 左右可见生长。不同培养基菌落形成和表现有所不同。

军团菌喜水，在水源、土壤等自然环境中广为分布。在蒸馏水中可存活 2～4 周，在自来水中可存活 1 年左右。由于军团菌的营养要求比较特殊，在水温较低、营养较贫乏的天然水体中，军团菌不易繁殖。但如果供水温度较高，或者供水管道和蓄水池的管壁和池壁上形成积垢和生物膜，军团菌就会大量增殖。因此军团菌病的主要污染源是供水系统及冷却塔和空调系统，此外受感染的人和动物排出的军团菌污染环境、土壤和水源，成为本病的另一个重要污染源。气溶胶是军团菌传播、传染的重要载体，另一个传播载体是原虫。

近年来，军团菌病在大中城市中的影响越来越大，这与人们越来越城市化的工作和生活方式关系密切。随着空调等设备的普及，这种"现代文明病"也距离我们越来越近。国际上多个国家已将军团菌肺炎定为法定传染病之列。随着认识的不断加深，人们对军团菌病的警惕性不断提高。

(6) 粪链球菌

粪链球菌又叫粪肠球菌。粪链球菌为条件致病菌，种类很多，在自然界和猪群中分布广泛，国际学术界一般认为猪群带菌率高达 30%～75%，但不一定发病。高温高湿、气候变化、圈舍卫生条件差等应激因子均可诱发猪链球菌病。近年来在欧洲、美洲和亚洲多个国家均有猪感染发病且致人死亡的报道。

粪链球菌来源于人和温血动物的粪便，偶尔出现于感染的尿道及急性心内膜炎。它能够通过食品对人类造成感染，因而常见于许多食品，如火腿肠、炸肉丸、布丁及经过巴氏消毒的牛奶等。粪链球菌引起的感染大多是由于它的侵袭所造成，感染剂量较高，一般大于 10^7 个细菌。人、禽感染率最高，亦见于猪、牛、马、山羊、绵羊及兔。

粪链球菌菌形圆或椭圆，可顺链的方向延长，直径 0.5～1.0μm，大多数成双或短链状排列，通常不运动。在加富培养基上菌落大而光滑。其营养要求低，在普通营养琼脂上也可生长。能在 10℃ 或 45℃ pH 9.6 或含 6.5% NaCl 肉汤培养基中生长，并能耐 65℃ 30min。

2005 年 7 月，在四川某些县市，突然出现不明原因的疾病，一些平日里养猪、卖猪、加工猪的农民，突然出现发高烧、周身酸痛、休克等病状，有的人甚至因此死亡，一度引起人们的恐慌。随后，卫生部将这一不明原因的疾病正式诊断为猪链球菌感染。这次猪链球菌病疫情累计报告人感染猪链球菌病例 204 例，其中死亡 38 例。

3. 抗生素抗性病原菌

抗生素抗性病原菌是一类对于抗生素药物作用具有较高的耐受能力或抗性的病原微生物。由于该类病原微生物具有一种或多种抗生素抗性，使得传染病的治疗效果就大打折扣，既提高了死亡风险，又增加了疾病治疗的成本，极大地危害了人类健康。2007 年世界卫生组织年度报告指出，抗生素抗性病原菌的感染控制已成为全球疾病控制的难点。

医疗废水和密集型农业设施（主要指集中动物饲养），是污水中抗生素抗性病原菌的主要来源。同时，抗性基因的水平转移也是抗性菌的来源之一，在污水中，不同来源的细菌（人类源、动物源、环境源）可以进行复杂的基因演变，抗性菌的抗性基因最终嵌入遗传迁移载体（质粒、转座子或整合子等），从而分散到水和土壤的细菌群落中。另外，人类医学、畜牧业和农业使用的抗生素扩散到环境，在环境中逐步积累，改变环境的选择性，也会使抗性菌比例增加。

城市污水中，不同种类的抗性菌存在普遍，所占比例差别较大，最高可达90%以上，且有些抗性菌具有多重抗性。不同地区的城市污水中所含有的抗性菌种类及比例差别较大，主要与当地抗生素的主要用途有关。

13.1.3　水中的病毒

1. 肠道病毒

肠道病毒（Enterovirus）属小RNA病毒科（Picornaviridae），包括脊髓灰质炎病毒（Poliovirus）、柯萨奇病毒（Coxsackie virus）A、柯萨奇病毒（Coxsackie virus）B和埃可病毒（Enteric Cytopathogenic Human Orphan virus，简称ECHO virus）。肠道病毒是在水体环境中最常见、也是水病毒学研究最多的一类病毒。在研究水的病毒学安全性中，常以肠道病毒作为代表，因为这类病毒病患者排毒量大、排毒时间长，肠道病毒对外界环境抵抗力强、存活时间较久，可通过水体以外的途径传播，而且比其他病毒易于检测。

肠道病毒具有以下共性：① 病毒体呈球形，衣壳20面体立体对称，直径22～39nm，无囊膜；② 核酸为单股正链RNA；③ 肠道病毒耐乙醚、耐酸（pH3～5），对胆汁，普通消毒剂如70%酒精、5%来苏儿等有抵抗作用；对氧化剂如1%高锰酸钾、1%过氧化氢和含氯消毒剂较敏感。此外对高温、干燥、紫外线等敏感，56℃ 30min可灭活病毒。病毒在粪便和污水中可存活数月；④ 均能在肠道中增殖，并能侵入血液产生病毒血症，引起各种临床综合病症。

（1）脊髓灰质炎病毒

这种病毒是一种圆形的微小病毒，直径8～30nm，属肠道病毒。脊髓灰质炎是一种急性传染病。染病后常发热和肢体疼痛，主要病变在神经系统，故部分病人可引发麻痹，严重者可留有瘫痪后遗症。此病多见于小儿，所以又名小儿麻痹症。

感染者的鼻咽分泌物及粪便内均可排出此病毒。食物和水可能被粪便感染，所以经口摄入是主要的传播途径。如水源被污染了，可促成较大的流行。

此病毒在人体外生活力很强，可在水中和粪便中存活数月，低温下可长期保存，但对高温及干燥较敏感。加热至60℃及紫外线照射均可在0.5～1h内灭活。各种氯化剂、2%碘酒、甲醛、升汞等都能有一定的消毒作用。用0.3～0.5mg/L的余氯进行消毒，接触1h，可灭活此病毒。

（2）其他肠道病毒

除脊髓灰质炎病毒外，肠道病毒还有柯萨奇和埃可病毒，这两种病毒在世界上传布也极广，主要侵犯少儿。一般夏秋季易流行。它们都具有暂时寄居人类肠道的特点。这些病毒都较小，一般直径小于30nm，抵抗力较强，能抗乙醚、70%乙醇和5%煤酚皂液，但对氧化剂很敏感。

这两种病毒引起的临床表现复杂多变，同型病毒可引起不同的症候，而不同型的病毒又可引起相似的临床表现。一般症候有以下几种：无菌性脑膜炎、脑炎；急性心肌炎和心包炎；流行性胸痛；疱疹性咽峡炎；出疹性疾病；呼吸道感染；小儿腹泻等。

2. 肝炎病毒

病毒性肝炎一般可分为甲型肝炎（传染性肝炎或短潜伏期肝炎）和乙型肝炎（血清性肝炎或潜伏期肝炎），两者病理变化和临床表现基本相同。主要临床症状有食欲减退、恶心、上腹部不适（或肝区痛）、乏力等，部分病人有黄疸和发热，多数肝脏肿大，伴有肝功能损害。

甲型肝炎病毒（Hepatitis A virus，HAV）是一种形态上显著区别于同族其他成员的细小核糖核酸病毒。1981 年归类为肠道病毒属 72 型。最近由于它在许多方面的特征与肠道病毒有所不同而归入嗜肝 RNA 病毒（Heparnavirus）科。

甲型肝炎病毒主要从粪便排出体外，经口传染。水源或食物被污染后，可能引起爆发性流行。

肝炎病毒对一般化学消毒剂的抵抗力强，在干燥或冰冻环境下能生存数月或数年。以紫外线照射 1h 或蒸煮 30min 以上可灭活。加氯消毒有一定的灭活作用。

3. 轮状病毒

轮状病毒（Rotavirus）归类于呼肠孤病毒科（Reoviridae）轮状病毒属（Rotavirus）。由澳大利亚 Bishop 等于 1973 年首先从腹泻病人的十二指肠上皮细胞中发现。轮状病毒的病毒体呈圆球形，有双层衣壳，每层衣壳呈二十面体。内衣壳的壳微粒沿着病毒体边缘呈放射状排列，形同车轮辐条。完整病毒大小约 70～75nm，无外衣壳的粗糙型颗粒为 50～60nm。具双层衣壳的病毒体有传染性。

轮状病毒是引起全球儿童急性腹泻的最常见病因之一，据估计全球每年患轮状病毒肠胃炎的儿童超过 1.4 亿，造成数十万儿童死亡。其流行高峰主要在秋冬季，故常称为"秋季腹泻"。

轮状病毒对各种理化因子有较强的抵抗力，在粪便中可存活数日或数月。病毒经乙醚、氯仿、反复冻融、超声、37℃1h 或室温（25℃）24h 等处理，仍具有感染性。该病毒耐酸、碱、在 pH3.5～10.0 之间都具有感染性。95％的乙醇对该病毒的灭活最有效，56℃加热 30min 也可灭活病毒。

轮状病毒主要通过口—粪途径传播，可经饮用或进食受污染的饮水或食物，或接触受污染的对象传播。1981 年美国科罗拉多州发生的轮状病毒病的暴发与市政供水的污染有关。2011～2014 年中国 26 省 5 岁以下儿童近 2 万腹泻病例的调研中发现，轮状病毒检出率高达 22.9％，冬季检出率最高为 39.4％，夏季检出率最低为 9.9％（耿启彬等，2016）。

4. SARS 冠状病毒（SARS CoV）

2002 年底在我国广东省发现首例严重急性呼吸道综合征（severe acute respiratory syndrome，SARS，俗称非典型性肺炎）患者，截至 2003 年 6 月 SARS 已经波及 32 个国家和地区，总发病 8000 余例，死亡 800 多人。该病患者初期通常有高于 38℃的发热，并会伴有寒颤，或者头痛、倦怠和肌痛，后期表现为干咳无痰，呼吸困难。该病传播途径以近距离飞沫传播为主，同时可以通过手接触呼吸道分泌物经口、鼻、眼传播。

目前已有的研究结果发现，SARS 病原微生物为 SARS 冠状病毒，归属于巢状病毒目、冠状病毒科，为单链 RNA 病毒。病毒直径 80～140nm。

13.1.4 水中的病原性原生动物

根据美国自来水协会对 1976～1994 年 740 件水媒流行病的统计，由原生动物引起的事件约占总量的 1/5。同时，与无机毒物、有机农药、细菌等原因导致的水媒流行病比较，由肠贾第鞭毛虫和隐孢子虫等致病性原生动物引起的疾病具有爆发次数多，爆发比例高，致病人数多，治疗效果差等特点。可见，各种病原微生物中，病原性原生动物是引起介水传播疾病的主要原因之一。

1. 隐孢子虫和贾第鞭毛虫

隐孢子虫（*Cryptosporidium*）和贾第鞭毛虫（*Giardia*）（简称"两虫"）是近年来发现的新型致病性原生动物。隐孢子虫和贾第鞭毛虫的个体都非常小，隐孢子虫卵囊呈圆球形，直径约为 4～6μm。贾第鞭毛虫孢囊呈卵圆形，长轴约为 8～18μm，短轴约为 5～15μm。

人或动物摄入含有隐孢子虫卵囊（oocyst）和贾第鞭毛虫孢囊（cyst）的水或食物后会感染隐孢子虫病（Cryptosporidiosis）和贾第鞭毛虫病（Giardiasis）。

1976 年，Nime 和 Meisel 首先发现并报告了隐孢子虫引起人类腹泻的病例。其后许多国家相继报道了水源性隐孢子虫病和贾第鞭毛虫病的爆发流行，两虫不仅可以通过饮用水感染人，其在污水再生水中的出现同样威胁着人类的健康。特别是 1993 年在美国威斯康星州的米尔沃基市由于水源受隐孢子虫污染而造成了近 40 万人受到感染。国内的报道始见于 1987 年韩范等关于南京地区发现两例隐孢子虫病人的叙述（韩范等，1987）。虽然我国在两虫方面的研究起步较晚，但近年来的流行病学调查表明，两虫的感染在我国各地普遍存在。如 2013 年一项我国南方 3 省饮用水源地污染现状的研究发现，水隐孢子虫卵囊与贾第鞭毛虫孢囊检出率分别为 23% 和 33%（孙伯寅等，2014）。广州市某哨点医院 2012～2013 年腹泻儿童贾第鞭毛虫检出率为 4.6%（16/348）（姚月娴等，2014）。南京市 2015 年和 2016 年的调查发现正常人粪便中没有发现隐孢子虫，但在慢性腹泻病人的样品中的阳性率为 4.5%（杨佩才等，2017）。2017 年荆州市游泳儿童隐孢子虫感染率为 3.7%（8/216）（万丽欣等，2018）。饮用烧开过的水可有效避免感染。

隐孢子虫病和贾第鞭毛虫病的典型症状是严重腹泻，有些病人特别是儿童常出现腹痛、恶心、呕吐或低度发烧（<39℃）等症状。该病的流行病学特点和其他水媒传染疾病基本相似（如在地区、性别上平均分布等），不同的是它的发病率高（>40%），而其他水媒疾病发病率一般为 5%～10%。

对于隐孢子虫病和贾第鞭毛虫病，目前国际上尚无有效的治疗方法。免疫功能健全者病程平均为 10 天，一般能自行痊愈；免疫功能缺陷者，特别是艾滋病患者，症状多变且较为严重，持续时间长，最为严重者常表现为霍乱样水泻而死亡。因此，对隐孢子虫病和贾第鞭毛虫病的预防尤为重要。

2. 溶组织内阿米巴

溶组织内阿米巴又称痢疾阿米巴，主要寄生于结肠，引起阿米巴痢疾和各种类型的阿米巴病。全球高发地区位于墨西哥、南美洲东部、东南亚，西非等地处。我国近年的人群感染率在 0.7%～2.17% 之间，大多见于经济条件、卫生状况、生活环境较差的地区。估计每年由阿米巴病导致的死亡人数仅次于疟疾和血吸虫病，列为世界上死于寄生虫病的第三位。

溶组织内阿米巴按其生活史可分为滋养体和包囊两个时期。滋养体为溶组织内阿米巴活动、摄食及增殖阶段，分为大滋养体和小滋养体两型。小滋养体可变为包囊。包囊为溶组织内阿米巴不活动、不摄食阶段，球形，直径为 $5\sim20\mu m$，囊壁透明。

13.1.5　水中的寄生虫

除传染病菌、病毒和原生动物之外，还有一些借水传播的寄生虫病，例如，蛔虫、血吸虫等。防止传播的重要措施是改善粪便管理工作，在用人粪施肥前，应经过曝晒或堆肥。在用城市生活污水灌溉前，应经过沉淀等处理，将多数虫卵除去。在水厂中经过砂滤和消毒，可将水中的寄生虫卵完全消灭。对于分散的给水，应加强水源保护，以防止寄生虫卵的污染。

13.2　水质生物学指标

13.2.1　水质生物学指标概述

水的生物学指标主要是用来评价水中的病原微生物，预防流行性传染病的大范围爆发。大量研究发现，水中的病原微生物主要来源于人、畜的粪便。在正常的人、畜粪便中通常不会发现病原微生物，而在已经被感染的人、畜的粪便中往往能检出大量的病原微生物，如果不对其严格控制，若被其他人接触、摄入或吸入，也可能被感染，甚至导致流行病的爆发。

水中病原微生物的去除、灭活主要是在水处理工艺，特别是消毒处理中完成的，随处理工艺和工况的不同，对病原微生物的去除效果也各不相同。另外，病原微生物种类不同，其去除效果也存在一定差异。因此，从病原微生物的分类出发，分别从细菌、病毒、原生动物、寄生虫中各选出有代表性的病原微生物作为测试指标，对于准确评价水的生物学安全性具有非常重要的意义。

由病原微生物引发的传染病大部分可经水介传播，建立常规检验方法，以评价水体是否受到粪便污染，显得非常必要。在当前的技术水平下，虽然可以检测出水中的大多数病原微生物，但分离和计数方法仍然非常复杂、费时。如果要对水中每一种可能造成污染的病原微生物都进行监测，显然是不切实际的。合理的办法是，检查人与其他温血动物粪便中通常存在的微生物，作为评价水受粪便污染程度和水处理与消毒处理效果的指示微生物。如果这种（这些）微生物存在，意味着水体受到了粪便污染，也意味着肠道病原微生物可能存在。检查这种粪便污染指示菌，是水质控制的一个手段。选择具有代表性的指示微生物作为评价水质安全的指标，既便于测试，又能有效保障水质的安全性。一般地说，选择的指示微生物需要具备以下特性：

(1) 这类微生物仅存在于粪便等污染源中，且数量较多；

(2) 与病原微生物的生理特性相似；

(3) 在洁净水体中不存在、与病原微生物在外界的存活能力相似；

(4) 在宿主外不繁殖；

(5) 容易检测。

　　但是，实际上根本就没有完全符合上述所有要求的指示生物，目前最常用的微生物学水质指标有大肠菌群、粪大肠菌群、粪链球菌和产气荚膜梭菌等。表 13-5 列出了几种常用的指示微生物。

水污染监测中常用的几种主要指示微生物　　　　　　表 13-5

病原指示微生物	指示微生物的特点	指示意义	优　缺　点
细菌总数	指 1mL 水，在 37℃普通营养琼脂培养基上培养 24 小时生长发育的细菌菌落数	主要作为判断被检水样污染程度的标志。评价水质清洁程度和考核净化消毒效果的指标。细菌总数增多说明水被有机物污染程度大	不能说明污染来源，必须结合其他指标如大肠菌群、粪大肠菌群来判断水质污染的来源
大肠菌群	是指一群以大肠埃希氏菌为主的需氧及兼性厌氧的革兰氏阴性无芽孢杆菌，在 32～37℃ 24 小时内，能发酵乳糖，产酸产气	水质污染（粪便污染）的指标，也是判断饮水消毒效果的重要指标，可作为致病菌污染的指示菌	抵抗力略强于肠道致病菌，易于检验，但不能完全代表肠道病毒的灭活。大肠菌群能在排放水中再生长
粪大肠菌群	是总大肠菌群的一部分，主要来自粪便，在 44.5℃温度下仍能生长并发酵乳糖产酸产气。主要为来自粪便的大肠埃希氏菌	水质受到粪便污染的指示菌	比大肠菌群更能准确地反映出水质受粪便污染的情况
粪链球菌	人和温血动物粪便中存在的链球菌	根据粪大肠菌和粪链球菌的比值可推断不同的污染来源。亦可指示水中病毒	在人粪便中的数量仅次于大肠菌群细菌。粪链球菌在水中不易繁殖，其抗性较大肠菌群略强，因此和大肠菌群相比，它更适于作为替代指标。但粪链球菌中，动物来源的占很大比重，难以代表人类病毒的污染
梭菌/产气荚膜梭菌	革兰氏阳性厌氧菌	粪便污染指示菌	梭菌的芽孢对于不良环境的抗性高于病毒，但是抗性过高。产气荚膜梭菌对粪便污染有很高的特异性，检测简便快速和廉价
SC 噬菌体（ΦX174）	通过菌体细胞感染大肠杆菌宿主菌的 DNA 细菌病毒	粪便污染的指示物	污水中普遍存在，数量多并且容易定量测定。该噬菌体存活形式与肠道病毒相似。在体外可以增殖
F-RNA 噬菌体（f 2，MS2）	一类通过菌毛感染雄性大肠杆菌的 RNA 细菌病毒	肠道病毒的指示微生物	在许多物理、化学特性方面与肠道病毒类似。检验简便、快速、准确并且花费少
脆弱拟杆菌噬菌体	特异性感染脆弱拟杆菌（Bacteroides fragilis）的一类噬菌体	专门作为人类粪便污染的指标	仅在人类粪便中被分离出来。对自然条件和水处理过程的抗性高于 F-噬菌体和 SC 噬菌体
脊髓灰质炎病毒	肠道病毒	为肠道病毒的代表株，可作为病毒学指标	操作繁琐，需要特殊的仪器设备，安全性较差

13.2.2　病原细菌指示微生物

从卫生上来看，天然水的细菌性污染主要是由于粪便污水的排入，也就是说，水中的病原菌很可能是肠道传染病菌。所以对生活饮用水进行卫生细菌学检验的目的，是为了保证水中不存在肠道传染的病原菌。水中存在病原菌的可能性很小，而水中各种细菌的种类却很多，要单独检出某种病原菌来，在培养分离技术上较为复杂，需较多的人力和较长的时间。因此，一般不直接检验水中的病原菌，而是测定水中是否有肠道正常细菌的存在。若检出有肠道细菌，则表明水被粪便所污染，也说明有被病原菌污染的可能性。只有在特殊情况下，才直接检验水中的病原菌。

1. 大肠菌群

（1）大肠菌群作为卫生指标的意义

肠道正常细菌有三类：大肠菌群、肠球菌和产气荚膜杆菌。根据对指示微生物的一般要求，长期以来选定大肠菌群作为检验水的卫生指标，因为大肠菌群的生理习性与伤寒杆菌、副伤寒杆菌和痢疾杆菌等病原菌的生理特性较为相似，在外界生存时间也与上述病原菌基本一致。而肠球菌的抵抗力弱，生存时间比病原菌短，水中若未检出肠球菌，也不能说明未受粪便污染。

产气荚膜杆菌因为有芽孢，能在自然环境中长期生存，它的存在不足以说明水是最近被粪便污染的。大肠菌群在人的粪便中数量很大。健康人每克粪便中平均含 5000 万个以上；每毫升生活污水中含有大肠菌群 3 万个以上。检验大肠菌群的技术并不复杂。根据上述理由将大肠菌群作为水的卫生细菌学检验指标确是比较合理的。

（2）大肠菌群的形态和生理特性

大肠菌群一般包括大肠埃希氏杆菌（*Escherichia coli*，简写 *E.coli*）、产气杆菌（*Aerobacter aerogenes*）、枸橼酸杆菌（*Citrobacter*）和副大肠杆菌（*Paracoli*）。

大肠埃希氏杆菌有时也称为普通大肠杆菌或大肠杆菌。它是人和温血动物肠道中正常的寄生细菌。一般情况下大肠杆菌不会使人致病。在个别情况下，发现此菌能战胜人体的防卫机制而产生毒血症、腹膜炎、膀胱炎及其他感染。从土壤或冷血动物肠道中分离出来的大肠菌群大多是枸橼酸杆菌和产气杆菌；另外，也往往发现副大肠杆菌。副大肠杆菌主要存在于外界环境或冷血动物体内，但也常在痢疾或伤寒病人粪便中出现。因此，如水中含有副大肠杆菌，可认为受到病人粪便的污染。

大肠埃希氏杆菌是好氧及兼性的革兰氏染色阴性，无芽孢，大小约 $(0.5\sim0.8)\times(2.0\sim3.0)\mu m$，两端钝圆的杆菌（图 13-4），生长温度 $10\sim46℃$，适宜温度 $37℃$，生长 pH 范围 $4.5\sim9.0$，适宜的 pH 为中性，能分解葡萄糖、甘露醇、乳糖等多种碳水化合物，并产酸产气，所产生的 CO_2 和 H_2 之比为 $1:1$，即 $CO_2/H_2=1$，而产气杆菌的 $CO_2/H_2=2$。大肠菌群的各类菌的生理习性都相似，只是副大肠杆菌分解乳糖缓慢，甚至不能分解乳糖，并且它们在品红亚硫酸钠固体培养基（远藤氏培养基）

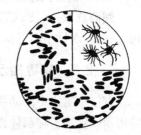

图 13-4　大肠埃希氏杆菌

上所形成的菌落不同：大肠埃希氏杆菌菌落呈红色，带金属光泽，直径约 $2\sim3mm$；枸橼酸盐杆菌菌落呈紫红色或深红色；产气杆菌菌落呈淡红色，中心较深，直径较大，一般约

4～6mm；副大肠杆菌的菌落则无色透明。

远藤氏培养基中的碱性品红已事先用亚硫酸钠退色。为什么大肠埃希氏杆菌菌落会呈紫红色并带有金属光泽呢？原因是大肠埃希氏杆菌能发酵乳糖，产生出中间化合物——乙醛能与亚硫酸钠产生加合产物，于是染料由加合作用中释放出来，结果恢复了它的红色。菌落中金黄光泽是由于释放出的染料被有机酸（例如乳酸）沉淀所致。

目前国际上检验水中大肠菌群的方法不完全相同。有的国家用葡萄糖或甘露醇作发酵试验，用 43～45℃下培养分离出来的是寄生在人和温血动物体内的大肠菌群。因为副大肠杆菌分解乳糖缓慢或不能分解乳糖，采用葡萄糖或甘露醇而不用乳糖则可检出副大肠杆菌，而且在 43～45℃下培养出来的副大肠杆菌，常可代表肠道传染病细菌的污染。还有的国家检验水中大肠菌群时，不考虑副大肠杆菌。因为人粪便中存在着大量大肠埃希氏杆菌，在水中检出大肠埃希氏杆菌，他们认为就足以说明水此已受到粪便的污染，因此采用乳糖作培养基。由于大肠埃希氏杆菌的适宜温度 37℃，所以培养温度也不采用 43℃而采用 37℃。这样可顺利地检验出寄生于人体内的大肠埃希氏杆菌和产气杆菌。生产实践表明，这种检验方法一般可保证饮水水质的安全可靠。

我国各地水厂检验大肠菌群的方法也还没有统一。有的采用含有葡萄糖的培养基，培养温度 43～45℃；有的采用含乳糖的培养基，培养温度为 37℃。中国预防医学中心卫生研究所负责制订了《生活饮水标准检验法》，书中采用含乳糖的培养基，也就是在大肠菌群中不包括副大肠杆菌。

2. 粪大肠菌群

粪大肠菌群（fecal coliform）是能在 44～45℃发酵乳糖的大肠菌群，亦称耐热性大肠菌群（thermotolerant coliform）。和总大肠菌群一样，粪大肠菌群也包括同样的四个属，但以埃希氏菌属为主，其他三属数量较少。由于粪大肠菌群数与粪便中大肠杆菌数直接相关，在人粪中粪大肠菌群细菌占总大肠菌群数的 96.4%；而且在外环境中粪大肠菌群不易繁殖，因此，粪大肠菌群较总大肠菌群作为粪便污染指示菌意义更大。

3. 饮用水细菌卫生标准

长期实践表明，只要每升水中大肠菌群细菌不超过 3 个，细菌总数（腐生性细菌总数）每毫升不超过 100 个，用水者感染肠道传染病的可能性就极小。所以有些国家就用这个数字作为生活饮用水的细菌标准。我国《城市供水水质标准》CJ/T 206—2005 中，关于生活饮用水的细菌标准的具体规定如下：

细菌总数：≤80 CFU/mL；大肠菌群数：每 100mL 水样中不得检出；耐热大肠菌群：每 100mL 水样中不得检出。

13.2.3　病毒指示微生物

直接检测水中的动物病毒，操作复杂并且安全性差，在实践中常利用噬菌体作为病毒的指示微生物。噬菌体作为细菌病毒，在污水中普遍存在，其数量高于肠道病毒；对自然条件及水处理过程的抗性高于细菌，接近或超过动物病毒；噬菌体对人没有致病性，可以进行高浓度接种和进行现场实验。检测噬菌体的操作具有简便快速、安全、不需要复杂的操作和设备等优点。美国环保局提出用大肠杆菌噬菌体作为病毒指示生物。

常用于水质评价的噬菌体包括 SC 噬菌体（Somatic coliphage），F-RNA 噬菌体

（F-RNA specific bacteriophage）和脆弱拟杆菌噬菌体（*Bacteroides fragilis* 噬菌体）。表 13-6 列出了这几种指示噬菌体的性质。

几种常用的指示噬菌体的性质　　　　　　　　　　　表 13-6

指示噬菌体	SC 噬菌体	F-RNA 噬菌体	*Bacteroides fragilis* 噬菌体
大小和形态	30～100nm，单链或双链 DNA，立体对称或含有头、尾、尾丝等复杂结构	直径 20～30nm，20 面体对称，有单链 RNA	～60nm，复杂结构，双链 DNA，不收缩的长尾
分类	肌尾噬菌体科　长尾噬菌体科　短尾噬菌体科　微小噬菌体科	光滑噬菌体科	长尾噬菌体科
吸附位点	细胞壁	F-菌毛	细胞壁
裂解周期	20～30min		30～40min
噬菌斑	差异大	差异不大	差别不大
环境中繁殖	能	不能	不能
代表噬菌体	φX174	MS2，f2	B40-8

引自：李梅，生态环境，14（4），2005。

1. SC 噬菌体（Somatic coliphage）

SC 噬菌体是一类通过细胞膜感染大肠杆菌宿主菌的 DNA 病毒。SC 噬菌体在污水中普遍存在，数量多并且容易定量测定，被认为是检测自然水体病原微生物污染和水中肠道病毒的良好指示物。尤其作为水中粪便污染的指示物时，与指示细菌的检测结果相比，能够减少分析样品和缩短测定时间，获得比细菌更加稳定可靠的结果。

SC 噬菌体的测定多以 *E. coli C* 作为宿主菌，有的研究中以 *Salmonella typhimurium* WG45 作为宿主菌，称为 SS 噬菌体（*Somatic Salmonella bacteriophage*）。

2. F-噬菌体（F-specific bacteriophage）

F-噬菌体是一类通过菌毛感染雄性大肠杆菌的 DNA 或 RNA 细菌病毒，包括单链 RNA 噬菌体（也称 F-RNA 噬菌体）和单链 DNA 噬菌体（也称 F-DNA 噬菌体）。该雄性大肠杆菌的性菌毛由 *E. coli* K12 的 F 质粒或其他 incF 不相容群质粒编码，当大肠杆菌的 F 因子传递到沙门氏菌、志贺氏菌或变形杆菌，则使它们也获得了对 F-噬菌体的敏感性，因此也称为 FSC 噬菌体（F-specific coliphages）。

F-RNA 噬菌体中的 MS2 亚群，在许多物理、化学特性方面与肠道病毒类似，如与肠道病毒的传统指示生物脊髓灰质炎病毒（Poliovirus）相似，都是单链线性 RNA 噬菌体，具有 20 面体立方体结构，在 pH3～10 时稳定，在水环境中不能复制。Havelaar 等检测了不同类型污水包括贮水槽中的雨水、过滤塔、过滤饮用水、凝结水、絮凝和过滤饮用水、氯消毒出水、紫外消毒出水、娱乐水和其他地表水中可培养肠道病毒和 F-RNA 噬菌体，两者在数量上有很好的对应关系，指出 F-RNA 噬菌体可以作为水中肠道病毒的指示生物。MS2 亚群中的 MS2 和 f2 噬菌体作为 F-RNA 噬菌体的典型代表，常常被用于研究水和土壤中肠道病毒的分布、吸附、转移和去除特性。

3. 脆弱拟杆菌噬菌体（*Bacteroides fragilis* 噬菌体）

脆弱拟杆菌噬菌体是能够感染脆弱拟杆菌（*Bacteroides fragilis*）的一类噬菌体，该噬菌体仅在人类粪便中被分离出来，其数量范围 $0\sim2.4\times10^8\,pfu/g$，在其他动物粪便中未被分出。脆弱拟杆菌噬菌体在各种水体中的数量均低于 SC 噬菌体，但是对自然条件和水处理过程的抗性高于 F-噬菌体和 SC 噬菌体，因此可专门作为人类粪便污染的指标。B40-8 是这类噬菌体的典型代表。

4. 病毒学标准

关于水的病毒学标准，多针对饮用水。1978 年，世界卫生组织"水、废水和土壤中的人病毒"科学小组认为，如果水的浊度低于 1 个浊度单位，加氯消毒经接触 $30\sim60min$ 后余氯达到 $0.5mg/L$，则认为这种饮用水在病毒学上讲也是安全的，并要求 100 加仑（378L）饮水中不应超过一个病毒感染单位（王小平，1986）。

2011 年世界卫生组织的《饮用水水质准则（第四版）》中建议：为了在储存和使用中提供足够的余氯，家庭水处理过程适量投加氯非常重要。推荐剂量是干净的水（浊度小于 10NTU）中自由氯在 $2mg/L$ 左右；在较浑浊的水（浊度大于 10NTU）中自由氯加倍（$4mg/L$）。尽管这些自由氯剂量可能导致余氯残留超出集中处理输配过程水中的氯残留推荐值（$0.2\sim0.5mg/L$），但为了在加氯消毒过的家庭储存水中保持残留自由氯在 $0.2mg/L$，这些剂量对家庭水处理可能是合适的。当潜在的水源性疾病暴发时或检测到某一饮用水供应系统受粪便污染时，快速响应的最低限度是将整个供水系统中的自由氯浓度提高到 $0.5mg/L$ 以上。对于病毒标准的建议值则未定。

在美国 2011 年颁布的饮用水水质标准中指出，地表水处理规则要求地表水或受地表水直接影响的地下水的给水系统在进行消毒和过滤后，要求 99.99% 的病毒被去除或灭活。

美国加利福尼亚制定的污水再生利用标准（CWRC）要求，污水再生处理过程中病毒的去除率，以脊髓灰质炎病毒（PV）或噬菌体 MS2 或抗性相当的其他病毒为指示病毒，应达到 5lg 的去除率（即去除率为 99.999%）。

13.2.4　病原性原生动物指标

为了有效控制隐孢子虫（*Cryptosporidium*）和贾第鞭毛虫（*Giardia*）的健康风险，世界各国先后建立相关标准力图有效控制这两种病原性原生动物的污染。英国是世界上第一个为隐孢子虫定立数值标准的国家，具体规定是连续 24h 采样后检测，每 10 升水中不得检出超过 1 个卵囊。需要指出的是，英国的标准并不是基于卫生学或流行病学研究成果而制定的，它是根据目前水处理技术的发展而制定。

虽然美国在其"地表水处理法（Surface Water Treatment Rule，以下简称 SWTR）"及"中期加强地表水处理法（Interim Enhanced Surface Treatment Rule，以下简称 IESWTR）"中分别规定了隐孢子虫和贾第鞭毛虫的最大污染物水平指导值（Maximum Contaminant Level Guideline，以下简称 MCLG）为 0 个，但作为一般要求，两个法案分别要求对贾第鞭毛虫去除达到 3lg（即 99.9%），对隐孢子虫去除达到 2-lg（即 99%）。

世界上大多数的水质标准，包括世界卫生组织标准在内，都只是笼统规定饮用水中不得检出原生动物，并没有进行定量。比如，欧共体饮用水卫生标准（1997）修订稿规定，供水应保证包括隐孢子虫在内的致病微生物，不存在对人健康的潜在危险。

我国从 2005 年 6 月 1 日开始执行的《城市供水水质标准》中首次增加了原生动物类检测项目，隐孢子虫和贾第鞭毛虫被列在非常规检验项目中，限值均为<1 个/10L，检测频次要求为：以地表水为水源时，出厂水每半年检测一次，以地下水为水源时，每年检测一次。

目前两虫的相关标准都是旨在控制饮用水水质，由于缺乏大量的基础数据和信息，污水和再生水的两虫标准尚未建立。

13.3　水的卫生学检验方法

13.3.1　细菌总数的测定

将一定量水样接种于营养琼脂培养基中，在 37℃温度下培养 24h 后，数出生长的细菌菌落数，然后根据接种的水样数量即可算出每毫升水中所含的菌数。

在 37℃营养琼脂培养基中能生长的细菌代表在人体温度下能繁殖的腐生细菌，细菌总数愈大，说明水被污染得也愈严重。因此这项测定有一定的卫生意义，但其重要性不如大肠菌群的测定大。对于检查水厂中各个处理设备的处理效率，细菌总数的测定则有一定实用意义，因为如果设备的运转稍有失误，立刻就会影响到水中细菌的数量。

13.3.2　大肠菌群的测定

常用的检验大肠菌群的方法有两种：即发酵法和滤膜法。总大肠菌群检验流程如图 13-5 所示。

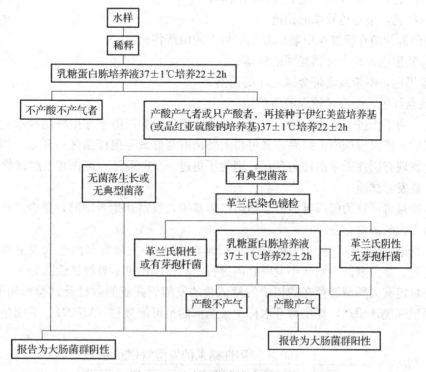

图 13-5　总大肠菌群检验流程图

1. 发酵法

（1）初步发酵试验

本试验是将水样置于糖类液体培养基中，在一定温度下，经一定时间培养后，观察有无酸和气体产生，即有无发酵，而初步确定有无大肠菌群存在。如采用含有葡萄糖或甘露醇的培养基，则包括副大肠杆菌；如不考虑副大肠杆菌，则用乳糖培养基。

由于水中除大肠菌群外，还可能存在其他发酵糖类物质的细菌，所以培养后如发现气体和酸并不一定能肯定水中含有大肠菌群，还需根据这类细菌的其他特性进行下两阶段的检验。

水中能使糖类发酵的细菌除大肠菌群外，最常见的有厌氧和好氧的芽孢杆菌。在被粪便严重污染的水中，这类细菌的数量比大肠菌群的数量要少得多。在此情形下，本阶段的发酵一般即可被认为确有大肠菌群存在。在比较清洁的或加氯的水中，由于芽孢的抵抗力较大，其数量可能相对地比较多，所以本试验即使产酸产气，还不能肯定是由于大肠菌群引起的，必须继续进行试验。

（2）平板分离

这一阶段的检验主要是根据大肠菌群在固体培养基上可以在空气中生长，革兰氏染色呈阴性和不生芽孢的特性来进行的。在此阶段，可先将上一试验产酸产气的菌种移植于品红亚硫酸钠培养基（远藤氏培养基）或伊红亚甲蓝培养基表面，这一步骤可以阻止厌氧芽孢杆菌的生长，而上述培养基所含染料物质也有抑制许多其他细菌生长繁殖的作用。

经过培养，如果出现典型的大肠菌群菌落，则可认为有此类细菌存在。

大肠菌群在品红亚硫酸钠培养基平板上的菌落特征：

① 紫红色，具有金属光泽的菌落；

② 深红色，不带或略带金属光泽的菌落；

③ 淡红色，中心色较深的菌落。

大肠菌群细菌在伊红亚甲蓝培养基平板上的菌落特征：

① 深紫黑色，具有金属光泽的菌落；

② 紫黑色，不带或略带金属光泽的菌落；

③ 淡紫红色，中心色较深的菌落。

但是，为了作进一步的肯定，应进行革兰氏染色检验。由于芽孢杆菌经革兰氏染色后一般呈阳性，所以根据染色结果，又可将大肠菌群与好氧芽孢杆菌区别开来。如果革兰氏染色检验发现有阴性无芽孢杆菌存在，则为了更进一步的验证，可作复发酵试验。

（3）复发酵试验

本试验是将可疑的菌落再移植于糖类培养基中，观察其是否发酵，是否产酸产气，最后肯定有无大肠菌群存在。

对于自来水厂出水，初步发酵试验一般都在 10 个小发酵管和两个大发酵管（或发酵瓶）内进行，复发酵试验则在小发酵管内进行。具体操作见本教材试验部分。

根据肯定有大肠菌群存在的初步发酵试验的发酵管或瓶的数目及试验所用的水样量，即可利用数理统计原理，算出每升水样中大肠菌的最可能数目（MPN），下面是计算的近似公式：

$$MPN = \frac{100 \times 得阳性结果的发酵管（瓶）的数目}{\sqrt{（得阴性结果的水样体积毫升数）\times（全部水样体积毫升数）}} \quad (13-1)$$

【**例 13-1**】今用 300mL 水样进行初步发酵试验，其 100mL 的水样两份，10mL 的水样 10 份。试验结果肯定在这一阶段试验中，100mL 的两份水样中都没有大肠菌群存在，在 10mL 的水样中有 3 份存在大肠菌群。计算大肠菌群的最可能效。

【**解**】

$$MPN = \frac{100 \times 3}{\sqrt{270 \times 300}} = 10.6 \, \text{个} / \text{L} \approx 11 \, \text{个} / \text{L}$$

上列计算结果有专用图表可以查阅，详见本教材实验部分。

2. 滤膜法

用发酵法完成全部检验需 72h。为了缩短检验时间，可以采用滤膜法。用这种方法检验大肠菌群，有可能在 30h 左右完成。

滤膜法中用的滤膜常是一种多孔性硝酸纤维薄膜。圆形滤膜直径一般为 35mm，厚 0.1mm。滤膜中小孔的直径平均为 $0.2\mu m$。

滤膜法的主要步骤如下：

（1）将滤膜装在滤器上（图 13-6）。用抽滤法过滤定量水样，将细菌截留在滤膜表面。

（2）将此滤膜的没有细菌的一面贴在品红亚硫酸钠培养基或伊红亚甲蓝固体培养基上，以培育和获得单个菌落。

（3）将滤膜上符合大肠菌群菌落特征的菌落进行革兰氏染色、镜检。

（4）将革兰氏染色阴性无芽孢杆菌的菌落，接种到含糖培养基中，根据产气与否来判断有无大肠菌群存在。

图 13-6　滤器

（5）根据滤膜上生长的大肠菌群菌落数和过滤水样体积，即可算出每升水样中的大肠菌群数。

滤膜法比发酵法的检验时间短，但仍不能及时指导生产。当发现水质有问题时，这种不符合标准的水已进入管网一段时间了。此外，当水样中悬浮物较多时，悬浮物会沉积在滤膜上，影响细菌的发育，使测定结果不准确。

为了保证给水水质符合卫生标准，有必要研究快速而准确的检验大肠菌群的方法。国外曾研究用示踪原子法，例如用放射性同位素 C^{14} 的乳糖做培养基，可在一小时内初步确定水中有无大肠杆菌。国外大型水厂还有用电子显微镜直接观察大肠杆菌的。

目前以大肠菌群作为检验指标，只间接反映出生活饮用水被肠道病原菌污染的情况，而不能反映出水中是否有传染性病毒以及除肠道病原菌外的其他病原菌（如炭疽杆菌）。因此为了保证人民的健康，必须加强检验水中病原微生物的研究工作。

13.3.3　病毒的检测方法

使人致病的病毒都是动物性病毒。动物性病毒的专性寄生性很强。检验这类病毒可采用组织培养法。所选择的组织细胞必须适宜于这类病毒的分离、生长和检验。目前在水质检验中使用的方法是"蚀斑检验法"。

蚀斑法大致的步骤如下：将猴子肾脏用 pH7.4～8.0 的胰蛋白酶溶液处理。胰蛋白酶的作用是能使肾脏组织的胞间质发生解聚作用，因而使细胞彼此分离。用营养培养基洗这些分散悬浮的细胞。将细胞沉积在 40mm×110mm 的细胞瓶（鲁氏瓶）的平面上，并形成一层连续的膜。将水样接种到这层膜上，再用营养琼脂覆盖。

水样中若有肠道病毒，病毒就会破坏组织细胞，增殖的病毒紧接着破坏邻接的细胞。在 24～48h 内，这种效果就可以用肉眼看清。病毒群体形成的斑点称为蚀斑（plaque）。实验表明，蚀斑数和水样中病毒浓度间具有线性关系。根据接种的水样数，可求出病毒的浓度。

每升水中无 1 个病毒蚀斑（plaque forming unit 简称 PFU），饮用才安全。

13.3.4　噬菌体的检测方法

1. 噬菌体的富集和浓缩

检测自然水体中的噬菌体可以采用直接或梯度稀释后铺平板的方法，有时噬菌体含量少，不能直接检测，则需对噬菌体进行富集或对样品浓缩。

许多用于肠道病毒浓缩的方法也可用来浓缩噬菌体，包括透析或离心脱水、沉淀、吸附和膜过滤等。

2. 双层琼脂平板法

双层琼脂平板法是测定噬菌体常用的方法。一定量的经系列稀释的试样与高浓度的宿主菌悬液以及半固体营养琼脂均匀混合后，涂布在已经铺好高浓度营养琼脂的平板上，培养一段时间后，在延伸成片的菌苔上出现噬菌斑。噬菌斑的数量与试样中具有感染性的噬菌体数成正比，由此可计算出样品中的噬菌体数量，以噬菌斑形成单位 PFU 表示。

双层琼脂平板法最重要的因素是选择合适的宿主菌。野生型的大肠杆菌不适于作为水中噬菌体的宿主。表 13-7 列出了常用噬菌体指示物的代表噬菌体及常用宿主。

几种常用的噬菌体及其宿主菌　　　　　　　　　　　　　　　表 13-7

噬菌体指示物	代表噬菌体	宿主菌
SC 噬菌体	φX174	*E. coli C* *E. coli CN* *S. typhimurium* WG45
F-RNA 噬菌体	MS2，f2	*E. coli HS*（*pFamp*）*R* *S. typhimurium* WG49 *E. coli* 285
B. fragilis 噬菌体	B40-8	*B. fragilis* RYC2056 *B. fragilis* HSP40

目前已经制定出噬菌体检测和计数的标准方法（ISO 10705），具体步骤请参见相关资料。

在进行噬菌体的检测时，培养基成分是一个很重要的因素。据报道，噬菌体分析琼脂、改良 Scholtens 琼脂、改良营养琼脂能够产生较多的噬菌斑，这可能与它们都含有二价阳离子（Ca^{2+}，Mg^{2+}，Sr^{2+}）有关，采用大的培养平板并铺入薄的培养基，也会使噬菌斑数增加。在严格厌氧条件下，在培养基和分析介质中加入 0.25% 的胆汁，能使检测出的 *B. fragilis* 噬菌体数量提高 1 倍以上。

目前，噬菌体和病毒的保存方法还不统一，其中对 MS2 的保存和标准物制备的报道较多。通过硝酸纤维滤膜、吸附－沉淀、用 10% 甘油保存的自然样品中的土著噬菌体，在 $-70℃$ 和 $-20℃$ 条件下可稳定保存 2 个月，在黑暗中（$5±3$）℃可保存 72h。

3. 现代分子生物学方法

现代分子生物学方法在病毒和噬菌体的检测中有较大的应用前景。Beekwilder 等报道采用寡核苷酸探针杂交的方法可检测 F-RNA 噬菌体。采用巢式 PCR（巢式聚合酶链式反应）检测水样中的 *B. fragilis* 噬菌体，检测结果与通过培养法测定的结果相符。Hot 等采用 RT-PCR（反转录－聚合酶链式反应）检测水中的肠道病毒，但 Gantzer 的研究认为 RT-PCR 检测的水中肠道病毒基因组的存在不能表示感染性肠道病毒的存在。

13.3.5　原生动物的检测方法

1. 隐孢子虫卵囊和贾第鞭毛虫孢囊的检测

隐孢子虫卵囊和贾第鞭毛虫孢囊的检测方法有免疫荧光检测法、荧光原位杂交、PCR 技术以及流式细胞检测等，其中免疫荧光检测法是目前最常用的方法。

美国环保局 1996 年开始采用免疫磁力分离（IMS Immunomagnetic Separation）等技术对隐孢子虫进行分析检测，提出了单独检测隐孢子虫的 US-EPA1622 方法，并于 1997 年 1 月将其作为一个正式的检测标准发布。由于贾第鞭毛虫免疫磁力分离系统的建立落后于隐孢子虫，于 1998 年 10 月才被认可，因此，EPA 于 1999 年 2 月又发布了能同时检测隐孢子虫和贾第鞭毛虫的检测方法，称其为 US-EPA1623 方法。

US-EPA1623 方法是目前国际上应用最广泛的一套隐孢子虫卵囊和贾第鞭毛虫检测方面的标准方法。US-EPA1623 方法，包括浓缩、分离和鉴定 3 个步骤，即采用滤筒过滤、免疫磁珠分离和免疫荧光（IFA，Immuno-fluorescent Assay）显微镜来检测和计数隐孢子虫卵囊和贾第鞭毛虫孢囊，并借助 DAPI 染色和微分干涉（D. I. C，Differential Interference Contrast）显微镜观察其内部的特征结构来证实卵囊和孢囊的存在。详细步骤请参见相关资料。值得指出的是，隐孢子虫和贾第鞭毛虫的检测费用高，每个样品试剂费用在 2000 元左右。

2. 隐孢子虫的活性及感染性检测

隐孢子虫的活性及感染性检测方法主要包括裂囊分析、活性染色分析、反转录 PCR、动物试验（即小鼠感染分析）和细胞感染分析等，其中前三种方法的检测过程相对比较简单，但由于检测过程没有与隐孢子虫感染致病的环境条件相联系，难以利用其检测结果进行健康风险分析。而小鼠感染分析的试验条件与隐孢子虫感染人体最为接近，但动物试验程序繁琐，费用昂贵，耗时较长，影响因素复杂，不便于推广。相比之下，细胞感染分析是隐孢子虫活性和感染性分析的最佳选择，它可以在不使用动物模型的条件下，模拟体内感染环境，既可避免动物试验的不足，又便于试验过程标准化，从而大大提高试验结果的重现性和可信度。

思 考 题

1. 常见的水传染病细菌有哪几种？它们有什么特性？主要的肠道病毒有哪几种？一

般的氯消毒能灭活病毒吗?

　　2. 为什么大肠菌群可作为水受粪便污染的指标? 用大肠菌群作为肠道病菌的指示微生物, 有什么缺点?

　　3. 为什么噬菌体可以作为水中的病毒指示微生物?

　　4. 大肠菌群的发酵检验法是根据怎样的原理来进行的? 这种检验法有什么缺点? 滤膜检验法有什么优点, 有什么缺点?

　　5. 大肠菌群包括哪些种类的细菌? 它们的习性如何?

　　6. 我国饮用水水质标准所规定的大肠菌群数是每升多少?

　　7. 测定水中细菌总数的意义是什么? 营养琼脂固体培养基上的菌落数目是否代表水样中实际存在的细菌数目?

第14章 水中有害生物的控制

14.1 水中病原微生物的控制

通常把水中病原微生物的去除称为水的消毒。饮用水的消毒方法很多，把水煮沸就是家庭中常用的消毒方法。集中供水和污水消毒不能使用这种方法。常用的方法有氯消毒、臭氧消毒、紫外线消毒等。

14.1.1 氯消毒与"氯/脱氯"消毒

1. 氯消毒的基本原理

氯消毒是目前最为常用的消毒方法，它可使用液氯，也可以使用漂白粉（漂白粉中约含有 25%～35% 的有效氯）。水中加氯后，生成次氯酸（HOCl）和次氯酸根（OCl⁻）。

$$Cl_2 + H_2O \Leftrightarrow HOCl + H^+ + Cl^- \tag{14-1}$$

$$HOCl \Leftrightarrow H^+ \quad OCl^- \tag{14-2}$$

HOCl 和 OCl⁻ 都有氧化能力。但 HOCl 是中性分子，可以扩散到带负电的微生物细胞表面，并渗入微生物体内，借氯原子的氧化作用，破坏体内的酶，使微生物死亡，而 OCl⁻ 带负电，难于靠近带负电的微生物细胞，所以虽有氧化能力，也很难起消毒作用。

消毒水体所投加的氯量一般都以有效氯计算。

什么叫有效氯？各种氯化物都含有一定量的氯，但对消毒或氧化来说，氯化物中的氯不一定全部起作用，甚至有完全没有氧化能力的，如 NaCl，因 NaCl 中的 Cl 是 −1 价，不能再接受电子了。在各种氯化物中，氯的价有高到 +7 价的，如过氯酸钠 $NaClO_4$，或低到 −1 价的，如上面提到的 NaCl。凡是价高于 −1 的氯化物都有氧化能力。有效氯即表示氯化物的氧化能力。

为什么漂白粉中的有效氯最多仅 35% 左右？在漂白粉（$Ca^{+2}O^{-2}Cl^{+1}Cl^{-1}$）中，具有 −1 价的氯原子不能再接受电子，故无氧化力，而具有 +1 价的氯原子，还可接受 2 个电子而使价从 +1 降到 −1，故有氧化能力。在氯气（Cl_2^0）中，1 个氯原子接受 1 个电子（从 0 价降到 −1 价），现有 2 个氯原子，故可有 2 个电子转移。因此，以 CaOClCl 与 Cl_2 比较，1mol 的 CaOClCl 氧化能力相当于 1mol 的 Cl_2，所以漂白粉（CaOClCl，其分子量为 127）中的有效氯为：

$$\frac{2 \times 35.5}{127} \times 100\% = 56\%$$

但一般漂白粉含 CaOClCl 最多 62.5% 左右，所以它所含有效氯最多为：

$$0.56 \times 0.625 \times 100\% = 35\% \text{ 左右}$$

表 14-1 中给出了一些其他氯化物所含氯原子的化合价。

				氯化物中氯原子的化合价			表 14-1

过氯酸钠	$Na^{+1}Cl^{+7}O_4^{-2}$	盐　酸	$H^{+1}Cl^{-1}$
氯酸钠	$Na^{+1}Cl^{+5}O_3^{-2}$	一氯胺	$N^{-1}H_2^{+1}Cl^{-1}$
二氧化氯	$Cl^{+4}O_2^{-2}$	二氯胺	$N^{+1}H^{+1}Cl_2^{-1}$
次氯酸钠	$Na^{+1}O^{-2}Cl^{+1}$	三氯化氮	$N^{+3}Cl_3^{-1}$
次氯酸	$H^{+1}O^{-2}Cl^{+1}$		

这里应该指出，除 OCl^- 外，有些氧化剂由于某些原因也不一定都有消毒能力，例如，过氧化氢（H_2O_2）虽是一种强氧化剂，但其消毒能力相对地说是比较差的，这可能是因为很多微生物具有分解过氧化氢的酶，可以使过氧化氢分解成水和氧的缘故。

式（14-1）和式（14-2）中的 Cl_2、$HOCl$ 和 OCl^- 量的多少主要取决于水的 pH，水温也有一点关系，对于 Cl_2 来说，水中氯离子 Cl^- 的量也有影响。

一般说，当水的 pH $\geqslant$ 3 和 $Cl^- <$ 1000mg/L 时，式（14-1）中的 Cl_2 基本上全部转化为 $HOCl$ 和 HCl，因为：

由式（14-1），得：

$$\frac{[H^+][Cl^-][HOCl]}{[Cl_2]} = K \tag{14-3}$$

式中 K——离解常数，当水温 25℃时，$K = 4 \times 10^{-4}$。如水中溶氯 1000mg/L，则

$$Cl^- = \frac{1000}{2} = 500\text{mg/L},$$

$$\therefore [Cl^-] = \frac{500}{1000 \times 35.5} = 0.0141\text{mol/L}$$

当 pH $=$ 3，$[H^+] = 10^{-3}$mol/L，

以 $[Cl^-] = 0.0141$mol/L 和 $[H^+] = 10^{-3}$mol/L 代入式（14-3）得：

$$\frac{[Cl_2]}{HOCl} = \frac{10^{-3} \times 0.0141}{4 \times 10^{-4}} = 0.035$$

$\therefore$ HOCl 占

$$\frac{[HOCl]}{[Cl_2] + [HOCl]} \times 100\% = \frac{[HOCl]/[HOCl]}{[Cl_2]/[HOCl] + [HOCl]/[HOCl]} \times 100\%$$

$$= \frac{1}{[Cl_2]/[HOCl] + 1} \times 100\%$$

$$= \frac{1}{0.035 + 1} \times 100\%$$

$$= 97\%$$

Cl_2 占：$100\% - 97\% = 3\%$

如水中溶氯为 100mg/L，则在水温为 25℃，pH 为 3 时，Cl_2 仅占 0.4%。

由此可见，在一般的天然水中，所投入的氯可几乎全部转化为次氯酸和次氯酸根，而所产生的 H^+ 离子则可被水中的碱度中和。

关于水中的 $HOCl$ 和 OCl^-，当 pH 比较小时，主要是 $HOCl$，pH 比较高时，主要是 OCl^-。例如，水温为 25℃，pH 为 7 时，$HOCl$ 约占 73%，OCl^- 约占 27%，而 pH $<$ 5

时，几乎全是 HOCl，pH＞10 时，几乎全是 OCl⁻。如果水温降低，则 HOCl 所占比值增大。

怎样求得 HOCl 和 OCl⁻ 所占的百分数？

HOCl 占：

$$\frac{[HOCl]}{[HOCl]+[OCl^-]}\times100\% = \frac{1}{1+\frac{[OCl^-]}{[HOCl]}}\times100\% \tag{14-4}$$

由式（14-3），可得：

$$\frac{[H^+][OCl^-]}{[HOCl]} = K$$

式中　K——离解常数，当水温为 25℃时，$K=3.7\times10^{-8}$

移项，得

$$\frac{[OCl^-]}{[HOCl]} = \frac{K}{[H^+]} \tag{14-5}$$

∴当水温为 25℃，pH 为 7 时，HOCl 占：

$$\frac{1}{1+\frac{K}{[H^+]}}\times100\% = \frac{1}{1+\frac{3.7\times10^{-8}}{10^{-7}}}\times100\% = 73\%$$

OCl⁻ 占：

$100\%-73\%=27\%$

由此可见，水中 pH 稍低一些，所含的 HOCl 就较多，越有利于氯的消毒作用。

2. 氯与水中化学物质的作用及消毒副产物

氯和次氯酸不仅能与微生物作用，杀死微生物，还能与水中的氨等无机物和有机物作用，从而消耗过量的氯，并生成消毒副产物。

（1）氯与氨的作用

氯和次氯酸极易与水中的氨作用生成各种氯胺：

$$NH_3+HOCl=H_2O+NH_2Cl$$
$$NH_2Cl+HOCl=H_2O+NHCl_2$$
$$NHCl_2+HOCl=H_2O+NCl_3$$

NH_2Cl、$NHCl_2$ 和 NCl_3 分别称为一氯胺、二氯胺和三氯胺。氯胺类化合物也具有消毒能力，但杀菌作用进行得比较缓慢。氯胺消毒的特点是能减少某些有毒有害消毒副产物的生成。

（2）与还原型无机物的作用

氯和次氯酸还能与水中的 Fe^{2+}、NO_2^-、S^{2-} 等还原性无机物作用（特别是在污水消毒中），因此也要消耗一部分的投加氯。

（3）与有机物的作用

近年来，发现氯与某些有机物化合可能形成致癌性的消毒副产物。自 1974 年 Bellar 等人发现饮用水氯消毒产生三卤甲烷类物质以来，较多文献报道指出水消毒过程可能产生三卤甲烷（THMs）、卤乙酸（HAAs）、卤化腈（HANs）和卤化酮（HKs）等具有毒性和三致效应的副产物。这些消毒副产物会给人体健康和生态环境带来不良的影响。目前，国内外都在探索新的消毒方法、消毒工艺，以减少和控制消毒副产物的生成，保证人类健康。

3. 余氯及其分类

氯加入水中后，一部分被能与氯化合的杂质消耗掉，剩余的部分称为余氯。水中的 Cl_2、$HOCl$、OCl^- 和氯胺都具有消毒能力。通常把 Cl_2、$HOCl$ 和 OCl^- 称为游离性余氯，氯胺化合物称为化合性余氯，两者之和为总余氯。

我国生活饮用水卫生标准规定，加氯接触 30min 后，游离性余氯不应低于 0.3mg/L，集中式给水厂的出厂水应符合上述要求外，管网末梢水的游离性余氯不应低于 0.05mg/L，这个数字大致相当于 5 万个细菌重量的 1000 倍，所以即使每升水重新繁殖出 5 万个细菌，0.05mg/L 的余氯还足以杀死它们。

上述规定只能保证杀死肠道传染病菌，即伤寒、霍乱和细菌性痢疾等几种病菌。一般说，当水的 pH 为 7 左右时，钝化（杀死病毒称为钝化或抑活）病毒所需投加更多的氯。赤痢阿米巴的个体较大（可长达 $10\sim20\mu m$），一般不能通过砂滤池的砂层，故可在过滤中除去。

4. 氯化—脱氯消毒工艺

尽管臭氧和紫外线消毒在生态安全性方面有较大的优势，权衡技术、经济和消毒效果等各方面的因素，目前氯作为消毒剂仍具有明显的优势，因此在今后一段时间内，水消毒处理中应用最多的消毒剂仍将是氯及其相关化合物。在这种情况下，如何降低氯化消毒的健康与生态风险成为重要的课题。

20 世纪 70 年代初，在美国的 Lower James 河（弗吉尼亚州）、Sacramento 河（加利福尼亚州）等河流中，由于氯消毒污水的排入，导致鱼类死亡的案例陆续被披露。研究显示，余氯对水生生物有强烈的毒性效应，而且远高于许多消毒副产物。另外，剩余消毒剂会与接纳环境（天然水体、土壤等）中的有机物反应，产生其他有毒有害物质，从而引起二次风险。

为了保证氯消毒的生态安全，氯化—脱氯消毒工艺（简称"氯/脱氯"消毒）于 20 世纪 70 年代初期逐渐在美国发展起来。氯/脱氯消毒是消毒后将余氯完全或大部分脱除，以消除余氯对生态安全的威胁。1971 年，加利福尼亚州首先规定，采用氯消毒的污水处理厂必须有脱氯措施，余氯应控制在 0.1mg/L 以下。1972 年，该州出现了美国第一家脱氯的污水处理厂。同时，Kaufman 等人的研究表明，二氧化硫脱氯剂过量时产生的亚硫酸盐，在小于 10mg/L 的剂量下未检测出毒性效应。这一结果，为推广脱氯措施消除了生态安全上的顾虑。1984 年，美国环保局将污水氯消毒后总余氯的最大值限定为 $11\mu g/L$（有效氯）。至今，美国约有 1/4 污水处理厂采用氯/脱氯消毒。

在氯/脱氯消毒的研究与实践中发现，脱氯可降低消毒后污水中其他物质的生物毒性。Esvelt 等人的研究表明，经氯消毒的污水，脱氯后污水的毒性效应小于未脱氯的污水和未消毒的污水。清华大学的研究人员，在对饮用水氯消毒致突变性的研究中，采用硫代硫酸钠脱氯，发现硫代硫酸钠可降低自来水加氯消毒所产生的致突变性，投氯量高的水样脱氯后致突变性的降低尤其明显。

在当前的氯/脱氯消毒研究和实践中，针对脱氯剂对消毒副产物的影响研究有待加强。

14.1.2　氯化物消毒

1. 二氧化氯消毒

二氧化氯（ClO_2）在常温下是一种黄绿色气体，具有与氯相似的刺激性气味。二氧化氯是氧化能力很强的氧化剂，大量研究表明，二氧化氯能够有效杀灭细菌繁殖体、细菌芽孢、真菌、病毒、原生动物、藻类和浮游生物等有害微生物，并在实际应用中表现出了比氯更强的消毒能力。同时，二氧化氯可以去除还原性无机物和部分致色、致臭、致突变的有机物。

如表 14-2 所示，同样条件下，二氧化氯的消毒效果明显优于氯；达到同样的效果，二氧化氯所需要的接触时间更短，消毒剂投加量更少。二氧化氯消毒的缺点是费用较高。

二氧化氯具有强的消毒效果的主要原因可以归纳为以下四点：

（1）在典型的水处理系统中，ClO_2 与有机物反应的选择性更强，主要是氧化反应，而氯除了与有机物发生氧化反应外，还会发生加成反应、取代反应等，故消耗量较高。

二氧化氯消毒与氯消毒的比较　　　　　　　　　表 14-2

消毒效果	二氧化氯消毒 （添加浓度及作用时间）	氯消毒 （添加浓度及作用时间）
对水源水中细菌达到 100% 的灭活率[a]	2.5mg/L，15min	3.0mg/L，60min
对大肠杆菌达到 99% 的灭活率[b]	1.4mg/L，20min	1.8mg/L，20min
对金黄色葡萄球菌达到 98% 的灭活率[b]	2.5mg/L，2min	2.5mg/L，3.5min
对菱形鼓藻达到 85% 的杀灭率[b]	4mg/L，30min	5mg/L，30min
对脊髓灰质炎病毒的杀灭效果（作用 30min）[b]	1.0mg/L，失活	7.0mg/L，未失活
对隐孢子虫卵囊达到 90% 的灭活率[c]	1.3mg/L，60min	80mg/L，90min
对污水中噬菌体的杀灭效果（剂量 5mg/L，作用 30min）[d]	灭活 3.0 个对数级以上	灭活 1.0 个对数级

引自：[a]莫兴（2000），[b]黄君礼（2002），[c]Korich *et al*（1990），[d]陈国青（1994）。

（2）ClO_2 对细胞壁有较强的吸附和穿透能力，特别是在低浓度时更突出，因此它比一般的消毒剂（如液氯）更易进入微生物体内，在同等条件下它对微生物的灭活机会增加。

（3）ClO_2 的共轭结构及其独特的电子转移机制导致它具有较强的氧化能力，ClO_2 和 Cl_2 的标准氧化还原电位分别为 1.91V 和 1.49V，因此 ClO_2 是一种比 Cl_2 更强的氧化剂。

（4）由于 ClO_2 不与水中的 NH_3 和氯胺作用，而氯和次氯酸会与氨起反应，从而使灭菌效果大为下降。例如，水中 1mg/L 的氨氮完全转化为氮气，则须消耗 7.6mg/L 的氯，这些过程都大大地增加了消毒剂的消耗量。

2. 氯胺消毒

氯胺的消毒效果比游离氯弱，但氯胺消毒会减少某些有毒消毒副产物的生成，同时在水中保持的时间长。饮用水采用氯胺消毒工艺时，大多情况下是向水中添加氨，待其与水充分混合后再加氯。

14.1.3　臭氧消毒

臭氧是很强的氧化剂，能直接破坏细菌的细胞壁，分解 DNA、RNA、蛋白质、脂质和多糖等大分子聚合物，使微生物的代谢、生长和繁殖遭到破坏，继而导致其死亡，达到消毒目的。

臭氧的杀菌能力大于氯气，既可杀灭细菌繁殖体、芽孢、病毒、真菌和原虫孢囊等多种致病微生物，还可破坏肉毒梭菌和毒素及立克次氏体等。

由于臭氧的强氧化能力，在杀灭微生物的同时还能氧化分解水中的有机污染物，并具有很好的脱色效果。另外，在同样的水质条件下，臭氧消毒产生的消毒副产物低于氯化消毒，具有较低的健康和生态风险。

在臭氧消毒过程中，水中的溴离子与臭氧反应，生成具有毒性的溴酸根，应当引起足够的重视。

臭氧消毒的缺点是，因其易于自我分解，不能在水中长期残留（半衰期约为 8min），消毒效果没有持久性。臭氧消毒通常与氯化消毒组合使用，即在臭氧消毒之后，还应添加含氯消毒剂，以防止病原微生物的二次污染。

14.1.4　紫外线消毒

紫外线对细菌、原生动物以及病毒有很强的杀灭作用。紫外线消毒是一种新型的消毒技术，在污水消毒中的应用越来越受到重视。

微生物细胞中的 RNA 和 DNA 吸收光谱的最大吸收峰值范围为 $240\sim280$nm，对波长 $255\sim260$nm 的紫外线有最大吸收，紫外线消毒灯所产生的光波的波长恰好在此范围内。紫外光照射微生物细胞，被微生物的核酸所吸收，一方面可使核酸突变阻碍其复制、转录，封锁蛋白质的合成；另一方面可产生自由基，引起光电离，从而导致细胞的死亡，由此达到杀菌的目的。

紫外线消毒具有快速、高效的特点，在污水紫外线消毒中，污水的接触时间在数秒之内。再者，紫外线消毒不需要添加化学药品，不会有消毒剂的残存和产生有机氯化物类有毒有害消毒副产物。

紫外线的杀菌能力直接受 253.7nm 紫外线的照射剂量的影响，照射剂量越大杀菌能力越强。照射剂量为紫外线强度和照射时间的乘积，可表示为：

照射剂量（$\mu W \cdot s/cm^2$）＝紫外线强度（$\mu W/cm^2$）×照射时间（s）

值得注意的是，严格地说，这里的紫外线强度是直接照射到微生物细胞的实际强度，不是紫外灯发出的紫外线强度，更不是紫外灯出厂时的能发射的强度。由于水质条件的影响，紫外灯发射出来的紫外线在水中会逐渐衰减。另外，随着使用时间的增长，紫外灯本身的辐射强度会逐渐减弱。紫外线消毒的实际效果受紫外灯、处理水的物理和化学性质以及反应器的水力条件等因素的影响。

不同的微生物对紫外线的敏感程度和耐受力也不同。

紫外线消毒的主要缺点是没有持续的消毒效果，有时不能完全杀死细胞，被灭活的细胞在一定条件下（如受到光照后）会"死而复活"。这种复活现象大大限制了紫外线消毒在饮用水消毒方面的应用。复活现象的机理目前还没有统一的认识。

14.1.5　其他消毒方法

1. 碘消毒

碘及其有机化合物，如碘仿也具有杀菌能力。一些游泳池采用碘的饱和溶液进行消毒。在对天然水源的消毒中，碘的剂量一般在 0.3～1mg/L 之间。

2. 重金属消毒

银离子能凝固微生物的蛋白质，破坏细胞结构，因此具有较强的杀菌和抑菌能力。1mg/L 的 Ag^+ 在两小时内可使污水完全消毒。值得注意的是水中的杂质对银离子的消毒效果有很大影响。如较高浓度的氯离子能降低氯化银的溶解度，从而削弱消毒效果。该方法的缺点是杀菌慢，成本高。另外，由重金属离子引起的健康风险需要引起足够的注意。

3. KDF 过滤消毒

金属合金滤料（KDF）是一种无毒、多功能、可再生的铜锌金属合金体，被作为过滤滤料应用于饮用水、地下水、工业冷却水处理等方面。其作用原理是由于在铜锌合金的表面可以形成微电池，原水在通过介质表面时电势发生急剧变化（$700mV \rightarrow -500mV$），因此通过这种电化学氧化还原作用可以去除水中的微生物、藻类、余氯等，同时还对重金属、铁锰、硫化氢、有机物、氟化物等污染物质具有一定的净化效果，并具有抑制硬垢产生的功效。

水中锌离子的存在，有助于水的处理。KDF 介质中锌离子的溶出，使水中锌离子含量增加。锌离子的存在有两方面的作用：① 防止矿物硬垢的形成，在容器壁上仅形成易去除的软垢；② 阻止微生物酶的合成，从而影响有机体的正常生长，达到抑制微生物繁殖的目的。

中国预防医学科学院曾研究 KDF 对农村居民储存于水窖中雨水的消毒效果。实验将 100gKDF 滤料置于玻璃管内，滤柱高 20cm，滤床体积 $38cm^3$，滤料密度 $2.63g/cm^3$，流速 0.4L/min。结果表明：KDF 滤料能使出水细菌指标下降，但不能降低耗氧量。丰水期消毒试验合格率达 100%，但枯水期合格率为 0，处理成本为 0.0433 元/L。这说明，KDF 滤料处理效果与水的细菌浓度有关。枯水期雨水少，贮存于水窖中的雨水存在时间长而细菌数大大增加，所以去除效果差。

4. 超声波消毒

超声波能引起原生动物和细菌的死亡，其效果取决于超声波强度和处理对象的特性。在薄层水中，用超声波杀菌，1～2min 内可使 95% 的大肠杆菌死亡。

14.1.6　消毒组合工艺

1. 消毒抗性病原微生物

水中常含有耐一般消毒剂的病毒和原生动物。如何保证杀灭这些消毒剂耐性病原微生物，是消毒面临的技术挑战之一。

近年来研究发现，隐孢子虫卵囊具有较强的氯消毒抗性。当氯消毒剂量为 $5mg \ Cl_2/L$，接触时间长达 24h 时，隐孢子虫卵囊的灭活率仅为 1.7-log。

紫外线通过破坏 DNA 来灭活微生物。由于各类病原微生物的生理结构具有较大的差异，紫外线灭活所需的剂量也有所不同。截至目前的研究，腺病毒灭活所需的紫外线最高，若达到 4-log 灭活率，所需的紫外线剂量约为 $200mJ/cm^2$。

图 14-1 给出了紫外线消毒和氯消毒抗性微生物的分布示意图。从图也可以看出，紫外线消毒技术在其常见照射剂量下难以灭活 *Adenovirus*，而氯消毒技术则难以灭活 *Cryptosporidium* 等病原虫。将这两种消毒技术结合起来才可有效灭活病原微生物，提供多重保护。

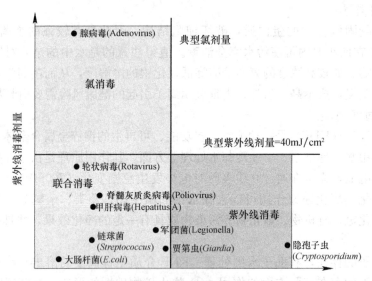

图 14-1　紫外线消毒和氯消毒抗性微生物

(引自：胡洪营等，《再生水水质安全评价与保障原理》，科学出版社，2011)

2. 消毒组合工艺

如前所述，由于消毒抗性病原微生物的存在，导致一种消毒难以保证消毒效果。同时，以上介绍的各种消毒方法各有优点，但很难找到兼具高效性、经济性和低风险性的方法。由表 14-3 可以看出，与氯化消毒、氯化/脱氯相比，臭氧、紫外线本身对生物的毒害作用较小，生成有毒有害消毒副产物的风险相对较低，在生态安全性方面有较大的优势。

各种消毒技术的比较　　　　　　　　　　　　　　表 14-3

比较项目	氯化消毒	氯化/脱氯消毒	臭氧消毒	紫外线消毒
处理厂规模	所有	所有	大、中	中、小
设备可靠性	优	优良	优良	优良
过程控制技术	非常成熟	比较成熟	正在发展	正在发展
技术复杂程度	简单到中等	中等	复杂	简单到中等
运输安全性	安全	安全	不安全	不安全
现场安全性	安全	安全	中等	差
细菌杀灭情况	优	优	优	优
病毒杀灭情况	差	差	优	优
对鱼的毒性	有毒	无毒	期望无毒	无毒
有害副产物	有	有	期望无	期望无

续表

比较项目	氯化消毒	氯化/脱氯消毒	臭氧消毒	紫外线消毒
剩余消毒剂持久性	长	无	无	无
接触时间	长	长	中	短
溶解氧贡献	无	无	有	无
与氨的反应情况	是	是	是（高 pH 时）	否
色度去除情况	中等	中等	是	否
增加溶解性固体	是	是	否	否
pH 依赖性	是	是	轻微（高 pH 时）	否
有机物、金属敏感性	低	低	高	中等
腐蚀性	有	有	有	无

近年来组合消毒工艺受到人们的关注和应用。氯胺—氯消毒工艺、臭氧—氯消毒工艺、紫外—氯消毒工艺等组合工艺在饮用水消毒中得到不同规模的应用。

14.1.7　污水消毒的重要性及其特点

我国是水资源短缺的国家，人均水资源占有量仅为世界平均水平的四分之一。污水再生利用是解决我国目前水资源短缺的重要途径，其关键问题是水质安全保障问题。污水消毒可以杀灭病原微生物，防止流行疾病的传播，是污水再生处理过程中必不可少的环节，也是保证水环境安全的关键措施。2002 年 11 月，我国等一些国家及地区爆发了非典型性肺炎，这一疫情的元凶是冠状病毒的广泛传播，使人们意识到污水消毒的重要性，尤其是污水处理厂的尾水消毒，成为防止疫情扩散的重要防线。我国国家环境保护总局和国家质量监督检验检疫总局于 2002 年 12 月 24 日颁布的《城镇污水处理厂污染物排放标准》GB 18918—2002 中首次将微生物指标列为基本控制指标，要求城市污水必须进行消毒处理。

国内外针对饮用水消毒的研究有较长的历史，但有关污水消毒的研究起步较晚，特别是关于污水消毒风险的研究远远不够系统、深入。与饮用水相比，污水消毒原水（指消毒前污水经过一定处理后的处理水）具有病原微生物种类多数量大、污染物种类复杂浓度高以及水质水量变化大等特点，因此污水消毒将面临更复杂的技术挑战。客观认识污水消毒的特点以及面临的技术难点对研究开发污水安全消毒技术和工艺有重要的意义。

1. 污水消毒原水的水质特点

"污水消毒原水"是指消毒前经过特定工艺处理过的、达到一定水质要求的水，如再生水等。与饮用水相比，污水消毒原水的水质有以下特点：

（1）水质变化大。污水处理或再生后的用途不同，对处理水的水质要求也不尽相同，因此不同污水处理厂的出水水质之间存在显著的差异。即使是在同一污水处理厂或再生水厂，由于处理性能的波动，处理水质也会发生较大的变化。污水消毒单元的操作应根据水质条件的不同或变化进行优化，以达到经济、高效的消毒效果。

（2）病原微生物种类多、数量大。污水中含有种类繁多的病原微生物，且常规的污水处理工艺不能有效去除这些微生物。如城市污水中的大肠杆菌和病毒数量的最大值可分别高达 45×10^6 个/100mL 和 10000 个/100mL，兰伯氏贾第鞭毛虫等的最大浓度也多达 10000 个/100mL，而二级生物处理后的污水中的大肠杆菌和病毒数量仍高达 15×10^6 个/100mL 和 1000 个/100mL，其中还含有很难杀死的致病性原生动物，如隐孢子虫等。

（3）悬浮物浓度高、波动大。污水消毒原水中常常含有较高浓度的悬浮物（SS），而且变化幅度大，这样会大大影响消毒的效率。附着在 SS 表面，特别是被包裹在 SS 内部的病原微生物由于 SS 的"屏蔽作用"而难以有效去除。

（4）有机污染物浓度高、种类复杂。污水消毒原水的 BOD 和 COD 浓度较高，有机污染物的种类复杂，其组成与饮用水源水中的有机物有显著的差异。如污水二级处理水中除含有没有被去除的难降解有机物和生物降解中间产物之外，还含有较大比例的微生物分泌产物，即溶解性微生物产物（Soluble Microbial Products，SMP）。这些物质的生物可降解性差，一般不能反映在 BOD 中，也很难被后续的再生处理工艺去除。

（5）氨氮等还原性无机污染物浓度高、变化大。污水消毒原水中一般含有较高浓度的氨氮（2～30mg/L）或其他还原性无机污染物。这些无机污染物在一定条件下会通过消耗过量的消毒剂或改变消毒剂在水中的形态而影响消毒效果。例如，在氯化消毒中，对于同样的有效氯添加量，水中的氨氮浓度不同，水中有效氯的形态和浓度就可能不同，因此会影响消毒效果。

（6）溶解性总固体的浓度高、成分复杂。由于在处理过程中使用各种各样的药剂，在多数情况下，处理后水中的溶解性总固体的浓度将有所增加，组分也更复杂。高浓度的溶解性总固体将对消毒效果产生复杂的影响。如水中高浓度的碳酸根离子将大大提高臭氧的消耗，从而降低臭氧消毒效果。水中溴离子的存在会使臭氧消毒过程中产生致癌物质。

2. 污水消毒面临的技术挑战与存在的风险

污水消毒原水与饮用水之间的水质差异决定了污水消毒面临着更大的技术挑战，主要表现在以下几个方面：

（1）消毒剂耐性病原微生物的高效杀灭。污水中常含有耐一般消毒剂的病毒和原生动物，如隐孢子虫等。如何保证杀灭这些消毒剂耐性病原微生物，是污水消毒面临的技术挑战之一。

（2）高悬浮物浓度条件下的高效消毒。消毒原水中的悬浮物在消毒过程中将成为病原微生物的保护伞，大大削弱消毒的效果。如何保障高悬浮物浓度条件下的高效消毒，是污水消毒面临的又一技术挑战。

（3）不同水质条件下消毒方式的优选和操作条件的优化。不同的污水处理厂和再生水厂的处理水水质存在很大差异，如何根据不同的水质条件和其他要求选择适宜的消毒方式还没有科学、合理的依据。另外，在确定消毒方式之后，如何优化消毒操作，保证在水质波动条件下的动态安全消毒是污水消毒面临的重要课题。如何根据水质确定消毒强度（如：消毒剂的添加量、消毒接触时间等）还缺乏系统、科学的依据和实践经验的支持。

（4）消毒化学风险的控制。在消毒处理中，水中的部分污染物可能会发生"质"的变化（化学变化），这些"新"生成的污染物，即消毒副产物又会带来生态安全方面的负面效应。污水中的污染物种类和数量比饮用水中更多，污水消毒处理时消毒剂的投加量比饮用水消毒的剂量高，因此产生消毒副产物的复杂性也更大。如何处理好卫生学安全和生态安全的矛盾是消毒实践中面临的重大问题。污水消毒的生态安全问题是保障再生水水质安全的主要矛盾所在。

（5）适用于不同目的的消毒工艺的优选。再生水的利用目的不同，对生物学安全的要求也不同，如何根据不同的消毒原水水质和再生水的利用目的，选择高效、经济、安全的消毒工艺是污水消毒面临的重要课题。

14.2　水体富营养化及水华控制

14.2.1　水体富营养化及其危害

1. 水体富营养化与水华

氮、磷等营养物质大量地向水体中不断流入，在水体中过量积聚，致使水体中营养物质过剩的现象称水体富营养化（eutrophication）。由于富营养化水体中的营养物质过多，浮游生物（主要是藻类）等大量繁殖，严重时水面往往呈现绿色、红色、棕色、乳白色等，视占优势的浮游生物的颜色而异，这种现象在淡水中称为水华（water bloom），在海水中称为赤潮（red tide）。

"富营养化"这一术语的出现与湖泊营养类型的分类有关。早在 1907 年 Weber 就提出了贫营养（oligotrophic）湖泊和富营养（eutrophic）湖泊的概念。根据湖水中氮、磷、硅、铁等营养元素的含量，按营养水平可将湖泊分为贫营养型湖泊和富营养型湖泊。在没有人为干扰的条件下，湖泊也会从贫营养型逐步到富营养状态，不过这种自然过程非常缓慢（该过程称"天然富营养化"），但人类的活动（如大量生活污水和工业废水直接排入水体）会大大加速这一过程，这种情况下的富营养化称为"人为富营养化"。

2. 富营养化水体的特点

在富营养化水体中，由于营养物质过剩，初级生产力显著增加，常引起藻类及其他浮游生物迅速繁殖（甚至形成"水华"），水质恶化，鱼类及其他生物大量死亡的现象。表14-4 中列出了贫营养湖泊与富营养湖泊的水质和生物学特点。

贫营养湖泊与富营养湖泊的特点比较　　　　　　　　　　　　　　表 14-4

指标	贫营养湖泊	富营养湖泊
水质物理指标		
水色	蓝色或绿色	绿—黄色
透明度	>5m	<5m
水质化学指标		
pH	接近中性	中性—弱碱性
溶解氧	全层接近饱和	表层饱和或过饱和，底层低
总氮	<0.20mg/L	>0.20mg/L
总磷	<0.20mg/L	>0.20mg/L
生物学特性		
叶绿素 a	$10\sim50\mu g/L$	$20\sim140\mu g/L$
浮游细菌	$0.1\sim0.7\times10^6$	$2\sim12\times10^6$
浮游植物	数量少，以甲藻、硅藻为主	数量多，以蓝藻为主
底栖生物	种类和数量丰富	种类减少，摇蚊幼虫等增加
沿岸植物	少，蔓延到深处	多，只在浅处生长
底泥特性	有机物少	有机物多，腐泥

引自：刘建康主编，高级水生生物学，科学出版社，1999。

由表 14-4 可以看出，富营养型湖泊中的细菌、浮游植物和浮游动物数量远高于贫营养型湖泊，但其底栖生物的种类减少。富营养型湖泊的浮游藻类的组成与贫营养型湖泊有显著的差异。能够形成水华的藻类最主要的是蓝藻门的种类，其中最常见的有：微囊藻（*Microcysitis*）、鱼腥藻（*Anabaena*）、颤藻（*Oscillatoria*）、平裂藻（*Merismopedia*）、束丝藻（*Aphanizomenon*）、阿氏项圈藻（*Anabaenopsis*）、螺旋藻（*Spirulina*）等。其他常见的水华藻类还有绿藻门中的衣藻（*Chlamydomonas*）、斜生栅藻、蛋白核小球藻、羊角月牙藻；裸藻门中的裸藻（*Euglena*）；硅藻门中的小环藻（*Cyclotella*）等。在湖泊富营养化中，蓝藻门的铜绿微囊藻和水华鱼腥藻最为常见。

有研究表明，武汉东湖在富营养化过程中，藻类组成发生了很大变化，其中主要的标志是优势种由甲藻和硅藻演变为蓝藻和绿藻。

赤潮发生时，藻生物量和优势种群均会发生明显变化。如胶州湾水域藻生物量正常时期不超过 10^6 个/m^3，而 1999 年 6 月赤潮爆发时达到 $8×10^8$ 个/m^3；叶绿素 a 含量由低于 $2\mu g/L$ 迅速增长至超过 $30\mu g/L$。发生赤潮的生物类型主要为藻类，目前已发现的主要藻类有：甲藻、硅藻、蓝藻、金藻、隐藻等，其中最主要的为甲藻，常见的有裸甲藻属、膝沟藻属、多甲藻属（*Peridinium*）等。一些生物体内含有某种毒素或能分泌出毒素，如球型棕囊藻、米氏凯伦藻等。

3. 水体富营养化评价指标与标准

水体富营养化程度的评价指标分为物理指标、化学指标和生物学指标。物理指标主要是透明度，化学指标包括溶解氧和氮、磷等营养物质浓度等，生物学指标包括优势浮游生物种类、生物群落结构与多样性和生物现存量（如生物量、叶绿素 a）等。

关于水体富营养化的判断依据，还没有形成统一的标准。目前一般采用的标准是：水体中氮含量超过 $0.2\sim0.3mg/L$，磷含量大于 $0.01\sim0.02mg/L$，生化需氧量大于 $10mg/L$，pH7~9 的淡水中细菌总数每毫升超过 10 万个，表征藻类数量的叶绿素 a 含量大于 $10\mu g/L$。表 14-5 为美国环保局制定的水体营养水平分类标准。

美国环保局制定的水体营养水平分类标准　　　　　　　　　　表 14-5

指标	贫营养	中营养	富营养
总磷（mg/L）	<0.01	0.01~0.02	>0.02
叶绿素 a（$\mu g/L$）	<4	4~10	>10
透明度（m）	>3.7	2.0~3.7	<2.0
深水层溶解氧（饱和度%）	>80	10~80	<10

4. 水体富营养化的危害

目前，水体富营养化已经成为一个突出的、世界性的水环境污染问题，在生态、经济、生活等诸多方面给人们带来了不良影响。

根据《2017 年中国生态环境状况公报》显示，我国 109 个监测营养状态的湖泊（水库）中，贫营养的 9 个，中营养的 67 个，轻度富营养的 29 个，中度富营养的 4 个。其中，太湖和巢湖整体为轻度富营养化，主要污染指标为总磷；滇池为中度富营养化，主要污染指标为化学需氧量、总磷和五日生化需氧量。湖泊富营养化引起的水华暴发进一步加剧了我国水环境污染，严重制约了经济建设和社会发展。湖泊富营养化的危害主要表现在以下几个方面：

（1）危害水域生态环境，影响栖息生物的生存，造成水产养殖业损失。由于水华藻类的爆发性繁殖，特别是大量死亡的水华藻类被微生物分解时消耗了水中大量的溶解氧，使水体溶解氧大大降低，当降至很低时就会造成鱼、虾、贝等水生动物因缺氧窒息死亡。浮游的藻体充塞鱼、贝类鳃的空隙，阻碍了鱼、贝类鳃的气体交换功能，也会使鱼、贝等水生动物窒息而死。另外，密集的浮游藻类阻挡了光线的透射，底栖的水生植物因得不到充足的太阳能，光合速率降低，光合作用产物产量减少，其正常的生长发育会受到影响。

（2）导致水生生态系统的失衡。由于水华的浮游藻类藻体高度密集，一些藻类还会产生藻毒素，这些均会使水生群落中的物种死亡，造成初级生产量下降，同时浮游藻类的分泌与排泄物和死亡的水生生物残体沉积于水底，使水体逐渐变浅，湖泊、沼泽陆地化；而且使原有的群落结构被破坏，水生生态系统内的物质循环和能流（能量按食物链顺序流转）发生障碍，导致整个生态系统平衡严重失调。

（3）破坏水域生态景观，影响旅游观光。浮游藻类的大量繁殖往往密集在水面，形成一层薄皮或泡沫，加之死亡的浮游生物和鱼类漂浮在其中，使原来清澈、透明的水体变得色泽混浊；浮游藻类死亡后沉入水底并堆积使水体变浅，加速了湖泊水库的沼泽化进程，破坏了原有的生态景观。同时，水体不断发出鱼虾腐烂分解时产生令人厌恶的硫化氢臭味和浮游藻类的鱼腥臭味，大大降低了景观的使用价值，影响旅游业的发展。

（4）影响自来水厂的生产和自来水的质量，威胁人类身体健康。位于江河上游的湖泊、水库等大型水体若发生有害水华，浮游藻类释放的毒素和死亡的浮游生物污染水源，导致水质下降，将直接影响以该水体作为水源的自来水厂的正常生产和自来水的质量，从而给下游城乡居民带来用水不便的困难。此外，浮游藻类产生的毒素还可以在鱼虾体内存留和富集，通过生态系统的食物链对人类的身体健康造成潜在的威胁。有学者认为蓝藻毒素是引起我国南方肝癌高发的主要危险因素之一。

赤潮在美国、日本、中国、加拿大、法国、瑞典、挪威、菲律宾、印度、印度尼西亚、马来西亚、韩国等 30 多个国家都频繁发生过。我国自 1933 年首次报道以来，至 1994年共有 194 次较大规模的赤潮，其中 20 世纪 60 年代以前只有 4 次，1990 年后则有 157次。进入 21 世纪以来，我国海域赤潮爆发的频率和累积爆发面积整体都有所下降（图 14-2），表明海洋富营养化程度有所好转。渤海、东海和黄海都有可能成为赤潮的主要爆发区，没有明显的规律，说明赤潮爆发的不确定性较高。南海的相对情况较好。

图 14-2　2001～2017 年我国海域赤潮发现次数和累积面积数据来自历年中国海洋灾害公报

赤潮的发生会给海洋生态系统和水产业带来不可估量的影响，具体表现在：

（1）破坏海洋生态结构和影响生物生长。赤潮的发生会破坏海洋的正常生态结构，也破坏了海洋中的正常生产过程，从而威胁海洋生物的生存和水产业的发展。

（2）导致水生生物死亡，危害人体健康。有些赤潮生物会分泌出黏液，粘在鱼、虾、贝等生物的鳃上，妨碍呼吸，导致窒息死亡。含有毒素的赤潮生物被海洋生物摄食后能引起中毒死亡，人类食用含有毒素的海产品，也会造成类似的后果。另外，大量赤潮生物死亡后，在尸骸的分解过程中要大量消耗海水中的溶解氧，造成缺氧环境，引起虾、贝类的大量死亡。

14.2.2 水华与赤潮的形成原因

影响藻类生长的物理、化学和生物因素极为复杂，关于水华的成因目前还没有统一的见解，但一般认为氮、磷等营养物质的浓度升高是藻类大量繁殖的根本原因，其中又以磷为关键因素。另外，氮、磷浓度之比，以及温度、光照、水深、水的流动性、微量元素以及生物本身的相互关系等都对水华的发生有重要作用。

同样，赤潮的发生也是一个异常复杂的现象，它与水质条件和环境因素有密切的关系。

（1）海水富营养化是赤潮发生的物质基础和首要条件，海水中氮、磷等营养盐类会促进赤潮生物的大量繁殖。

（2）某些特殊物质参与作为诱发因素，已知的有维生素 B_1、B_{12}、铁、锰、脱氧核糖核酸。

（3）水文气象和海水理化因子的变化是赤潮发生的重要原因。海水的温度是赤潮发生的重要环境因子，$20\sim30℃$是赤潮发生的适宜温度范围。据监测资料表明，在赤潮发生时，水域多为干旱少雨，天气闷热，水温偏高，风力较弱，或者潮流缓慢等水域环境。

14.2.3 水体中藻类的生长控制

1. 水体营养水平的控制

控制水体营养水平的主要目的是降低水体中氮、磷等营养物质的浓度，从根本上控制藻类的爆发性生长。污染源控制是降低水体营养水平的根本措施。

（1）外污染源的控制

外污染源又分为点污染源（生活污水、工业废水等）和面污染源（降水、暴雨径流等）。其中，面污染源的控制，是环境领域面临的国际性难题。

（2）内污染源的控制

内污染源主要指底泥和腐烂的水生植物。控制污染物从底泥中溶出的方法主要有底泥疏浚、深层曝气和人工造流、化学固定等。

底泥疏浚是将富含高浓度营养物的底泥层除去，以控制藻类生长。疏浚底泥是去除内源营养物最彻底的方法，但也是最具生态风险的方法。

深层曝气和人工造流是通过向湖底充气，使水与底泥界面之间不出现厌氧层，经常保持有氧状态，有利于抑制底泥磷释放。另外，曝气还会促使湖水充分混合，消除或防止热分层，抑制水华发生。

（3）水体中营养物质的去除

利用污水处理技术直接去除水体中的污染物是控制水体营养水平的有效方法，但需优先选用经济、高效的生态技术，如人工湿地技术和植物净化技术。有些国家开始试验用大型水生植物处理系统净化富营养化的水体。水生植物净化水体的特点是以大型水生植物为主体，植物和根区微生物共生，产生协同效应，从而达到净化水质的目的。

稀释冲刷法是去除水体中营养物质的应急技术，该方法是向富营养化水体中加入一定量清洁水，通过稀释和冲刷作用，降低湖（库）水的磷浓度以及蓝藻分泌的毒物浓度，从而控制藻类生长。该方法虽能达到立竿见影的效果，但没有长效性，而且会造成污染的转移，不能从根本上解决富营养化问题。

2. 藻类生长的抑制

抑制水体中藻类生长的目的是防止藻类本身的大量繁殖，从而避免水华或赤潮的发生。藻类生长抑制技术按其原理可分为物理技术、化学技术和生物技术。在实际应用中，往往需要对各种技术进行集成，以达到较好的抑藻效果。

（1）物理抑藻技术

物理抑藻技术是指通过物理手段，从水中分离去除或抑制藻类的繁殖，从而达到控制藻类的目的，主要方法有以下几种：

1）过滤法。该方法将微网或过滤材料作为过滤器，过滤去除水体中的藻类。据报道，该方法可有效去除湖水中的甲藻，同时对 COD、TN、TP 及叶绿素 a 等也有一定程度的去除。

2）遮光法。该方法通过在湖面覆盖部分遮光板，从而抑制藻类的繁殖。

3）沉淀法。向水中投加混凝剂或吸附剂，利用混凝或吸附原理，使藻类沉淀，从而达到去除的目的。例如，向水中播撒黏土，即可使藻类发生沉淀，从而被去除。

4）超声波法。利用超声波与水作用产生的空化现象，损伤藻细胞内的生物分子，从而导致藻类的死亡。另外，由超声波与水或水中的气体作用产生的自由基也具有杀藻作用。值得注意的是，由于一定强度的超声波还有可能促进蛋白质的合成，在实际应用中，选择适宜的超声强度至关重要。近年来，有研究者将超声波与臭氧结合起来，用于抑制藻类的生长。

5）紫外线法。利用紫外线的辐射作用，破坏 DNA，从而杀死藻类。

物理抑藻技术存在耗时、费用高、操作困难等缺点，不易普遍和大规模实施。迄今应用最成功的典型是华盛顿湖，治理花了 17 年，费用 1 亿 3 千万美元。

（2）化学抑藻技术

化学技术是通过化学药剂（统称杀藻剂）来抑制水中藻类的繁殖。目前已合成和筛选出的杀藻剂有：松香胺类、三联氮衍生物、有机酸、醛、酮以及季胺化合物等有机物，铜盐（硫酸铜、氧化铜）、高锰酸钾、磷的沉淀剂（Fe^{2+}、Fe^{3+} 等）等无机物，其中硫酸铜和漂白粉（氯）较为常用。铜离子可作用于藻胆体抑制其对光能的吸收和传递，从而达到抑制藻类生长的目的。硫酸铜在美国、澳大利亚的饮用水源水体中经常使用。

向水库、湖泊投加化学药剂时，可把药剂放在布袋中，系在船尾上，浸泡在水里，然后在水中按一定路线航行。投药量随藻的种类和数量以及其他有关条件而定，表 14-6 及表 14-7 所列数字可资参考。一般说，硫酸铜效果好，药效长，每升水投加 0.3～0.5mg，在几天之内就能杀死大多数产生气味的藻类植物，但往往不能破坏死藻放出的致臭物质。漂白粉或氯能去除这种放出的致臭物质，但投量要多些，如 0.5～1mg。应当注意，加氯不应过多，否则反而又会增加水的气味。药剂的正确用量可借试验确定。硫酸铜和氯也被用来防止水管和取水构筑物内某些较大生物如饰贝等软体动物的滋生，这时，硫酸铜用量往往要每升几个毫克。

几种致臭微生物和杀藻（虫）剂用量　　　　　　表 14-6

微 生 物	臭 味	杀藻（虫）剂用量 (mg/L)	
		硫酸铜	氯
1. 蓝 藻			
鱼腥藻 (Anabuena)	鱼腥、霉、草、猪圈	0.12～0.5	0.5～1.0
颤藻 (Aphanizomenon)	草、猪圈	0.12～0.5	0.5～1.0
腔球藻 (Coeeosphaerium)	甜草香	0.2～0.33	0.5～1.0
囊胞藻 (Clathrocystis)	草、猪圈	0.12～0.25	0.5～1.0
2. 绿 藻			
空球藻 (Eudorina)	鱼 腥	2.0～10.0	—
实球藻 (Pandorina)	鱼 腥	2.0～10.0	—
团 藻 (Volvox)	鱼 腥	0.25	0.3～1.0
网球藻 (Dictysphaerium)	草、鱼腥		0.5～1.0
3. 硅 藻			
旋星硅藻 (Asterionela)	芳香、天竺葵、鱼腥	0.12～0.2	0.5～1.0
隔板硅藻 (Tabellaria)	芳香、天竺葵、鱼腥	0.12～0.5	0.5～1.0
扇形硅藻 (Meridion)	芳香		
斜杆硅藻 (Synedra)	土 臭	0.36～0.5	1.0
小环硅藻 (Cyclotella)	微 香	—	1.0
4. 金 藻			
黄群藻 (Synura)	黄瓜、甜瓜、鱼腥（并有苦味）	0.12～0.25	0.3～1.0
辐尾藻 (Uroglena)	鱼腥（有鱼肝油味）	0.05～0.20	0.3～1.0
5. 原生动物			
隐滴虫 (Cryptomionas)	紫罗兰	0.5	—
刺滴虫 (Mallomanas)	芳香、紫罗兰、鱼腥	0.5	
袋形虫 (Bursaria)	沼泽、鱼腥	—	—
6. 其他			
铁细菌	药腥（加氯后）		0.5
球衣细菌		0.33～0.5	0.5

藻种和藻量与杀藻剂用量和效果的关系　　　　　　表 14-7

藻 类	数 量 (标准面积单位/mL)	氯（mg/L）		功 效	
		用 量	余 量	杀 藻	去 臭
黄群藻	1～25	0.3	0.05～0.1	成功	成功
	50～100	0.5～0.7	0.2	成功	成功
	200	0.7～0.9	0.3	成功	成功
辐尾藻	2000	0.5	0.1	成功	成功
	6000	0.5	0.1	成功	失败
钟罩藻	500	0.5	0.1	成功	成功
星杆藻	1350	0.7	0.2	50%	失败
颤藻	1500	0.7～0.8	0.2～0.25	50%	失败

如水源水中存在着由于死藻而产生的致臭物质，则可在水厂的一级泵房投加一定量（如 1～2mg/L）的氯，以消除臭味。

硫酸铜对于鱼类也有毒性，其致命剂量随鱼的种类而异，约 0.15～2.0mg/L（见表 14-8）。这个数字在灭藻所需剂量范围的附近，但由于计算加药量时一般是根据水库、湖泊上层水（距水面 1.5～3m 的深度范围）容积计算的，而非总容积，因此，鱼类可以在施加药剂时，躲藏到药量不太多的水体部分。有时在灭藻以后，也会发现水中鱼类大量死亡，这往往是由于死藻的分解，耗尽了水中的溶解氧所致。对于用水者来说，水中硫酸铜量高达 12mg/L 时，尚不致发生铜中毒。在这些已有的杀藻剂中应用最广泛的是硫酸铜。

对鱼类安全的硫酸铜用量   表 14-8

鱼 类	安全量（mg/L）	鱼 类	安全量（mg/L）
鳟 鱼	0.14	金 鱼	0.50
鲤 鱼	0.33	鲈 鱼	0.67
鲫 鱼	0.33	翻车鱼	1.35
鲶 鱼	0.40	石首鱼	2.00
梭子鱼	0.40		

化学抑藻技术是现阶段短期效果较好、较为常用的一种技术。化学除藻技术虽能立竿见影，但它不可避免地将破坏生态平衡并造成环境污染。一般的化学抑藻剂在杀灭藻类的同时会杀死其他水生生物，有较大的生态风险。

（3）生物抑藻技术

生物技术抑藻主要包括微生物抑藻技术、生物滤食技术和植物化感抑藻技术等。此外，基因工程抑藻也是一种很有潜力的生物抑藻技术。近十年来，蓝藻的分子遗传学研究发展快速，在基因工程载体构建、基因定位、基因转移、基因表达、功能分析等方面都取得了显著进展。利用基因工程，可以培植水华藻类的竞争生物，抑制某些特征性藻类的生长，或者可以用基因工程的方法来改变蓝藻的某些特性，用病毒抑制藻类生长。

1）微生物抑藻技术。微生物抑藻技术主要是利用微生物溶解藻类。溶藻微生物包括溶藻病毒、溶藻真菌和溶藻细菌。

溶藻病毒广泛存在于水体中，它是通过特异性溶解宿主来维持种群关系平衡的关键因子。主要的溶藻细菌有黏细菌。Dafe 从污水中分离出 9 种黏细菌，发现他们能溶解鱼腥藻、束丝藻、微囊藻和颤藻。

利用微生物控制藻类还包括微生物絮凝剂除藻。微生物絮凝剂是一种由微生物产生的具有絮凝功能的高分子有机物，主要有利用微生物细胞的絮凝剂、利用微生物细胞壁提取物的絮凝剂和利用微生物细胞代谢产物的絮凝剂三种类型。

2）生物滤食技术。生物滤食技术是利用生物操纵（Biomanipulation）理论，在水体中引入合适的其他生物，如鱼类、贝类等，它们直接或间接以藻类为食从而抑制藻类的过度生长，控制其危害的程度。以放养滤食性鱼类，直接控制水华的生物操纵技术已在国内外一些水体进行了实践，并证明具有一定的效果。武汉东湖在利用鲢鳙鱼控制蓝藻水华方面做了大量研究，并得出结论：鲢鳙鱼的大量放养，是蓝藻水华消失的重要因素。

3）植物化感抑藻技术。植物化感抑藻技术是利用植物对藻类的化感抑制作用来控制水体中藻类生长的一种新技术。植物化感作用是一种植物通过向环境中释放化学物质影响其他生物生长的现象。这种物质称化感物质。研究发现，一些水生植物具有强抑藻能力（见表 14-9）。由于这些植物本身来自天然水体，所以对水环境和水体生态系统的影响比其他几种技术都小，而且这些植物的获得也比较经济。因此，植物化感作用抑藻具有良好的应用前景。

具有抑藻作用的高等水生植物及其有效抑制藻类　　　　　　　　　　表 14-9

生活类型	植物名称	有效抑制藻类
浮水植物	凤眼莲	铜绿微囊藻、蛋白核小球藻、四尾栅藻、雷氏衣藻
	水花生	雷氏衣藻、栅藻
	荇菜	铜绿微囊藻
	睡莲	铜绿微囊藻
	水罂粟	铜绿微囊藻、斜生栅藻
	大漂	铜绿微囊藻、小球藻、斜生栅藻
沉水植物	穗花狐尾藻	铜绿微囊藻、水华束丝藻、极小冠盘藻、小席藻、鱼腥藻
	粉绿狐尾藻	铜绿微囊藻
	轮叶狐尾藻	极小冠盘藻、铜绿微囊藻
	金鱼藻	鱼腥藻
	大茨藻	鱼腥藻
	轮藻	羊角月牙藻、微小小球藻
	水盾草	铜绿微囊藻、鱼腥藻、小席藻
	马来眼子菜	斜生栅藻、羊角月牙藻、铜绿微囊藻
	菹草	铜绿微囊藻、四尾栅藻、斜生栅藻
	黑藻	斜生栅藻
	伊乐藻	斜生栅藻、铜绿微囊藻、蛋白核小球藻
挺水植物	菖蒲	铜绿微囊藻、蛋白核小球藻
	黄菖蒲	铜绿微囊藻、斜生栅藻、小球藻
	石菖蒲	栅藻
	香蒲	小球藻、斜生栅藻
	芦竹	铜绿微囊藻
	芦竹、两栖蓼	铜绿微囊藻、蛋白核小球藻
	荷花	铜绿微囊藻、蛋白核小球藻、四尾栅藻
大麦秸秆	蓝藻	

引自：李锋民，给水排水，30（2），2004；钱艳萍等，生物学杂志，2018。

利用水生植物的化感作用控制水体中藻类生长的方式主要有三种：① 将水生植物栽培至待处理水体，利用活体植物释放的化感物质抑制藻类；② 将死亡的植物体放入待处理水体，利用其腐败释放的化感物质抑制藻类；③ 将从植物中提取的化感物质施入水体抑制藻类。

利用植物体直接施入水体来抑制藻类已经有应用实例。1994 年美国水生植物管理中心将浓度约 $50g/m^3$ 的大麦秸秆直接投入富营养化水体抑制藻类，取得了成功。另外，Ball A S，Williams M 等利用大麦秆提取物来抑制实际富营养化水体中的藻类，结果显示，大麦秆提取物即使在非常低的浓度下（0.005%）也能够对铜绿微囊藻产生抑制作用。在我国，清华大学于 2003 年在国际上首次发现芦苇具有很强的化感抑藻作用，并从中分离、鉴定出具有高效抑藻效果的化感物质 2-甲基乙酰乙酸乙酯，这也是首次发现酯类化合物具有抑藻效果。

基于文献报道和已有的实验研究，化感物质对藻类的生长抑制作用机理主要有，影响藻类的光合作用、破坏细胞膜、影响酶的活性以及破坏细胞的亚显微结构等。

叶绿素是光合作用的场所。有些化感物质通过破坏藻类的叶绿素，减少藻类的同化产物，从而抑制藻类的生长。Hagmann 和 Srivastava 从侧生藻中分离出的侧生藻素 A 对藻类和其他光合自养微生物具有强抑制作用，能抑制光合系统Ⅱ（PSⅡ），具体表现在：影响质体醌 QA 再氧化速率和初级光能捕获，使 PSⅡ 活性中心失活，使单元结构从系统中分离。

化感物质能降低细胞膜的完整性，使细胞内物质大量渗出。据李锋民（Li，2005）等报道，从芦苇中分离得到的具有抑藻活性的组分能够造成细胞膜的彻底破坏，使得 K^+、Ca^{2+} 和 Mg^{2+} 外泄，从而造成藻细胞的死亡。进一步的研究表明，化感物质能够使铜绿微囊藻和蛋白核小球藻细胞膜中存在的主要脂肪酸在抑藻活性组分作用后被氧化，不饱和度增加，从而使细胞膜流动性增强，对进出细胞物质的选择性降低。

化感物质能影响生物体的酶活性，由于酶的特性不同，化感物质在提高某些酶活性的同时又能抑制另外一些酶的活性。芦苇中分离得到的抑藻活性组分能够降低藻细胞中超氧化物歧化酶（SOD）和过氧化物酶（POD）的活性，引起某些脂类的过氧化。

在一些情况下，化感物质影响细胞亚显微结构、蛋白质合成，改变核酸代谢等。

14.3　有害水生植物及其控制

14.3.1　外来入侵植物及其危害

以水生植物（包括湿生植物，下同）为主体的水质净化生态工程技术，如人工湿地技术、氧化塘技术、植物净化技术等在污水处理与环境水体水质净化中扮演着越来越重要的角色。在水体生态修复工程中，水生植被的重建和修复是成功的前提，在水环境景观建设中水生植物也起到不可代替的作用。

在水质净化生态工程、水体生态修复和水环境景观建设过程中，水生植物的选择是工程实施的重要环节。在植物的选择中，应首先遵循"本地物种原则"，即应优先选用本地植物（包括现有植物和原有植物），以防止"入侵植物"等有害植物造成生态危害。对于受有害水生植物破坏的水体，如何有效控制有害水生植物的生长、繁殖，恢复健康的水生生态系统是目前面临的重要课题。

1. 入侵植物

所谓"入侵植物"是指因人为或自然原因，从原来的生长地进入另一个环境，并对该环境的生物、农林牧渔业生产造成损失，给人类健康造成损害，破坏生态平衡的植物。2003 年 3 月，国家环保总局公布了第一批已形成严重危害的 16 种外来入侵物种，它们分别是紫茎泽兰、薇甘菊、空心莲子草、豚草、毒麦、互花米草、飞机草、凤眼莲、蔗扁蛾、湿地松粉蚧、强大小蠹、美国白蛾、非洲大蜗牛、福寿螺、牛蛙等。据统计，仅这些外来物种每年入侵的林地面积在我国已达 150 万 hm^2，农田面积超过 140 万 hm^2，由此造成的农林业直接经济损失每年已达 574 亿元，相当于海南省一年的国民生产总值。

在 16 种外来入侵物种中，入侵植物占 50%，其中凤眼莲和空心莲子草等是曾被应用于水体水质净化的水生/湿生植物。大米草、互花米草等湿生植物也已在我国造成了不同程度的生态危害。

2. 入侵植物的来源

外来有害植物的入侵主要有三种方式：① 靠植物自身的扩散传播力或借助自然力量传入；② 通过贸易、运输等方式将一些有害植物带入；③ 有些机构和个人在对危害了解不清的情况下，为发展农业生产和美化景观而有意识地引进了一些植物。如 20 世纪 60~80 年代，中国从英美等国引进了旨在保护滩涂的大米草。近年来，这种植物在沿海地区疯狂扩散，其覆盖面积越来越大，肆意蔓延的大米草不仅破坏了近海生物的栖息环境，还使沿海养殖的多种生物窒息死亡。凤眼莲（水葫芦）也是作为猪饲料从国外引进的。

3. 入侵水生植物的危害

入侵水生植物的危害主要是破坏生态系统和水环境质量，具体表现在以下几个方面：

（1）争占本地植物空间，破坏原有生态系统

入侵水生植物的一个最大特点就是，进入新环境后，生存能力非常强，抢占了周围其他生物的生存空间和养分。如水花生（又名空心莲子草）严重泛滥的稻田可使水稻减产 45%。在云南省昆明市的滇池草海，过去曾有多种本地高等水生植物，但随着凤眼莲的大肆疯长，大多数本地水生植物如海菜花等失去生存空间而死亡，目前草海的本地高等水生植物种类显著减少。

（2）影响正常的生产活动，造成严重经济损失

入侵水生植物不易铲除，铲除成本也很大。如广东、云南、江苏、浙江、福建、上海等省市近年来每年都要人工打捞凤眼莲。上海市用于打捞凤眼莲的费用最多时每年超过 6000 万元。凤眼莲的疯长会堵塞航道，严重影响水路交通，同时还会为农业灌溉、水产养殖和旅游带来巨大的经济损失。

（3）影响水环境质量

入侵水生植物的异常生长会阻碍水体流动，导致水质下降，水生生物死亡和赤潮或水华的爆发。2002 年凤眼莲曾一度严重危害苏州河和黄浦江的水域生态。凤眼莲大面积覆盖水面，不仅导致水体缺氧，鱼类死亡，未及时打捞的死亡水葫芦加剧水体富营养化程度。

14.3.2　几种主要的有害水生植物

1. 凤眼莲（Water hyacinth）（*Eichhornia crassipes*）

凤眼莲又名水葫芦，原产南美，大约于 20 世纪初传入我国，曾于 50~60 年代作为猪饲料和观赏植物推广种植。有关凤眼莲的特性，参见第 9 章。

凤眼莲快速的繁殖生长能力，使之能从水体中吸收、转化大量的营养物质，它还能吸收重金属等污染物，其根系还可以分泌大量的抑制有害细菌和藻类生长的物质，故曾被用于水体水质净化和污水处理。但目前凤眼莲已成为世界著名的害草之一，正危害着中国许多湖泊的生态。

在我国，凤眼莲现已广泛分布于华北、华东、华中和华南的大部分省市，其中云南昆

明、江苏、浙江、福建、四川、湖南、湖北和河南南部发生严重。凤眼莲主要分布于河流、湖泊和水塘中，往往形成单一的优势群落。如，由于水质污染，导致滇池水面上水葫芦的疯长，滇池内很多水生生物已处于灭绝的边缘，外来有害植物已成为明显的优势种。

据报道，2005 年 8 月和 2008 年 11 月，四川省大部分的小流域、水库、堰塘中凤眼莲大量生长，尤其是平原和丘陵地区的小流域中凤眼莲已泛滥成灾。为此，四川省制定紧急措施，组织人员全流域清理打捞水葫芦。

2. 空心莲子草（Alligator weed or *Alternanthera philoxeroides*）

空心莲子草，又称水花生、空心苋、长梗满天星、革命草、空心莲、螃蜞菊、喜旱莲子草，属苋科莲子草属。具不定根系，须根细，下部匍匐，上部直立，茎长 1～3m；单叶对生，长卵形或椭圆形，蒴果卵形，种子扇形，似苋菜籽，黑色。喜温暖多湿环境，在 pH5.5～8 之间各种土壤及在含盐分低于 0.15％以下的水中均可生长，以肥沃而少青苔、杂藻的活水中生长最好，不耐荫。

空心莲子草的生长速度和对环境的适应性超过一般作物。它茎上生节，节能生根，根系发达；茎可生长在地上、水面和地下；在贫瘠的土壤中也能生长；它抗逆性强，当冬季温度降至 0℃时，其水面或地上部分虽已冻死，但水中和地下的根茎仍保持活力，春季温度回升至 10℃时，越冬的水下或地下根茎即可萌发生长；机械翻耕后的断茎在土中能继续生长繁殖；茎段曝晒 1～2 天仍可存活；未完全腐烂或未被家畜完全消化的茎段进入农田后也能生长。

凭借其惊人的生长、繁殖能力，空心莲子草疯狂地在水田、旱地、田埂、沟渠、河道、菜园、果林、草地蔓延。现分布于北至吉林，南至广东的 23 个省、市、自治区。据 1986 年调查，仅四川的 35 个县，累积发生面积即达 34.7 万 hm²，最高发生密度达 339.6 茎/m²。空心莲子草多形成单一的优势群落，覆盖水域或陆地。

空心莲子草原产巴西，该草于 20 世纪 30 年代传入我国上海及华东一带，50 年代后南方很多地区将此草作为猪饲料人为引种扩散种植，后逸为野生。

3. 大米草（Common cordgrass）（*Spartina anglica*）

大米草是禾本科米草属几种植物的总称。大米草于 20 世纪 60～80 年代分别从英美等国引进，用于防浪护堤、保护滩涂不受海水侵蚀，但由于它的繁殖力极强，很快覆盖了我国东南沿海的大片滩涂，导致了严重的后果：大米草滋生地航道淤塞、滩涂养殖受阻、海洋生物大量窒息死亡，大米草因而被称为"食人草"。

14.3.3　有害水生植物的控制

1. 人工及机械清除

人工及机械清除是较常用的方法，但劳动强度大，耗费大量资金和人力。据报道，2002 年，上海开始大规模打捞凤眼莲，全市共投入专项资金近亿元，出动了 8700 多名保洁员，打捞量 168 万 t。

2. 化学防除

化学防除主要是利用除草剂杀灭有害植物。一般情况下，除草剂通常只能清除地表以上部分，对于土中的种子和根系效果较差。除草剂的大量使用，会对水体造成新的污染，因此应谨慎使用。

化学除草剂可以有效杀死凤眼莲，但杀灭后凤眼莲依然需要人工或机械打捞。另外，无性繁殖抑制剂对凤眼莲的繁殖有一定的抑制效果。

3. 生物控制

生物控制主要是利用专门取食有害植物的昆虫或动物，对其进行控制的措施。如国际上大多是以引进象甲虫等昆虫进行生物防治凤眼莲，但这种办法不能从根本上控制水葫芦的危害。尤其重要的是，对原本没有该类象甲虫的生态系统来说，引进新的物种会不会导致新的生态灾难，是一个有待研究的问题。

水花生叶甲（*Agasicles hygrophila*）是一种专门取食水花生的昆虫，可用于水花生的生物防治。该昆虫1986年引入我国，曾在云南、广西和福建释放，目前已在我国定居。这种昆虫目前在广东、香港、广西、台湾、湖南、四川等地均可发现，对水花生的发生起到一定的抑制作用，但总的效果并不理想。

4. 开发应用途径，变害为宝

对于凤眼莲（水葫芦），已经开发出多种用途，如饲料、固体有机肥、液体有机肥等。据报道，上海市某家具公司开发出由凤眼莲制成的家具。据称长得好的凤眼莲有1m多高，比藤条还粗壮，晾干后是编制的好材料，从水葫芦分离出天然纤维后，就可编制成家具。

据报道，上海某食品研究所的专家，从大米草中提取出多糖。大米草多糖可望用于多糖类药物、饮品、食品添加剂、无公害农药、饲料生产等。在"十五"计划期间，有关科研单位对利用大米草提取生物柴油方面进行了技术攻关。

思　考　题

1. 氯消毒中的有效杀菌成分有哪些？试比较它们的杀菌能力。
2. 简述氯消毒可能存在的健康和生态风险。氯化—脱氯消毒工艺的生态风险一般低于氯消毒，为什么？
3. 与氯消毒相比，二氧化氯消毒和氯胺消毒各有什么特点？
4. 试比较臭氧消毒和紫外线消毒各有什么样的特点？
5. 简述污水消毒面临的技术挑战，并解释其原因？
6. 什么叫水体富营养化？其发生的主要原因是什么？
7. 与贫营养湖泊相比，富营养化水体有什么样的水质和生物学特点？
8. 简述水华控制的技术体系，并说明各种方法的特点。
9. 以一种有害水生植物为例，说明入侵水生植物对生态系统会产生什么样的影响？

第15章 水质安全的生物检测

15.1 水体污染的生物监测

15.1.1 生物监测的意义与方法

当污染物进入水体后，会影响生物个体、种群、群落及整个生态系统，使生态系统发生变化，这些变化代表水污染（包括理化监测项目及未知因素）对生态系统的综合影响。因此，通过监测水生生物的种群结构和数量的变化（即生物监测），可以在一定程度上评价水体受污染的程度。

在进行水环境生物监测时，首先遇到的问题是对哪些生物进行重点监测。我国的监测部门最初用的试验生物是鱼类。微型生物类群是组成水生态系统生物生产力的主要部分，它容易获得、可在合成培养基中生存、可多次重复试验、其世代时间短，短期内可完成数个世代周期。另外，大多数微型生物在世界上分布很广泛，在不同国家有相同的种类，易于对比。由于以上种种优点，以微型生物进行生物监测就具有试验方便、研究周期短、成本低等优点。图 15-1 表示在水污染监测中，按种类数统计的各种常用指示生物被采用的百分数。

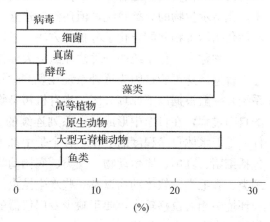

图 15-1 各种指示生物在水处理中采用的百分数

由图 15-1 可见，藻类约占 25%，原生动物约占 17%。为什么在水生物监测中采用藻类和原生动物的较多？分别说明如下：

1. 以藻类为指示生物的原因

（1）藻类与水污染的关系密切，进入水体的 N、P 负荷增多，会引起某些藻类的过量增多，形成"富营养化"，甚至形成"水华"，所以监测水体富营养化趋势时，需要监测藻类。

（2）在水体自净或某些水处理过程中，藻类的光合作用可放出氧气，并利用 CO_2 作为碳源，与细菌形成共生关系。所以藻类也是监测水的净化过程所不可忽视的指标之一。

（3）藻类对水体中毒物的耐受力不同。因毒物种类及浓度不同，会引起藻类在种类、形态、生理、数量方面的变化，所以监测藻类的变化，可反映出水质的变化。在利用藻类进行水质监测时采用各种指标和标准，例如：指示生物或指示种类；优势种群；藻类污染种指数；藻类多样性等。其中指示生物是过去广泛采用的生物监测方法。其先驱是 Kolkwitz 和 Marrson。他们于 20 世纪初提出不同"污染带"的划分和各种污染带的指示生物。

指示生物包括藻类、原生动物、微型后生动物等。这种评价标准和方法已在国内外广泛采用。数十年来有不少学者做了大量研究，发表了许多论文。当然，近年来研究发现这种方法有一定缺陷，但仍被公认为一种经典方法。

2. 以原生动物为指示生物的原因

除了原生动物具有微型生物进行监测的一般优势外，还因为原生动物对环境的变化十分敏感，而且原生动物本身就是一个群落，它具有群落级的结构和功能特点，很适于作监测生物。

用水中微型生物进行水污染监测有一个由初级向高级逐步发展的过程。20 世纪初开始以指示生物的种类去评价水质；约 60 年以后，开始将水中微型生物视为群落，所以逐渐发展为用水中微型生物的群落结构来评价水质；最近又逐渐发展为以水中微型生物的群落结构和群落功能来评价水质。水中微型生物的群落结构可反映出不同种类及其数量的差别，而水中微型生物的群落功能则可反映出微型生物生命活动的特点。将结构与功能结合起来分析，可更全面地了解水质污染的状况和变化趋势。

水生生物的生物监测方法很多。下面将介绍"污化指示生物"和"PFU 法"两种方法。

15.1.2　污化指示生物及污化系统

在水体中是否可找到一些能指示水体污染程度的水生生物？以这些指示生物去预测水体的污染，在实用上是有一定价值的。国内外对此进行了大量的研究工作。已提出几种关于污化指示生物的分类系统，但还没有建立一种完善的、普遍采用的系统。目前，采用观测污化指示生物并配合化学分析的方法，可以比较全面地评价或预测水体的污染程度。

一种称为污化系统的分类法在欧洲大陆得到较广泛应用。在美国、英国等国家应用得还不普遍，这可能是因为这种系统在观测时较繁琐的缘故。污化系统（也可称为有机污染系统）一般根据以下原理分区：当有机污染物质排入河流后，在其下游的河段中发生正常的自净过程，在自净中形成了一系列连续的"带"。因为各种水生生物需要不同的生存条件，随着水体自净程度的变化，各个带中都可找到一些有代表性的动植物。污化指示生物包括细菌、真菌、原生动物、藻类、底栖动物、鱼类等。常用来指示污染的底栖动物有颤蚓类、寡毛类、软体动物以及一些水生昆虫。底栖动物个体较大，生命周期较长，在其生长环境中相对位移较小，便于缺少专门仪器的非专业人员采集和观察，所以在开展群众环保工作中有较大的价值。

污化系统中各个带的划分及其特点如下：

1. 多污带

此带在靠近污水出水口的下游，水色一般呈暗灰色，很浑浊，含有大量有机物，如碳水化合物、蛋白质和多肽等，但溶解氧极少，甚至完全没有。在有机物分解过程中，则产生 H_2S、SO_2 和 CH_4 等气体。由于环境恶劣，所以多污带水生生物的种类很少，几乎全部是异养性生物，无显花植物，鱼类绝迹。

多污带有代表性的指示生物是细菌。细菌的种类很多，数量也很大，有时每毫升水中有几亿个细菌。其中有一部分硫磺细菌，能转化水中的 H_2S。多污带的水底被沉降下来的悬浮物所覆盖，在沉积淤泥中有大量寡毛类蠕虫。

多污带有代表性的指示生物举例如下：贝日阿托氏菌、球衣细菌、颤蚯蚓、摇蚊幼虫、蜂蝇幼虫。

2. α-中污带

中污带在多污带下游，可分为两个亚带，α-中污带和 β-中污带。前者污染得更严重些。

α-中污带的水色仍为灰色；溶解氧仍很少，为半厌氧状态，有氨和氨基酸等存在。这里，含硫化合物已开始氧化，但还有 H_2S 存在，BOD 已有减少，有时水面上有泡沫和浮泥。

生物种类比多污带稍多。细菌含量仍高，每毫升约几千万个。水中有蓝藻和绿色鞭毛藻，出现纤毛虫和轮虫，在已经部分无机化的水底淤泥中，滋生很多颤蚓蚓。

α-中污带有代表性的指示生物举例如下：天蓝喇叭虫（图 15-2）；美观单缩虫；椎尾水轮虫（图 15-3）；臂尾水轮虫；大颤藻；菱形藻；小球藻；栉虾（图 15-4）。

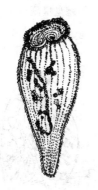 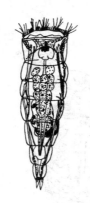 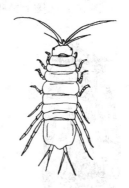

　图 15-2　天蓝喇叭虫　　　图 15-3　椎尾水轮虫　　　　图 15-4　栉虾

3. β-中污带

在 β-中污带中绿色植物大量出现，水中溶解氧升高，有机物质含量已很少，BOD 和悬浮物的含量都较低，蛋白质的分解产物氨基酸和氨进一步氧化，转变成铵盐、亚硝酸盐和硝酸盐，水中 CO_2 和 H_2S 含量很少。

这里，生物种类变得多种多样。由于环境不利于细菌生长，故细菌的数量明显减少，每毫升水中有几万个，藻类大量繁殖，轮虫、甲壳动物和昆虫也很多，可发现生根的植物，也可看到泥鳅、鲫鱼和鲤鱼等鱼类。

β-中污带有代表性的生物举例如下：水花束丝藻（图 15-5）；梭裸藻（图 15-6）；变异直链硅藻（图 15-7）；短棘盘星藻（图 15-8）；前节晶囊轮虫（图 15-9）；腔轮虫；卵形鞍甲轮虫；溞状水溞（图 15-10）；大型水溞（图 15-11）；绿草履虫；帆口虫；鼻栉毛虫；聚缩

　　　图 15-5　水花束丝藻　　　　　图 15-6　梭裸藻

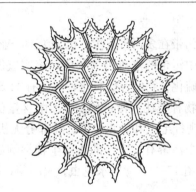

图 15-7　变异直链硅藻　　　　　　　图 15-8　短棘盘星藻

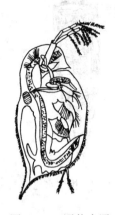
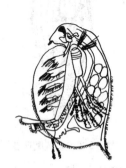

图 15-9　前节晶囊轮虫　　　图 15-10　溞状水溞　　　图 15-11　大型水溞

虫；隐端舟形硅藻；卵形龙骨硅藻；静水椎实螺；肿胀珠蚌；溞状钩虾。

4. 寡污带

在寡污带，河流的自净作用已经完成，溶解氧已恢复到正常含量，无机化作用彻底，有机污染物质已完全分解，CO_2 含量很少，H_2S 几乎消失，蛋白质已分解成硝酸盐类，BOD 和悬浮物含量都很低。

寡污带的生物种类很多，但细菌数量很少，有大量浮游植物，显花植物也大量出现，鱼类种类也很多。

寡污带的代表性指示生物举例如下：水花鱼腥藻（图 15-12）；玫瑰旋轮虫（图 15-13）；平突船卵水溞；窗格纵隔硅藻；圆钵砂壳；黄团藻；大变形虫。

图 15-12　水花鱼腥藻　　　　　　图 15-13　玫瑰旋轮虫

应当注意，上述的污化系统只能反映有机污染的程度，不能反映有毒工业污水的污染。这种根据水生生物种类的更迭来评价水体污染程度的方法也缺乏定量的标准，所以又有根据水生生物的数量求出某"指数"，并用以评价水体污染程度的研究。下面介绍一种水污染的生物指数（Biological Index of Water Pollution，BIP）。这种指数是根据水中单细胞生物的种类和数量来计算的。污染程度可按表 15-1 判断。

$$BIP = B/(A+B) \tag{15-1}$$

式中　A——有叶绿素的微生物数；

　　　B——无叶绿素的微生物数。

利用 BIP 值判断水体的污染程度　　　　　　　　　　　表 15-1

污染程度	清洁水	轻微污染水	中等污染水	严重污染水
BIP 值	0～8	8～20	20～60	60～100

15.1.3　微型生物群落监测——PFU（Polyurethane Foam Unit）法

1. 与 PFU 法有关的基本知识

（1）岛屿生物平衡模型

1963 年 Mac Arthur 和 Wilson 首次提出岛屿生物群集模型（Colonization Model）的理论。他们认为，岛屿各有不同的、独立的地理环境，其动植物区系也有不同。当物种由外部迁入（又称群集（Colonization））的初期各种物种间没有相互影响，群集速度只受迁入物种的扩散能力和迁出规律的影响。只有当迁入物种的群集速度与消失速度相同时，种类就达到了平衡点。此时群落内就会产生捕食、被捕食、竞争等种间的相互作用，这种作用决定岛屿的生物组成，显示出群落的统一性。岛屿生物群落的这一特性就是 MacArthur-Wilson 岛屿生物平衡模型（Equilibrium Model of Island Biography）的要点。该模型在群集过程初期可用下式表示：

$$S_t = S_{eq}(1 - e^{-Gt}) \tag{15-2}$$

式中　S_t——时间为 t 时的种数；

　　　S_{eq}——估计的平衡时的种数；

　　　G——常数。

用式（15-2）可得出 $t_{90\%}$，即达到 $90\%S_{eq}$ 所需的时间。

（2）PFU

根据岛屿生物平衡模型，学者们认为相同生境中若有孤立的，有机体难超越的小生境，也可以认为这类小生境是"岛"。所以各种水体中的石头、沉水的木块，甚至某些人工基质（如载玻片）等也可从生态学角度认为是一个"岛"。1969 年美国 Cairns 提出用 PFU 做为采集微型生物群落的"岛"。PFU 是 Polyurethane Foam Unit 聚氨酯泡沫塑料块的缩写。试验研究表明，空白 PFU 挂在水中，对水中的生物来讲，它像块小岛。由于 PFU 孔径只有 $150\mu m$ 左右，故只有超微型浮游生物、微型浮游生物、小型浮游生物才能迁入或迁出 PFU 块。研究表明，最优的 PFU 的尺寸为 $50mm \times 65mm \times 75mm$。

这种方法可收集到细菌、真菌、藻类、原生动物和小型轮虫，有自养者、分解者、异养者，构成了微型生物群落。对原生动物而言，可收集到 85% 种类。具有环境真实性。

2. 微型生物群落监测——PFU 法

1969 年 Cairns 发表微型生物在 PFU 上的群集过程后，证实了这种人工基质群集特性符合 MacArthur-Wilson 岛屿生物平衡模型；其后 Cairns 及合作者继续用 PFU 法对水体进行野外监测和室内毒性试验。1983 年 PFU 法在我国应用与研究。我国学者对此方法进行了改进、验证和推广。主要的改进如下：

（1）将 PFU 悬挂水中 1~3d，可获满意结果。能反映出 1~3d 内水质的连续变化（沈韫芬等，1985，1989）。

（2）将多样性指标引入参数中（沈韫芬等，1988）。

（3）根据水体中有无环境干扰，对 MacArthur-Wilson 平衡模型进行了修正，修正后的公式如下：

$$S_t = S_{eq}(1 - e^{Gt})/(1 + He^{-Gt}) \tag{15-3}$$

式中引入污染强度 H。若 PFU 群集过程中没有受到环境干扰，则 $H = 0$（王继忠等，1989）。

（4）引入植鞭毛虫种数占原生动物总种数的百分比，可反映出水体中自养型微生物的演替，从而能更客观地评价水质。

经我国学者的努力，已将 PFU 法发展成一种快速、经济、准确地用微生物监测水质的方法，并得到国内外的认可。我国 1992 年 4 月公布该方法为国家标准《水质微型生物群落监测—PFU 法》GB/T 12990—91。

15.2　生物毒性检测

15.2.1　生物毒性检测的必要性

随着人类活动范围的扩展、强度的增加与形式的多样化，生产制造和使用的化学物质的种类也日趋增加。据统计，过去 5 年登录在《化学文摘》上的化学物质，平均每年以 130 万种的速度增加，截至 2018 年 6 月登录总数已达 14200 万种。在日常生活和工业生产中经常使用的化学物质也多达 6 万~8 万种，而且还在继续增加，这使得环境中积累的化学物质也越来越多。据报道，在自来水中，检测出的化学物质也多达 100 种。可以预测环境中积累的化学物质对人类健康和生态系统的危害也将日益加重。

为减轻化学物质对生态环境的影响和人类健康的危害，世界各国都制定了各种各样的制度，它包括事前管理（即化学物质生产、流通、使用之前的管理）和事后管理（主要是指环境标准和污染物排放标准）。这些管理制度在控制环境污染、保护自然生态和人类健康方面起到了重大作用。

现行的水质环境标准和污水排放指标可分为综合指标（如 BOD、COD、营养盐综合指标 TP、TN 等）和单一指标（指特定的化学物质，如铬、苯等）。单一指标是根据有毒有害化学物质对环境的污染状况和其毒性来制定的。环境中积累的物质逐渐增多使得水质环境标准中单一物质的控制指标也逐年增加，这种增加单一物质控制指标的方法存在许多不足：

（1）单一指标一般是依据化学物质对人类的健康影响来制定的，未考虑对生态系统的影响；

（2）化学物质的毒性数据不足，在很多情况下从浓度无法判断其毒性的大小；

（3）对其毒性没有被认识到的化学物质不可能进行控制；

（4）不利于发现新的毒性；

（5）不能反映化学物质之间的联合作用（协同、相加、拮抗等作用）；

（6）随着新的有毒有害化学物质的出现，单一指标将越来越多，由于新的有毒有害化学物质在环境中的浓度非常低，这会大大增加分析技术的难度和分析费用。

（7）单一指标的建立往往滞后。

在控制污水污染物浓度的同时，注重污水的生态毒性控制与管理是水环境保护领域的发展方向。美国、加拿大等发达国家已把生物毒性列为污水水质控制指标之一。污水生物毒性控制标准的建立将对污水处理提出更科学和更高的要求。

15.2.2　生物毒性分类

生物毒性指化学物质能引起生物机体损害的性质和能力。根据关注对象和危害水平的不同，生物毒性的分类方式也不同。按照毒性作用时间长短可以分为急性毒性、慢性毒性和亚慢性毒性。按照毒性作用机制可以分为致癌、致畸等。按照靶器官可以分为内分泌干扰性、肝毒性、神经毒性、呼吸毒性等。在各种毒性当中，急性毒性、慢性毒性、遗传毒性（含致癌、致畸、致突变）、内分泌干扰性备受人们关注。

15.2.3　生物毒性检测方法

生物毒性检测（bioassay）是利用生物的细胞、个体、种群或群落对环境污染或环境变化所产生的反应，评价环境质量安全的一种方法。生态系统是由生产者、消费者和分解者组成的综合体系。从低级到高级，它包含生物分子→细胞器→细胞→组织→器官→器官系统→个体→种群→群落→生态系统等不同的生物学水平。污染物进入环境后，会在各级生物学水平上对生态系统产生影响，引起生态系统固有结构和功能的变化。例如，在分子水平上，会诱导或抑制酶活性，抑制蛋白质、DNA、RNA 的合成。在细胞水平上，引起细胞膜结构和功能的改变，破坏线粒体、内质网等细胞器的结构和功能。在个体水平上，会导致动物死亡，行为改变，抑制生长发育与繁殖等；对植物则表现为生长速度减慢，发育受阻及早熟等。在种群和群落水平上，会引起种群数量和密度的改变、结构和物种比例的变化以及遗传基础和竞争关系的改变，并引起群落中优势种、生物量、种的多样性等的改变。

生物检测是利用生命有机体对污染物的种种反应，直接表征环境质量的好坏及受污染的程度，能反映多成分综合作用的结果。

生物毒性检测中常用的生物有植物、细菌、底栖软体动物、浮游生物和鱼等。下面仅对各种方法的特点作简单的介绍。

1. 水生植物毒性试验法

（1）藻类试验

由于低等水生植物藻类种类多，在自然界分布广，主要生长在水中（淡水或海水），适应环境能力强，在生物毒理研究中占有重要的地位和作用，常被毒理研究者选作研究毒性的材料，并形成了标准方法。

在藻类的八大门（裸藻、绿藻、轮藻、金藻、甲藻、褐藻、红藻及蓝藻）中，被选作生物毒性试验材料的有金藻、褐藻、蓝藻、绿藻、纤维藻、斜生栅藻和蛋白核小球藻等。

（2）浮萍试验

浮萍为高等水生植物，易于培养。判定的指标比较多，可以是浮萍个体数、根长度、生物量、叶绿素含量、ATP 浓度、培养基电极电位以及碳摄入速度和摄取总量等。

（3）蚕豆根尖微核试验

蚕豆根尖细胞在分裂时，染色体要进行复制，在复制过程中常发生断裂，断裂下来的断片在正常情况下能自行复位愈合，这样细胞可以维持正常的生活。如果在细胞分裂时受到外界诱变因子的作用，不仅会阻碍染色体片段的愈合，而且有随诱变因子作用使断裂程度加重的趋势，于是在细胞分裂中会出现一些染色体片段，这些片段由于不具着丝点而不受纺锤丝牵动，游离在细胞质中。当新的细胞核形成时，这些片段就独自形成大小不等的小核，这种小核就是微核。由于产生的微核数量与外界诱变因子的强弱成正比，所以可以用微核产生的百分率来评价环境诱变因子（如污染物）对生物遗传物质影响的程度。

2. 水生动物毒性试验法

水生动物属于食物链中的消费者，对污水中各种有机物的降解、水体的净化起着极其重要的作用，对水环境的变化非常敏感。当水体中的有毒有害物质浓度达到一定程度时，就可能引起水生动物的一系列中毒特征，如行为异常、生理功能紊乱、组织细胞发生病变、甚至死亡等现象。水生动物的胚胎、幼体等对污水毒性都有不同程度的响应，因此水生动物常用于毒性试验的材料。

（1）原生动物和单细胞动物毒性试验

原生动物是最原始、最低等的动物类群，在世界上分布很广：海洋、湖泊、河流、沟渠、雨后的积水、潮湿的土壤里尤其是在活性污泥中都有它们的存在。研究报道，根据污染程度的不同，水体中原生动物的种类也不同，可以按照原生动物的多少大致判断污染水体的水质，因此以原生动物作为污染水质监测的指示生物受到重视。

草履虫是一种常见的单细胞原生动物，由于和周围介质的接触相当充分，分布广，对毒物反应敏感，是理想的毒性试验材料。

（2）溞类毒性试验

溞类是一种分布广的浮游动物，是天然水体中水生食物链中的一环，是鱼的重要饵料，具有种类多、来源广、繁殖周期短及容易培养，对许多毒物比鱼类更为敏感等优点。溞类被广泛作为毒性实验的测试生物，并形成了国际标准 ISO 6341—1982，我国也制定了相应的国家标准：《水质物质对溞类（大型溞）急性毒性测定方法》，（GB/T 13266—91，1991 年 9 月 14 日发布，1992 年 8 月 1 日实施）。

常用作生物毒性试验的溞类有大型溞、隆线溞、裸腹溞、溞状溞、河蟹溞等。

（3）鱼类毒性试验

在水生生态系统中，鱼类处于营养级的上层，本身以初、次级生产者为食，同时又是人类的营养来源。由于鱼类的重要作用，研究污染物对鱼类的影响是非常重要的。根据鱼类的分布、经济价值以及对毒性的敏感程度不同，目前用做毒性试验的鱼类有 13 类，而且各有特点。国际上对采用鱼类作试验材料进行的急性毒性与亚慢性毒性建立了标准方法。

我国于 1992 年颁布了淡水鱼急性毒性测定国家标准：《水质物质对淡水鱼（斑马鱼）急性毒性测定方法》（GB/T 13267—91，1991 年 9 月 14 日发布，1992 年 8 月 1 日实施）。

目前国内尚未制定出完善的渔业水质安全标准，水体中污染物对淡水渔业的影响还处于研究阶段。针对此情况，有关学者采用不同鱼类（如鲢鱼、鲫鱼、鲤鱼、金鱼、鳊鱼、草鱼、鲥鱼和罗非鱼等）的幼鱼作为试验材料，研究污染物的安全排放浓度。

除了用幼鱼作试验材料研究污染物的生物毒性外，还可用鱼的胚胎、鱼仔作为毒性试验材料，使用这些材料的优点是只需要一尾母鱼就可以取得数量充足及受精良好的鱼卵，从而避免从多尾母鱼身上取卵造成实验上的差异。

（4）其他水生动物毒性试验

除了上述动物用于污水生物毒性试验外，螺类、盐水丰年虫等水生动物也被用于毒性测定。

中华圆田螺（*Cipangopaludinacathayensis*）是我国河流、湖泊、池塘等水体中一种主要的大型底栖动物，它是食腐屑生物，能直接从底泥获取营养成分。选择它作为指示生物，依据其在暴露试验中的毒性反应和生物积累浓度，可以正确判定底泥重金属毒性。根据新生小田螺的个体数目、成活率、最大个体重量、平均活体重等指标，可以评价底泥重金属的毒性。

折叠萝卜螺（*Radixplicatula*（*Benson*））是一种广泛分布的淡水螺类，既是淡水鱼类的饵料，又是鱼类寄生吸虫的中间宿主。研究表明折叠萝卜螺对污染物氯化三丁基锡的敏感性明显大于鱼类，与溞类相近，用它作为水毒理学试验材料进行毒性和生物积累试验，可弥补只用浮游动物和鱼类进行水生毒理学研究的不足。

盐水丰年虫又名卤虫（*Artemia salina sinnaeus*），是一种耐高盐的小型低等底栖甲壳类动物，广泛分布于亚、欧、美各大洲和世界各处的碳酸盐和硫酸盐湖泊中，以及沿海盐田等高盐水体中，在水产动物育苗中是常用的仔稚鱼的最佳饵料。有研究表明，盐水丰年虫的敏感性基本接近常用的淡水监测生物，在生物毒性测试中有应用前景。

利用棘皮动物生殖细胞、软体动物的胚囊等作为测试生物进行废水毒性试验的研究也有报道。

3. 微生物毒性试验

利用动植物进行毒性试验的方法具有直观性，但试验操作复杂、试验时间长，不能满足快速监测的需要。用微生物测定污染物毒性，不仅具有快速、简便、灵敏和价廉的特点，而且由于微生物在物质循环中的地位，使得其测定结果具有特殊的意义。

同传统单一物种的水生植物与水生动物毒性试验相比较，微生物毒性试验具有如下特点：

（1）微生物结构简单，生长速度快，反应灵敏，其毒性试验费用低廉，占用空间相对较小。该试验可满足对大量有毒化学品进行简便快速筛选的要求。

（2）化学污染多属远期生物效应，其毒理作用十分复杂，对人群的危害短期内不易发现，往往被忽视，而微生物毒性试验能快速检测出化学物质潜在的综合遗传毒性。

微生物毒性试验时测定的指标一般可分为细菌发光、细菌生长、呼吸代谢速率或菌落数等。

（1）发光菌毒性试验

发光菌是一类能发光的细菌，在正常的新陈代谢过程中能发出波长为 490nm 的蓝绿色光。但当发光菌接触到有毒有害化学物质时，细菌的呼吸或生理过程受到干扰或损害，发光作用就会受到抑制，其抑制的程度与接触毒物的种类、数量有关。发光菌检测法在国外 20 世纪 60 年代即开始受到重视，但一直未能应用，直到 1978 年，美国 Beckman 仪器公司研制成生物发光光度计"Microtox"后，发光菌毒性测试技术（Luminescent Bacteria Toxicity，LBT）得以推广应用。

作为一种新的分析手段，发光菌法正越来越多的应用于环境质量评价。发光菌相对发光度与水样毒性组分总浓度呈显著负相关（$P \leqslant 0.05$），因此可通过生物发光光度计测定水样的相对发光度，水样的毒性指示终点选择 EC_{50}（半数抑制效应浓度），水样的急性毒性水平用相当的参比毒物氯化汞或锌离子浓度来表征。

1995 年 3 月中国国家环境保护局、国家技术监督局发布了《水质　急性毒性的测定　发光菌法》的国家标准 GB/T 15441—1995，并于 1995 年 8 月 1 日实施。此标准适用于工业废水、纳污水体及实验室条件下可溶性化学物质的水质急性毒性监测。

另外，在适宜的培养基中，发光菌的发光强度可在相当长时间内（24h）保持相对稳定，在此期间内细菌细胞已增值一代以上，因此有学者认为，该方法也可用于污染物的慢性毒性测试。

（2）硝化菌毒性试验

硝化菌群是化能自养微生物，分为氨氧化菌（亚硝酸菌）和亚硝酸氧化菌（硝酸菌）两大类，分别从氧化氨和氧化亚硝酸盐的过程中获得能量，若有毒物存在时则会抑制这一氧化过程，使得氧化速率变低。由于硝化菌群对多数有毒化合物均比较敏感，可用于评价污染物的综合毒性。

硝化作用是生态系统中氮循环的一个重要环节，通过硝化菌群不仅能检测出有毒有害污染物的毒性情况，而且能反映污染物对生态系统代谢过程的影响，是研究有毒污染物生态效应的一种有效方法。

依据测试生物毒性时硝化细菌的来源及所处状态不同，可以分为四类：纯硝化细菌测定法、活性污泥测定法、底泥测定法和土壤测定法。由于硝化细菌包括氨氧化菌和亚硝酸氧化菌两大类，因而每一种分类方法中又包括氨氧化法和亚硝酸氧化法。

用纯氨氧化或亚硝酸氧化菌测定的结果可以从一定程度上反映有毒有害污染物对微生物硝化过程中氨氧化和亚硝酸氧化两个连续过程影响的结果。由于这种测试方法脱离了硝化细菌所生存的环境，测试结果的重现性好，其测定结果可以用于评价有毒有害化学物质对单一的氨氧化菌或亚硝酸氧化菌的毒性作用。

活性污泥测定法是采用活性污泥测定有毒有害化学物质对氨氧化菌或亚硝酸氧化菌的毒性作用的方法。由于氨氧化菌和亚硝酸氧化菌均来自污水处理系统中的活性污泥，其测定结果比较适合用于判断污水处理系统中有毒有害化学物质对硝化过程的影响。利用活性污泥进行化学物质的生物毒性测试已建立了标准方法。硝化菌群对环境的依赖性与适应性表明，用活性污泥法来评价生物毒性会降低硝化菌对有毒有害化学物质的敏感性。

底泥测定法是选择天然水体中的底泥来进行实验，天然水体的底泥中存在氨氧化菌和亚硝酸氧化菌。有毒有害化学物质进入水体后对水体的影响，既包括对水体中浮游生物如鱼类、藻类等的影响也包括对硝化细菌等的影响。选择底泥中硝化菌群作为测试生物来评价有毒有害化学物质对硝化菌硝化能力的抑制程度，可较真实地反映有毒有害化学物质进入水生生态系统后的各种作用以及对氮循环的影响状况。因此选用底泥法研究有毒有害化学物质对底泥中硝化过程的影响，对研究有毒有害化学物质对水生生态系统中硝化功能的影响具有重要意义。

同样，土壤测定法在研究污染物对土壤生态系统中的硝化功能的影响方面也有重要的作用。

（3）鼠伤寒沙门氏菌致突变性试验（Ames 试验）

鼠伤寒沙门氏菌致突变性试验是美国 Ames 教授等于 1975 年建立的一种致突变性测试法，故也称 Ames 试验。它是利用鼠伤寒沙门氏菌的组氨酸营养缺陷型菌株检测 DNA 碱基序列是否发生改变即基因突变的一种方法。

试验所使用的组氨酸缺陷型沙门氏菌株含有控制组氨酸合成的基因，当培养基中不含有组氨酸时它们不能生长。但是，当受到某些致突变物作用时，菌体内 DNA 特定部位发生基因突变而回复为野生型菌。在此情况下，培养基中不含有组氨酸时该菌也能够生长。通过测定试验，用菌株在平板培养基上的菌落数判断致突变性的强弱，菌落数越多，表明致突变性越强。

15.2.4 生物毒性检测技术的发展方向

早期采用的生物毒性测试手段主要是单指标生物毒性实验，将一种生物暴露于两个或更多浓度梯度的有毒物质中，保持其他条件恒定，以观察生物效应（死亡或抑制、生理改变、行为改变等）。这种实验能够较准确地反映出某种化合物对某一特定生物产生的毒性作用。然而，水体中有成千上万种生物，对毒物的敏感程度存在极大的差异，因此很难从一种生物的毒性效应推测对另一种生物的影响。即使同一种系的生物，其对某种污染物的敏感性也存在明显差别。因此，仅以一种生物对某一污染物的生物毒性进行评价是远远不够的。

20 世纪 70 年代后期，发展了多物种生物测试（Multispecies Bioassay）。多物种生物测试是利用同一营养级的几种生物同时对某个环境样品和污染物进行生物毒性实验，在一定的统计学规律上，其结果能够说明该样品和污染物对这一营养层次生物的平均毒性效应。针对不同营养层次，发展了成套生物检测（battery bioassay），即利用不同营养级的有代表性的生物进行毒性检验。在统计学意义上，测试结果能够部分反映污染物对生态系统的影响。

为了使实验室生物毒性测试结果更真实地反映天然水体中各种因素的相互作用及其对生物毒性的影响，例如不同种属生物间的相互作用，多种有毒物质之间的相互作用及其与环境因素之间的相互作用等，近年来发展了一类新的实验方法：微宇宙实验（microcosm test）。这类方法将简单的单一指标生物试验和真实环境的复杂性统一起来，以研究污染物在水生生态系统中的迁移转化及对与其共存的生物种群或群落的影响。此方法得到的结果，能较好地反映污染物对生态系统整体水平上的影响，更接近真实状况。但是，这类试验也存在许多问题，如耗时长，花费大。另外，实验结果推广到真实环境中时，两者之间仍然存在很大差距。

近年来，对生物毒性的研究更趋向于微观。越来越多的研究者致力于能反映污染物作用本质，并能对污染物早期影响进行检测的指标，试图从分子水平基因调控的深度上去阐明致毒机理，并在此基础上提供相应的防范措施。由此而发展形成了分子毒理学、遗传毒理学等，以对污染物的生物毒性进行快速、早期的预测。

利用生物毒性检测技术能非常方便地测定单一化学物质或水样的生物毒性，尤其是微生物毒性检测技术，因其快速、灵敏、廉价等特点而受到越来越多的重视。但是生物毒性检测技术的不足之处亦非常明显：它很难识别引起毒性的确切的化学物质，在实际应用中难以对重点污染物进行控制。污染物的化学分析主要是通过化学或仪器手段测定污水中引起污染的化学物质，目前在化学分析上已达到痕量的程度，因而可以对污水中已知的污染物加以优先控制。但是化学分析技术不适用于未知化学物质的控制，也不能反映化学物质间的相互作用。

生物毒性检测技术和化学分析技术在化学物质管理、水质安全评价上各有特点（表15-2），只有把两者有机地结合起来，才能满足水质安全保障和水生生态保护的需要。

化学分析技术与生物毒性检测技术的比较　　　　　　　　　　　　　表 15-2

比较项目	化学分析技术	生物毒性检测技术
原理	利用化学物质的物理化学特性，对单一化合物进行分离、定性、定量	利用化合物的生物效应对其毒性进行综合评价
适用的管理方式	特定化学物质的管理、水质评价	毒性综合管理、水质安全评价
对混合物的适用性	差	好
对未知化合物的适用性	差	好
污染物的鉴定	易	难
测试费用	中	低—高

思 考 题

1. 阐述水质安全评价中测定生物毒性的必要性和意义。
2. 与动物毒性试验相比，微生物毒性试验有哪些优缺点？
3. 阐述生物毒性检测的发展方向。
4. 水体污染的生物监测有何重要意义？
5. 什么是指示生物？怎样用指示生物来评价水体的污染程度？
6. 简述岛屿生物平衡模型理论及 PFU 法的原理。

第 4 篇
微生物学的研究方法

第16章　微生物的基本研究方法

为了便于更好地认识微生物，控制微生物，改造微生物，从而利用有益的，控制有害的，使微生物更好地为工农业生产服务，需要有一套研究微生物的实验方法和设备。

针对上述目的，首先需要掌握在实验室条件下，研究微生物的方法，然后才能对其作进一步的探讨。下面介绍一些在实验室中研究微生物的基本方法。

16.1　微生物的观察

16.1.1　浮游微生物的观察

微生物都很小，须用显微镜放大后才能看到。显微镜有普通光学显微镜、电子显微镜等。观察微生物的一般形态，以普通光学显微镜（常简称显微镜）最为常用。

普通光学显微镜最大能将物体放大2000倍左右。通常观察霉菌和酵母菌时，采用$100\sim400$倍的放大率已足够，而观察细菌时，往往需要放大$900\sim1500$倍左右。

显微镜的分辨力与光波长短有关。物体小于$0.2\mu m$时，普通光学显微镜就无法辨别。一般病毒都在此限度以下，所以看不见。电子显微镜以电子代替普通光作光源，电子波长极短，仅为可见光波长的1/10万，因而辨别力也就大大增强。目前电子显微镜的放大倍数常达几十万倍，过去无法看到的病毒以及细菌内部的微细结构都可以看清楚。但是，用电子显微镜检查物质须在真空和干燥状态下进行，因而无法用来进行活菌的观察。

细菌不但个体很小，而且都是无色半透明的，用普通显微镜放大后，只能粗略地看到其大小和形态。要观察清楚，必须进行染色。染色后才有可能识别细菌的各种不同结构，并可协助鉴别细菌。

细菌染色常用的染料有亚甲蓝、甲紫、沙黄等碱性染料。前已述及，细菌细胞内含有大量蛋白质，其等电点较低，约在pH$2\sim5$之间，所以在中性、碱性或弱酸性溶液中，细菌都是带负电的。因为这些染料电离时染料离子带正电，容易与带负电的细菌相结合。

一般染色可分为单染色法和复染色法两种。前者只用一种染料使细菌着色，主要用来帮助观察细菌的形状和大小，鉴别作用不大，常用的染液有亚甲蓝液和苯酚品红液。后者使用两种染料，有鉴别细菌的作用，所以又称鉴别染色法。

细菌检验常用的革兰氏染色法是鉴别染色法，革兰氏染色法也可用来帮助观察难染色的细菌。在此法中，先用碱性染料（甲紫）使细菌着色，然后加媒染剂（碘液），再用酒精脱色，最后用沙黄复染。凡能保留甲紫和碘的化合物，而不被酒精脱色，染成紫色的细菌，称为革兰氏阳性菌。凡被酒精脱色，再被复染液染成红色的细菌，称为革兰氏阴性菌。关于革兰氏染色的原理，参见第2章。

此外，还有一些复杂的染色法用于细菌芽孢、荚膜、鞭毛等的观察，详细可参阅其他微生物学专著。

按上述各种染色法所做成的标本虽然颜色鲜明，轮廓清楚，易于观察，但经过一系列染色处理后，微生物早已被杀死。如果要观察活的微生物，必须用另外的方法处置。

一般常用的活菌检查法有两种（图 16-1）：

1. 压滴法

取一小滴菌液，放在洁净的载玻片中央，用盖玻片覆盖后，即可进行观察。观察污水生物处理过程中所产生的生物膜或活性污泥，常采用此法。

2. 悬滴法

取一小滴菌液放在洁净的盖玻片中心，然后把盖玻片翻转放置在凹面玻片的中央，使菌液正好悬在凹窝正中，在凹窝的边缘先涂一层凡士林，这样可使悬滴密封在一个潮湿的小空间中，不致很快地干燥，于是可在显微镜上直接观察。

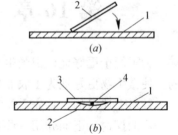

图 16-1　压滴法和悬滴法
(*a*) 压滴法　1—载玻片；2—盖玻片
(*b*) 悬滴法　1—凹玻片；2—凹窝；
3—盖玻片；4—液滴

16.1.2　生物膜的观察

厚度、面积、密度是生物膜的基本生物量。光镜可以粗略地测量厚度，将待测物固定在带有微调标尺的显微镜载物台，分别调焦至膜与附着组织表面，比较前后微调标尺的差值，其结果即为生物膜厚度。共聚焦激光显微镜能更为精确地测量厚度。用目镜中的刻度尺或影像分析技术可以直接测量生物膜面积。生物膜密度常表达为单位面积生物膜干重，通过厚度和表面积能计算其密度。

以往研究者用光镜和透射或扫描电镜对生物膜结构进行研究，但存在样本需要脱水、固定、嵌入和染色等处理而造成的结构扭曲和关系改变等问题。近年来，共聚焦激光显微镜（confocal scanning laser microscopy）在生物膜研究领域得到了广泛应用，其具有其他光学仪器所无法比拟的优点，如分辨率高、样品制备简单、可以对活细胞进行无损伤动态记录，并对标本中的观察目标进行空间定位等。当激光逐点扫描样品时，针孔后的光电倍增管逐点获得对应的共聚焦图像，焦平面依次位于标本的不同层面上，可以逐层获得标本相应的光学横断面图像，再利用计算机的图像处理及三维重建软件，可以得到高清晰度的三维图像。

16.2　灭菌与无菌操作

16.2.1　消毒与灭菌

消毒指只杀死一部分微生物，主要是病原微生物。一般消毒剂常用的浓度只能杀死普通的微生物，而不能杀死其芽孢和孢子。而灭菌则指杀死一切微生物包括芽孢和孢子。所有培养基和微生物工作中的用具在使用前必须经过严格的灭菌，以避免原来生活在这些器材上的微生物干扰我们的工作。

高温灭菌法是微生物实验中常用的灭菌法，其中包括烧灼、干热烘烤和高压蒸汽灭菌等方法。

前已提及，湿热穿透力比干热的穿透力大，湿热时微生物吸收了高温水蒸气，水蒸气从气态变为液态释放出的大量能量使得水蒸气比普通气体有更高的传热效率，较易使菌体蛋白质凝固，湿度越大，杀菌力越强，而在干燥的环境中微生物抵抗高温的能力较强，芽孢则更强。因此在同一温度下，湿热灭菌法比干灭菌法的效力大。一般湿热灭菌在 115～120℃左右只需 15～30min，而干热灭菌则需在 160℃灭菌 2h 才能达到与湿热相同的效果。

高压蒸汽灭菌法是湿热灭菌法的一种，灭菌效率很高。在常压下将水加热煮沸，只能得到 100℃的蒸汽，不能一次把所有的微生物及其芽孢杀死，要反复多次才能达到灭菌的目的，这叫做间歇灭菌。而高压蒸汽灭菌则不同。它利用水的沸点随水蒸气压升高而升高的原理，使用密闭容器蒸煮，当容器内的蒸汽压达到一个大气压时，水的沸点提高到121℃，在这个温度下只需很短的时间就可杀死一切微生物的细胞及其芽孢或孢子。表 16-1 所列是高压灭菌器中温度与压力的关系。

<table>
<tr><td colspan="3" align="center">高压灭菌器中温度与压力的关系</td><td align="right">表 16-1</td></tr>
<tr><td colspan="2" align="center">压　力</td><td colspan="2" align="center">温　度</td></tr>
<tr><td align="center">(1b/in²)</td><td align="center">(kg/cm²)</td><td colspan="2" align="center">(℃)</td></tr>
<tr><td align="center">0</td><td align="center">0</td><td colspan="2" align="center">100</td></tr>
<tr><td align="center">5</td><td align="center">0.35</td><td colspan="2" align="center">108</td></tr>
<tr><td align="center">10</td><td align="center">0.7</td><td colspan="2" align="center">115</td></tr>
<tr><td align="center">15</td><td align="center">1.05</td><td colspan="2" align="center">121</td></tr>
<tr><td align="center">20</td><td align="center">1.41</td><td colspan="2" align="center">126</td></tr>
</table>

高压灭菌器有立式和卧式两种，图 16-2 是卧式的一种。

普通培养基、耐热药品、玻璃器皿等都可用高压灭菌器灭菌。一般采用一个大气压（121℃）持续 15～20min。对于容易被高温破坏的物质，如含葡萄糖、乳糖的培养基，则应降低温度至 115℃（必要时可适当地延长灭菌时间）。有些则只能用过滤法除菌（如维生素等）。

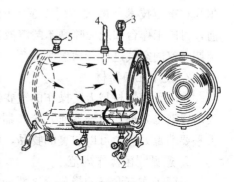

图 16-2　高压蒸气灭菌器
1—蒸汽入口；2—出汽口；3—压力表；
4—温度计；5—安全阀

干热烘烤是在烘箱内利用热空气进行灭菌的方法。一般在 160℃温度下烘烤 2h，温度不应超过170℃以避免包装器皿的纸被烧焦。此法适用于金属或玻璃器皿的灭菌。

烧灼是利用火焰直接把微生物烧死，同烘烤一样，也是一种干热灭菌法。此法灭菌很彻底、迅速，但使用范围有限，适用于接种针、接种环、载玻片、试管口等及不能再使用的污染物品的灭菌。

16.2.2　无菌操作

微生物的分离、接种等实验最好在经紫外线灭菌的无菌室或无菌箱内进行，要严格注意无菌操作。在没有无菌室或无菌箱的情况下，实验精确度又要求不高时，则可在一般的实验室内进行，但要特别注意无菌操作。

无菌操作是指在微生物实验室中所采取的预防杂菌污染的一切操作措施，主要包括创造无菌环境、使用无菌器材和遵循无菌操作规范。

1. 创造无菌环境

无菌环境是指人们通过理化手段使微生物数量降至最少（接近无菌）的一种环境。在微生物实验室中，常见的无菌环境有：酒精灯火焰附近的空间；超净台内的空间；无菌室内的空间。

（1）酒精灯

酒精灯是实施无菌操作的有效工具：① 作为高温热源，酒精灯可杀灭空气中降落或气流中携带的微生物，在火焰附近产生一个小小的无菌环境；② 作为加热装置，酒精灯可以灼烧接种工具避免带入杂菌；③ 作为火源，酒精灯还经常用于引燃玻璃器具（如载玻片等）表面沾带的酒精，这样就可以有效杀灭玻璃表面的微生物。

（2）超净工作台

超净台是一种提供高洁净度工作环境的设备。上方装有照明灯和紫外光灯。室内空气经过滤，将尘埃和生物颗粒带走，形成单向洁净空气流以一定流速通过工作区，从而形成无菌的工作环境。

（3）无菌室

无菌室是一种提供高度洁净工作环境的房间。无菌室的房间一般经特殊设计，如要求严格密闭，或所有通风口安装空气过滤装置；设置缓冲间和推拉门；有各种照明、电热和动力电源；无菌室的工作台应抗热、抗腐蚀，便于清洗消毒。无菌室的彻底灭菌可采用福尔马林熏蒸技术，每次使用无菌室前，要打开紫外光灯进行空气灭菌 30min。每次操作前，可向工作台和地面喷洒苯酚溶液，以防尘抑菌。另外，为了解无菌室灭菌效果，需要定期对室内空气进行杂菌检测。

2. 使用无菌器材

使用无菌器材是无菌操作的重要组成部分。对从事微生物工作所需的器材，必须预先灭菌或消毒处理。玻璃器皿、金属器具、培养基、工作服等要灭菌处理，凳子、试管架、天平要消毒处理。可以包裹的物品，应先用包装纸包裹，再灭菌，以便长期保存。

3. 遵循无菌操作规范

无菌操作有严格的规范，这部分内容将在实验中以标准实验步骤的形式介绍。另外，在第 17 章实验 4 中将举例说明制备染色标本涂片的无菌操作过程。

16.3　微生物的培养和纯种分离

16.3.1　微生物的培养及培养基

在鉴别不同种类的微生物时，显微镜下观察到的各种形态、微细结构和染色的反应，都是很重要的指标。但是因为微生物的形态类型比较单纯，微细结构也不多，不足以区别各种各样的菌种，因此，要区别各种不同的菌种，在形态特性之外还必须研究其培养特性，即当微生物在培养基上生长时能观察到的一切特性。此外，在进行增殖培养时，也须采用合适的培养基，以培养繁殖大量微生物，供工业、农业、医学及科学研究等方面的需要。

按照培养基制成的形式，可分为液体培养基和固体培养基两种。

在液体培养基中不但可以把少量微生物大量增殖，并且可以借微生物对于培养基中某些物质的化学作用来进行菌种的鉴别。例如，普通大肠杆菌能分解乳糖产生酸和气体，所以可以用含有乳糖的培养基，根据是否产生酸和气体来初步确定大肠杆菌存在与否。

采用液体培养基培养微生物，操作比较简单，但有时为了分离和保藏菌种及鉴定微生物等的需要，在液体培养基中加一定量的凝固剂，这样便成为固体培养基。常用的凝固剂是琼脂（洋菜），当加入 1.5%～3% 时就形成固体，而加入 0.5%～0.8% 时，则成半固体。琼脂是从一种海藻中提炼出来的多糖类物质，不被一般微生物所分解，而且具有 100℃熔解和 40℃凝固的特性。有时也可用明胶或硅胶等作凝固剂。

固体培养基可制成平板和斜面培养基。所谓平板或平板培养基是指融化的固体培养基（或连同培养物）在培养皿内冷却后凝成的平面，其制备方法如图 16-3 所示。

斜面培养基或斜面的制备如图 16-4 所示，可将熔化的固体培养基加入试管，使冷却后凝成一定斜度的斜面以增加与空气接触的面积。一般说，平板培养基适于分离菌种，因平板表面积大，容易进行分离得到纯菌种；斜面培养基宜于培养和保藏菌种，因斜面底部可保存一些冷凝水，微生物不容易死亡，并且斜面做在试管内，表面积较小，不容易受到污染。

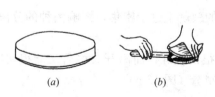

图 16-3　培养皿（平皿）及平板的制备　　　　图 16-4　斜面培养基
(a) 培养皿（一般用直径 9cm）；　　　　(a) 斜面培养基的制备（一般用 15×150mm
(b) 制备平板　　　　　　　　　　　　　的试管内盛 3～5mL 培养基）；
　　　　　　　　　　　　　　　　　　(b) 斜面培养基上的划线

16.3.2　微生物纯种的分离

微生物在自然界中都是好多种混杂在一起生活的。微生物很小，看不见，摸不着，如何把它们一个一个地分离开，从中取出所需要的菌来观察和研究呢？这就是纯种分离的工作。

近年来，为了提高污水生物处理的处理效率，国内外都在进行分离和培养纯菌种处理污水的试验研究。前已述及，已经发现某些霉菌和放线菌可以有效地分解氰化物；另外，食酚假单胞菌和解酚假单胞菌分解酚类化合物的能力也都很强。下面介绍几种分离菌种的方法。

在进行纯种分离以前，先要寻找含有所需要的微生物（菌种）的样品。采样地点要根据具体目标确定。例如要筛选分解氰化物能力强的菌种，可以从有含氰废水排出的工厂附近的水沟、土壤中或含氰废水生物处理的污泥杂质里去寻找，因为在这些地方能分解氰化物的微生物一般会比较多。如果得不到合适的样品，可以从一般土壤里去寻找，因为土壤是微生物的大本营，一克土壤中含有几十万到若干亿微生物，各种微生物应有尽有，所以许多微生物的分离筛选工作常从收集土壤样品开始。

　　收集到的样品有两种情况：一种是样品中含有所需要的微生物较多，可直接进行纯种分离；一种是含所需要的微生物较少，在分离之前需要进行增殖培养处理，目的在于设法使所需要的微生物（目标微生物）大量生长起来，以利筛选。例如：在分离分解氰化物的微生物时，如果样品中这类微生物不多，可把样品加到含有氰化物的培养基中，使它们经过一段时间的培养后大量繁殖，再进行分离。通过这样的培养，也可以使不适于在有氰化物环境中生长的微生物不发展或少发展。

　　怎样从样品中分离出微生物的纯种？纯种分离一般用培养皿来进行。将样品或经增殖培养后的样品中的微生物用灭菌过的水进行稀释后倒入培养皿，然后再倒入融化的固体培养基溶液，摇动均匀，使菌体分散在培养基内。培养基冷凝成平板时分散的菌体就被固定，于是经一定时间的培养后，这种被固定的单个菌体便繁殖形成一个个能被肉眼看到的菌落。这种由单个菌体发展成的菌落就是我们所需要的纯种。这种分离微生物的方法称为稀释平板法。

　　分离也可以采用划线的方式来完成。可以用接种环蘸取样品稀释液，以图 16-5 的形式轻轻地在平板培养基上顺序划线。由于蘸到接种环上的微生物多，在开始的一些线段上，微生物可能分离不开，但逐渐就可以分离出单个的菌落。这种在平板上划线的方法称为平板划线法。

　　上述样品稀释的目的是为了使培养皿上形成的菌落不过于密集，影响菌种的分离。如果样品中含微生物不多，可以不作稀释。

　　对于接种针或接种环的材料，要求其烧灼时很快烧红，而离开火焰后又能很快冷却，且不易氧化和没有毒性；一般用白金丝或电热丝制造（图 16-6）。

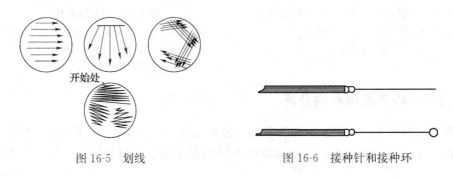

图 16-5　划线　　　　　　　　　　　图 16-6　接种针和接种环

　　根据上述操作获得单个菌落后，就可以挑选单纯的、不同类型的菌落，用接种环接种到斜面培养基，进行再培养，并进行性能测定，以确定符合生产要求的纯种。对于污水处理来说，就是要选出对于某种特定污水具有强大氧化分解能力的菌种，以便有效地处理污水。

　　表 16-2 为培养、分离微生物常用的培养基。

培养、分离微生物常用的培养基　　　　　　　　　　　　　　表 16-2

微　生　物	培　养　基
异养细菌	肉汁培养基
放线菌	淀粉培养基
酵母菌	麦芽汁培养基
霉　菌	土豆培养基、麦芽汁培养基

注：制备固体培养基时，可用琼脂做凝固剂。

图 16-7 所示为分离菌种的主要步骤。在操作中，所用器皿、培养基等在使用前都须进行灭菌。

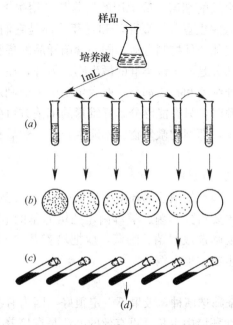

图 16-7　菌种分离的主要步骤

(a) 稀释培养液以使下一步中的平板上能够长出分离良好的单独菌落（每个试管中盛 9mL 无菌水，左面第一试管中加 1mL 培养液经充分摇匀后即稀释 10 倍，再从此试管取 1mL 混合液加到邻近的 1 个试管，此时即稀释 100 倍，以此类推，稀释至平板上长出的菌落很少为止）；(b) 一定量（如 0.1 或 0.5mL）的菌液接种在平板上培养后的菌落；(c) 从分离良好、菌落数在 10 个左右的培养皿上挑选不同菌落接种于斜面上；(d) 进一步用液体培养基培养并进行性能测定

这里，应当指出，培养条件的选择，是筛选过程中使目标微生物集中的关键因素。根据具体要求，常用的方法主要有以下几种：

1. 控制温度

温度是最便于控制的培养条件。一般微生物最适于生长的温度在 20～40℃ 之间，在 50℃ 以上一般微生物就停止生长。耐高温的微生物的最适温度为 50～60℃。所以要分离耐高温的微生物就要把培养皿放在 50～60℃ 的温度中去培养，一方面有利于这些微生物的生长，另一方面又可以排除其他微生物的干扰。

2. 控制空气量

如果是培养喜欢氧气的好氧微生物，培养容器内所装液体培养基的深度应当浅些，可以让空气比较容易透入下部。如采用固体培养基，就可照前面所介绍的那样，把培养基装在培养皿内，凝成较大的平面，制成所谓平板，或把培养基装在试管中，凝成斜面。如有条件，还可采用一种能够振荡的摇床，把装有液体培养基和菌种的培养瓶固定在摇床上，利用电动机的带动，不停地振荡，使瓶内的培养基不断搅拌，充分接触空气。摇床室应控制一定的温度。

培养厌氧微生物时，要设法把培养环境中的氧气排除。我们可以把培养容器放在密闭的器皿内，用真空泵把空气抽出，或利用吸收氧气的某些化学物质，把容器中的氧气除掉。

3. 控制培养基成分

对于一般依靠有机物生长的细菌，最常用的培养基是用牛肉膏、蛋白胨等调配而成。酵母和霉菌比较喜爱吃素，像土豆汁、豆芽汁和麦芽汁都是它们嗜好的"素菜"。放线菌可用淀粉进行培养。如果其他条件控制合适，同一含菌样品的稀释液在含有上述物质的培养基上发育起来的，绝大部分是属于该类群的微生物。另外，还可以控制培养基的碳源来分离某些微生物。例如，纤维素和石蜡都是一般微生物所不能利用的碳源，如果筛选所用培养基只加纤维素作为碳源时，只有能够分解纤维素的细菌方可生长。分离石油脱蜡的微生物时，如果用石蜡作碳源，那别的微生物就不能生长了。然后在这个基础上通过划线等方法进行分离。

4. 控制培养基的酸碱度（pH）

一般说来，细菌和放线菌在偏碱性的环境中生长得好；而酵母菌和霉菌在偏酸性的环境中生长得好。因此，如果要得到霉菌、酵母菌，把培养基的 pH 调到 3～6 即可抑制细菌、放线菌的生长；如果要筛选放线菌、细菌，应把培养基的 pH 调到 7 或 7 以上一些。但这不是绝对的，各种微生物中也有例外。

5. 使用抑制剂

利用控制 pH 的方法来筛选菌种，效果不一定很好，因为有些霉菌也可在中性环境中生长，有的细菌也可在酸性环境中生长。更有效的办法是在培养基中加入对细菌生长具有专性抑制作用的抑制剂。抑剂霉菌和酵母菌生长的抗生素，如灰黄霉素，对于细菌和放线菌没有抑制作用；抑制细菌和放线菌生长的抗生素，如青霉素、链霉素，对于霉菌和酵母菌没有抑制作用。在细菌中革兰氏染色阳性和阴性的细菌对于某些抗生素的反应也不同。例如青霉素在一定浓度时对于革兰氏阳性细菌具有抑制作用，而对于阴性细菌则没有作用。所以按照具体需要，在培养基中加入某些抗生素等抑制剂，对于筛选工作是很有帮助的。

除了上述这些控制培养条件的方法，还可能有很多方法可以采用，要根据需要和工作条件，发挥主观能动性，大胆实验，大胆创造。

最后，还应指出，将纯菌种直接投入生物处理构筑物内以处理污水目前还存在着一些问题。主要是：如果把大量分离出的适宜于分解某种物质的菌种投入，则这一类微生物在短时期内确能在处理构筑物内取得优势地位，从而提高该物质的去除效率。但是，污水中一般不仅仅含有 1、2 种污染物，生物处理构筑物内的微生物也是多种多样的，并且随时受到空气和土壤的污染，而自然界中微生物的生长则不但受到环境的影响，同时也受微生物之间相互作用的影响，所以处理构筑物内的优势菌种会随着条件的改变而发生变化。因此，菌种投入后经一定时间，处理效果有可能下降。

　　土壤内生长着各种各样的微生物，几乎可以提供污水生物处理所需的全部微生物。所以菌种分离的工作量虽然很大，但从土壤或其他一些样品中分离出适用于某种工业废水处理的菌种并不是太困难。更重要的问题在于如何把分离出的菌种有效地用到生产实践中去。此外，还须注意避免利用病原微生物来处理污水。

思 考 题

　　1. 为什么观察细菌的形态时，常需进行染色处理？

　　2. 什么叫单染色，什么叫复染色？

　　3. 什么是革兰氏染色法？这种染色法在细菌的鉴定上有何重要意义？

　　4. 普通显微镜最大可放大多少倍？在普通显微镜下最小可以看到怎样大小的物体？

　　5. 什么叫培养基？液体培养基和固体培养基在细菌检验中的应用如何？

　　6. 固体培养基是怎样配制的？为什么固体培养基上的每个菌落可以代表原来的一个细菌？

　　7. 怎样进行菌种的分离？

　　8. 什么是无菌操作？常见的无菌环境有哪些？

　　9. 利用纯菌种处理污水目前还存在着什么问题？

　　10. 什么叫灭菌？灭菌和消毒有什么区别？采用高压蒸汽灭菌法时，常用多少压力，多少温度？

第17章 微生物学基础实验

实验 1 显微镜的使用及微生物形态的观察

一、目的

1. 学习普通光学显微镜的使用方法①。

2. 结合生物滤池生物膜及曝气池活性污泥的观察,认识原生动物、菌胶团等微生物的形态,并学习测量微生物大小的方法。

二、实验材料

1. 生物滤池滤料、活性污泥法曝气池混合液。

2. 显微镜、目测微尺、物测微尺、载玻片、盖玻片等。

三、实验步骤

(一)显微镜的结构和各部分的作用

图 17-1 所示,是微生物检验常用的显微镜,其构造分机械和光学两部分。

机械部分主要包括:

1. 镜筒 镜筒长度一般是 160mm。它的上端装有接目镜,下端有回转板。回转板上一般装有 3 个接物镜。

2. 载物台 载物台是放置标本的平台,中央有一圆孔,使下面的光线可以通过。两旁有弹簧夹,用以固定标本或载玻片。有的载物台上装有自动推物器。

3. 调节器 镜筒旁有两个螺旋,大的叫粗调节器,小的叫细调节器,用以升降镜筒,调节接物镜与所需观察的物体之间的距离。

光学部分主要包括:

1. 接目镜 一般使用的显微镜具有 2~3 套接目镜,其上常刻有"5×"、"10×"或"15×"等数字及符号,表示使用时可放大 5

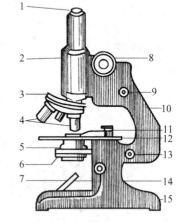

图 17-1 显微镜

1—接目镜;2—镜筒;3—回转板;4—接物镜;
5—集光器;6—光圈;7—反光镜;8—粗调节器;
9—细调节器;10—镜臂;11—弹簧夹;12—载物台;
13—倾斜关节;14—支柱;15—镜座

---

① 本实验先学习低倍镜和高倍镜的使用。关于油镜,在实验 3 中学习。

倍、10 倍或 15 倍。观察微生物时常用放大 10 倍或 15 倍的接目镜。

2. 接物镜　接物镜装在回转板上，可分低倍镜、高倍镜和油镜 3 种，其相应的放大倍数常是 10、40（或 45）、100（或 90）。通常显微镜的放大倍数等于接物镜与接目镜放大倍数的乘积。例如，用放大 40 倍的接物镜（高倍镜）与放大 10 倍的接目镜时所得的物象的放大倍数为 40×10＝400，如果用放大 15 倍的接目镜则放大倍数为 40×15＝600。接目镜装在镜筒上端，在使用过程中并不经常变动，所以通常所谓的低倍镜、高倍镜或油镜的观察主要是指使用不同的接物镜而言的。

油镜的放大倍数最大（90 或 100）。放大倍数这样大的镜头，焦距就很短，直径就很小，所以自标本玻片透过的光线，因介质密度（从玻片至空气，再进入油镜）不同，有些光线因折射或全反射，就不能进入镜头，致使射入的光线较少，物象显现不清。所以为了不使通过的光线有所损失，须在油镜与玻片中间加入和玻璃折射率（$n=1.52$）相仿的镜油（香柏油，$n=1.515$）。因为这种接物镜使用时须加镜油，所以我们称它为油镜（图 17-2）。一般的低倍或高倍镜使用时不加油，所以也称干镜。

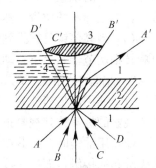

图 17-2　油镜加镜油的原理
1—空气；2—玻片；
3—油镜透镜；4—镜油

使用低倍镜和高倍镜时，一般做活体的观察，不进行染色。在观察细小动物时，低倍镜主要用来区别动物的种类及观察它们的活动状态，而高倍镜则可看清动物的结构特性，低倍镜容易看到标本的全貌，油镜在大多数情况下是用来观察染色的涂片。

3. 集光器　集光器在载物台的下面，用来集合由反光镜反射来的光线。集光器可以上下调整，中央装有光圈，用以调节光线的强弱。当光线过强时，应缩小光圈或把集光器向下移动。

4. 反光镜　反光镜装在显微镜的最下方，有平凹两面，可自由转动方向，以反射光线至集光器。

（二）显微镜使用和保护的方法

1. 低倍镜的使用法

（1）置显微镜于固定的桌几上。

（2）拨动回转板，把低倍镜移到镜筒正下方，和镜筒连接并对直。

（3）拨动反光镜向着光线的来源处。同时用眼对准接目镜（选用适当放大倍数的接目镜）仔细观察，使视野完全成为白色，这表示光线已经进入镜里。

（4）把载玻片放到载物台上，要观察的标本放到圆孔的正中央"＋"处。

（5）将粗调节器向下旋转，同时眼睛注视接物镜，以防接物镜和载玻片相碰。当接物镜的尖端距载玻片约 0.5cm 时即停止旋转。

（6）把粗调节器向上旋转，同时左眼向接目镜里观察。如标本显出，但不十分清楚，可用细调节器调节，至标本完全清晰为止。

（7）假如因旋转粗调节器太快，致使超过焦点，标本不能出现时，不应在眼睛注视接目镜的同时向下旋转粗调节器，必须从第（5）步做起，以防因没有把握的旋转，使接物镜与载玻片碰触。

（8）在观察时，最好两眼都能同时睁开。如用左眼看显微镜，右眼看桌上纸张，便可一面看一面画出所看到的物像。

2. 高倍镜的使用方法

（1）使用高倍镜以前，先用低倍镜检查，把要观察的标本放到视野正中。

（2）拨动回转板使高倍和低倍两镜头互相对换。当高倍镜移动到载玻片时，往往镜头十分靠近载玻片。这时必须注意是否因高倍镜靠近的缘故而使载玻片也随着移动。如果载玻片有移动的现象，则应立刻停止推动回转板，把高倍镜退回原处，再按照使用低倍镜的方法，校正标本的位置，然后旋动调节器，使镜筒稍微向上，再对换高倍镜。

（3）当高倍镜已被推到镜筒下面时，向镜内观察所显现的标本，往往不很清楚，这时可旋转细调节器，上下移动，但不要过分移动。

3. 油镜的使用法（此节在实验 3 中学习）

（1）如用高倍镜放大，倍数还不够，则须采用油镜。用油镜以前，先用高倍镜检查，把要观察的标本放到视野正中。

（2）用油镜时，在载玻片上加一滴镜油，然后拨动回转板对换高倍镜和油镜，使油镜头尖端和油接触，而后向接目镜观察。假如不清晰，可稍微转动调节器，但切记不要用粗调节器。

（3）用过油镜后，必须用擦镜纸或软绸将载玻片和油镜所粘着的油拭净。必要时，可略蘸二甲苯少许，揩拭镜头，最后用擦镜纸或软绸擦干。

4. 显微镜的保护方法

（1）显微镜应放置在干燥的地方，使用时须避免强烈的日光照射。

（2）接物镜或接目镜不清洁时，应当用擦镜纸或软绸揩擦。

（3）用完显微镜后，应当维护清洁，恢复原状，立即放到镜匣中。

（三）目测微尺和物测微尺及其使用的方法

1. 目测微尺　目测微尺是一圆形玻片，其中央刻有精确的刻度（图 17-3）。刻度的大小，随使用的接目镜和接物镜放大的倍数以及镜筒的长度而改变。使用前，应先利用物测微尺进行标定。

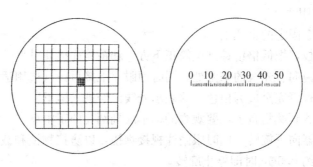

图 17-3　目测微尺

2. 物测微尺　物测微尺系一厚玻片，中央有一圆形盖片（图 17-4）。上有 100 等分刻度，每等分的长度为 1/100mm，即 10μm。使用时，先将目测微尺装入接目镜的隔板上，使刻度朝下；把物测微尺放在载物台上，使刻度朝上，用平常观察

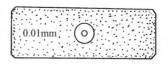

图 17-4　物测微尺

标本的方法，先找到物测微尺的刻度，再移动物测微尺与目测微尺使两者的第一线相合，然后计算物测微尺的每一小格内有目测微尺的小格若干个，于是计算后者刻度所表示的长度。如物测微尺的一小格相当于 5 个目测微尺的小格，则目测微尺在此种条件下，其每格的长度即等于 10/5 或 $2\mu m$。如在同样条件下测量物体，而物体之长恰为目测微尺的两小格，宽为半小格，则可知此物体的大小为 $1\mu m \times 4\mu m$。

（四）活性污泥和生物膜的观察

活性污泥法曝气池中的活性污泥和生物膜法构筑物中的生物膜是生物法处理废水的工作主体。它们是由细菌、霉菌、酵母菌、放线菌、原生动物等微生物，以及后生动物如轮虫、线虫等与废水中的固体物质所组成。本实验主要是观察活性污泥和生物膜的结构及菌胶团的形状，辨认活性污泥与生物膜的组成之一——原生动物的形态特征和运动方式等。

1. 标本的制备

（1）活性污泥

1）取活性污泥法曝气池混合液一小滴，放在洁净的载玻片的中央（如混合液中污泥较少，可待其沉淀后，取沉淀污泥一小滴加到载玻片上；如混合液中污泥较多，则应稀释后进行观察）。

2）小心地用洗净的盖玻片覆盖。这样，就制成了活性污泥的标本。加盖玻片时应使其中央已接触到水滴后才放下，否则会在片内形成气泡，影响观察。

（2）生物膜

1）从生物膜法的构筑物内刮取生物膜一小块，用蒸馏水稀释，制成供显微镜观察用的菌液。对于用石子作滤料的生物滤池，也可取石子一小块，置于冲洗干净的烧杯中，加蒸馏水少许和干净的玻璃珠，摇荡数分钟，使滤料上的生物膜脱落在水中，去掉滤料，再摇荡数分钟，做成菌液（如太浓，不易在显微镜下观察，可进行稀释）。

2）取菌液一小滴，置于洁净载玻片的中央，用洗净的盖玻片覆盖（注意不要有气泡）以备显微镜观察之用。

2. 显微镜观察

（1）低倍镜观察

1）在选定的接目镜下，利用低倍镜，确定目测微尺一格的长度（单位以 μm 计）。

2）观察所制备的微生物标本玻片，画出所见原生动物、菌胶团等微生物的形态草图。选择一个原生动物，量出其尺寸。

3）记下观察所用接目镜和接物镜的放大倍数和算出显微镜的放大倍数。

（2）高倍镜观察

1）改用高倍镜观察，画出微生物的形态草图，并与用低倍镜所看到的比较，注意其不同点。

2）记下显微镜的放大倍数。

四、思考题

1. 使用显微镜时，哪些地方须特别注意？

2. 使用低倍镜时，显微镜的放大倍数一般最大可达多少？使用高倍镜时显微镜的放大倍数是怎样呢？在什么时候才需要使用油镜？

3. 为什么目测微尺必须用物测微尺标定? 在某一放大倍数下, 标定了目测微尺, 如果放大倍数改变, 它还需重新标定否?

实验 2　微型动物的计数

一、目的

测定活性污泥法曝气池混合液中微型动物的数目。

二、实验材料

1. 活性污泥法曝气池混合液。

2. 显微镜、小量筒、滴管等。

3. 计数板　应购买适用于微型动物的计数板。由于微型动物, 即使是原生动物, 也比细菌大得多, 一般的细菌或血球计数板不太适用。如果确实无法买到微型动物计数的计数板则可按照上海织袜四厂和上海师范大学生物系所介绍的微型动物计数板制作方法制备。但在制备过程中需注意安全。具体制备步骤如下:

采用厚质玻璃割成 9cm 长, 4cm 宽的长方块, 玻璃厚度以 0.3~0.4cm 为宜。利用氢氟酸腐蚀法, 使玻板中央刻上 10×10=100 个小方格, 小方格的大小没有严格规定, 只要一片大号盖玻片能盖满格子有余和便于在显微镜下计数就可以了。用大号盖玻片切成宽约 0.7cm 的玻条, 用阿拉伯树胶粘在计数用的小方格的四周, 使呈一圈凸起的边框。这样, 就制成了一块微型动物计数板, 如图 17-5 所示。

关于氢氟酸腐蚀法划方格的方法是先将玻璃表面涂一层薄而均匀的石蜡, 然后用尖针在石蜡层上刻出所要求的方格, 再以氢氟酸蒸汽进行重蒸。

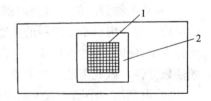

图 17-5　微型动物计数板
1—小方格; 2—凸起的边框

三、计数方法及步骤

1. 将活性污泥法曝气池混合液轻轻搅拌均匀; 如混合液较浓, 则可稀释成 1:1 的液体 (稀释方法: 取 10mL 量筒一个, 加混合液 5mL, 再加蒸馏水 5mL, 轻轻搅拌均匀, 即成 1:1 稀释液)。

2. 取洗净的滴管一支 (滴管每滴水的体积应预先标定, 一般每一滴水的体积约为 1/20mL), 吸取摇匀的混合液或已稀释的混合液, 加一滴到计数板的中央方格内, 然后加上一块洁净的大号盖玻片, 使盖玻片的四周正好搁在计数板四周凸起的边框上, 侧视如图 17-6 所示。

3. 用低倍显微镜进行计数　注意所滴加的液体不一定布满整个 100 格小方格, 在显微镜下计数时只要把充有液体的小方格, 挨着次序一行行的计算即可。同时, 记录各种动物的活动能力、形态结构等。

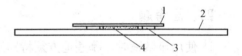

图 17-6　微型动物计数板 (侧视)
1—盖玻片; 2—计数板; 3—凸起的边框; 4—稀释液

原生动物中有不少种类是群体，须将群体和群体上的个体分别计数。

4. 计算　假设在一滴水中测得钟虫 30 只，则每 mL 混合液中含有钟虫 30×2×20＝1200 只，如测得轮虫 10 只，则每毫升混合液含轮虫 10×2×20＝400 只（如滴管每一滴体积为 1/20mL，所观察的液体是 1∶1 稀释的曝气池混合液）。

实验记录表见表 17-1。

实验记录表
表 17-1

动物名称	每滴稀释液中的虫数	每毫升混合液中的虫数	状态描述

注：（1）如无计数板，则可用下法进行计数：

　　1）取洗净的滴管 1 支（其每一滴水的体积应预先标定）吸取混合均匀的曝气池混合液或已稀释的混合液，滴 1 滴在载玻片的中央，以盖玻片（以方形为好）轻轻盖好水滴，要避免盖玻片内形成气泡。

　　2）将标本放在显微镜低倍镜下计数。计数时，先将视野放在盖玻片的右上角（可根据各人的习惯，也可放在另一角）。然后移动玻片，视野即可随之从上而下，从右到左通过：当前一个视野数完，并作好记录后，再换第二个视野，如此往复将整个盖玻片下面的动物全部计数完毕：注意在调换视野时，不可使相邻的视野重叠或遗漏，然后换算成 1mL 混合液中的动物数。

　　3）生物滤池和生物转盘上的生物膜形成胶状，浓度大，一般都须稀释后计数，其适当的稀释比可在实践中摸索。

　　4）上述计数方法主要仅适用于原生动物和轮虫，对个体较大的微型动物和线虫等。则须加大计数容量，以免造成误差。

（2）为了避免微生物游动而影响计数，可用接种环加一环氯化汞（HgCl$_2$）饱和溶液以杀死微生物。

实验 3　细菌、霉菌、酵母菌、放线菌形态的观察

一、目的

1. 进一步掌握显微镜的使用方法。

2. 观察几个典型细菌的形态（示范片）。

3. 观察几个典型细菌的构造（示范片）。

4. 观察霉菌、酵母菌、放线菌的形态和构造，以便找出它们之间及与细菌之间的区别点。

二、实验材料

1. 显微镜、擦镜纸、镜油（香柏油）、二甲苯等。

2. 示范片

（1）金黄色葡萄球菌、肺炎双球菌、四联球菌、脲八叠球菌、链球菌、球衣细菌、大肠杆菌、霍乱弧菌等。

（2）枯草杆菌芽孢、假单胞杆菌鞭毛、固氮菌荚膜等。

（3）酵母菌、霉菌、放线菌等。

三、实验内容和方法

1. 复习显微镜的使用方法，重点放在油镜的使用部分。

2. 严格按照显微镜的使用方法，依次逐个观察细菌的形态、构造及酵母菌、霉菌、放线菌的形态。分别绘出其形态、构造图。

实验4　微生物的染色

一、目的

学习微生物涂片染色的操作技术，掌握微生物的普通染色法（单染色法）和革兰氏染色法。

二、实验材料

1. 菌种（由实验室提供）。

2. 显微镜、载玻片、接种环、酒精灯等。

3. 染料

（1）单染色染色剂

1）亚甲蓝染色液

甲液：亚甲蓝 0.3g 溶于 30mL 95％酒精

乙液：氢氧化钾（KOH）0.01g 溶于 100mL 蒸馏水

配好的甲液和乙液混合即可。

2）苯酚品红染色液

甲液：碱性品红 0.3g 溶于 10mL 95％酒精（将碱性品红在研钵中研磨后，逐渐加入 95％的酒精，继续研磨使之溶解。）

乙液：苯酚 5g 溶于 95mL 蒸馏水

混合甲、乙两液即成所谓原液。使用时可将此原液稀释 5～10 倍，稀释液易变质失效。一次不宜多配。

此外，也可用医用甲紫（俗称紫药水），经滤纸过滤杂质后，用水冲淡一倍，作为染色剂。

（2）革兰氏染色剂

1）草酸铵甲紫染色液

甲液：甲紫 2.5g 溶于 25mL 95％酒精

乙液：草酸铵 1g 溶于 100mL 蒸馏水

混合甲、乙两液即成。

2）碘液

先将 2g 碘化钾溶解在一小部分蒸馏水中，再将 1g 碘溶解在碘化钾溶液中，然后加入蒸馏水使总体积至 300mL。

3）沙黄染色液

沙黄（蕃红）2.5g 溶于 100mL 95％酒精

取上述配好的沙黄酒精溶液 10mL 与 90mL 蒸馏水混匀,即成沙黄稀释液,作革兰氏染色用。

三、操作方法及步骤

(一)单染色

1. 涂片　在洁净的载玻片上先作一记号,以免弄错正反面,在其中央滴 1 滴无菌水或生理盐水(0.85%NaCl),用烧灼、冷却过的接种环取少量菌体至载玻片水滴中,和匀后涂成薄片,薄片面积不宜过大。对于活性污泥,可用滴管取其 1 滴,置于玻片上铺成一薄层即可。图 17-7 说明从试管中采取菌体制备涂片的无菌操作过程。接种环用后必须再度烧灼灭菌。

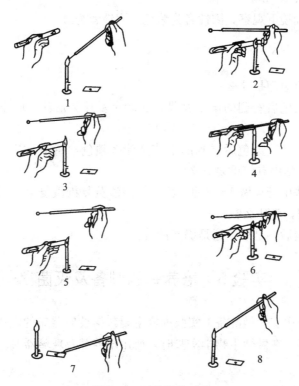

图 17-7　无菌操作过程

1—烧灼接种环；2—拔去棉塞；3—烘烤试管口；4—挑取小量菌体；5—再烘烤试管口；

6—将棉塞塞好；7—做涂片；8—烧去残留的菌体

2. 干燥　在空气中自然干燥,使菌体的位置不再移动(也可将玻片置酒精灯火焰高处稍稍加热以干燥之,涂抹面应向上)。

3. 固定　于酒精灯火焰中通过 3～4 次(以玻片与手接触面感到稍微烫手为度),使菌体固定于玻片上而不易脱落。固定也可使标本容易着色。

4. 染色　放标本于水平位置,在上面滴加亚甲蓝或苯酚品红染色液。染色时间长短,随不同染色液而定(亚甲蓝约染 3～5min,苯酚品红约 1～2min)。

5. 水洗　染色达到需要的时间后,倾去染色液,并以水冲洗,至冲下的水无色时为止,注意使水柱由玻片上端流下,避免直接冲在涂片处。

6. 吸干 在空气中自然干燥，或用吸水纸吸干后，用油镜观察。

（二）革兰氏染色

1. 将实验所供菌种按单染色法作涂片、干燥并固定。

2. 在涂面上，加草酸铵甲紫染色液一滴约 1min 后，水洗。

3. 加碘液 1min 后，水洗。

4. 斜置载玻片于一烧杯之上，滴加 95％酒精脱色，并轻轻摇动载玻片，至流出的酒精不现紫色时立即停止滴加（约滴加 0.5～1min），随即水洗。为了节约酒精，也可将酒精滴至涂片上，静置 0.5～1min 后水洗。酒精脱色程度必须严加掌握。如脱色过度，则阳性菌会被误染为阴性菌，而脱色不够时，阴性菌将被误染为阳性菌。

5. 加沙黄复染液 0.5min，水洗。

6. 吸干，置于油镜下观察，阳性者为紫色，阴性者为红色。

四、思考题

1. 微生物的染色原理是什么？

2. 你用单染法染色后看到的微生物是什么颜色？什么形状？画出所观察到的微生物的草图。

3. 你用革兰氏染色法染色后看到的细菌是什么颜色，属于革兰氏阴性还是阳性？革兰氏染色法在微生物学中有何重要意义？

4. 革兰氏染色法中若只做 1～4 的步骤而不用沙黄复染液复染，是否能分出革兰氏阳性菌和革兰氏阴性菌，为什么？

5. 微生物经固定后，是死了还是仍然活着？

实验 5 培养基的制备及灭菌

本次实验可为下次实验做准备。实验内容主要包括玻璃器皿的洗刷、包装和培养基的制备以及灭菌技术等。在做微生物学实验时，所用培养基及玻璃器皿等均须进行灭菌。

一、目的

1. 学会玻璃器皿的洗涤和灭菌前的准备工作。

2. 掌握培养基配制和无菌水制备的方法。

二、实验材料

1. 培养皿（又称平皿，直径 90mm）、试管、吸管、锥形瓶、烧杯等。

2. 纱布、棉花、报纸、牛皮纸。

3. pH 试纸 6～8.4（或 pH 电位计或氢离子浓度比色计）、洗液、10％HCl、10％NaOH。

4. 牛肉膏、蛋白胨、氯化钠、琼脂、蒸馏水。

5. 高压蒸气灭菌器、烘箱、冰箱、电炉等。

三、实验内容

（一）玻璃器皿的洗刷与包装

1. 洗刷

玻璃器皿在使用前必须洗刷干净。培养皿、试管、锥形瓶等可先用去污粉或肥皂洗刷，然后用自来水冲洗。吸管则先用洗液浸泡，再用水冲洗。洗刷干净的玻璃器皿应放在烘箱中烘干。

2. 包装

（1）培养皿由一底一盖组成一套，按实验所需的套数一起用牛皮纸包装。

（2）吸管应在吸端用铁丝塞入少许棉花，构成 1～1.5cm 长的棉塞，以防止细菌吸入口中，并避免将口中细菌吹入管内。棉花要塞得松紧适宜，吸时既能通气，又不致使棉花滑入管内。将塞好棉花的吸管的尖端，放在4～5cm宽的长纸条的一端，吸管与纸条约成45°交角，折叠包装纸包住尖端（图17-8），用左手将吸管压紧，在桌面上向前搓转，纸条即螺旋式地包在管子外面，余下纸头折叠打结，按照实验需要，可单支包装或多支包装，以备灭菌。

培养皿和吸管也有放在特制容器内进行灭菌的。

（3）试管和锥形瓶等的管口或瓶口均需用棉花塞堵塞。

做好的棉塞，四周应紧贴管壁和瓶口，不留缝隙，以防空气中微生物会沿棉塞皱折侵入。棉塞不宜过松或过紧，以手提棉塞，管、瓶不掉下为准。棉塞的2/3应在管内或瓶口内，上端露出少许，以便拔塞。棉塞的大小及形状应如图17-9所示。在制作培养基的过程中，如不慎将棉塞沾上培养基时，应用清洁棉花重做。

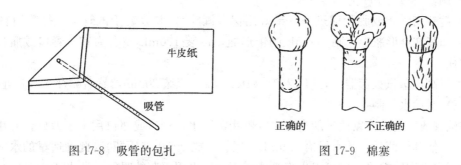

图 17-8　吸管的包扎　　　　　图 17-9　棉塞

待灭菌的试管和瓶子的口都要用牛皮纸包裹，并用线捆扎后存放在铁丝篓内（用纸包裹是为了避免灭菌时冷凝水淋湿棉塞），以备灭菌。

（二）培养基的制备

1. 步骤

（1）配制溶液　按培养基的配方，称取各种原料。取适量的烧杯盛所需水量，依次将各种原料加入、溶解。难溶的原料如蛋白胨、肉膏、琼脂等需加热溶解，这时，当原料全部溶解后应加水补充因蒸发损失的水量。加热时应不断搅拌以防原料在杯底烧焦。

（2）调整pH　用pH试纸（或pH电位计或氢离子浓度比色计）测定培养基溶液的pH。按要求以 10% HCl 或 10% NaOH 调整至所需的 pH。

（3）过滤　用纱布、滤纸或棉花过滤均可。如培养基内杂质很少，可省略过滤。

（4）灭菌　液体培养基可用高压蒸汽灭菌或过滤灭菌，固体培养基一般只能用高压蒸汽灭菌。

（5）分装　将培养基分装在试管和锥形瓶内。要使培养基直接流入管内或瓶内，注意防止沾污上段管壁或瓶壁，并避免浸湿棉塞。

装入试管或锥形瓶的培养基量，视试管或瓶子的大小及需要而定。一般制备斜面培养基时，每支试管装入的量约为试管高度的 1/4～1/3。

（6）斜面培养基的制作　将装含有琼脂的培养基的试管经灭菌后，趁热搁置在木条或木棒上，使试管呈适当的斜度（切勿倾斜过小，以免培养基沾污棉塞）。待培养基凝固后，即成斜面（图 16-3）。

2. 营养琼脂培养基（肉膏、蛋白胨、琼脂培养基）　营养琼脂培养基是一种固体培养基，本实验制备后可供活性污泥纯种分离和细菌总数测定之用。

（1）成分

蛋白胨	2.5g
牛肉膏	0.75g
氯化钠	1.25g
琼脂	3.5～5g
蒸馏水	250mL

（2）制法

1）将上列成分混合后，煮沸至琼脂完全溶解。在加热过程中，应不断搅拌。

2）用蒸馏水补充因蒸发而损失的水量。

3）调整溶液的 pH 为 7.4～7.6。

4）趁热用纱布或脱脂棉过滤（最好用保温漏斗），并分装于试管中，每管约装 10～15mL。如装在锥形瓶中，则 250mL 的锥形瓶，以装 100mL 左右为宜。管口或瓶口均以棉花塞住。

5）置高压蒸汽灭菌器中，以 121℃（1kg/cm²）灭菌 20min，然后贮存于冷暗处备用。

（三）无菌水的制备

在试管或瓶内先盛以适量的自来水（不用蒸馏水，管口或瓶口用塞子塞好，并用牛皮纸扎紧），使其灭菌后，其水量恰为 9mL（用管）或 99mL（用瓶）。此种适量的水体积可在灭菌器内由实验求得。也可以先将管或瓶灭菌，再用灭菌的吸管（所谓无菌吸管）取灭菌的自来水 9mL 或 99mL 加入管或瓶中。无菌水常用来稀释水样。

（四）高压蒸汽灭菌

上面所准备好的一切玻璃器皿、培养基等均需进行灭菌。本实验用高压蒸汽灭菌器灭菌，其操作和注意事项如下：

1. 加水。热源为煤气灯或电炉者，需先加蒸馏水或去离子水至器内底层隔板以下 1/3 处。有加水口的，水由加水口加入，由玻璃管看水位至止水线即停止加水。若热源为蒸汽，则不必加水。

2. 把需要灭菌的器物放入灭菌器内，关严灭菌器盖，勿使漏气。

3. 打开出气口。

4. 点火。如热源为蒸汽，则应慢慢打开蒸汽进口，不要让蒸汽过猛地冲入灭菌器内。

5. 器内水沸腾以后，蒸汽逐渐驱除器内原有的冷空气。如灭菌器装有温度计，当指针指到读数 100℃ 时，证明器内已经充满蒸汽，可以关闭出气口。如没有温度计，则当出气口排出的蒸汽相当猛烈时，可以认为灭菌器内冷空气已经全部被蒸汽驱尽，可以关闭出气口。这一点应特别注意，因为如果冷空气没有排尽，器内虽然达到了一定的压力，但并不会达到相应所需的温度。

6. 关闭出气口后，器内蒸汽将不断增多，压力和温度随着升高。当蒸汽压达到所需的压力时，即为灭菌开始时间，这时要调节火力大小，以维持所需的压力。灭菌时间的长短由灭菌物品决定。玻璃器皿、无菌水、营养琼脂培养基可用 $1kg/cm^2$（121℃）的压力灭菌 20min，含葡萄糖或乳糖的培养基用 $0.7kg/cm^2$（115℃）的压力，灭菌 20min。

7. 灭菌时间到达后，停止加热。

8. 待压力计指针降到"0"时，打开出气口。如过早打开，管内和瓶内的培养基会因压力骤降，而温度并不同时很快下降，以致培养基沸腾，沾污棉塞。

9. 揭开器盖，取出灭菌的物品，将器内剩余的水放掉。

10. 待已灭菌的物品冷却后，置阴凉处。

本实验，除学习培养基制备和高压灭菌法外，还要为下次实验做好准备。所以所用培养皿、吸管、试管、锥形瓶、烧杯等玻璃器皿以及无菌水、培养基等的量均须根据下次实验所需准备。

四、思考题

1. 培养基是根据什么原理配制的？营养琼脂培养基中的成分各起什么作用？
2. 为什么湿热灭菌比干热灭菌优越？

实验 6　微生物纯种分离、培养及接种技术

本实验的对象是活性污泥中微生物的纯种分离和培养。通常，在处理不同水质的废水时，起作用的微生物群和种类也不同。我们除可用显微镜直接观察微生物形态，大致了解其中的微生物种群外，更重要的还必须研究是哪些种类的微生物对该种废水起生物氧化作用、其作用原理是什么、产生什么产物等，以便提高处理效果。此外，有时我们还需从土壤环境中分离和培养纯菌种来处理工业废水。因此，为了从事以上这些研究工作，就必须学习微生物纯种分离、培养及接种的技术，进而再学会做微生物生理生化反应的实验，为废水处理服务。在给水处理的细菌检查中，细菌的分离、培养和接种也是一个重要环节。

微生物纯种分离的方法，已在第 16 章 16.2 节中提到，有两种：稀释平板法和平板划线法。在本实验中仍要学习这两种方法。

一、实验材料

1. 无菌培养皿（直径 90mm）、无菌吸管、无菌锥形瓶、无菌试管、5 管无菌水（每

管有 9mL 灭菌过的自来水）。

2. 营养琼脂培养基（已灭菌的）、活性污泥。

3. 接种环、酒精灯（或煤气灯）、恒温箱（培养箱）等。

以上器材，除活性污泥、接种环、恒温箱等外，均在实验 5 中准备好。

二、操作方法及步骤

（一）活性污泥的纯种分离与培养

1. 稀释平板分离

（1）取样

从活性污泥法曝气池中取活性污泥若干，置于无菌试管、无菌锥形瓶或无菌烧杯中（须取用有代表性的样品）。

（2）稀释水样

1）将 5 支装有 9mL 无菌水的试管以 0.1、0.01、0.001、0.0001、0.00001（或 10^{-1}、10^{-2}、10^{-3}、10^{-4}、10^{-5}）依次编号。

2）以无菌操作，用 1mL 的无菌吸管吸取 1mL 活性污泥置于第一管无菌水中，将吸管吸洗 3 次，摇匀，即为稀释 10 倍的菌液。再从此 0.1 浓度的菌液中吸取 1mL，置于第二管中，将吸管吸洗 3 次，摇匀，即为稀释 100 倍的菌液，以同样方法，依次类推，分别得到稀释 10^3 倍、10^4 倍及 10^5 倍的菌液，所得菌液分别为 0.1、0.01、0.001、0.0001 及 0.00001（即 10^{-1}、10^{-2}、10^{-3}、10^{-4} 及 10^{-5}）等浓度。稀释过程可参阅图 16-6。

（3）平板的制作

1）将无菌培养皿编号 0.1、0.01、…、0.00001（10^{-1}、10^{-2}、…、10^{-5}）。

2）另取一支 1mL 的无菌吸管从浓度最小的 10^{-5} 的菌液开始，依次分别取 0.5mL 菌液于相应编号的培养皿内（每个浓度做 3 个平板）。每次吸取时，吸管都应在菌液中反复吸洗几次。

3）在稀释菌液的同时，就要将营养琼脂培养基加热融化，待融化的培养基冷到 40～50℃左右（温度不可过高，否则微生物容易被烫死；温度过低，培养基容易凝固，平板不平。如果经验不足，可将培养基瓶置于 45℃ 水浴锅中降温。但所需时间较长。）时，倾注 10～15mL 入上述盛有菌液的培养皿内（每一培养皿内应加入的培养基量须根据皿的大小决定，以能使培养皿底部铺满培养基而形成厚约 2～3mm 的薄层为适当，在直径为 90mm 的培养皿内注入 10～15mL，可满足此要求），如图 7-2 所示。

在倾注前，应先将盛有培养基的管子的管口或瓶子的瓶口在火焰上微烧一周。培养基倾入后迅速盖上皿盖，平放桌上，轻轻转动，使培养基和稀释菌液充分混合均匀，冷却后，即成平板。将培养皿倒置于 30℃ 的恒温箱中培养 24h，观察有无菌落长出。培养皿所以要倒置是为了防止培养基内水分蒸发到皿盖上而使培养基变干。

2. 平板划线分离

（1）取样　同前。

（2）制备平板培养基　将融化的营养琼脂培养基以无菌操作倒入无菌的空培养皿内（操作方法同前，但培养皿内未加入菌液）。加盖，在平桌上转动，凝固后即成所需的平板。

（3）划线　以无菌操作，右手持经烧灼灭菌冷却的接种环从装有活性污泥的器皿中取一环活性污泥。同时左手持培养皿，以中指、无名指和小指托住皿底，拇指和食指夹住皿盖稍倾斜，左手拇指和食指将皿盖掀起一些，右手把接种环伸入培养皿，将一环活性污泥在平板表面轻轻地划线（千万不要戳破培养基平板），可作平行划线、扇形划线，或其他连续化线。划线后，将皿盖盖好，并将培养皿倒置于 30℃ 恒温箱内培养 24h，则平板上即长出菌落。接种环用过后再烧灼灭菌。

（二）其他一些接种的操作技术

微生物的接种方法，除前面所提到的外，随着所用的培养基、实验目的等的不同，还有好几种，但是它们的基本操作都是类似的，并且都要严格注意无菌操作。

1. 斜面接种技术　这是将微生物从一个斜面培养基（或平板培养基）上接种到另一个斜面培养基上的方法，如图 17-10 所示。斜面培养基可用小试管（15mm×150mm）制备，每管约装 3～5mL（1/4～1/3 试管高度），如图 16-3 所示。

（1）将试管贴上标签、注明菌名、接种日期等。

（2）将培养好的菌种和斜面培养基的两支试管用大拇指和其他四指握在左手中，使中指位于两试管之间的部分。斜面向上，管口齐平，并使它们位于水平位置。

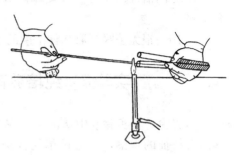

图 17-10　斜面接种

（3）将棉塞用右手拧转松动，以利接种时拔出。

（4）右手拿接种环，在火焰上将环烧灼灭菌，环上凡是在接种时可能进入试管的部分都应用火烧灼。

（5）在火焰旁，用右手拔掉棉塞。

（6）以火焰微烧试管口一周，烧灼时应不断地转动管口，使管口上可能沾污的少量菌或带菌尘埃得以烧去。

（7）将烧过的接种环伸入菌种管内，先将环接触没有长菌的培养基部分（如斜面的顶端），使其冷却，以免烫死被接种的菌种。然后轻轻挑取少许菌种，抽出接种环并迅速将接种环伸进另一试管，在培养基上轻轻划线（由底部向顶部划线）。

（8）接种完后，将接种环取出，将试管塞好棉塞。

2. 液体接种　这是由斜面培养基（或平板培养基）接种到液体培养基中的方法。

（1）操作方法与前同，试管可略向上斜，以免培养基流出。

（2）将取有菌种的接种环送入液体培养基时，可使接种环在液体表面与管壁接触的部分轻轻摩擦，接种后，塞上棉塞。将试管在手掌内轻轻转动，使菌体在培养基中均匀分散。

3. 由液体培养基接种液体培养基　接种用具为常用无菌吸管或无菌滴管。无菌操作注意事项与前同，吸管或滴管要预先经干热或湿热法灭菌，不能在火焰上烧灼。具体操作较简单，只要用无菌吸管或滴管从有菌的试管吸取一定量的培养液到另一管液体培养基中，塞好棉塞即可。

4. 穿刺接种　这是由斜面菌种接种到固体深层培养基的方法。培养基可装于大试管（20mm×220mm）内，每管约装 12～15mL。

（1）如前斜面接种操作，但用接种针（必须很挺直）取出少许菌种。

（2）用左手斜握盛有固体深层培养基的试管，用右手将接种针移入培养基，自中心刺入，直到接近管底，但不要穿透。然后沿穿刺途径慢慢将针拔出。这样，接种线整齐，易于观察。

将以上分离、接种的培养物置于恒温箱中在一定温度下培养一定时间后观察结果。

接种环和接种针用毕后均应再烧灼灭菌。

微生物的分离、培养、接种等操作，前已述及，最好在经紫外线灭菌的无菌室内或无菌箱内进行，要严格注意无菌操作。在没有无菌室或无菌箱的情况下，实验精度又要求不高时，则可在一般的实验室内进行，但必须特别注意无菌操作。

三、思考题

1. 分离活性污泥为什么要稀释水样？你考虑怎样来进行生物膜法生物膜的纯种分离和培养？

2. 用一根无菌吸管取几种浓度的水样时，应从哪一个浓度开始？为什么？

实验 7　纯培养菌种的菌体、菌落形态观察

本实验是将实验 6 中从活性污泥分离出来的几种微生物为材料，进行菌体形态、菌落形态特征的观察，并通过革兰氏染色，了解活性污泥中大体由哪些类群的微生物所组成。

一、实验器材

1. 显微镜、载玻片、接种环、酒精灯（或煤气灯）、恒温箱等。

2. 革兰氏染色液全套。

3. 实验 6 培养出来的各种菌种。

二、实验内容和方法

1. 接种斜面培养基　将前一天从活性污泥中分离培养出来的各种不同形态特征的菌落在无菌操作条件下，用接种环分别挑取少许菌种接种到各个斜面培养基上，塞好棉塞，放在试管架上，置于 30℃恒温箱中培养 36h 后，进行观察。

2. 菌落形态特征的观察　由于微生物个体的表面结构、分裂方式、运动能力、生理特性以及产生色素的能力等各不相同，因而个体在固体培养基上的情况各有特点。按照微生物在固体培养基上形成的菌落的特征，可粗略地辨别是何种类型的微生物。应注意菌落的形态、结构、大小、菌落高度、颜色、透明度、气味及黏滞性等。一般来说，细菌和酵母菌的菌落比较光滑湿润，用接种环容易将菌体挑起。放线菌的菌落硬度较大，干燥致密，且与基质紧密结合，不易被针或环挑起。霉菌菌落常长成绒状或棉絮状。

如果要鉴定菌种，则对微生物在斜面培养基上及液体培养基中生长的特征都应比较详细地观察。在斜面培养基上观察菌落生长旺盛程度、形状、颜色及光泽等。在液体培养基中则观察浑浊度、有无沉淀、液体表面生膜与否、膜的形状等。在穿刺接种时则观察菌落

在基质表面的情况、菌落的延伸情况以及是否液化培养基和液化的情况等。观察时绘出菌落形态特征图。本实验只学习观察一般微生物菌落形态特征，不作菌种鉴定。所以，只做琼脂平板和琼脂斜面的观察，并同时结合微生物个体形态观察，以达到了解和熟悉几种微生物的菌落形态和个体形态特征。

3. 微生物个体形态观察　在观察了已培养好的各种微生物菌落形态以后，用革兰氏染色法染色，进行显微镜油镜的观察，并绘制形态图。

三、思考题

你从活性污泥中分离出几种微生物？其菌落形态和个体形态是怎样的？革兰氏染色呈什么反应？

实验 8　微生物的生理生化特性

微生物的代谢与呼吸，主要依赖于酶的活动。各种微生物具有不同的酶类，因此，它们对某些含碳化合物及含氮化合物的分解利用情况不同，代谢产物也有所不同。所以，我们可以利用各种微生物生理生化反应的特点来作为鉴别它们的一种依据。

在水处理工程中，水源水要经过处理后才能供给用户。饮用水要求清澈、无色、无臭，更重要的是没有病原菌。因此，自来水在出厂以前要作水质的物理化学分析和细菌检验。本实验结合给水净化工程中的细菌检验，作细菌总数和大肠菌群的测定。通过大肠菌群的测定，了解大肠杆菌的生理生化特性。

大肠菌群数系指每升水样中所含有的有大肠菌群的数目。大肠菌数一般包括大肠埃希氏杆菌、产气杆菌、枸橼酸杆菌和副大肠杆菌。本实验的发酵试验采用含有乳糖的培养基，故测定结果不包括副大肠杆菌。

细菌总数是指 1mL 水样在营养琼脂培养基中，于 37℃经 24h 培养后，所生长的细菌菌落的总数（实际上所表示的是腐生细菌的数目。腐生细菌在营养琼脂培养基上所形成的菌落呈白色细点状）。

一、实验器材

1. 水样瓶　任何具有玻璃塞、质量良好的玻璃瓶都可用。
2. 吸管、试管、锥形瓶等。
3. 稀释瓶　稀释水样所用的玻璃瓶最好为瘦长形，并具有严密的玻璃塞，其容量要比实际用的水量大二倍，有时可在普通试管上加塞，作为稀释管。瓶口或管端须以纸或纱布包好扎紧。
4. 培养皿（平皿）　一般采用直径 90mm，高 15mm 的。
5. 发酵管和发酵瓶（图 17-11）　发酵管有大小之别，小发酵管可用 15mm×150mm 的试管，大发酵管和发酵瓶须有 200mL 以上的容量。管和瓶内都须装倒置的小试管（直径一般 5～10mm，长 20～40mm，小发酵管取用较小的小试管，大发酵管和发酵瓶取用较大的小试管），这种小试管常称为倒管，用以聚集气体。
6. 接种环。

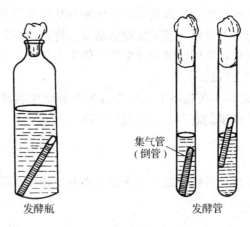

集气管
（倒管）

发酵瓶　　　　　　　　　发酵管

图 17-11　发酵瓶和发酵管

7. 细菌滤器。

8. 滤膜。

9. 高压蒸汽灭菌器。

10. 恒温箱（培养箱）。

11. 电冰箱。

12. 显微镜。

13. 镜油（香柏油）、二甲苯、擦镜纸等。

14. 普通放大镜　能放大五倍以上。

15. pH 电位计（或氢离子浓度比色计或 pH 精密试纸）。

以上是一些主要的实验用具。测定细菌总数时需要 1、2、3、4、9、10、11、14、15 等用具；发酵法检验大肠菌群时需要 1、2、3、4、5、6、9、10、11、12、13、15 等用具；滤膜法检验大肠菌群则基本上需要上述全部用具。

二、培养基及染色试剂

本实验所需培养基及染色试剂有如下几种：

营养琼脂培养基　　　　　　供细菌总数测定用

乳糖蛋白胨培养基　　　　　供大肠菌群检验"发酵法"用

浓乳糖蛋白胨培养基　　　　供大肠菌群检验"发酵法"用

品红亚硫酸钠培养基（甲）　供大肠菌群检验"发酵法"用

品红亚硫酸钠培养基（乙）　供大肠菌群检验"滤膜法"用

伊红亚甲蓝培养基　　　　　供大肠菌群检验"发酵法"用

乳糖蛋白胨半固体培养基　　供大肠菌群检验"滤膜法"用

革兰氏染色剂　　　　　　　供大肠菌群检验用

上述各种培养基及染色剂的成分与配制方法如下：

（一）营养琼脂培养基

成分及制法见实验5。

（二）乳糖蛋白胨培养基

1. 成分

蛋白胨　　　　　10g

牛肉膏　　　　　3g

乳糖　　　　　　5g

氯化钠　　　　　5g

1.6％溴甲酚紫乙醇溶液　1mL

蒸馏水　　　　　1000mL

2. 制法

（1）将蛋白胨、牛肉膏、乳糖及氯化钠加热溶解于 1000mL 蒸馏水中，调整 pH 为 7.2～7.4。

（2）加入 1.6％溴甲酚紫乙醇溶液 1mL，充分混匀，分装于小发酵管（内有倒管）中，每管装 10mL。

（3）置高压蒸汽灭菌器中，以 115℃（0.7kg/cm^2）灭菌 20min。

（4）贮存于冷暗处备用。

（三）浓乳糖蛋白胨培养基

按上述"乳糖蛋白胨培养基"浓缩 3 倍配制。分装于发酵瓶或发酵管（内有倒管）中。每个发酵瓶或大发酵管装 50mL，每个小发酵管装 5mL。

（四）品红亚硫酸钠培养基（甲）

1. 成分

蛋白胨　　　　　10g

乳糖　　　　　　10g

磷酸氢二钾　　　3.5g

琼脂　　　　　　20～30g

蒸馏水　　　　　1000mL

无水亚硫酸钠　　5g 左右

5％碱性品红乙醇溶液　20mL

2. 储备培养基的制备

（1）先将琼脂加至 900mL 蒸馏水中，加热溶解，然后加入磷酸氢二钾及蛋白胨，混匀使溶解，调整 pH 为 7.2～7.4 再以少量蒸馏水补足至 1000mL。

（2）趁热用脱脂棉或纱布过滤（最好用保温漏斗），再加入乳糖，混匀后定量分装于锥形瓶内，置高压蒸汽灭菌器中以 115℃（0.7kg/cm^2）灭菌 20min，贮存于冷暗处备用。

3. 平板的制备

（1）将上法制备的储备培养基加热融化。

（2）根据锥形瓶内培养基的量，用无菌吸管按比例吸取一定量的 5％碱性品红乙醇溶液置于无菌空试管中。

（3）根据锥形瓶内培养基的量，按比例称取所需的无水亚硫酸钠置于无菌空试管内，加无菌水少许使其溶解，再置于沸水浴中煮沸 10min 以灭菌。

（4）用无菌吸管吸取已灭菌的亚硫酸钠溶液，滴加于碱性品红乙醇溶液中至深红色退成淡粉红色为止。

(5) 将此亚硫酸钠与碱性品红的混合液全部加于已融化的储备培养基内，并充分混匀（防止产生气泡）。

(6) 立即将此种培养基适量倾入已灭菌的培养皿内（90mm 直径的培养皿约需培养基 10～15mL），待其冷却凝固后置冰箱内备用。此种已制成的培养基于冰箱内保存亦不宜超过 2 周。如培养基已由淡红色变成深红色，则不能再用。

(五) 品红亚硫酸钠培养基（乙）

1. 成分

蛋白胨　　　　　　10g

酵母浸膏　　　　　5g

牛肉膏　　　　　　5g

乳糖　　　　　　　10g

琼脂　　　　　　　20g

磷酸氢二钾　　　　3.5g

无水亚硫酸钠　　　5g 左右

5% 碱性品红乙醇溶液　20mL

蒸馏水　　　　　　1000mL

2. 培养基及平板的制备方法与"品红亚硫酸钠培养基（甲）"的制备法相同，但须加酵母浸膏和牛肉膏。

(六) 伊红亚甲蓝培养基

1. 成分

蛋白胨　　　　　　10g

乳糖　　　　　　　10g

磷酸氢二钾　　　　2g

琼脂　　　　　　　20～30g

蒸馏水　　　　　　1000mL

2% 伊红水溶液　　20mL

0.5 亚甲蓝水溶液　13mL

2. 储备培养基的制备

(1) 先将琼脂加入 900mL 蒸馏水中，加热溶解，然后加入磷酸氢二钾及蛋白胨，混匀使溶解，调整 pH 为 7.2～7.4 再以少量蒸馏水补足至 1000mL。

(2) 趁热用脱脂棉或纱布过滤（最好用保温漏斗），再加入乳糖，混匀后定量分装于锥形瓶中，置高压蒸汽灭菌器内以 115℃（0.7kg/cm²）灭菌 20min。贮存于冷暗处备用。

3. 平板制备

(1) 将上法制备的储备培养基加热融化。

(2) 根据锥形瓶内培养基的量，用无菌吸管按比例分别吸取一定量已灭菌的 2% 伊红水溶液及一定量已灭菌的 0.5% 亚甲蓝水溶液加入已融化的储备培养基内，并充分混匀（防止产生气泡）。

(3) 立即将此种培养基适量倾入已灭菌的培养皿内（对于 90mm 直径的培养皿，约需

10～15mL），待其冷却凝固后，置冰箱内备用。

（七）乳糖蛋白胨半固体培养基

1. 成分

蛋白胨	10g
牛肉膏	5g
酵母浸膏	5g
乳糖	10g
琼脂	5g 左右
蒸馏水	1000mL

2. 制法

（1）将上述成分加热溶解于 800mL 蒸馏水中，调整 pH 为 7.2～7.4，再用蒸馏水补充至 1000mL，过滤。

（2）分装于试管中，每管装入的培养基量均为试管容积的 1/3。

（3）在 115℃（0.7kg/cm²）高压蒸汽灭菌器内灭菌 20min，冷却后置于冰箱内保存。此培养基存放不宜过久，以不超过 2 周为宜。

（4）此培养基制成后，需用已知大肠菌群菌株进行鉴定，应在 6～8h 产生明显气泡。

（八）革兰氏染色剂

成分及配制方法见实验 4。

三、水样的采集和保存

用于细菌检验之水样较化学分析所用的尤应谨慎采取。所取水样必须要保证其代表性，并在收集和保存时不得有所污染，瓶中水样不应完全装满，以便于检验前能彻底摇匀。采集水样的容器，可用清洁硬质玻璃瓶。容器必须经高压灭菌，保证无菌，并需保证水样在运送、保存过程中不受污染。

如要从河湖或井水中取水，可用特制的采样器。图 17-12 所示的采样器系一金属框，内装有玻璃瓶，采样器的底部有重量，可随意坠入所需的深度，瓶盖上扎有绳索，拉起绳索即可打开瓶盖，松放绳索，瓶盖即自行盖上。取样前应对玻璃瓶先作灭菌[①]处理。采集时将采样器浸入水中，使采样瓶口位于水面下 10～15cm 深处。然后拉开瓶塞，使水进入瓶中。水样采集后，应将水样瓶中水样倒入无菌储样玻璃瓶中，或将水样瓶取出，立即用无菌棉塞塞好瓶口，以备检查。

采取自来水水样时，须先冲洗龙头，再用酒精棉烧灼灭菌，然后放水 5～10min，接着将瓶移上取水。

采取含有余氯的水样时，应在水样瓶未检验前按 500mL 水样加入 1.5％硫代硫酸钠溶液 2mL，以消除氯的作用。

水样采集和分析的间隔时间应尽可能缩短。水样采取与检验相隔时间应在 4h 内。

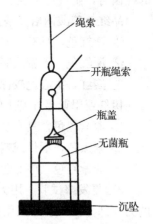

图 17-12　细菌采样器

（绳索）

（开瓶绳索）

（瓶盖）

（无菌瓶）

（沉坠）

---

① 经过灭菌的物品和器械统称"无菌"。

取样时要将取样日期、温度、水的来源、环境状况、水的用途等注明。

四、实验方法及步骤

（一）大肠菌群的检验

1. 发酵法

发酵法是根据大肠菌群能发酵某些糖类而产酸产气等特性来进行检验的。

（1）生活饮用水

按下列 3 个步骤进行检验：

1）初步发酵试验　在两个各装有已灭菌的 50mL 浓乳糖蛋白胨培养基的发酵瓶或大发酵管（内有倒管）中，以无菌操作各加入水样 100mL；在 10 支装有已灭菌的 5mL 浓乳糖蛋白胨培养基的小发酵管（内有倒管）中，以无菌操作各加入水样 10mL。混匀后置于 37℃恒温箱中培养 24h。观察其产气产酸的情况。

① 如无气体和酸产生，则为阴性反应，表示无大肠菌群存在。

② 如有气体和酸产生，或虽无气体产生，但有酸形成，则为阳性反应，表示此水可能为粪便污染，需作进一步的检验。

③ 如有气体形成，但没有产酸，溶液也不浑浊，则操作技术上有问题，须重做检验。

2）平板分离　用无菌接种环，从前一阶段所需进一步检验的发酵瓶或发酵管中沾取菌液，分别在品红亚硫酸钠培养基（甲）或伊红亚甲蓝培养基上划线。然后将培养皿倒置于 37℃恒温箱内培养 18~24h，记其结果如下：

① 如无细菌增殖现象，可认为是阴性反应，无大肠菌群存在。

② 如仅发现芒状、霉状或其他无关菌属的菌落，则表示无粪便性的污染。

③ 如发现有下列特征的菌落，则应取菌落的一小部分进行涂片、革兰氏染色、镜检。如涂片中没有革兰氏阴性的杆菌，则表示无大肠菌群存在；如涂片中有革兰氏阴性无芽孢的杆菌时，则进行复发酵试验。

品红亚硫酸钠培养基上的菌落：

① 紫红色，具有金属光泽的菌落。

② 深红色，不带或略带金属光泽的菌落。

③ 淡红，中心色较深的菌落。

伊红亚甲蓝培养基上的菌落：

① 深紫黑色，具有金属光泽的菌落。

② 紫黑色，不带或略带金属光泽的菌落。

③ 淡紫红色，中心色较深的菌落。

3）复发酵试验　用无菌接种环挑取上述涂片镜检显示革兰氏阴性无芽孢杆菌的菌落的另一部分接种于已灭菌的装有 10mL 普通浓度乳糖蛋白胨培养基的小发酵管（内有倒管）中，每管可接种分离自同一初发酵管或发酵瓶的最典型的菌落 1~3 个，然后置于 37℃恒温箱中培养 24h，有产酸产气者（不论导管内气体多少皆作为产气论），即证实大肠菌群存在。

根据证实有大肠菌群存在的阳性管数或瓶数，查表 17-2，报告每升水样中的大肠菌群数。

大肠菌群检数表（一）　　　　　　　　　　表 17-2

10mL 水量的阳性管数	100mL 水量的阳性管（瓶）数			10mL 水量的阳性管数	100mL 水量的阳性管（瓶）数		
	0	1	2		0	1	2
	每升水样中大肠菌群数				每升水样中大肠菌群数		
0	<3	4	11	6	22	36	92
1	3	8	18	7	27	43	120
2	7	13	27	8	31	51	161
3	11	18	38	9	36	60	230
4	14	24	52	10	40	69	≥230
5	18	30	70				

注：水样总量 300mL（2 份 100mL，10 份 10mL）。

（2）水源水

1）将水样作 1∶10 稀释。稀释的方法：在用来稀释的试管（稀释管）内先盛以适量的自来水，使其灭菌后，其水量恰为 9mL。此种适量的水体积可在灭菌器内由实验求得。

2）于各装有 5mL、3 倍浓缩乳糖蛋白胨培养基的 5 个试管中（内有倒管），各加入 10mL 水样；于各装有 10mL 普通浓度乳糖蛋白胨培养基的 5 个试管中（内有倒管），各加入 1mL 水样；于各装有 10mL 普通浓度乳糖蛋白胨培养基的 5 个试管中（内有倒管），各加入 1mL 1∶10 稀释水样，共计 15 管，3 个稀释度。以后的检验步骤同上述生活饮用水的检验方法。

3）根据证实有大肠菌群存在的阳性管数查表 17-3 报告每升水样中的大肠菌群数。

大肠菌群检数表（二）　　　　　　　　　　表 17-3

（总接种量 55.5mL，其中 5 份 10mL 水样，5 份 1mL 水样，5 份 0.1mL 水样）

接种量（mL）			每 100mL 水样中大肠菌群近似数	接种量（mL）			每 100mL 水样中大肠菌群近似数
10	1	0.1		10	1	0.1	
0	0	0	0	1	0	0	2
0	0	1	2	1	0	1	4
0	0	2	4	1	0	2	6
0	0	3	5	1	0	3	8
0	0	4	7	1	0	4	10
0	0	5	9	1	0	5	12
0	1	0	2	1	1	0	4
0	1	1	4	1	1	1	6
0	1	2	6	1	1	2	8
0	1	3	7	1	1	3	10
0	1	4	9	1	1	4	12
0	1	5	11	1	1	5	14

续表

接种量（mL）			每 100mL 水样中大肠菌群近似数	接种量（mL）			每 100mL 水样中大肠菌群近似数
10	1	0.1		10	1	0.1	
0	2	0	4	1	2	0	6
0	2	1	6	1	2	1	8
0	2	2	7	1	2	2	10
0	2	3	9	1	2	3	12
0	2	4	11	1	2	4	15
0	2	5	13	1	2	5	17
0	3	0	6	1	3	0	8
0	3	1	7	1	3	1	10
0	3	2	9	1	3	2	12
0	3	3	11	1	3	3	15
0	3	4	13	1	3	4	17
0	3	5	15	1	3	5	19
0	4	0	8	1	4	0	11
0	4	1	9	1	4	1	13
0	4	2	11	1	4	2	15
0	4	3	13	1	4	3	17
0	4	4	15	1	4	4	19
0	4	5	17	1	4	5	22
0	5	0	9	1	5	0	13
0	5	1	11	1	5	1	15
0	5	2	13	1	5	2	17
0	5	3	15	1	5	3	19
0	5	4	17	1	5	4	22
0	5	5	19	1	5	5	24
2	0	0	5	3	0	0	8
2	0	1	7	3	0	1	11
2	0	2	9	3	0	2	13
2	0	3	12	3	0	3	16
2	0	4	14	3	0	4	20
2	0	5	16	3	0	5	23
2	1	0	7	3	1	0	11
2	1	1	9	3	1	1	14
2	1	2	12	3	1	2	17
2	1	3	14	3	1	3	20
2	1	4	17	3	1	4	23
2	1	5	19	3	1	5	27
2	2	0	9	3	2	0	14
2	2	1	12	3	2	1	17
2	2	2	14	3	2	2	20
2	2	3	17	3	2	3	24
2	2	4	19	3	2	4	27
2	2	5	22	3	2	5	31

续表

接种量（mL）			每100mL水样中大肠菌群近似数	接种量（mL）			每100mL水样中大肠菌群近似数
10	1	0.1		10	1	0.1	
2	3	0	12	3	3	0	17
2	3	1	12	3	3	1	21
2	3	2	17	3	3	2	24
2	3	3	20	3	3	3	28
2	3	4	22	3	3	4	32
2	3	5	25	3	3	5	36
2	4	0	15	3	4	0	21
2	4	1	17	3	4	1	24
2	4	2	20	3	4	2	28
2	4	3	23	3	4	3	32
2	4	4	25	3	4	4	36
2	4	5	28	3	4	5	40
2	5	0	17	3	5	0	25
2	5	1	20	3	5	1	29
2	5	2	23	3	5	2	32
2	5	3	26	3	5	3	37
2	5	4	29	3	5	4	41
2	5	5	32	3	5	5	45
4	0	0	13	5	0	0	23
4	0	1	17	5	0	1	31
4	0	2	21	5	0	2	43
4	0	3	25	5	0	3	58
4	0	4	30	5	0	4	76
4	0	5	36	5	0	5	95
4	1	0	17	5	1	0	33
4	1	1	21	5	1	1	46
4	1	2	26	5	1	2	63
4	1	3	31	5	1	3	84
4	1	4	36	5	1	4	110
4	1	5	42	5	1	5	130
4	2	0	22	5	2	0	49
4	2	1	26	5	2	1	70
4	2	2	32	5	2	2	94
4	2	3	38	5	2	3	120
4	2	4	44	5	2	4	150
4	2	5	50	5	2	5	180
4	3	0	27	5	3	0	79
4	3	1	33	5	3	1	110
4	3	2	39	5	3	2	140
4	3	3	45	5	3	3	180
4	3	4	52	5	3	4	210
4	3	5	59	5	3	5	250

续表

接种量（mL）			每 100mL 水样中大肠菌群近似数	接种量（mL）			每 100mL 水样中大肠菌群近似数
10	1	0.1		10	1	0.1	
4	4	0	34	5	4	0	130
4	4	1	40	5	4	1	170
4	4	2	47	5	4	2	220
4	4	3	54	5	4	3	280
4	4	4	62	5	4	4	350
4	4	5	69	5	4	5	430
4	5	0	41	5	5	0	240
4	5	1	48	5	5	1	350
4	5	2	56	5	5	2	540
4	5	3	64	5	5	3	920
4	5	4	72	5	5	4	1600
4	5	5	81	5	5	5	>1600

2. 滤膜法

滤膜法是先将水样注入已灭菌的放有滤膜（一种微孔薄膜）的滤器中，抽滤后细菌即被截留在膜上，然后将此滤膜贴于品红亚硫酸钠培养基上，进行培养，并计数与鉴定滤膜上生长的大肠菌群菌落，最后算出每升水样中含有的大肠菌群数。

本法特别适用于低浊度水样中大肠菌群数的测定

（1）滤膜灭菌　将滤膜放入烧杯中，加入蒸馏水，置于沸水煮沸灭菌 3 次，每次 15min。前两次煮沸后需更换水洗涤 2～3 次，以除去残留溶剂。

（2）滤器灭菌　用点燃的酒精棉球快速擦拭，火焰灭菌。也可用 121℃（1kg/cm²）高压蒸汽灭菌 20min。

（3）过滤水样

1）用烧灼冷却的镊子夹取灭菌滤膜边缘部分，将粗糙面向上，贴放在已灭菌的滤床上，稳妥地固定好滤器。将 333mL 水样（如水样含菌数较多，可减少过滤水样量）注入滤器中，加盖，打开滤器阀门，在负 0.5 大气压下进行抽滤（一般直径 30mm 左右的滤膜过滤的水量，应按培养后滤膜上长出的菌落不多于 50 个的原则来确定）。

2）水样滤完后，再抽气约 5s。关上滤器阀门，取下滤器，用灭菌镊子夹取滤膜边缘部分，移放在品红亚硫酸钠培养基（乙）上。滤膜截留细菌的面应向上。滤膜与培养基应完全贴紧，两者间不得留有气泡。然后将培养皿倒置于 37℃恒温箱中培养 22～24h。

（4）观察结果

1）培养皿经 22～24h 培养后，挑选具有大肠菌群特征的菌落（菌落特征见上述"发酵法"）进行革兰氏染色、镜检。如无革兰氏阴性的杆菌，则可认为该体积水中无大肠菌群存在。当发现有革兰氏阴性无芽孢杆菌时，作下一步检验。

2）从镜检过的菌落中，取材料再接种至乳糖蛋白胨培养基或穿刺接种至乳糖蛋白胨半固体培养基（接种前应将此培养基放入水浴中煮沸排气冷却凝固后方能使用），经 37℃培养，前者于 24h 产酸产气者，或后者经 6～8h 培养后产气者，则可判定为大肠菌群阳性。乳糖蛋白胨半固体培养基产生气体后，将使其内部形成龟裂状，有时甚至会有部分培养基上浮，如图 17-13 所示。

3）将检得的大肠菌群菌落数换算成 1L 水中所含的菌数，即得大肠菌群数。

（二）细菌总数的测定

1. 生活饮用水

（1）以无菌操作方法用灭菌吸管吸取 1mL 充分混匀的水样，注入灭菌平皿中，倾注约 15mL 已融化并冷却到 45℃左右的营养琼脂培养基，并立即旋摇平皿，使水样与培养基充分混匀。每次检验时应做一平行接种，同时另用一个平皿只倾注营养琼脂培养基作为空白对照。

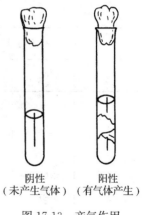

阴性　　　　　阳性
（未产生气体）（有气体产生）

图 17-13 产气作用

（2）待冷却凝固后，翻转平皿，使底面向上，置于 37℃恒温箱内培养 24h，进行菌落计数，即为水样 1mL 中的细菌总数。

2. 水源水

（1）以无菌操作方法吸取 1mL 充分混匀的水样，注入盛有 9mL 灭菌水的试管中，混匀成 1∶10 的稀释液。

（2）吸取 1∶10 的稀释液 1mL 注入盛有 9mL 灭菌水的试管中，混匀成 1∶100 稀释液。接同法依次稀释成 1∶1000，1∶10000 稀释液等备用。吸取不同浓度的稀释液时必须更换吸管。

（3）用灭菌吸管取 2～3 个适宜浓度的稀释液 1mL，分别注入灭菌平皿内。以下操作同生活饮用水的检验步骤。

3. 菌落计数及报告方法

作平皿菌落计数时，可用眼睛直接观察，必要时用放大镜检查，以防遗漏。在记下各平皿的菌落数后，应求出同稀释度的平均菌落数，供下一步计算时应用。在求同稀释度的平均数时，若其中一个平皿有较大片状菌落生长时，则不宜采用，而应以无片状菌落生长的平皿作为该稀释度的平均菌落数。若片状菌落不到平皿的一半，而其余一半中菌落数分布又很均匀，则可将此半皿计数后乘 2 以代表全皿菌落数。

4. 各种不同情况的计算方法

（1）首先选择平均菌群数在 30～300 之间者进行计算。当只有一个稀释度的平均菌落符合此范围时，则即以该平均菌落数乘其稀释倍数报告之（见表 17-3 例次 1）。

（2）若有两个稀释度，其平均菌落数均在 30～300 之间，则应按两者菌落总数之比值来决定。若其比值小于 2 应报告两者的平均数，若大于 2 则报告其中较小的菌落总数（见表 17-4 例次 2 及例次 3）。

（3）若所有稀释度的平均菌落数均大于 300，则应按稀释度最高的平均菌落数乘以稀释倍数报告之（见表 17-4 例次 4）。

（4）若所有稀释度的平均菌落数均小于 30，则应按稀释度最低的平均菌落数乘以稀释倍数报告之（见表 17-4 例次 5）。

（5）若所有稀释度的平均菌落数均不在 30～300 之间，则以最接近 300 或 30 的平均菌落数乘以稀释倍数报告之（见表 17-4 例次 6）。

例　次	不同稀释度的平均菌落数			两个稀释度菌落数之比值	菌落总数（个/mL）	报告方式（个/mL）
	10^{-1}	10^{-2}	10^{-3}			
1	1365	164	20	—	16400	16000 或 1.6×10^4
2	2760	295	46	1.6	377500	38000 或 3.8×10^4
3	2890	271	60	2.2	27100	27000 或 2.7×10^4
4	无法计算	1650	513	—	513000	510000 或 5.1×10^5
5	27	11	5	—	270	270 或 2.7×10^2
6	无法计数	305	12	—	30500	31000 或 3.1×10^4

稀释度选择及菌落总数报告方式　　　　表 17-4

（6）菌落计数的报告　菌落数在 100 以内时按实有数报告，大于 100 时，采用两位有效数字，在两位有效数字后面的数值，以四舍五入方法计算。为了缩短数字后面的零数也可用 10 的指数来表示（见表 17-4 "报告方式" 栏）。在报告菌落数为 "无法计数" 时，应注明水样的稀释倍数。

五、思考题

1. 测定大肠菌群数说明什么问题？为什么要用大肠菌群作检验指标？
2. 测定细菌总数说明些什么？
3. 为什么乳糖蛋白胨培养基用 $0.7kg/cm^2$ 灭菌 20min，而不用 $1kg/cm^2$ 灭菌 20min？
4. 作了细菌检验，为什么自来水厂还要经常进行余氯的测定？
5. 根据我国饮用水水质标准，讨论你这次检验的结果？

实验9　大肠杆菌生长曲线的测定

一、实验材料

1. 培养基及大肠菌液
（1）营养琼脂斜面培养基　可根据实验 5 中的配方，配制营养琼脂培养基后，再制成斜面。
（2）肉膏蛋白胨液体培养基　配制方法同实验 5 中的营养琼脂培养基，但不加琼脂。
（3）浓肉膏蛋白胨液体培养基　配制方法同肉膏蛋白胨液体培养基，但浓度为其 5 倍。
（4）大肠杆菌培养液　将大肠杆菌接种于营养琼脂斜面培养基上，在 37℃ 下培养 18 小时后，用无菌水加在斜面上，将菌洗下，作成一定浓度的细菌悬液，直接供实验接种用。或吸取 0.3mL 细菌悬液，接种到装有 20mL 肉膏蛋白胨液体培养基的大试管（20×220mm）内，在 37℃ 下，振荡培养 18h。
2. 吸管、烧杯等。
3. 光电比色计、高压蒸汽灭菌器、电冰箱、振荡器或摇床等。

二、实验内容

1. 实验方法

以一定浓度的细菌悬液，分别等量地接种在 12 支液体培养基中，在培养后隔不同时间取出，放入冰箱保存。最后，用比浊法测定菌体生长情况。

测量微生物生长的方法有多种。活菌数可用平板计数（菌落计数）法或稀释计数法。总菌数（包括活菌和死菌的个数）可在显微镜下直接计数而求得，由于细菌悬液的浓度与其浑浊度成正比，因此也可利用光电比色计测定细菌悬液的光密度，从而推知菌液的浓度，本实验就是利用光电比色计进行量测①。

为阐明生长曲线形成的原因，做 3 个实验处理：（1）正常生长曲线；（2）追加营养液处理；（3）加酸处理。

2. 实验步骤

（1）接种　取 12 支装有灭菌过的肉膏蛋白胨液体培养基试管（每管装 20mL 培养基），贴上标签（注明菌名、培养时间等）。然后，用 1 支 1mL 无菌吸管，每次准确地吸取 0.2mL 培养 18h 的大肠杆菌培养液，接种到肉膏蛋白胨液体培养基内。接种后，轻轻摇荡，使菌体均匀分布。

（2）培养　将接种后的 12 支液体培养基，置于振荡器或摇床上。37℃振荡培养。其中 9 支，分别在培养 0、1.5、3、4、6、8、10、12、14h 后取出，放 4℃冰箱中贮存，最后一起比浊测定。

酸处理的 1 支试管，在培养 4h 后，取出，加 1mL 无菌酸溶液（甲酸∶乙酸∶乳酸＝3∶1∶1 的体积比），然后继续振荡培养，在培养 14h 后取出，放入 4℃冰箱贮存，最后一起比浊测定。

追加营养的两支试管，在培养 6h 后，取出，各加入无菌浓肉膏蛋白胨液体培养基 1mL，然后继续振荡培养，在培养 8、14h 后取出，放入 4℃冰箱贮存，最后一起比浊测定。

（3）比浊　把培养不同时间而形成不同浓度的细菌培养液，置于光电比色计中进行比浊，用浑浊度的大小来代表细菌的生长量。

在比色计中应插入适当波长的滤光片，以未接种的肉膏蛋白胨液体培养基为空白对照，从最稀浓度的细菌悬液开始，依次测定。细菌悬液如果太浓，应适当稀释，使光密度降至 0.0～0.4 范围内。

液体的浑浊度也可用比浊计测定。

三、报告要求

1. 记录培养 0、1.5、3、4、6、8、10、12、14h 之后细菌悬液的光密度值，以及 4h 加酸和 6h 追加营养液后，这三管菌液在所要求的培养时间时的光密度值。

2. 以细菌悬液光密度为纵坐标，培养时间为横坐标，绘出大肠杆菌正常、加酸和追

---

① 用平板计数法或稀释计数法可测出活菌数，从而得出不包括死菌的生长曲线。若教学时间和设备条件容许，宜采用平板计数法或稀释计数法。

加营养的 3 条生长曲线，并加以比较，标出正常生长曲线中对数期的大致位置。

四、思考题

1. 常用的测定微生物生长的方法有哪几种？试略加讨论。
2. 利用浑浊度所表示的细菌生长量是否包括死细菌？
3. 你认为活性污泥的增长曲线应怎样测定才比较合适？

实验 10　活性污泥微生物呼吸活性（耗氧速率）的测定

微生物的呼吸是反映其生理活性的一个重要指标。微生物在进行有氧呼吸、分解有机质的过程中会消耗氧，产生 CO_2，因此测定呼吸速率可以反映活性污泥中微生物的代谢速率，对分析废水生物可降解性有重要意义。废水中有毒物质可以抑制微生物的呼吸，使其耗氧量和 CO_2 产生量下降，下降的程度与毒性物质的浓度和强度有关。

一、实验目的

1. 学习活性污泥微生物耗氧速率的测定方法。
2. 学习瓦勃氏呼吸仪的使用。
3. 学习耗氧速率的化学测定法。

二、瓦勃氏呼吸仪测定法

（一）实验器材
1. 瓦勃氏呼吸仪。
2. 量筒、烧杯、吸管等。
3. 磷酸盐缓冲液（pH7.2）。
4. 10% KOH 溶液。
5. 基质：取农药对硫磷废水（或其他废水），配制成 COD 值为 400mg/L（或其他浓度）。
6. 生物污泥：取自上述废水生化处理池。将 100mL 泥水混合液自然沉降 30min 后弃去上清液，用生理盐水洗涤 3 次，最后将污泥悬浮于磷酸盐缓冲液中，稀释至原体积（100mL）备用。同时，另取混合液烘干后测出污泥干重（g/L）。

（二）实验内容
1. 取 6 套测压计和反应瓶，按表 17-5 组合加入试验物。中心杯里放入长约 2cm 的窄滤纸条。

反应瓶中各部分的加液内容　　　　　　　　　　表 17-5

试验组	瓶号	主杯		侧杯	中心杯
		污泥悬液（mL）	缓冲液（mL）	基质（mL）	10%KOH（mL）
温压校正组	1		2.2		
	2		2.2		

续表

| 试验组 | 瓶号 | 主杯 | | 侧杯 | 中心杯 |
		污泥悬液（mL）	缓冲液（mL）	基质（mL）	10%KOH（mL）
内源呼吸组	3	1	1.0		0.2
	4	1	1.0		0.2
基质呼吸组	5	1	0.5	0.5	0.2
	6	1	0.5	0.5	0.2

2. 按瓦勃氏呼吸仪操作，在 25℃恒温水槽中进行振荡培养，每 10min 观察一次，观察 1h。将压力计读数记于表 17-6。

测压计液面读数　　　　　　　　　　表 17-6

| 试验组 | 瓶号 | 测压计液面读数（mm/min） | | | | | | | 备注 |
		0	10	20	30	40	50	60	
温压校正组	1								
	2								
内源呼吸组	3								
	4								
基质呼吸组	5								
	6								

（三）实验报告

1. 将表 17-6 各组数据读数换算成每克生物污泥每小时耗氧量（$mgO_2/(g \cdot h)$）并报告结果。这是污泥活性的一种表示方法。

2. 计算相对耗氧率并报告结果。相对耗氧率按下式求得，这是污泥活性的另一种表示方法：

$$R(\%) = \frac{V_s - V_0}{V_0} \times 100\%$$

式中　R——相对耗氧率；

V_s——投加基质后的耗氧量（$mgO_2/(g \cdot h)$）；

V_0——内源呼吸的耗氧量（$mgO_2/(g \cdot h)$）。

三、耗氧速率的化学测定法

（一）试验器材

1. 玻璃器皿（包括大口玻璃瓶、滴定管、吸管等）。

2. 试剂

（1）10%硫酸铜溶液。

（2）溶解氧测定（叠氮化钠法）的全部试剂（如有溶解氧测定仪，就不需此项试剂）。

（二）操作步骤

1. 取 1000mL 具有橡皮塞的大口瓶两个，进行编号（如 1 号瓶，2 号瓶），并在其半满处作一记号。

2. 用虹吸法把曝气过的自来水（如增加氯消毒，则应将氯先消去，以免影响微生物的活动）注入两瓶中至半满处。注意不带入气泡。

3. 将此两瓶同时放入曝气池，让混合液流入瓶内，避免产生气泡，瓶口须相互靠近，以能取得尽可能相同的试样。

4. 瓶装满后，立即取出。

5. 于1号瓶中，迅速加10%硫酸铜溶液10mL，盖紧瓶塞，瓶塞下不可留有气泡，颠倒混合3次，静置。

6. 同时，把2号瓶盖紧，瓶内不可留有气泡，不停地颠倒瓶子，将瓶内试样混合一段时间（如5min，混合期间务使瓶内颗粒保持在悬浮的状态）。混合的时间须正确记下。此时间即瓶内微生物吸收氧的时间，故也称吸氧时间。混合后，立即加10%硫酸铜溶液10mL。再盖紧瓶塞，颠倒混合3次，静置让污泥下沉。

7. 从上两瓶中，虹吸上层清液，用叠氮化钠溶解氧测定法（也可用溶解氧测定仪）测定其溶解氧。

注意：（1）两瓶内的溶解氧之差不得小于2mg/L，而2号瓶内的溶解氧至少须有1mg/L。如不能满足此要求，则改变2号瓶的混合时间或吸氧时间。（2）耗氧速率一般用$mg/(L \cdot h)$时表示。

计算举例：

1号瓶 溶解氧	5.0mg/L
2号瓶 溶解氧	1.5mg/L
溶液氧之差	3.5mg/L
混合时间	5min
稀释倍数	1/2

$$耗氧速率 = 3.5 \times \frac{60}{5} \times 2 = 84mg/(L \cdot h)$$

四、思考题

1. 测定活性污泥的微生物耗氧速率对研究污水生物处理过程有哪些作用？
2. 化学法测定耗氧速率的理论依据是什么？

实验11 发光细菌毒性测试实验

发光细菌由于含有荧光素、荧光酶、ATP等发光要素，在有氧条件下通过细胞内生化反应而产生微弱荧光。生物发光是发光细菌生理状况良好的一个反映，在生长对数期发光能力最强。当环境条件不良或有毒物存在时，因为细菌荧光素酶活性或细胞呼吸受到抑制，发光能力受到影响而减弱，其减弱程度与毒物的毒性大小和浓度成一定比例关系。因此，通过灵敏的光电测定装置，检查在毒物作用下发光菌的光强度变化，可以评价待测物的毒性。

目前国内外采用的发光细菌试验中有三种测定方法：1. 新鲜发光细菌培养测定法；2. 发光细菌和海藻混合测定法；3. 冷冻干燥发光菌粉制剂测定法。

本实验所用的明亮发光杆菌（*Photobacterium hosphoreum*）T$_3$ 变种是一种非致病菌，它们在适当条件下经培养后能发射出肉眼可见的蓝绿色荧光。其发光要素是活体细胞内的荧光素 FMN、长链醛和荧光酶。即当细菌体内合成荧光素 FMN、长链醛和荧光酶时，在氧的参与下，在氧化呼吸链上的光呼吸过程中发生生化反应，产生光，光峰值在 490nm。发光反应如下：

$$FMNH_2 + RHO + O_2 \longrightarrow FMN + RCOOH + H_2O + 光$$

当细菌活性高，处于指数生长期时，细胞 ATP 含量高，发光强；当细胞进入休眠状态时，细胞 ATP 含量下降，发光减弱；当细菌死亡后，ATP 缺失，发光停止。这种发光过程极易受外界条件的影响。当发光细菌接触到环境中有毒污染物（重金属、农药、染料、酸碱及各类工业废气、废水、废渣等）时，细菌的新陈代谢受到干扰，胞质膜变性。胞质膜是发光细菌电子转移链和发光途径的所在位置，因此细胞的发光受到抑制。根据菌体发光度的变化可以确定污染物急性生物毒性。

一、实验目的

1. 学会使用生物发光光度计。
2. 应用生物发光光度计检测不同废水的发光度并比较其毒性。

二、实验材料

1. 生物发光光度计（GDJ-2 型），并配有 XWX-2042 型记录仪。
2. 菌种：明亮发光杆菌（*Photobacterium hosphoreum* T$_3$ 变种）。
3. 培养基

酵母浸出液	0.5g
胰蛋白胨	0.5g
NaCl	3g
Na$_2$HPO$_4$	0.5g
KH$_2$PO$_4$	0.1g
甘油	0.3g
蒸馏水	100mL
琼脂	1.5～2g

pH 调至 6.5，固体培养基分装试管，121℃高压蒸汽灭菌 20min 后制成斜面；液体培养基分装 150mL 三角瓶，每瓶 50mL，121℃高压蒸汽灭菌 20min 后备用。

4. 3％NaCl 及 27％NaCl。
5. 具塞圆形比色管、刻度吸管（1mL、5mL）。
6. 磁力搅拌器。
7. 工厂排污口水样（若干个）。

三、实验步骤

1. 菌液准备

（1）斜面培养：于测定前 48h 从冰箱取出保存的斜面菌种，接出第一代斜面，20℃培养 24h 后立即由此接出第二代斜面，培养 12h 备用。第二代斜面接种量均勿超过一环。

（2）摇瓶培养：将上述菌龄满 12h 的新鲜斜面菌种接入盛有 50mL 液体培养基的三角瓶内，接种量勿超过一环。20℃振荡培养 12～14h（转速约 210r/min），立即用于测定。

（3）菌液制备：用无菌吸管吸取上述刚培养好的摇瓶中浓菌液 0.2mL，加 3％ NaCl 液 250mL，此稀释液在生物发光光度计上读数应为 0.5～0.7V。从操作开始，用磁力搅拌器将稀释菌液不断搅拌以充氧。

2. 待测液准备

（1）将待测污水样品各吸取 4mL，分别注入干净比色管中，并以蒸馏水每份 4mL，共两份，分别装于两支比色管中，作为对照（CK_1、CK_2）。

（2）加入盐溶液：T_3 菌在 3％NaCl 中发光最好，在水中不发光。吸取 27％NaCl 液各 0.5mL 注入比色管中，使比色管内待测液最终保持 3％NaCl 浓度。

3. 发光度测定

（1）准确吸取经充分搅拌的稀释菌液 0.5mL，注入待测比色管中，塞上玻璃塞，充分摇匀（约经 15s），立即拔除玻璃塞以使菌液接触氧气，于 15～25℃范围内的恒温下放置半小时，使之充分反应。送入生物发光光度计检测其发光度。

（2）生物发光光度计操作按仪器说明书。将上述待测液比色管逐一放入仪器样品室中，先测 CK_1，继而测水样，最后测 CK_2。每个样品将在记录仪上重复四次。

测定温度亦应在 15～25℃内保持恒定。

四、实验结果表示

将本次实验结果填于表 17-7 中。按下列公式计算相对发光度或相对抑制率。

$$样品相对发光度 \% = \frac{样品发光平均\,mV\,数}{CK\,发光平均\,mV\,数} \times 100\%$$

$$样品相对抑制率 \% = \frac{样品发光平均\,mV\,数 - CK\,发光平均\,mV\,数}{CK\,发光平均\,mV\,数} \times 100\%$$

不同水样的发光度比较　　　　　　　　　　　　　　　　　　　　　表 17-7

样品名称	发光 mV 数			相对发光度％
	1	2	平均	
CK_1				
CK_2				
水样 1				
水样 2				

实验 12　藻类生长及其抑制实验

藻类对水体污染反应十分敏感。随着水体自净过程的发展，水中无机氮化合物含量不断增加，在光照和温度适宜时，藻类生长量亦相应增加；反之，在含有毒物的水中，由于毒物的抑制作用，使藻体叶绿素浓度降低，影响了光合作用，藻类生长量亦相应减少。

多年来广泛利用藻类进行水质监测或物质的毒性检测。水质生物检测中比较常用的藻种有铜绿微囊藻（*Microcystis aeruginosa*）、水华鱼腥藻（*Anabaena flosaquae*）、蛋白核小球藻（*Chlorella pyrencidosa*）、斜生栅藻（*Scenedesmus obliquus*）、莱因衣藻（*Chlamydomonas reinhardi*）等，因为其生长繁殖迅速，对水质变化敏感，可以通过测定水中这些藻类的生长量来评价水质污染情况或物质毒性程度。

一、实验目的

1. 学习藻类的培养方法。
2. 学习藻类检测毒物的方法。

二、实验材料

1. 试验藻种：斜生栅藻、莱因衣藻。
2. 恒温光照培养箱、照度计。
3. 三角瓶、试剂瓶、量筒、移液管。
4. 显微镜、0.1mL 浮游植物计数框或血细胞计数板。
5. 台式离心机、离心管、高压蒸汽灭菌器、恒温干燥箱。
6. 化学受试物：$HgCl_2$ 溶液（0.1g $HgCl_2$ 溶于 100mL 蒸馏水中）。
7. 0.18mmol/L $NaHCO_3$ 溶液：15mg $NaHCO_3$ 溶于 1L 无菌蒸馏水中。
8. 藻细胞培养基：不同的试验藻种要求不同的合成培养基，本试验所用斜生栅藻和莱因衣藻培养基配方如下：

$Ca(NO_3)_2$	60mg
$NaNO_3$	60mg
K_2HPO_4	16mg
$MgCl_2 \cdot 6H_2O$	100mg
$MgSO_4$	20mg
$NaHCO_3$	125mg
微量元素营养液	1mL
蒸馏水	1000mL

微量元素营养液配方：

$ZnCl_2$	50mg
$MnCl_2 \cdot 4H_2O$	500mg
$CoCl_2 \cdot 6H_2O$	15mg
$CuCl_2 \cdot 2H_2O$	10mg
$Na_2MoO_4 \cdot 2H_2O$	100mg
H_3BO_3	1000mg
$FeSO_4$	500mg
蒸馏水	1000mL

按上述配方顺序配制培养液，每加入一种组分使其充分溶解后再加入第二种，配好后经 121℃ 高压蒸汽灭菌 20min，备用。取清洁干净的 250mL 三角烧瓶，用 10％的盐酸浸泡

过夜，再用自来水、蒸馏水充分冲洗，干燥，滤纸封口，170℃干热灭菌2h。采用无菌操作每瓶分装培养液60mL，备用。

三、实验内容

1. 制备藻种母液

（1）用无菌操作法从琼脂斜面上挑取适量的健壮藻种，并接种到盛有培养基的三角瓶内，置恒温光照箱中培养。培养温度24±2℃，光强4000～4500lx（40W日光灯，距培养物60cm）。自接种之日起，每日轻轻振摇3次，以便交换空气，光暗比为12：12。

（2）培养96h后转种一次，再培养96h，以便使藻种达到同步生长，将达到同步生长的藻细胞培养物分装于无菌离心管中，500g离心10min，弃去上清液，用10mL 0.18mmol/L的$NaHCO_3$溶液悬浮沉淀细胞，然后再离心一次。

（3）弃去上清液，将沉淀细胞重新悬浮于0.18mmol/L的$NaHCO_3$溶液中，即制成藻种母液。

使用时应用血细胞计数板或浮游植物计数框在显微镜下直接计数，以确知母液的藻细胞浓度。

2. 分组：取装有60mL培养液的三角瓶，将试验瓶分成7组，每组3个平行。作好标记（藻种名称、$HgCl_2$浓度、培养时间）。各试验组瓶中$HgCl_2$浓度分别为0、0.05、0.10、0.25、0.5、1和1.5ppm。

3. 接种：用无菌吸管吸取已知浓度的母液，使初始细胞密度约为1×10^5个/mL。

4. 加$HgCl_2$受试物：根据试验要求，用微量注射器吸取一定量的0.1%的$HgCl_2$溶液，加入各试验组三角瓶中。

5. 培养：置恒温光照箱中培养，具体方法与藻种母液培养法相同。

6. 生长测定：自接种之日起，每隔24h采样一次，用血细胞计数板或浮游植物计数框在显微镜下直接计数各试验瓶中的藻细胞浓度。连续观察5天。将本次实验结果填入表17-8。每份样品计数两次，取3瓶2次计数的平均值，计算出每毫升培养物中藻细胞数。

培养过程中藻细胞浓度（x，个/mL）的变化 　　　　　　　表 17-8

$HgCl_2$浓度（ppm）	组号	瓶号	第一天	第二天	第三天	第四天	第五天
	1	1 2 3 均值					
	2	1 2 3 均值					
	3	1 2 3 均值					

HgCl₂ 浓度（ppm）	组号	瓶号	第一天	第二天	第三天	第四天	第五天
	4	1 2 3 均值					
	5	1 2 3 均值					
	6	1 2 3 均值					
	7	1 2 3 均值					

7. 计算

（1）最大单位生长率（μ_{max}）：最大单位生长率是指在整个培养期内，单个培养瓶中藻细胞群体所表现出的最大生长速率，即单位时间内的最大生长量。对于一组重复的试验瓶，其 μ_{max} 值为各瓶 μ_{max} 的平均值。

μ_{max} 值的计算公式如下：

$$\mu_{max} = \frac{\ln(x_2/x_1)}{t_2 - t_1}(d^{-1})$$

式中　x_1——选定时间间隔起点的藻生长量（个/mL）；

　　　x_2——选定时间间隔终点的藻生长量（个/mL）；

　　$t_2 - t_1$——选定时间间隔（d）。

（2）毒性评定：当在某种化学受试物试验浓度下，藻细胞的最大单位生长率与不加受试物的对照比较已降至50％以下，且呈剂量反应关系时，即可认为该受试物对试验藻种具毒性作用。

实验 13　大肠杆菌的荧光质粒转化及其
表达与稳定性的研究

近年来，以绿色荧光蛋白（GFP）作为分子标记对微生物进行检测已引起相当的重视。GFP 是从多管水母属的 *Aequorea Victoria* 中分离出的一种天然荧光蛋白，分子质量约为 27～30KD，含有 238 个氨基酸残基。*Aequorea* 的 GFP 在395nm能吸收蓝光，受到 Ca^{2+} 或紫外线激活时发绿色荧光，最大发射峰在 509nm。GFP 能够在大多数异源细胞中稳定表达并发射荧光，不需要任何辅助因子，对细胞没有毒性，检测极为方便，因而 GFP 作为标记基因已成为研究环境微生物的方便而有效的工具。

一、实验目的

1. 理解荧光标识的基本原理与作用。
2. 理解和掌握荧光标识基因工程菌构建操作技术。

二、实验材料

1. $CaCl_2$、无菌 LB 培养基、大肠杆菌 $DH5^{\alpha}$（一般要有菌株名称）、含有 GFP 的氨苄抗性质粒、抗生素（氨苄青霉素）、磷酸缓冲溶液、无菌水。

2. 培养皿、试管、离心管、三角烧瓶、盖玻片、载玻片、摇床、水浴锅、荧光显微镜。

三、实验内容

1. 感受态细胞制备

（1）从大肠杆菌平板上挑取单菌落于含 2mL LB 液体培养基的试管中，37℃振荡（200rpm）培养过夜。

（2）取 0.5mL 菌液转接到 50mL LB 中，37℃振荡培养至 $OD_{600}=0.4\sim0.5$（薄雾状菌悬液）。

（3）将菌液移到 50mL 离心管中，冰上放置 10min，4℃离心 10min(4000r/min)，回收细胞。

（4）用冰冷的 0.1mol/L $CaCl_2$ 10mL 悬浮沉淀，冰上放置 30min，0～4℃下离心 10min，6000r/min，回收细胞。

（5）用冰冷的 0.1mol/L $CaCl_2$ 2mL 悬浮细胞（放冰上），分装每 200μL 一份，就得到大肠杆菌的感受态细胞。

2. 转化

（1）取 200μL 新鲜制备的感受态细胞，加入 5μL 质粒混匀，冰上放置 10min，同时做受体菌对照管（200μL 感受态细胞＋2μL 无菌水），和质粒对照（200μL 0.1mol/L $CaCl_2$ 溶液＋2μL 质粒 DNA 溶液）。

（2）将管放到 42℃水浴 90s，冰浴 2min，每管加 800μL LB 液体培养基，37℃慢摇培养 1h，将适当体积（200μL）已转化的感受态细胞，涂在含有氨苄青霉素（50μg/mL）的固体培养皿中，倒置平皿 37℃培养 12～16h，出现菌落。

3. 质粒表达观察

（1）转化后的细胞平板，挑单菌落于 LB 液体培养基中（50μg/mL 氨苄青霉素），在 37℃，120～140rpm 摇床转速下过夜培养，离心，磷酸缓冲液洗涤，收集细胞，制成菌悬液备用。

（2）滴菌悬液于载玻片，对转化后细胞进行镜检，采用 Nikon optiphot-2 反射荧光显微镜，滤光组件为 B-2A，其中激发滤色镜 EX450-490，分色镜 DM510，选择吸收激发光滤色镜 BA520，放大倍数为 1500 倍，可观察到清晰的荧光绿色杆状游动菌体。

实验 14　环境中四环素抗性细菌的分离鉴定

一、实验目的

1. 自行设计实验方案从环境中分离四环素抗性菌的实验方法。
2. 分离获得四环素抗性菌。
3. 检测并分析获得的菌株的四环素抗性强弱。
4. 学会通过 16SrDNA 鉴定实验获得的菌株的种属。

二、实验要求

1. 自行设计实验证明富集培养是否成功。
2. 观察并记录实验现象，作适当的分析或解释。
3. 获得至少一株四环素抗性菌（不要多于三株），并进行短期保存。
4. 根据实验视频指导和说明，完成菌株基因组 DNA 纯化，16SrDNA 的 PCR 扩增。
5. 比较各组筛选出的抗性菌抗性的强弱。
6. 各组间交流实验过程和实验结果，分析抗性菌抗性的影响因素。
7. 养成良好的实验习惯和团队合作的作风，并给出评价。

三、实验器材

1. 培养基（营养琼脂，琼脂粉，酵母膏，胰蛋白胨，氯化钠），提供四环素，琼脂糖，灭菌条件。
2. 室温和 37℃恒温培养箱和摇床。
3. 离心机，漩涡振荡仪，PCR 仪，电泳仪，紫外成像分析仪。

四、实验内容

1. 采样：菌种来源：① 学生自行采集；② 实验室提供的北京市某污水处理厂的二级出水。
2. 富集培养：自行设计实验步骤（建议使用试管进行培养），并通过实验证明富集是否成功。
3. 单菌株筛选：自行设计实验步骤，并通过实验证明是否为单菌株。
4. 四环素抗性强弱比较：自行设计实验方案，课堂讨论以确定方案。
5. 单菌株基因组 DNA 提取：根据提供的方法进行。
6. 16SrDNA 的 PCR 扩增：根据提供的方法进行。
7. PCR 产物电泳：根据提供的方法进行。

五、实验方法

1. 单菌株基因组 DNA 提取
DNA 提取：按照染色结果分别按照革兰氏阳性或革兰氏阴性菌的步骤分别操作。

★革兰氏阳性菌：

(1) 取过夜培养至饱和的菌液 $200\mu L$ 到 $1.5mL$ 灭过菌的 EP 管中，10000rpm，常温离心 1min，去掉上清（获得菌细胞）。菌细胞可在 $-20℃$ 冻存；

(2) 取 $100\mu L$，$1mg/mL$ 溶菌酶/TE 加到菌液中，漩涡振荡混匀，$37℃$ 温浴 1h（溶菌步骤）；

(3) 用取液器缓慢吸加 $500\mu L$ 裂解缓冲液和 $20\mu L$ $20mg/mL$ 蛋白酶 K（proteinase K），充分混匀，$50℃$ 过夜（完全裂解细菌并降解所有蛋白质）；

(4) 第二天，使用 $1mL$ 一次性注射器对溶液进行快速反复吹吸，一般操作 10 次以上（打断基因组 DNA）；

(5) 用取液器缓慢吸加 $600\mu L$ 中性酚氯仿（pH6～8），振荡混匀，13000rpm 离心 5min（变性剩余蛋白质，并沉淀）；

(6) 用取液器缓慢吸取 $400\mu L$ 上层清液加入新管中，用取液器缓慢吸加异丙醇 $500\mu L$，充分混匀，离心 13000rpm，5min（沉淀 DNA）；

(7) 用取液器缓慢吸加 $600\mu L$ 70% 乙醇，颠倒混匀两次，离心 13000rpm，0.5min，弃上清（洗沉淀）；

(8) 离心 13000rpm，0.5min，用微量取液器吸走剩余上清（加速沉淀干燥）；

(9) 开盖在室温下放置 5～10min，使沉淀干燥。加入 $50\mu L$ 无菌去离子水（干燥溶解 DNA）。DNA 可保存在 $-20℃$ 冰箱；

(10) 使用 NanoDrop 仪器测定 DNA 浓度。

★革兰氏阴性菌

在完成上述 (1) 后，跳过 (2)，直接进行 (3)，将 $500\mu L$ 裂解缓冲液改成 $600\mu L$，混匀，其他不变。

2. 16SrDNA 的 PCR

(1) 按照如下配方配制 PCR 反应母液，混匀：

10×反应缓冲液	$5\mu L$
2.5mM dNTPs	$4\mu L$
10μM 上游引物	$1\mu L$
10μM 下游引物	$1\mu L$
无菌去离子水	$37.5\mu L$
Taq 酶	$0.5\mu L$（使用取液器，枪头触碰液面吸取）

(2) 取 100～500ng 基因组 DNA，用无菌去离子水稀释至 $5\mu L$，加入反应母液，混匀；

(3) PCR 扩增，反应程序如下设置：

1) 95℃，2min；

2) 98℃，10s；

3) 55℃，30s；

4) 72℃，1.5min；

5) 回到 2)，35 个循环；

6) 72℃，5min；

7) 4℃ 维持。

（4）反应结束后可以在－20℃保存。

3. PCR 产物电泳

（1）0.8％琼脂糖凝胶的配制：在 500mL 的锥形瓶中加入 1×TAE 工作液 100mL（从 50×TAE 即 50 倍浓缩的 TAE 储液来稀释获得），加入 0.8 克琼脂糖，微波炉加热至沸腾，立即取出（注意防烫伤），混匀观察是否完全溶解。一般反复三次即可全部溶解。加入 10μL Gel-Red，轻轻摇匀后倒入事先插好小孔梳子制胶板中。置于通风橱中凝固 30min。

（2）取出 PCR 产物，每 50μL 体积加入 6μL 的 10×上样缓冲液（10X loading buffer），混匀。将制好的胶轻轻拔去梳子，放在电泳槽中，有孔的一边朝向负极。加入 1×TAE 使得缓冲液正好没过凝胶，胶孔中无气泡。在每个胶孔中加 10μL 样品，最后在边上的孔加 10μL 的 DNA 分子量标准（DNA marker）和阳性对照（助教预实验获得）。设定电压为 120V，等蓝色电泳带跑至一半胶长度后（一般为 20～30min），停止电泳。

（3）将电泳后的胶放在紫外成像仪上，拍照。如图 17-14，确认目标 DNA 条带。

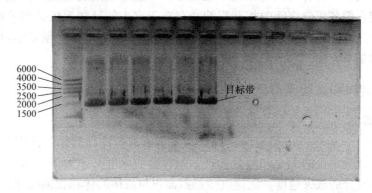

图 17-14　DNA 凝胶电泳结果（DNA marker 在最左边，从
上到下依次为 6000bp，4000bp，3000bp，2500bp，2000bp，
1500bp，可见获得的目标片段在 1500bp 左右，所用的引物
为 8F，1492R，得到的片段在 1500bp 左右是合理的）

六、思考题

1. 如果筛选到的菌株为革兰氏阴性菌，用革兰氏阳性菌的方法提基因组 DNA，能成功吗？为什么？

2. 提基因组 DNA 步骤（5）中变性剩余蛋白，这些蛋白主要是什么蛋白？

3. 比较其他组和自己组实验方案和实验结果的异同，从实验方案角度解释本组筛选到的菌株抗性强或者弱的可能原因。

附　录

附录 1　鱼类毒性试验

一、目的

工业废水性质复杂，其中有不少有毒物质常不易用化学方法测得，且这些物质单独存在时反映的毒性大小和混合后的毒性大小也往往不一致（或差别很大）。废水的毒性，在很大程度上受到它们各成分之间的相互影响和存在于水中的某些无机盐类的影响。因此，工业废水对鱼类的毒性有时常须通过生物试验来确定。本实验的目的就是学习检验工业废水对鱼类毒性的基本方法。

二、试验材料和试验条件

（一）试验器材

1. 试验容器　试验容器应用玻璃制成，其大小依试验样品的体积而定，而样品体积又应根据在每次试验中鱼的大小和数目而定，但容器的深度必须大于 15cm，以限制试样中的气体或挥发成分的散失速度。此速度随暴露面积与液体的体积比而变化。如用普通大小 5～7cm 长的鱼作试验，则用直径 25～30cm，高 30cm 或大于 30cm，容积 20L 左右的广口瓶可养鱼约 10 条。一般每个试验需要6～12 个试验容器。

2. 驯养箱　可用容积约 50～200L 的玻璃箱。驯养时的水温须与试验温度接近，因此，该箱应置于适宜的恒温室内或具有恒温设备。为了保证水中有足够的溶解氧，须有曝气装置，在近箱底处由几个曝气板或扩散器将压缩空气扩散入水中。空气的扩散率不应太大。

3. 试验鱼　不同的鱼类对毒物的敏感性不一样，所以，如有条件，应采用废水排放地水体中的地方鱼种进行试验，否则可采用白鲢、鲤鱼和金鱼等。试验鱼应大小一致，鱼体健康。最大鱼的体长应不超过最小鱼的 1.5 倍，平均体长一般可在 5～7cm 之间，不宜大于 7cm①。

试验鱼应至少在试验相似的条件下（特别是水温）驯养一星期，最好 10d 以上。在驯养期间至少一星期给食 3 次，最好每天 1 次。但在试验前的两天时间内不要给食。

在试验前 4 天，试验鱼在驯养箱中的死亡或发生严重疾病事故不应超过 10%，否则此试验鱼组即被认为不适于应用，须等疾病事故和死亡率充分降低后再用。试验鱼移入试验容器时必须没有疾病症状，外观和行动上没有反常现象。

---

① 金鱼体短，身宽，一般以体长 3cm 以下较合适。鱼的体长是指其全长减去尾鳍的长度。

4. 实验用水（即稀释水） 用作稀释废水或驯养的实验用水应取自废水排出口上游未受到污染的河段。如条件不许可，则可从别的水源采取水质和溶解氧与排入水体相似的水作实验用水，或将一般天然水根据情况用蒸馏水稀释或加入适量的化学药物配制而成。代用水中的钙、镁、硫酸盐及溶解固体的含量与接受废水的水体中相应物质的含量之差别不得超过 25%。最好将代用水的 pH、碱度及硬度调节至与接受废水的水体尽量相同。

（二）试验条件

1. 水温 养鱼的水温一般可取 20～28℃（温水鱼）。

2. 溶解氧 试样中的溶解氧含量不应低于 4～5mg/L。稀释水可预先进行曝气以提高溶解氧含量，但不要过饱和。试验过程中，如需要曝气，则可用纯氧或压缩空气通过 5mm 直径的玻璃管口慢慢通入试样，以免挥发性有毒物质过多地损失，并避免影响鱼类的生活。

3. 试验鱼数目及重量 一般至少用 10 条鱼进行试验，可平均放在两个或多个盛有同样浓度的废水或稀释试样的容器中。每个试验最好平行做两组。在初步探索性试验中，试验鱼数可少于 10 条，但至少要 2 条。

鱼在容器中的密度不应超过 2g/L（试样），最好 1g/L 或少于 1g/L。一般说，对于平均大小为 5～7cm 的鱼，每条至少需用 1L。

三、试验步骤

1. 稀释废水 用稀释水对废水进行不同程度的稀释，一般宜作 5 个稀释比。

2. 对于原废水及每一稀释试样各养鱼 10 条。另外，应在同样条件下，单独用稀释水作为试验溶液，放入试验鱼，与废水对照作控制试验。在任一控制试验中，不应有超过 10% 的死亡率，至少应有 90% 试验鱼保持外观健康，否则试验结果不能认为可靠。

试验鱼应用柔软材料制的细网或湿手小心移放。

试验鱼在试验期间不要给食，但如试验延续时间超过 10d 时，则可以给食。

3. 试样的更换 容器内的试样可每 24h（或较短间隔）更换 1 次。更换时可将试验鱼用湿网很快地移入盛有新鲜试样的试验容器内。一般说，如能每 24h 或不到 24h 换水 1 次，常可不必进行人工曝气。

为了测定试样中的溶解氧（可用虹吸法直接从试验容器内采取试样）而取出水样后，应用与取出的试样同时制备而放在另一容器中的试样补充。溶解氧也可用溶解氧测定仪直接测定。

4. 观察 在试验鱼放入试验容器 24、48h[①] 时，观察鱼的死亡数字并作记录，鱼在起初 4～8h 内的反应也应仔细观察和记录作为继续试验的指导。在观察中，如鱼的呼吸及其他动作——自然的或由轻微机械刺激（针刺或用玻棒压鱼尾部）而生的反应在 5min 内不能测出，则该试验鱼可被认为已死亡，死鱼应立即移走。

5. 物理及化学分析 物理及化学分析主要包括水温、溶解氧及 pH 等几项，其他如碱度、酸度及硬度，则根据废水的性质，需要时也应作测定。溶解氧的测定是为了了解鱼的死亡是否由于缺氧而引起。

---

① 也有把试验继续至 96h 的，一般说在 96h 内不引起鱼死亡时，可以认为毒性不显著，但不能得到无毒的结论。

　　水的理化测定，一般在放入鱼之前及鱼死亡以后或在毒性试验完毕以后进行。但某些项目如溶解氧需要经常进行测定。

　　另外，如有可能，也应测定水中毒物含量。

　　6. 计算　在半对数纸上，以对数坐标标出试验浓度，以数学坐标标出试验鱼成活率，连接各点（基本上可成一直线），然后用内插法求出 24h 及 48h 50% 成活率的废水浓度。此 50% 试验鱼能成活的浓度称为半忍受限，可用 TL_m 表示。半忍受限只可用来相对地比较毒物的毒性，显然不能代表毒物的安全浓度。安全浓度是指废水或某污染物对受试生物不造成任何有害效应的最大浓度。如果要从半忍受限推算安全浓度，必须采用适当的安全系数，下面是一个较为常用的计算公式，式中常数 0.3 和指数 2 都是安全系数，可作参考：

$$安全浓度 = \frac{48TL_m \times 0.3}{\left(\dfrac{24TM_m}{48TL_m}\right)^2} (mg/L)$$

式中　$48TL_m$——48h 半忍受限（mg/L）；

　　　　$24TL_m$——24h 半忍受限（mg/L）。

　　【例题】附表 1 表示某次毒性试验结果。求废水中毒物的安全浓度。

某次毒性试验结果　　　　　　　　　　　附表 1

废水浓度体积（%）	试验鱼数目	试验鱼成活数	
		24h	48h
10.0	10	0	0
7.5	10	3	0
5.6	10	8	1
4.2	10	10	6
3.2	10	10	9

注：废水所含毒物的浓度为 10mg/L。

　　【解】把上表所列试验结果转化后点在半对数纸上，如附图 1 所示，并由此求得：

$$24TL_m = 6.7\%$$

$$48TL_m = 4.4\%$$

∵废水毒物浓度 = 10mg/L

$$24TL_m = \frac{6.7 \times 10}{100} = 0.67mg/L$$

$$48TL_m = \frac{4.4 \times 10}{100} = 0.44mg/L$$

按安全浓度公式，得：

$$毒物安全浓度 = \frac{0.44 \times 0.3}{\left(\dfrac{0.67}{0.44}\right)^2} = 0.06mg/L$$

　　应用公式求出安全浓度后，最好再进一步进行验证试验，特别是当废水是挥发性的

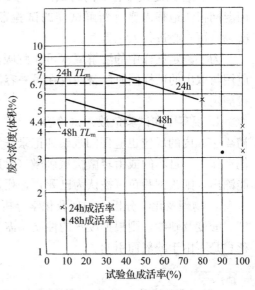

附图 1　半忍受限计算图

或含不稳定性毒物时。验证试验一般用 10 条以上的鱼，在较大容器中用计算所得的安全浓度进行一个月或几个月的流水式毒理学试验，并设对照组作比较。如有中毒症状发生，则应降低浓度再试验。验证试验中证明确实某浓度对鱼类是安全时，可定为鱼的安全浓度。在验证试验中须投喂饵料，并保证鱼的适宜环境，进行溶解氧、pH 等测定。

附录 2　污水生物处理过程中常见的微生物

（一）细菌

1. 菌胶团

（1）球状、椭球状和蘑菇状菌胶团　　　　（2）分枝状菌胶团

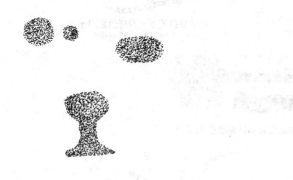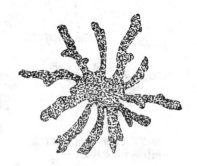

（3）其他菌胶团

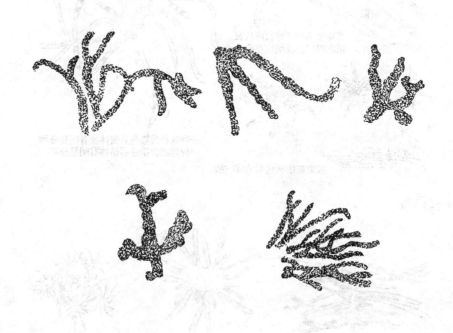

2. 丝状细菌

（1）球衣菌

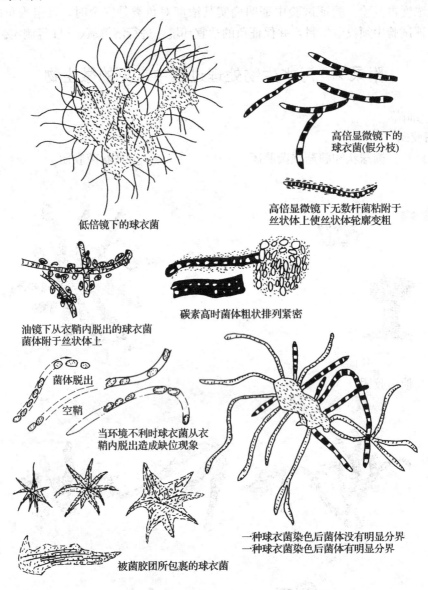

高倍显微镜下的
球衣菌(假分枝)

高倍显微镜下无数杆菌粘附于
丝状体上使丝状体轮廓变粗

低倍镜下的球衣菌

碳素高时菌体粗状排列紧密

油镜下从衣鞘内脱出的球衣菌
菌体附于丝状体上

菌体脱出

空鞘

当环境不利时球衣菌从衣
鞘内脱出造成缺位现象

一种球衣菌染色后菌体没有明显分界
一种球衣菌染色后菌体有明显分界

被菌胶团所包裹的球衣菌

（2）丝硫菌

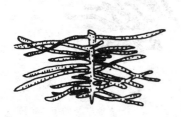

丝硫菌生长在杂质纤维上

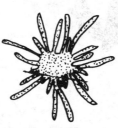

丝硫菌在污泥小块上
生长形成刺毛球

当大量的刺毛球形成时
使污泥膨胀、结构松散

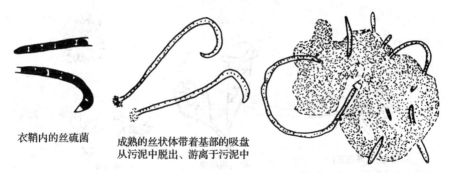

衣鞘内的丝硫菌　成熟的丝状体带着基部的吸盘　　长短粗细不等的丝硫菌在污泥中游动
从污泥中脱出、游离于污泥中

（3）其他丝状菌

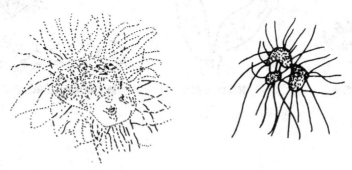

（二）原生动物

1. 纤毛类

（1）纤毛目

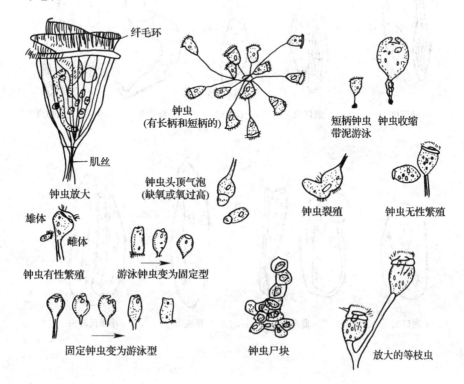

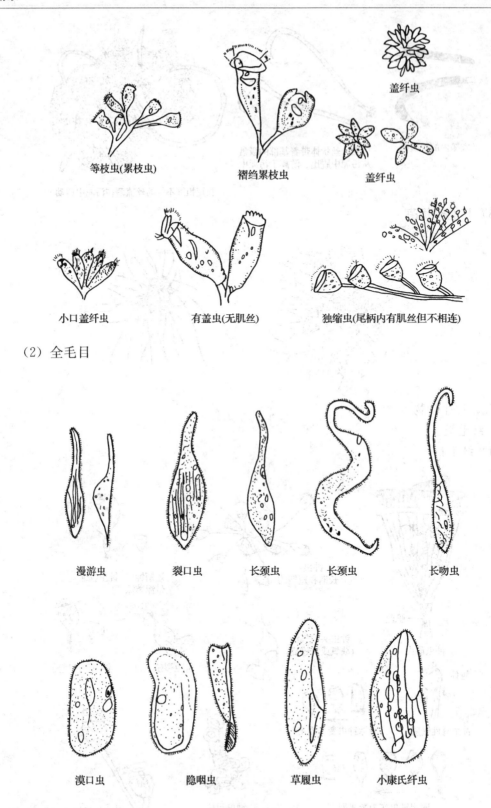

盖纤虫

等枝虫(累枝虫)　　　褶绉累枝虫　　　盖纤虫

小口盖纤虫　　　有盖虫(无肌丝)　　　独缩虫(尾柄内有肌丝但不相连)

（2）全毛目

漫游虫　　　裂口虫　　　长颈虫　　　长颈虫　　　长吻虫

漠口虫　　　隐咽虫　　　草履虫　　　小康氏纤虫

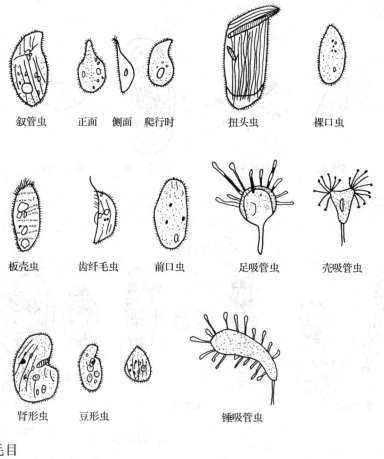

叙管虫　　正面　侧面　爬行时　　扭头虫　　　裸口虫

板壳虫　　齿纤毛虫　　前口虫　　　足吸管虫　　壳吸管虫

肾形虫　　豆形虫　　　　　锤吸管虫

（3）腹毛目

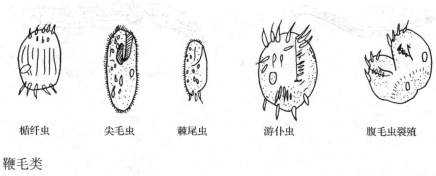

楯纤虫　　尖毛虫　　棘尾虫　　游仆虫　　腹毛虫裂殖

2. 鞭毛类

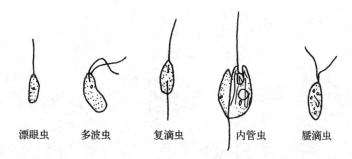

漂眼虫　　多波虫　　复滴虫　　内管虫　　屋滴虫

3. 肉足类

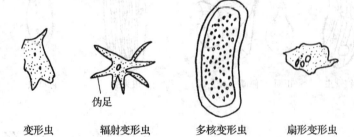

变形虫　　辐射变形虫　　多核变形虫　　扇形变形虫

伪足

（三）后生动物

1. 轮虫

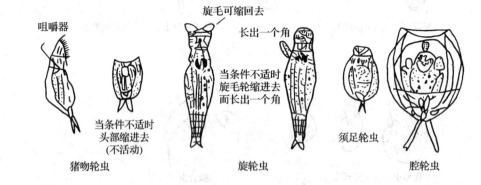

咀嚼器

旋毛可缩回去

长出一个角

当条件不适时
头部缩进去
（不活动）

当条件不适时
旋毛轮缩进去
而长出一个角

须足轮虫

猪吻轮虫　　　　　　旋轮虫　　　　　　　腔轮虫

2. 线虫

3. 颗体虫

主 要 参 考 文 献

[1] 顾夏声，李献文，竺建荣编. 水处理微生物学（第三版）. 北京：中国建筑工业出版社，1998.
[2] 王家玲，李顺鹏，黄正主编. 环境微生物学（第二版）. 北京：高等教育出版社，2003.
[3] 杨柳燕，肖琳主编. 环境生物技术. 北京：科学出版社，2003.
[4] 周德庆编. 微生物学教程（第二版）. 北京：高等教育出版社，2002.
[5] 沈萍. 微生物学. 北京：高等教育出版社，2002.
[6] A. N. 格拉，二介堂弘著，陈守文，喻子牛译. 微生物生物技术. 北京：科学出版社，2002.
[7] 任南琪，马放等编著. 污染控制微生物学. 哈尔滨：哈尔滨工业大学出版社，2002.
[8] 沈德中编. 污染环境的生物修复. 北京：化学工业出版社，2001.
[9] 周凤霞，白京生主编. 环境微生物. 北京：化学工业出版社，2001.
[10] 金相灿. 湖泊富营养化控制和管理技术. 北京：化学工业出版社，2001.
[11] 徐亚同等编著. 污染控制微生物工程. 北京：化学工业出版社，2001.
[12] 孔繁翔主编. 环境生物学. 北京：高等教育出版社，2000.
[13] 沈萍主编. 微生物学. 北京：高等教育出版社，2000.
[14] 田清涞编著. 普通生物学. 北京：海洋出版社，2000.
[15] 刘建康主编. 高级水生生物学. 北京：科学出版社，1999.
[16] 李博主编. 生态学. 北京：高等教育出版社，1999.
[17] 胡玉佳主编. 现代生物学. 北京：高等教育出版社，1999.
[18] 池振明. 微生物生态学. 济南：山东大学出版社，1998.
[19] 沈韫芬，冯伟松等. 河流的污染监测. 北京：中国建筑工业出版社，1994.
[20] 李季伦等. 微生物生理学. 北京：北京农业大学出版社，1993.
[21] 沈同，王镜岩主编. 生物化学（第二版）. 北京：高等教育出版社，1993.
[22] 周群英，王士芬. 环境工程微生物学（第3版）. 北京：高等教育出版社，2008.
[23] 武汉大学，复旦大学生物系微生物教研室. 北京：微生物学（第二版）. 北京：高等教育出版社，1987.
[24] 盛祖嘉. 微生物遗传学（第二版）. 北京：科学出版社，1987.
[25] 杨颐康主编. 微生物学. 北京：高等教育出版社，1986.
[26] 翁稣颖等. 环境微生物学. 北京：科学出版社，1985.
[27] 陈华癸. 微生物学. 北京：农业出版社，1985.
[28] 俞大绂，李季伦编. 微生物学（第二版）. 北京：科学出版社，1984.
[29] R. E. N. E. 布坎南，吉本斯等编. 伯杰细菌鉴定手册（第八版）. 北京：科学出版社，1984.
[30] 胡洪营，吴乾元，黄晶晶，赵欣. 再生水水质安全评价与保障原理. 北京：科学出版社，2011.
[31] 王爱杰，任南琪. 环境中的分子生物学诊断技术. 北京：化学工业出版社，2004.
[32] Gray N. F.. Biology of Wastewater Treatment (2nd). Imperial College Press, 2004.
[33] Michael T., Madigan, et al. Bilology of Microorganisms (12nd). Pearson, 2009.
[34] 颜素珠. 中国水生高等植物图说. 北京：科学出版社，1983.
[35] T. D. 布洛克著. 微生物生物学：翻译组译. 微生物生物学. 北京：人民教育出版社，1981.

［36］钱存柔，董碧虹. 微生物学基础知识与实验指导. 北京：科学出版社，1979.

［37］高桥俊三等著，张自杰译. 活性污泥生物学. 北京：中国建筑工业出版社，1978.

［38］四川大学生物系. 生物学（上册）. 北京：人民教育出版社，1978.

［39］湖北省水生物研究所第四研究室. 废水生物处理微型动物图志. 北京：中国建筑工业出版社，1976.

［40］五十彦仁. 污水化学总论（上）. 内田老鹤圃新社（日本），1971.

［41］南开大学生物系. 基础微生物学. 北京：人民教育出版社，1975.

［42］余贺. 医学微生物学及卫生细菌学. 北京：人民卫生出版社，1959.

［43］王祖农. 土壤微生物学. 北京：科学出版社，1955.

［44］Paul A. ，Rochelle. Environmental Molecular Microbiology：Protocols and Applications. Horizon Scientific Press，Wymondham，UK. 2001.

［45］APHA，AWWA，WPCF. Standard Methods for the Examination of Water and Wastewater. American Public Health Association，1998.

［46］Clive Edwards. Environmental Monitoring of Bacteria. Humana Press，Totowa，New Jersey，1999.

［47］Sherwood C. ，Reed，Ronald W. Crites，E. Joe Middlebrooks. Natural systems for waste management and treatment. New York，Mcgraw-Hill. Inc. ，1995.

［48］Costerton J. W. ，Lappirr Scott H. M. . Introduction to microbial biofilms. Cambridge University Press，Cambridge，United Kingdom，1995.

［49］Kemp P. F. ，Sherr B. F. ，Cole J. J. （ed. ）. Handbook of Methods in Aquatic Microbial Ecology. Lewis Publisher，Boca Rarton，Fla. ，1993.

［50］Glibert P. M. ，Capone D. G. . Mineralization and assimilation in aquatic，sediment and wetland systems. Academic Press，New York，1993.

［51］Michel J. Gauthier（Ed. ）. Gene Transfers and Environment. Springer-Verlag Berlin Heidelberg，1992.

［52］Brock T. D. ，Madigan M. T. . Biology of Microorganisms（Sixth Edition）. Prentice Hall，1991.

［53］Gaudy A. F. Jr. ，Gaudy E. T. . Microbiology for Environmental Scientists and Engineers. McGraw-Hill，1989.

［54］Sawyer. Chemistry for Environmental Engineering. Mc Graw-ill Book，1978.

［55］Bergmeyer. Principles of Enzymatic Analysis. Weinheim Verlag Chemie，1978.

［56］Schroeder. Warer and Wastewater Treatment. McGraw-Hill Book，1977.

［57］Stanier，Adelberg，Ingraham. The Microbial World. Prentice-Hall，Inc. ，1976.

［58］Higgins，Burns. The Chemistry and Microbiology of Pollution. Academic Press，1975.

［59］Kendeigh. Ecology. Prentice-Hall，1974.

［60］Mitchell. Water Pollution Microbiology. John Wiley & Sons，1972.

［61］Finstein. Pollution Microbiology-a Laboratory Manual. Marcel Dekker，1972.

［62］Dugan. Biochemical Ecology of Water Pollution. Plenum Press，1972.

［63］Thomas. Indicators of Environmental Quality. Plenum Press，1972.

［64］Goodman. Design Handbook of Wastewater System. Technomic Publishing Co. ，1971.

［65］Zajic. Water Pollution Disposal and Reuse，Vol. 1. Marcel Dekker，1971.

［66］U. S. Dept. of the Interior. The Practice of Water Pollution Biology. U. S. Government Printing Office，1969.

［67］McKinney. Microbiology for Sanitary Engineers. McGraw-Hill Book，1962.

［68］Hawkes. The Ecology of Waste Water Treatment. Pergamon Press，1963.

［69］Whipple. Microscopy of Drinking Water. John wiley & Sons，1927.

［70］郑平主编. 环境微生物学实验指导. 杭州：浙江大学出版社，2005.

［71］程树培主编. 环境生物技术实验指南. 南京：南京大学出版社，1995.

［72］李峰民. 清华大学博士论文《水生植物化感物质抑制有害藻类的研究》，2005.

［73］种云霄. 清华大学博士论文《浮萍氮磷吸收能力的研究》，2004.

［74］刘超翔. 清华大学博士论文《提高人工湿地处理生活污水效能的研究》，2003.

［75］Carey C. M.，Lee H.，J. T. Trevors. Biology, persistence and detection of Cryptosporidium parvum and Cryptosporidium hominis oocyst. Water Research，38：818～862（2004）.

［76］Wipenny J.，Manz W.，Szewzyk U.. Heterogeneity in biofilms. FEMS Microbiol Review，24：661～671（2000）.

［77］USEPA Method 1623：Cryptosporidium in Water by Filtration/IMS/FA. EPA－821－r－99－006. 1999.

［78］USEPA Method 1622：Cryptosporidium in Water by Filtration/IMS/FA. EPA－821－12－97－023. 1997.

［79］John T.，Beth J.. The design of living technologies for waste treatment. Ecological Engineering，6 (1)：109～136（1996）.

［80］Scheffer M.，Hosper H. S.，Meijer M. L.，Moss B.，Joeppesen E.. Alternative equilibra in shallow lakes，Trends Ecol. Envio. 8：275～279（1993）.

［81］Reddy K. R.，Debusk T. A.. State-of the art utilization of aquatic plants in water pollution control. Wat. Sci. Tech，19（10）：61～79（1987）.

高等学校给排水科学与工程学科专业指导委员会规划推荐教材

征订号	书 名	作 者	定价（元）	备 注
40573	高等学校给排水科学与工程本科专业指南	教育部高等学校给水科学与工程专业教学指导分委员会	25.00	
39521	有机化学（第五版）（送课件）	蔡素德等	59.00	住建部"十四五"规划教材
41921	物理化学（第四版）（送课件）	孙少瑞、何洪	39.00	住建部"十四五"规划教材
42213	供水水文地质（第六版）（送课件）	李广贺等	56.00	住建部"十四五"规划教材
27559	城市垃圾处理（送课件）	何品晶等	42.00	土建学科"十三五"规划教材
31821	水工程法规（第二版）（送课件）	张智等	46.00	土建学科"十三五"规划教材
31223	给排水科学与工程概论（第三版）（送课件）	李圭白等	26.00	土建学科"十三五"规划教材
32242	水处理生物学（第六版）（送课件）	顾夏声、胡洪营等	49.00	土建学科"十三五"规划教材
35065	水资源利用与保护（第四版）（送课件）	李广贺等	58.00	土建学科"十三五"规划教材
35780	水力学（第三版）（送课件）	吴玮、张维佳	38.00	土建学科"十三五"规划教材
36037	水文学（第六版）（送课件）	黄廷林	40.00	土建学科"十三五"规划教材
36442	给水排水管网系统（第四版）（送课件）	刘遂庆	45.00	土建学科"十三五"规划教材
36535	水质工程学（第三版）（上册）（送课件）	李圭白、张杰	58.00	土建学科"十三五"规划教材
36536	水质工程学（第三版）（下册）（送课件）	李圭白、张杰	52.00	土建学科"十三五"规划教材
37017	城镇防洪与雨水利用（第三版）（送课件）	张智等	60.00	土建学科"十三五"规划教材
37679	土建工程基础（第四版）（送课件）	唐兴荣等	69.00	土建学科"十三五"规划教材
37789	泵与泵站（第七版）（送课件）	许仕荣等	49.00	土建学科"十三五"规划教材
37788	水处理实验设计与技术（第五版）	吴俊奇等	58.00	土建学科"十三五"规划教材
37766	建筑给水排水工程（第八版）（送课件）	王增长、岳秀萍	72.00	土建学科"十三五"规划教材
38567	水工艺设备基础（第四版）（送课件）	黄廷林等	58.00	土建学科"十三五"规划教材
32208	水工程施工（第二版）（送课件）	张勤等	59.00	土建学科"十二五"规划教材
39200	水分析化学（第四版）（送课件）	黄君礼	68.00	土建学科"十二五"规划教材
33014	水工程经济（第二版）（送课件）	张勤等	56.00	土建学科"十二五"规划教材
29784	给排水工程仪表与控制（第三版）（含光盘）	崔福义等	47.00	国家级"十二五"规划教材
16933	水健康循环导论（送课件）	李冬、张杰	20.00	
37420	城市河湖水生态与水环境（送课件）	王超、陈卫	40.00	国家级"十一五"规划教材
37419	城市水系统运营与管理（第二版）（送课件）	陈卫、张金松	65.00	土建学科"十五"规划教材
33609	给水排水工程建设监理（第二版）（送课件）	王季震等	38.00	土建学科"十五"规划教材
20098	水工艺与工程的计算与模拟	李志华等	28.00	
32934	建筑概论（第四版）（送课件）	杨永祥等	20.00	

征订号	书　名	作　者	定价 （元）	备　注
24964	给排水安装工程概预算（送课件）	张国珍等	37.00	
24128	给排水科学与工程专业本科生优秀毕业设计（论文）汇编（含光盘）	本书编委会	54.00	
31241	给排水科学与工程专业优秀教改论文汇编	本书编委会	18.00	

以上为已出版的指导委员会规划推荐教材。欲了解更多信息，请登录中国建筑工业出版社网站：www.cabp.com.cn 查询。在使用本套教材的过程中，若有任何意见或建议，可发 Email 至：wangmeilingbj@126.com。